L'ÉLECTRICITÉ

ET

SES APPLICATIONS

Le Tramway Électrique des Champs-Élysées. Exposition d'Électricité.

HENRI DE PARVILLE

L'ÉLECTRICITÉ

ET

SES APPLICATIONS

EXPOSITION DE PARIS

Avec 187 Figures dans le texte

DEUXIÈME ÉDITION

REVUE ET AUGMENTÉE D'UNE TABLE ALPHABÉTIQUE DES MATIÈRES ET DES
FIGURES ET D'UNE TABLE DES NOMS CITÉS

PARIS

G. MASSON, ÉDITEUR

LIBRAIRE DE L'ACADÉMIE DE MÉDECINE

120, BOULEVARD SAINT-GERMAIN, 120

MDCCCLXXXIII

TABLE DES MATIÈRES

L'ÉLECTRICITÉ

ET

SES APPLICATIONS

EXPOSITION DE PARIS

I

Avant-propos. — La Science à la mode. — L'Électricité. — Exposition de 1881. — Souvenirs rétrospectifs. — Les féeries de la Science. — Coup d'œil général. — Le Palais de la Lumière. — Plan d'ensemble. — Le rez-de-chaussée et le premier étage. — La Section française. — Les Sections étrangères. — Curiosités de l'Exposition. — Les forces occultes. — Le mouvement sans moteur apparent. — Transmissions électriques. — Distribution de la force. — La galerie des machines. — L'ascenseur électrique. — Les tramways électriques. — Les lumières électriques. — La salle des auditions téléphoniques. — Un monde nouveau.

Tout a son heure en ce monde. L'opportunisme n'est pas un vain mot. Chaque science se partage à tour de rôle la faveur publique. Depuis quelque temps, c'est l'électricité qui règne dans l'opinion, en attendant qu'elle gouverne. Tout le monde a les yeux tournés vers cette branche attrayante de la physique; elle a la vogue; aujourd'hui ce qui est électrique, a sans conteste, le don d'attirer l'attention. Aussi bien du reste, la curiosité est justifiée ; les découvertes les plus saillantes, les inventions les plus extraordinaires sont, en effet, du domaine de l'électricité. Si l'on ajoute que la foule a toujours eu un penchant pour ce qui lui paraît tenir du merveilleux et pour ce qui surexcite son imagination, on s'expliquera sans peine son engouement. Ce n'est pas d'aujourd'hui que date l'expression significative : électriser la foule !

Malheureusement, les phénomènes électriques faciles à produire et à observer, sont moins commodes à comprendre et à interpréter. Il se trouve cependant des personnes qui ne se contentent pas de voir, elles voudraient savoir. D'autre part, la science marche à pas de géants ; lorsqu'on ne la suit pas au jour le jour, on est bien vite débordé par les faits ; on se trouve un peu dans la situation de celui qui a dû sauter plusieurs chapitres d'un livre et qui voudrait cependant, avant de poursuivre la lecture, être sommairement mis au courant de ce qu'il lui a fallu passer. De ce côté aussi, il y a certainement une lacune à combler.

L'Exposition d'électricité nous a offert un champ d'exploration inespéré ; tout ce qui était neuf, tout ce qui était remarquable était groupé aux Champs-Élysées. Le meilleur moyen de bien juger d'une industrie, c'est de pénétrer dans l'usine, d'y voir les ouvriers à l'œuvre et les machines en fonction. Le spectacle est saisissant ; on suit le travail ; on se rend compte des procédés ; pour présenter un tableau d'ensemble des applications de l'électricité, la méthode la plus courte et la plus démonstrative, c'est de consacrer quelques heures à des visites rétrospectives à l'Exposition. Nous en retirerons un double avantage.

Chemin faisant, nous aurons à rappeler des notions oubliées et peu connues, à examiner des problèmes pleins de promesses ; en même temps, nous fixerons dans ces esquisses rapides le souvenir de l'événement scientifique le plus important de l'année 1881.

L'Exposition de 1881 a montré dans tout son épanouissement l'étonnante fécondité des applications de l'électricité ; elle restera la première manifestation imposante des progrès incessants d'une science à laquelle semble appartenir l'avenir.

C'était le rêve des anciens de diriger et de maîtriser la foudre. Le rêve est dépassé ; on l'a maîtrisée, on l'a asservie et on l'a obligée à se rendre utile. Nous fabriquons l'électricité industriellement ; nous la conduisons où nous voulons ; elle travaille pour nous ; elle obéit à tous nos caprices ; elle peut remplacer la force de milliers de chevaux ; elle fait fonctionner des pompes, des batteuses, des charrues, des machines, des outils de toute sorte ; elle remorque des voitures ; elle dore, argente, purifie les métaux, se fait métallurgiste et graveur ; elle transmet au loin la parole, le chant, la musique, l'écriture, le dessin, la peinture ; elle éclaire, elle fond les substances les plus réfractaires ; c'est la force universelle par excellence ; jamais même force naturelle n'a été aussi complétement domptée ; elle mène à bonne fin les travaux les plus durs et les travaux les plus délicats. On dirait qu'elle a été d'autant plus énergiquement soumise à la volonté de l'homme, qu'elle s'est montrée, au début, plus violente et plus terrible dans ses colères et dans ses révoltes. Le visiteur qui pénétrait dans le palais pouvait facilement se convaincre qu'il marchait en pays conquis; il eût été bien imprudent de le parcourir, il y a tout au plus un demi-siècle. On avait accumulé aux Champs-Élysées et asservi assez d'électricité pour foudroyer des bataillons et couvrir de feu des villes entières. Heureusement, nous sommes désormais les maîtres, et nous pouvons aujourd'hui admirer sans crainte notre œuvre et assister sans danger à notre triomphe.

C'était le soir qu'il était préférable d'entrer pour la première fois à l'Exposition. Si l'on n'avait su d'avance où se trouvait le palais, on l'aurait bien vite deviné à la lueur qu'il projetait au loin sur la ville. On aurait dit que le feu était aux Champs-Elysées ou qu'une magnifique aurore boréale resplendissait à l'occident. La lumière s'échappait par les plafonds vitrés et allait éclairer les nuages. Deux puissants foyers électriques munis de réflecteurs et installés au sommet du portail de la porte d'honneur envoyaient leurs sillons étincelants sur l'Arc-de-Triomphe et la place de la Concorde. Tantôt la fumée des machines se rabattait dans la zone d'éclairement et prenait des tons pourpres et fauves d'incendie; elle roulait des vagues lumineuses qui s'élevaient et s'abaissaient dans l'obscurité de la nuit. Tantôt, au contraire, l'espace était libre et le faisceau brillant ondulait et vibrait dans des scintillements éblouissants; aux premiers plans, on la voyait courir sur la cime des marronniers, et la crête des feuilles s'allumait et prenait des tons d'émeraude : on eût dit d'une pelouse ensoleillée suspendue dans les airs. Aux seconds plans, le rayon fouillait et embrasait les massifs humides; il les couvrait de reflets chatoyants, et les petites gouttelettes de rosée tombaient lentement une à une comme des perles aux couleurs d'arc-en-ciel. Au loin, les maisons étincelaient au milieu d'une auréole blanche. Le coup d'œil était singulier, et l'on se serait cru volontiers transporté dans un pays de féerie.

Lorsqu'on avait franchi le grand portail, le spectacle devenait magique. Il convenait de monter immédiatement au premier étage ; le regard embrassait dans son ensemble la grande nef et ses innombrables lumières ; l'illumination était incomparable de splendeur. Çà et là, partout, sans ordre ni symétrie, au milieu des machines, des appareils en mouvement, brillaient comme des lanternes vénitiennes éclatantes les lampes électriques enfermées dans leurs globes opalins ; la nef était comme piquée de gros diamants blancs, qui marquaient les emplacements des nations et limitaient la place des exposants : ici, des foyers à la lumière intense ; là, des lampes à rayonnement doux et chaud ; partout des lustres, des candélabres, des lampadaires, des bougies envoyant leurs clartés disparates sur les oriflammes, les bannières, les drapeaux multicolores. Du premier étage on eût dit une immense mosaïque d'or, d'argent et de pierres fines. Au centre, et dominant ce miroitement étincelant, se dressait un phare de premier ordre qui projetait encore dans toutes les directions des éclats alternativement rouges et blancs. La coupole de l'édifice apparaissait comme une immense voûte de feu. Le palais des Champs-Elysées était bien devenu le véritable palais de la Lumière.

Lorsqu'on entrait dans l'exposition par le grand portail, on avait à sa droite la section française, à sa gauche les sections étrangères. La place avait été effectivement partagée par parties égales : moitié aux nations étrangères, moitié à la France. En face, dans toute la longueur du palais, se développait la galerie des machines et des générateurs d'électricité.

Du côté français, l'œil s'arrêtait immédiatement sur les expositions des principales Compagnies de chemins de fer : signaux, sémaphores électriques, avertisseurs de manœuvres, etc., sur les expositions des Sociétés de Gramme et Jablochkoff. Plus loin, le visiteur pénétrait dans le pavillon de la Ville de Paris, où l'on avait exposé les différents systèmes de remise à l'heure des horloges, les appareils de protection des édifices parisiens contre la foudre, le réseau télégraphique municipal, les signaux et les appels des sapeurs-pompiers, etc. ; plus loin encore se trouvait le luxueux pavillon du ministère des postes et des télégraphes avec tous les appareils de transmission et de réception télégraphiques les plus perfectionnés. Tout autour, sur les bas côtés, on avait installé les expositions des ministères de la guerre et de la marine, l'exposition de l'Académie d'aérostation, etc.

Du côté étranger, l'emplacement avait été partagé en trois grandes travées longitudinales et en plusieurs travées transversales. Le commencement de la première travée, en face du phare, avait été réservé à l'Angleterre. Le gouvernement britannique avait élevé un joli pavillon en forme de chalet, dans lequel étaient exposés tous les appareils télégraphiques employés par le Post-Office de Londres. Tout autour, en avant et en arrière, étaient groupés les instruments de toute nature, les câbles, les signaux des exposants anglais. Le regard était arrêté au passage par une immense bouée qui se dressait comme un petit ballon au-dessus des vitrines et des tables voisines. C'est un spécimen des bouées indicatrices qui jalonnent en mer la position des câbles sous-marins; les bouées sont reliées au câble; en cas de rupture, il devient facile de relever le conducteur et de le réparer.

Après l'Angleterre, venaient dans la même travée l'Autriche, la Suède, puis l'Italie avec son pavillon qui rappelait le palais ducal de Venise. On y voyait les appareils de Volta, qui remontent à la première année de ce siècle. Enfin, l'exposition suisse et l'exposition du Japon. Sur les bas côtés, on trouvait encore l'Angleterre, puis la Hongrie, la Norvége, la Russie, encore l'Italie, et la Suède.

La seconde travée, premier rang, était occupée par l'Allemagne, où l'on remarquait un modèle de la première machine électrique de Otto de Guéricke. A sa suite venait l'exposition des Pays-Bas, au milieu de laquelle on avait placé l'immense machine électrique de Van Marum, presque un monument, et en tout cas une curiosité historique (1). Deux volumes étaient déposés près de l'appareil : « Description d'une très-grande machine électrique placée dans le Muséum de Tayler, et des *experiments* faits, par les moyens de cette machine, par Martinus Van Marum. *Harlem,* 1785. » Cette machine a été construite par Cuthberson; elle est formée de deux plateaux en verre de 1 m. 65 de diamètre, frottant sur huit coussins. Van Marum obtint avec elle des étincelles de plus de *soixante centimètres* de longueur et de la grosseur d'un tuyau de plume; pour

<hr>

(1) Une salle de l'Exposition avait été réservée à un *Musée rétrospectif* renfermant les anciens appareils qui peuvent servir de point de repère aux progrès de la science électrique. Toutefois, on trouvait encore, disséminés dans les sections étrangères, quelques appareils historiques d'un véritable intérêt.

l'époque, la machine électrique de Van Marum était une merveille.

Troisième travée : Etats-Unis; encore l'Allemagne dont l'exposition était considérable; la Belgique et l'Espagne. En Amérique, beaucoup d'inventions originales. En Belgique, on s'arrêtait devant le modèle d'un édifice protégé par le système de paratonnerres de M. Melsens et devant le bel appareil d'enregistrement météorologique automatique de M. Van Rysselberghe. Dans l'encoignure, entre l'Espagne et la galerie des machines, se trouvait l'ascenseur électrique de M. Siemens qui permettait de passer sans fatigue du rez-de-chaussée au premier étage. Tout près, à la porte sud-est du palais, la station d'arrivée du tramway électrique du même inventeur.

De tous côtés, dans presque toutes les sections françaises et étrangères, les outils fonctionnaient comme par enchantement. On n'apercevait ni transmission de mouvement, ni moteurs à vapeur ou à gaz. Les machines à coudre, les brodeuses tournaient toutes seules; les scies, les rabots, les tours faisaient leur besogne comme entraînés par une force occulte.

Les ventilateurs, les pompes étaient en pleine marche, et le curieux ne voyait aucune machine pour les mettre en mouvement. Tout avait l'air de fonctionner seul, comme dans un palais des Mille et une Nuits. Et en effet, il n'y avait rien de tangible : la force quelquefois énorme, qui les entraînait, se glissait furtivement par un fil métallique de quelques millimètres de diamètre. On attache le fil à une petite machine électrique, et l'électricité, venue comme par le télégraphe, oblige les outils à effectuer leur travail. C'était le propre de cette Exposition d'emplir le palais de lumière et de force avec de simples fils de transmission. On voyait les fils courir de toutes parts dans l'enceinte. Les câbles et les conducteurs s'entrecroisaient et portaient à destination la force que l'on préparait sur place dans la galerie des grosses machines. Jusqu'au tramway électrique circulant de la place de la Concorde au palais, qui puisait sa force télégraphiquement dans le magasin de travail de la galerie longitudinale! On lui envoyait strictement ce qu'il lui fallait de force pour transporter ses voyageurs, comme on enverrait à un bec le gaz nécessaire à l'éclairage d'un appartement. Nous insisterons longuement sur cette distribution électrique de la force, une des puissances nouvelles de l'industrie de l'avenir.

Le rez-de-chaussée avait ses partisans, mais le premier étage avait surtout le don d'attirer la foule des curieux. C'était effectivement dans les salles du premier que l'on avait groupé les applications les plus saillantes de l'électricité. Chaque salle avait son éclairage propre ; on jugeait ainsi mieux et plus en détail des avantages de chaque système. Le visiteur, en montant par le grand escalier qui terminait la section française près du pavillon du ministère des postes, parvenait à gauche dans la salle du théâtre éclairée par la lampe Werdermann. Quatre fois par semaine on s'y pressait pour entendre la fanfare Ader : airs de chasse transmis par le téléphone. Puis venaient successivement, à droite des salons, des appartements éclairés par une lumière électrique dont on fait varier l'intensité aussi facilement qu'on le fait avec un bec de gaz ou une lampe modérateur, les salles des appareils de physique, des condensateurs électriques, des

1.

paratonnerres, de l'horlogerie électrique, des avertisseurs d'incendie, des jouets électriques, du Musée rétrospectif, les salles de l'exposition Edison.

Les quatre salons d'audition téléphonique ont eu surtout la vogue : de 3 à 4,000 personnes s'y portaient tous les soirs. Nous nous y arrêterons aussi tout particulièrement, car l'audition téléphonique ainsi perfectionnée n'est pas seulement une curiosité, le problème résolu est important. Il est aujourd'hui démontré par ces essais extrêmement remarquables que l'on peut transmettre à des distances considérables des chœurs, des solos, la musique d'un orchestre, toutes les ondes sonores si complexes qui sortent des instruments les plus variés, avec une netteté, une pureté, une intensité incroyables. Le téléphone à l'oreille, et l'on est positivement dans la salle de l'Opéra. Il est permis d'affirmer qu'il suffit aujourd'hui de le vouloir pour faire entendre l'Opéra, l'Opéra-Comique, les Français aux quatre coins de Paris. On pourrait canaliser la musique la plus fine et la plus bruyante et la distribuer à domicile comme on distribue l'eau et le gaz. Nous n'avions jusqu'ici que les locations dans la salle ; on aura, quand on le désirera, des locations à domicile. Peu importent les dimensions d'une salle ; avec la téléphonie elles n'ont plus de limites, puisqu'il est facile de porter et de distribuer les chants et toutes les délicatesses d'une orchestration puissante dans tous les quartiers d'une grande ville. On comprend très-bien l'enthousiasme de la foule qui envahissait les salons d'audition. On surprenait quelquefois des visiteurs abandonnant leurs téléphones pour applaudir avec frénésie comme s'ils se trouvaient réellement à l'Académie de musique.

Et cependant, quatre ans à peine nous séparent de la découverte de Graham Bell. Il y a trois ans le téléphone était un joujou ; on se moquait de sa voix de polichinelle ; aujourd'hui on s'en sert dans tout Paris ; on parle par son intermédiaire dans tous les coins du palais ; deux personnes se reconnaissent à leur voix sans s'apercevoir ; on reconnaît sans hésitation à 3 kilomètres de distance la voix de nos artistes et de nos acteurs, leur place sur la scène, leurs positions respectives ; l'oreille supplée à l'œil dans une certaine mesure. Les progrès de la téléphonie sont étonnants.

Lorsqu'après avoir jeté dans une première visite un coup d'œil d'ensemble sur l'Exposition, on songe un peu à la simplicité des moyens mis en œuvre pour obtenir des résultats si extraordinaires, il est bien difficile de franchir la porte de sortie sans emporter avec soi un profond sentiment d'admiration pour toutes ces créations du génie de l'homme (1).

Tout dans cette enceinte tient du merveilleux ; on n'était plus ici, comme dans les Expositions universelles, en face d'industries connues ; tout y était neuf,

(1) Il résulte des documents officiels que 1,764 exposants ont pris part à l'Exposition, ainsi répartis : France, 937. Allemagne, 148. Autriche, 37. Belgique, 208. Danemark, 5. Espagne, 23. Angleterre, 122. Hongrie, 10. Italie, 81. Japon, 2. Norvége, 19. Pays-Bas, 18. Russie, 38. Suède, 23. Suisse, 4. Le nombre des visiteurs payants a été de 673,347. Les entrées gratuites ont été largement accordées. Les recettes, y compris la subvention de l'État de 200,000 fr. et celle de la Ville de 25,000, ont été de 1.048.417 fr. 68. Les dépenses d'environ 689,119 fr. 84. Produit net 358,926 fr. 84. Le bénéfice net, tout soldé, aura été supérieur à 325,000 fr. Par décret en date du 23 février, rendu sur la proposition du ministre des postes et télégraphes, cette somme a été appliquée à la création d'un laboratoire central d'électricité à Paris.

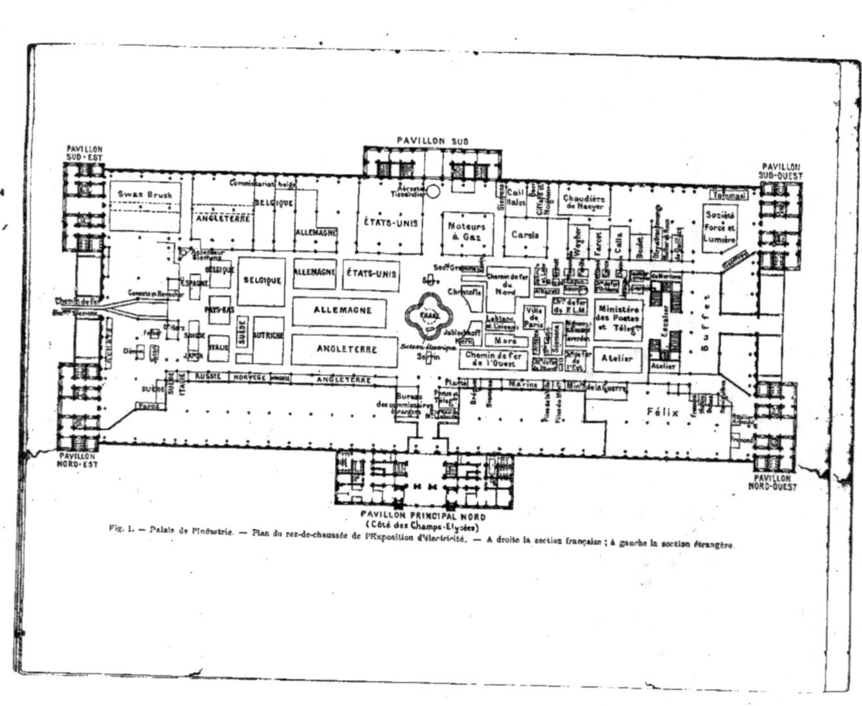

Fig. 1. — Palais de l'Industrie. — Plan du rez-de-chaussée de l'Exposition d'électricité. — A droite la section française ; à gauche la section étrangère.

tout y était plein d'originalité et de surprise; il fallait, bon gré mal gré, faire un effort d'intelligence pour comprendre ce qui nous entourait, on se serait cru volontiers transporté dans une autre planète.

Nous n'avions pas encore l'habitude de voir fonctionner tant de machines sans cause apparente. Ces procédés occultes déroutaient l'esprit. Le secret de leur existence nous échappait. Ces transformations, ces métamorphoses rapides paraissaient tenir du prodige. Et l'on se surprenait presque à demander quel était le machiniste qui, comme dans les dessous d'un théâtre, présidait à cette œuvre magique. En effet, au fond, n'était-on pas au milieu d'un vaste théâtre? Seulement ici le machiniste, c'est une force si subtile, qu'elle est restée pendant des siècles insaisissable; elle glissait entre nos mains; elle s'échappait sans cesse avec la vitesse de l'éclair; c'est à peine s'il était possible de l'entrevoir.

Aujourd'hui, emprisonnée, conquise, elle est la force souple et maniable par excellence; elle sera bientôt la puissance souveraine qui transformera le monde.

Pauvre petite étincelle de nos informes machines d'hier, elle aura été l'aurore d'une civilisation nouvelle!

II

La question que se posait invariablement le visiteur, qui parcourait le palais des Champs Elysées, était toujours la même : il voyait bien les fils télégraphiques courir de toute part, les machines tourner, les lampes s'illuminer ; il savait bien que c'était l'électricité qui faisait tout ce travail, mais il se demandait naturellement dans quelle partie de l'Expostion on produisait cette électricité, et surtout comment on la fabriquait en quantité suffisante pour la répandre ainsi à profusion de tous côtés. Il était bien témoin des effets, mais c'est la cause qui lui échappait ; il cherchait le secret de ce rouage gigantesque qui donnait la vie à toute l'Exposition. Aussi on entendait le public réclamer un guide pour lui expliquer ce qu'il ne comprenait pas.

Il ne faut pas se dissimuler que, même avec

un guide, les personnes étrangères à la science auraient eu quelque peine à se rendre compte de ce qui les entourait. On parlait une langue qui était loin d'être familière à tout le monde; on ne pouvait la déchiffrer à livre ouvert; une instruction préalable est absolument nécessaire : on ne saurait s'étonner du désappointement que paraissait témoigner les visiteurs, qui essayaient inutilement de saisir la clef d'un phénomène ou le mécanisme d'une machine.

La science électrique, devenue très complexe de nos jours, exige des années d'études; mais pour avoir une idée d'ensemble sur l'électricité, pour pénétrer le jeu des forces électriques, qui excitent à un si haut degré la curiosité du public, il suffit en définitive d'avoir présentes à la mémoire quelques notions fondamentales très-simples. Ces notions sont indispensables; on ne saurait trop le répéter; sans elles toutes les explications seraient superflues; avant de pouvoir lire, il est indispensable d'apprendre à épeler. C'est l'alphabet électrique que nous allons essayer de faire connaître. Ensuite, les difficultés s'aplaniront d'elles-mêmes, et le visiteur ne parcourra plus des pays inconnus.

Nous faisons chaque jour et à tout instant de l'électricité sans le savoir, comme M. Jourdain faisait de la prose. Il est impossible de lever le doigt, de toucher à un corps sans engendrer de l'électricité. En effet, nous poserons immédiatement un principe essentiel, démontré par l'expérience. Toute modification dans l'état physique, et à plus forte raison dans l'état chimique d'un corps, a pour conséquence la production d'électricité; il est impossible de changer l'état moléculaire d'une substance, et son état chimique, sans donner naissance à de l'électricité.

Lorsqu'on frappe une substance, on change l'équilibre de ses molécules constitutives, on fait de l'électricité. Quand on tord un fil métallique, on modifie l'équilibre moléculaire, on fait de l'électricité. Lorsqu'on comprime un métal, lorsqu'on imprime des vibrations à une tige métallique, lorsqu'on frotte deux corps ensemble, quand on brise une pierre, quand on casse un morceau de sucre, quand on fait jaillir un jet d'eau, on change l'équilibre de la matière, on produit de l'électricité. Lorsqu'on chauffe un corps, lorsqu'on porte un liquide à l'ébullition, lorsqu'on comprime ou dilate un gaz, on fait de l'électricité.

Lorsqu'on attaque chimiquement une substance, qu'on expose un métal à l'action d'un acide, on produit de l'électricité; quand on fait travailler les muscles, on engendre de l'électricité.

Bref, il ne s'opère pas un déplacement de matière dans la nature morte, un acte volontaire ou inconscient dans la nature vivante, sans qu'il y ait production d'électricité en rapport exact avec l'énergie du travail dépensé. On le voit, il n'est pas bien difficile de produire de l'électricité, et nous en faisons ainsi, sans nous en douter, depuis le commencement (1) du monde.

Mais, objectera-t-on, si nous en faisons si facilement,

(1) L'électricité paraît résulter d'un mode de mouvement particulier des corps, comme la chaleur et la lumière. Tout ce qui trouble ce mouvement détermine une production de calorique et d'électricité. On s'explique ainsi comment les chocs, le frottement, les vibrations, les actions chimiques suffisant pour modifier le système vibratoire des molécules, peuvent donner lieu à une manifestation électrique.

pourquoi ne nous en apercevons-nous pas? La réponse est aisée. Rien de si subtil et de si fugitif que l'électricité. Elle s'échappe à mesure qu'elle se produit; elle se sauve si bien, qu'on ne soupçonne pas son existence. Aussitôt faite, aussitôt partie. Approchez une flamme, un tison, d'une boule métallique, la chaleur est si fugitive aussi, que la sphère ne paraîtra pas s'échauffer : le métal laisse fuir le calorique. De même les métaux laissent s'échapper l'électricité si rapidement, que l'on a beau les frotter, on ne recueille aucune trace d'électricité. Mais il existe certains corps dont la constitution moléculaire est telle, que l'électricité produite s'échappe assez difficilement. Tels sont l'ambre, les résines, le verre, le soufre, la soie, etc. C'est en frottant de l'ambre, six cents ans avant notre ère, que Thalès observa l'un des premiers sans doute le dégagement de l'électricité. Il suffit d'encastrer les extrémités d'une baguette métallique dans du verre et de frotter le métal pour obliger l'électricité engendrée à se manifester aussitôt. Dans ce cas, elle ne peut plus s'échapper : elle est emprisonnée par le corps mauvais conducteur, et elle devient tangible. En 1670, Otto de Guericke, bourgmestre de Magdebourg, réalisa la première machine électrique; il prit une grosse boule de soufre et la fit tourner vivement en appliquant la main sur sa surface. Le frottement engendra de l'électricité qui resta à la surface de la boule. Pour la première fois, Otto de Guericke put voir une étincelle. Tel fut le point de départ des machines à plateau de verre et de caoutchouc que tout

Fig. 2.

le monde connaît. Le plateau tourne et, en frottant sur des coussins, produit de l'électricité, qui va s'accumuler sur des conducteurs métalliques. On peut se faire, au reste, une machine électrique élémentaire à bon compte, en brossant vivement une feuille de papier à lettre préalablement chauffée. La feuille s'électrise et adhère aux murs, aux meubles pendant plusieurs minutes; on en tire des étincelles parfaitement visibles dans l'obscurité.

L'électricité qui s'accumule ainsi sur les corps mauvais conducteurs ou sur des conducteurs isolés, et qui reste à leur *surface* comme immobilisée, porte le nom d'*électricité statique*. Quand on en produit beaucoup, elle acquiert de la tension et s'échappe sous forme d'étincelle ou d'effluve lumineuse. Le frottement des grandes masses d'air qui sillonnent l'atmosphère donne lieu à un dégagement d'électricité souvent considérable. Les orages et les coups de foudre n'ont pas d'autre origine que cette électricité des nuages.

Pendant des siècles, personne ne soupçonna que l'électricité pût revêtir une forme tout autre et présenter des caractères absolument différents. On connaissait fort bien les effets énergiques de l'électricité statique; Franklin avait inventé le paratonnerre en 1750; Coulomb avait fixé la loi de répartition de l'électricité dans les corps en 1787.

Et c'était tout, lorsque, en 1790, Galvani, professeur d'anatomie à Bologne, fit une découverte qui devait avoir des conséquences inattendues. Galvani étudiait depuis quelque temps l'action des décharges électriques des machines et des nuages orageux sur les membres dépouillés de grenouilles fraîchement tuées; les muscles de l'animal se contractaient vivement à chaque décharge. Un jour, Galvani attacha par hasard les membres d'une grenouille avec un fil de cuivre au balcon en fer du palais Zambeccari. La grenouille s'agita brusquement. Cependant l'atmosphère était pure et le temps sans orage. Les secousses se reproduisaient chaque fois que les jambes du batracien dépouillé touchaient le balcon de fer. Cette expérience, bientôt connue du monde, savant, excita un étonnement général (1) et fut très-diversement commentée. Il y avait de l'électricité produite : mais d'où venait-elle, comment s'engendrait-elle?

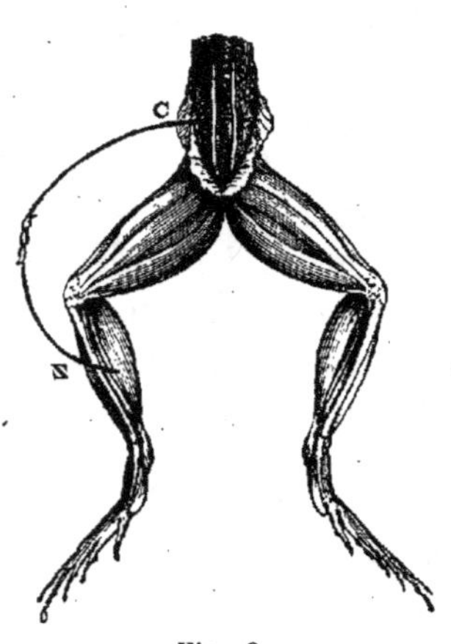

Fig. 3.

Galvani avança que les animaux dégageaient une électricité propre. Un professeur de Pavie, Volta, affirma que c'était le contact des deux métaux différents, le cuivre et le fer, qui engendrait l'électricité. Il s'éleva entre le physiologiste de Bologne et le physicien de Pavie un débat qui dura plus de dix années. Galvani et Volta multiplièrent les arguments et les expériences. Galvani fit voir que les contrac-

(1) Déjà en 1658 Swammerdam avait cependant observé les contractions des grenouilles sans y porter autrement son attention. Selon le *Journal de Bologne* de 1786, un élève du célèbre anatomiste de Naples Cotugno, en disséquant une souris, aurait reçu une secousse électrique. Le bras de l'opérateur serait même resté engourdi pendant quelques instants.

tions d'une grenouille s'obtenaient *sans métaux* par le contact direct des muscles et des nerfs. Volta n'en soutint pas moins que le contact des métaux donnait naissance à de l'électricité. Et c'est ainsi qu'il fut conduit, en 1800, à inventer l'admirable instrument qui porte son nom, la *pile de Volta*.

Galvani et Volta avaient raison, chacun de leur côté. Le muscle vivant fait de l'électricité. Le contact des métaux engendre de l'électricité.

Volta *empila* les uns sur les autres des disques de zinc et de cuivre en les séparant par des rondelles de drap mouillé d'eau acidulée. Il fit la première *pile*. Mais, à vrai dire, ce n'est pas le contact du zinc et du cuivre qui produit l'électricité, c'est l'action chimique qu'exerce l'acide sur le zinc et qui modifie son état moléculaire. L'électricité ainsi engendrée possède des propriétés caractéristiques.

Quand on approche les fils qui partent de chaque extrémité de la pile, on constate un dégagement continuel d'électricité, on voit même au moment où l'on rompt le contact jaillir une étincelle. L'électricité circule dans le fil, la pile la fabrique à mesure de l'oxydation du zinc, et elle court dans le fil métallique à la façon d'un courant liquide. Elle n'est plus immobilisée ici, emprisonnée sur place ; au contraire, elle est en mouvement, elle circule sans cesse. Elle emplit le conducteur et ne reste pas seulement à sa surface ; en allongeant le fil, on peut la conduire où l'on veut ; d'où son nom d'*électricité dynamique*, par opposition à l'électricité des anciens ou *électricité statique*.

L'invention de la pile et la découverte de l'électricité dynamique ont ouvert un champ immense aux recherches des physiciens ; l'année 1800 marque une ère nouvelle dans l'histoire de la physique ; toutes les merveilles qui nous frappent aujourd'hui d'admiration ont pour point de départ la découverte physiologique de Galvani et la découverte physique de Volta. C'est le courant électrique de la grenouille qui a été l'avant-coureur des forces puissantes qui donnent l'activité à l'Exposition. Au sommet de l'édifice, toute la civilisation moderne : télégraphie, téléphonie, . travail électrique, etc. ; à la base : une grenouille. Ironie du sort !

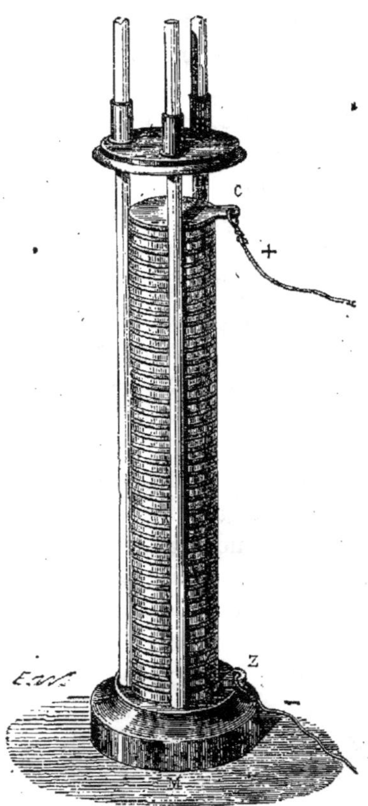

Fig. 4.— Pile à colonne de Volta.

L'Université de Pavie, l'Institut de Milan, le Lycée de Côme qui se partagent les reliques de l'inventeur de la pile, avaient eu grand soin de mettre sous les yeux des visiteurs les premiers instruments de Volta, les lames métalliques dont il s'était servi pour contrôler les expériences de Galvani, etc. Sésostris aurait exigé la grenouille !

La pile de Volta a conduit d'étapes en étapes à toutes les piles perfectionnées dont se servent les physiciens et les chimistes. On en a combiné de toutes sortes. Au point de vue philosophique, la pile, quelle que soit sa combinaison, est un instrument qui fabrique de l'électricité par actions chimiques. Nous avons dit que toute modification dans l'équilibre moléculaire d'un corps engendrait de l'électricité : l'action chimique attaque la structure intime des corps. Les molécules constitutives sont ici plus qu'ébranlées; elles se heurtent et sortent de leurs liens; il y a destruction de l'édifice et reconstruction sur un nouveau plan ; le travail moléculaire effectué se traduit par une mise en liberté équivalente d'électricité. Dans presque toutes les piles modernes, l'action chimique se passe entre du zinc et un acide qui attaque le zinc, et bat en brèche ses molécules. Le zinc s'oxyde sous l'influence de l'acide comme le charbon s'oxyde dans nos foyers. La pile est un générateur d'électricité au même titre qu'un foyer est un générateur de calorique. Dans la pile, c'est le zinc qui sert de combustible; dans le foyer, c'est le charbon qui s'oxyde et brûle, la comparaison est d'une exactitude rigoureuse.

On voit immédiatement que la production de l'électricité au moyen de la pile est bien autrement coûteuse que celle de la chaleur, puisque le zinc, combustible employé, est environ 15 fois plus cher que la houille. L'électricité engendrée par les actions chimiques a un prix excessif sur lequel nous aurons à insister, C'est ce prix élevé qui pendant si longtemps a limité les applications de l'électricité à l'industrie.

Bien que les piles électriques soient aujourd'hui

très-connues, il ne nous paraît pas inutile d'entrer à leur égard dans quelques détails, et de décrire successivement les types les plus employés.

Il est bien facile de préparer une pile, puisque la plus petite action chimique dégage de l'électricité. Une rondelle de zinc mise sur la langue et une rondelle de cuivre placée sous la langue constitue un couple de Volta ; le zinc est attaqué par la salive et l'on éprouve la sensation d'une petite secousse et l'on sent un goût amer. Une lame de zinc mise dans de l'eau non distillée près d'une lame de cuivre forme un couple. L'eau renferme des sels calcaires, une action chimique intervient, le zinc s'oxyde et si l'on fait toucher les deux baguettes, il se manifeste un petit courant. Si, à l'eau, on ajoute de l'acide sulfurique qui rend le liquide plus conducteur et qui attaque le zinc, au moment du contact entre les deux métaux, un courant électrique se produit et assez énergiquement pour qu'un peu de papier imbibé d'iodure de potassium passe du blanc au bleu si on le place sur le trajet du courant.

En thèse générale, on forme une pile en déposant dans un liquide conducteur une lame métallique chimiquement attaquable et une lame moins attaquable ou inerte. En réunissant les deux lames par un fil, un courant électrique circule. La lame attaquable produit de l'électricité ; la lame inerte sert de collecteur, s'il est permis de s'exprimer ainsi, à l'électricité dégagée dans le liquide, et si l'on joint les lames par un fil métallique, l'électricité passe d'une lame sur l'autre au fur et à mesure de l'action chimique.

Le phénomène mérite d'être examiné d'un peu

plus près. Concevons donc le couple très-simple constitué par une lame de zinc et une lame de cuivre plongées
dans de l'eau aiguisée d'acide
sulfurique. Le zinc est,
comme on sait, très-oxyda-
ble ; pour peu qu'un acide
mêlé à l'eau vienne encore
ajouter son action propre,
l'équilibre moléculaire du
liquide est tout à fait rompu ;
l'oxygène est attiré par le
zinc et l'hydrogène chassé
sur le cuivre. L'oxydation du
zinc engendre de la chaleur et
un flux électrique qui se
propage à travers le liquide
jusqu'à la lame de cuivre.

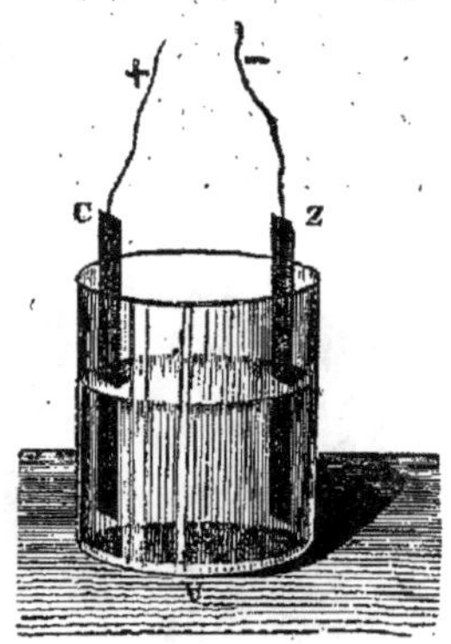

Fig. 5.

S'il n'y a pas communication entre les deux lames,
l'équilibre se rétablit bientôt ; la tension électrique a

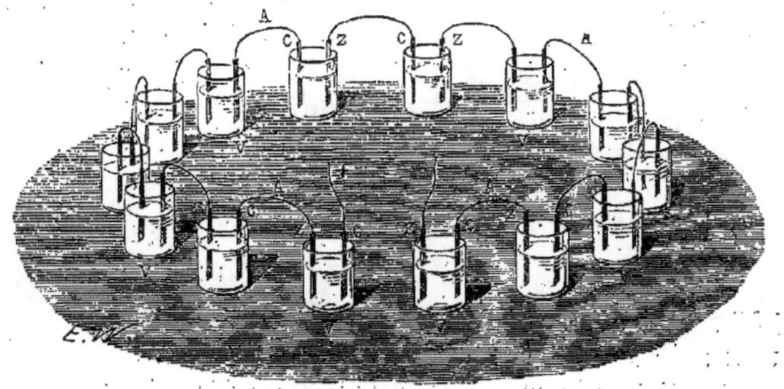

Fig. 6. — Piles à tasses.

seulement gagné en puissance dans tout le système.
Si sa valeur est $+a$ sur une lame, elle est $-a$ sur

l'autre, égale et de sens contraire. Aussi, quand on réunit les deux lames par un fil, puisqu'il y a excès de tension a d'un côté et diminution a de l'autre, il se produit un courant dans le fil de $+ a$ vers $- a$, du cuivre au zinc.

Puis le zinc étant de nouveau attaqué, un nouvel excès de tension se forme d'un côté, correspondant à une nouvelle diminution de l'autre, et le courant circule tant que l'oxydation du zinc se poursuit.

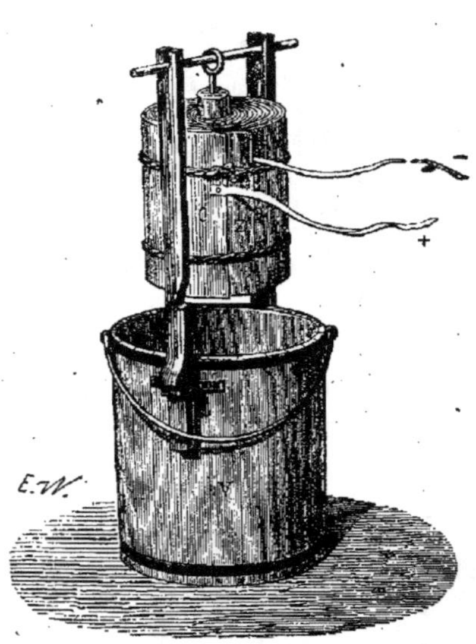

Fig. 7. — Élément de pile en hélice.

Le zinc est le générateur du mouvement. Aussi le courant va-t-il à travers le liquide du zinc au cuivre et en dehors à travers le fil, du cuivre au zinc. On désigne par *pôle positif* celui qui correspond au métal collecteur; le courant paraît en sortir, comme l'eau s'écoule d'un réservoir. On appelle *pôle négatif* celui qui correspond au zinc; le courant va s'y perdre. On appelle *Électrodes* les lames métalliques en présence (1).

(1) Comme dans la décomposition de l'eau par un courant.

La plupart des électriciens ont conservé l'habitude, pour faciliter le langage tout au moins, de désigner l'électricité du pôle positif comme de l'électricité positive, et l'électricité du pôle négatif comme de l'électricité négative. Ils disent même volontiers fluide positif et fluide négatif, en partant de cette vieille idée que le *fluide neutre* se compose de fluide positif et de fluide négatif. Quand on sépare ces deux fluides, les deux électricités se manifestent. Ces dénominations un peu démodées donnent une idée erronée des faits ; nous supprimons absolument le terme de fluide, qui n'a plus de sens dans la science moderne. L'électricité est une forme de mouvement comme la chaleur, comme la lumière ; il n'y en a pas deux espèces.

Les mouvements moléculaires s'effectuent le plus ordinairement dans des orbites diverses, un peu comme les étoiles qui décrivent des trajectoires plus ou moins différentes. Quand un courant électrique se produit par action physique ou chimique, il modifie l'équilibre de la matière, et met de l'ordre dans ces mouvements confus ; il oriente les orbites qui prennent des directions coordonnées. Deux systèmes perpendiculaires l'un à l'autre dominent ; une orbite tourne dans un plan, l'autre orbite dans un plan perpendiculaire. On peut se les figurer comme une roue tournant autour d'un axe horizontal et une roue placée transversalement en face, tournant autour d'une ligne

l'oxygène se rend au pôle positif et l'hydrogène au pôle négatif, on dit encore que l'oxygène est électro-négatif et l'hydrogène électro-positif. Ces dénominations n'ont rien d'absolu et sont gênantes dans le discours ; elles prêtent aux malentendus et aux confusions.

verticale. En même temps que se produit cette orientation systématique, les molécules entraînées dans les orbites à axe vertical s'éloignent des molécules entraînées dans les orbites à axe horizontal. Les deux systèmes tourbillonnaires se repoussent. On peut démontrer la possibilité du fait à l'aide d'expériences réalisées sur des systèmes tournant rapidement au sein d'un liquide, autour d'axes perpendiculaires l'un à l'autre.

Il résulte de là, que dans un milieu où circule un courant, d'un côté se groupent des molécules appartenant à un système d'orbites et de l'autre des molécules appartenant au système d'orbites opposé. L'équilibre statique est obtenu. Mais cette orientation caractéristique des mouvements moléculaires entraîne une conséquence remarquable. Chaque orbite par suite de la rotation crée au centre une raréfaction et à la périphérie une pression égale. Leur orientation étant perpendiculaire sur chaque lame, il y a sur l'une, raréfaction — a, sur l'autre, pression $+ a$. Maxwell a donné une théorie du phénomène un peu différente. C'est pourquoi, dans une pile, il y a courant de la zone à pression vers la zone à raréfaction dans le circuit extérieur; autrement on ne comprendrait pas pourquoi le courant ne reviendrait pas sur lui-même dans l'intérieur de la pile. L'oxydation du zinc détermine le flux qui oriente les orbites et plus cette oxydation est active dans l'unité de temps, et plus l'orientation est elle-même rapide et complète; aussi plus le courant a d'énergie. Le zinc étant le métal qui, à bas prix relatif, s'oxyde le plus rapidement, c'est à lui qu'on a presque toujours recours pour constituer la lame motrice du courant.

L'énergie du flux, la tension électrique qui en résulte et qui permet au mouvement de vaincre les résistances qu'il rencontre sur son passage à travers la pile et dans le conducteur s'appelle ordinairement *force électro-motrice*. La force électro-motrice est comparable à la *pression* dans une conduite d'eau. Comme dans ce cas, elle est liée à la différence des niveaux, à la hauteur de chute, ou, ainsi qu'on le dit dans le langage moderne, à la différence de *potentiel* au pôle de sortie et au pôle de rentrée du courant. La force électro-motrice croît en raison de cette hauteur de chute (1). Le courant marche d'un potentiel élevé à un potentiel plus faible.

Il ne faut pas confondre la pression, la force électro-motrice d'un courant avec son intensité. Le mot intensité signifie quantité, volume débité. On peut produire très-peu d'électricité sous forte tension, ou au contraire beaucoup d'électricité sous tension faible.

La force électro-motrice est liée exclusivement à la nature du métal employé et du liquide dans lequel il est plongé, puisqu'elle dépend seulement de la rapidité de l'oxydation ou du travail chimique. La quantité d'électricité engendrée dépend au contraire seulement de la grandeur des surfaces mises en jeu. Il est clair que plus il y aura de métal en travail, et plus la quantité générée sera considérable. C'est ainsi qu'on peut opposer un élément du pile énorme à un élément très-petit ; et cependant le courant fourni par le petit élément refoulera et empêchera de passer le courant du gros élément. En effet, le gros élément pourra dé-

(1) C'est G. Green qui semble avoir introduit le premier dans la science l'idée du *potentiel* dans son livre « Etude de l'Electricité » publié en 1828.

2.

biter beaucoup d'électricité; mais si on l'a fabriqué avec un métal qui s'oxyde moins que le métal de l'autre élément, la pression obtenue sera plus faible et elle ne pourra refouler le courant envoyé par l'autre couple; c'est l'électricité du petit élément qui passera dans le gros élément. On est ici dans les mêmes conditions que si l'on avait relié par un tuyau deux réservoirs d'eau dont l'un serait beaucoup plus volumineux que l'autre, mais moins haut. La pression ne dépend que de la hauteur. L'eau du réservoir haut refoulera l'eau du réservoir bas.

Le physicien allemand Ohm a trouvé par le calcul la relation qui lie entre elles la quantité d'électricité débitée par une pile, la force électro-motrice et la résistance de propagation dans la pile et dans le conducteur. La même loi a été expérimentalement établie à peu près simultanément par le physicien français Pouillet. La force électro-motrice est égale à la quantité d'électricité débitée multipliée par la résistance qu'elle doit vaincre pendant le trajet. Ce qui s'énonce ordinairement en disant que « l'intensité d'un courant est égale à la force électro-motrice divisée par la résistance (1). »

On voit, d'après cela, le rôle considérable que jouent les résistances dans le fonctionnement d'une pile. Il résulte de ce qui précède que, à force électro-motrice égale, la quantité d'électricité débitée, l'intensité va en diminuant quand la résistance augmente. Si la résistance intérieure est grande, on obtient peu d'élec-

---

(1) $I = \dfrac{E}{r + R}$. E représentant la force électro-motrice de la pile, r la résistance intérieure de la pile et R la résistance extérieure du conducteur.

tricité; si elle est faible, on en a beaucoup. On déduit
de là qu'il faut diminuer le plus possible la couche
d'eau traversée par le courant, rapprocher le plus
possible les deux lames métalliques plongées dans le
liquide. Si on réunit les deux pôles par un conducteur
gros et court, la résistance extérieure est affaiblie, il
passe beaucoup d'électricité. Si on les réunit par un
conducteur fin et long, la quantité qui circule est
diminuée; on ne recueille presque rien. Il est facile
de voir que, pour obtenir d'une pile la plus grande
somme de travail, il faut faire en sorte que la résistance intérieure soit égale à la résistance extérieure.
Car si la résistance extérieure était moindre, l'électricité reviendrait à son point de départ plus facilement
qu'elle ne se propage en dedans; le zinc n'aurait pas
en le temps de décharger tout son flux avant le retour
de l'onde, le travail utile serait diminué. Si, au contraire, la résistance était plus grande, le conducteur ne
ramènerait pas l'onde assez vite, la décharge serait ra-
lentie et le travail dans l'unité de temps diminué. Il
faut donc que le débit extérieur égale le débit
intérieur. Cela n'est strictement vrai que dans un
circuit fermé où le courant n'effectue aucun autre travail que l'échauffement qui résulte toujours de son
passage à travers les molécules du conducteur (1). Il

(1) Quand la pile travaille avec un circuit extérieur à peu près
nul, on a $I = \dfrac{E}{r}$. Quand elle travaille avec un circuit extérieur
tel que $R = r$, on a $I = \dfrac{E}{2\,r}$. On voit que l'intensité dans ce
cas est réduite à la moitié de l'intensité maximum que peut
donner la pile. Le travail obtenu est maximum quand la force
électro-motrice est réduite à la moitié de ce qu'elle pourrait
être.

est indispensable néanmoins pour obtenir tout l'effet utile possible d'une pile de se rapprocher le plus possible de ces conditions.

On peut avoir besoin d'un conducteur très-long pour porter au loin le courant; c'est le cas des lignes télégraphiques. On ne voit plus trop dès lors, la résistance extérieure étant très-grande, comment on pourrait satisfaire au rapport qui vient d'être indiqué. On pourrait éloigner les plaques l'une de l'autre pour accroître la résistance intérieure, mais alors on réduirait beaucoup la quantité d'électricité débitée. Nous allons voir que l'on peut résoudre le problème au moyen d'une combinaison très-simple. Non-seulement il est bon de pouvoir faire varier à volonté le rapport des résistances, mais il est indispensable encore de pouvoir accroître la force électro-motrice, car il est clair que, pour aller loin et pour traverser des corps résistants, il faut une grande tension.

Or, jusqu'ici nous n'avons considéré qu'un couple voltaïque, qu'un seul élément de pile; mais on peut les grouper, en multiplier le nombre; alors les effets produits augmentent en conséquence. On peut associer les éléments de deux manières; il est évident qu'on peut relier ensemble un pôle positif d'un couple au

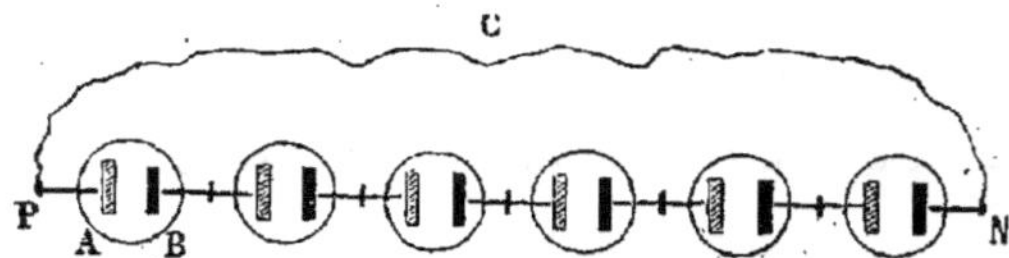

Fig. 8. — Association en tension.

pôle négatif du couple suivant et ainsi de suite, ou bien mettre en rapport un pôle positif avec un pôle positif, un négatif avec un négatif et ainsi de suite. Les résultats obtenus diffèrent complètement.

Admettons le premier cas : On associe un positif avec le négatif suivant ; le négatif du premier est relié par un fil au positif du second. Dans ces conditions, l'électricité du premier élément pénètre sur le zinc du second avec la force électro-motrice initiale. L'oxydation du zinc dans ce second élément détermine une nouvelle différence de potentiels, produit une seconde chute qui s'ajoute à la première. Le courant résultant a donc une tension double. S'il y a un troisième élément, troisième chute ; on crée ainsi une série de cascades à différences de niveau égales. Bref, pour accroître la force électro-motrice, il n'y a qu'à grouper ainsi des éléments à la suite les uns des autres. Ce groupement est connu sous le nom d'association en *tension* ou en *série*.

C'est absolument comme si on empilait les uns au-dessus des autres des vases cylindriques pleins d'eau dont on aurait la possibilité de supprimer le fond au moment voulu. Un seul vase débiterait son liquide avec une pression dépendant de la hauteur du niveau ; mais toute la pile de vases ne formant plus qu'une seule colonne en communication débiterait l'eau avec une pression mesurée par la hauteur de la pile tout entière. Il ne faut pas oublier que si l'on augmente par cet artifice la tension, on multiplie de même la résistance de la pile, en sorte que l'intensité reste ce qu'elle était (1) si le conducteur extérieur est court.

(1) On a pour un seul élément

$$I = \frac{E}{r + R}.$$

Supposons maintenant le second cas. On réunit les pôles positifs aux pôles positifs et les négatifs avec les négatifs. Si les deux éléments ont exactement la même force électro-motrice, il est clair que le courant dans chaque fil se fera équilibre, il n'y aura pas de mouvement. Dans ce cas, on dit que les éléments sont *associés* par *opposition*. Mais si on relie le fil qui joint les positifs au fil qui réunit les négatifs par un troisième fil, le double courant jusqu'alors équilibré va passer par ce canal d'écoulement de la jonction positive à la jonction négative; il passera deux courants pour un. Si l'on opère ainsi avec trois, quatre, cinq, etc., éléments, on obtiendra, trois, quatre, cinq, etc., courants simultanés; on aura triplé, quadruplé, etc., le débit. La pile sera montée en *quantité* ou en *batterie*. La

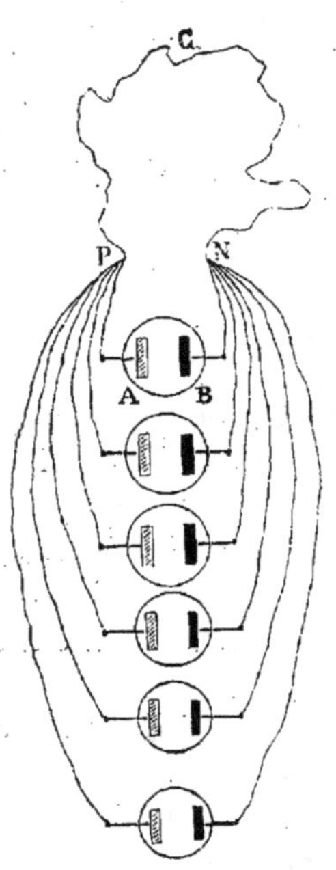

Fig. 9. — Association en quantité.

Et pour n élément.

$$I_n = \frac{n\,E}{n\,r + R}.$$

Si R est très-petit, I_n égale sensiblement I. Mais quand R est très-grand, on peut négliger $n\,r$ devant R et alors l'intensité devient sensiblement proportionnelle au nombre des éléments associés,

tension restera la même, mais le volume débité sera augmenté (1).

Enfin en combinant ces deux modes d'associations, on obtiendra à la fois de la tension et de la quantité

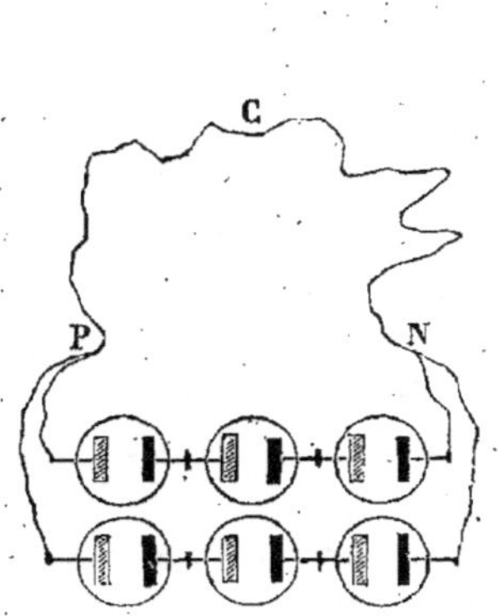

Fig. 10. — Association en tension et en quantité.

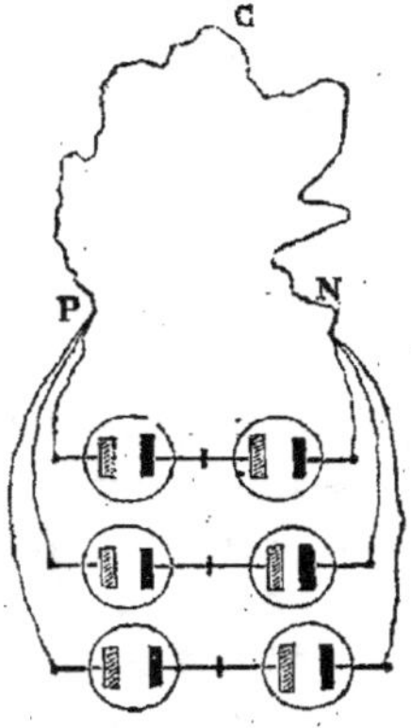

Fig. 11. — Association en tension et en quantité.

pour suffire aux applications qu'on se propose de faire (2). Nous nous sommes arrêtés un peu sur ces

(1) En effet m représentant le nombre des éléments ainsi groupés, puisqu'on a augmenté les surfaces conductrices du courant, on a diminué dans les mêmes proportions la résistance au passage; de r elle devient $\dfrac{r}{m}$.

On a
$$I_m = \frac{E}{\dfrac{r}{m} + R}$$

Si R est négligeable, évidemment l'intensité augmente en raison du nombre de couples associés. Mais si $\dfrac{r}{m}$ est négligeable vis-à-vis de R, il est évident que l'on n'augmente pas l'intensité sensiblement.

(2) L'intensité pour une pile montée en tension et en quantité est alors
$$I_{mn} = \frac{n\,E}{\dfrac{n\,r}{m} + R} = \frac{E}{\dfrac{r}{m} + \dfrac{R}{n}}$$

détails, parce qu'ils sont essentiels à connaître, et quand on ne les a pas présents à la mémoire, il est impossible de comprendre le jeu des réactions électriques, et de se faire une idée juste de la force électro-motrice, de la tension, de l'intensité du courant, des résistances, etc , toutes notions dont il est indispensable de se bien pénétrer.

L'élément de pile zinc-cuivre avec eau acidulée, tel que nous l'avons décrit pour simplifier, ne fonctionnerait que peu de temps. La première pile de Volta et ses nombreuses variantes sont dans ce cas; elles ne sont pas les seules d'ailleurs. Le courant généré s'affaiblit très-rapidement et la pile ne débite bientôt plus d'électricité. Elle se *polarise*, comme on dit. La diminution et l'annulation de la force motrice, et même son renversement de sens quelquefois, tiennent à des causes multiples; nous n'indiquerons que la plus efficace. L'hydrogène, qui apparaît au pôle cuivre à mesure que l'oxygène se porte sur le zinc, finit par entourer la lame d'une gaîne isolante; le flux électrique ne peut plus passer, l'oxydation s'arrête et le courant aussi. C'est si vrai que si l'on enlève mécaniquement l'hydrogène fixé sur le cuivre, le courant se produit de nouveau. En outre, l'hydrogène tend sans cesse à se recombiner avec l'oxygène du zinc et par suite à engendrer une force électro-motrice inverse. On augmente encore la force électro-motrice en combinant chimiquement cet hydrogène avec de l'oxygène apporté du dehors par un corps facilement décomposable. Bref, l'ennemi de la constance d'une pile, c'est principalement l'hydrogène. Aussi tous les inventeurs de pile n'ont-ils eu qu'un but, se débarrasser du gaz qui apparaît sur le cuivre au moment de sa production pour éviter la polarisation. Nous retrouverons cette préoccupation dans les principales piles que nous allons maintenant décrire à grands traits (1).

Les deux piles les plus énergiques sont celles de Grove et de Bunsen.

Pile de Grove. — Un vase en porcelaine carré et haut renfermant une feuille de zinc recourbée en U et enveloppant un vase poreux de forme aplatie; dans le vase poreux, une lame de platine mince; dans le vase de porcelaine de l'eau acidulée à l'acide sulfurique; dans le vase poreux, de l'acide nitrique fumant. Le zinc est attaqué, l'eau décomposée, le flux électrique traverse la terre poreuse, l'hydrogène se rend sur le platine d'où il est

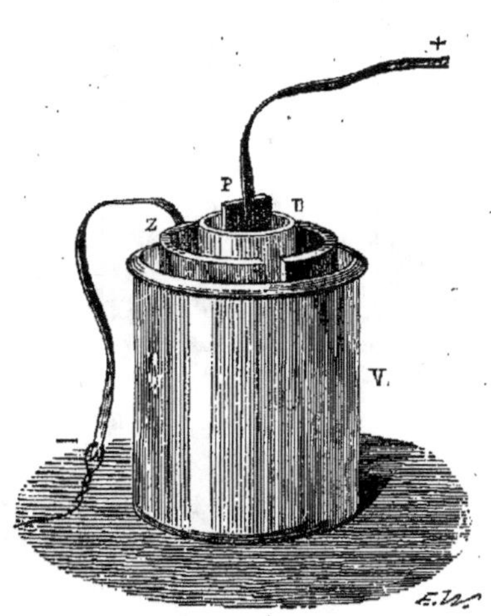

Fig. 12. — Éléments de pile Grove.

(1) Si ε désigne la force électro-motrice d'un élément, E la force électro-motrice due à l'oxydation du métal, e la force totale de polarisation, on a toujours

$$\varepsilon = E - e$$

c'est-à-dire que la force électro-motrice effective augmente quand la force de polarisation diminue et réciproquement. Cette formule se présentera encore dans la théorie des machines dynamo-électriques.

enlevé par l'acide nitrique qui lui cède de l'oxygène.
La molécule aqueuse se reconstitue et l'acide azotique
passe finalement à l'état d'acide hypo-azoteux dont
l'odeur gênante est bien connue.

Pile Bunsen. — Vase de grès vernissé, cylindre de
zinc, vase cylindrique poreux, à l'intérieur prisme de charbon de cornue. Avec le zinc, de l'acide sulfurique dilué dans l'eau ; avec le charbon, acide nitrique. M. Wagner remplace l'acide nitrique par un mélange de 2 parties en poids d'acide nitrique et de 5 d'acide sulfurique ; c'est plus économique. Si la pile doit fonctionner plus de cinq heures, il faut porter la proportion d'acide nitrique jusqu'à 3 parties et demie.

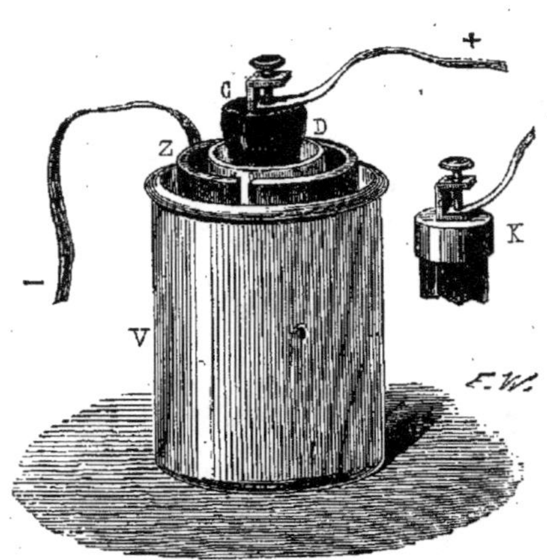

Fig. 13. — Élément de pile Bunsen.

Le zinc est amalgamé dans cette pile comme dans
la précédente. Le métal n'est attaqué dans ce cas que
lorsque la pile est en fonction.

On a modifié de diverses manières la pile Bunsen
sans l'améliorer notablement.

Pile Daniell. — Vase en verre ou en porcelaine,
cylindre de zinc, vase poreux, lame de cuivre. Avec le
zinc, de l'eau et de l'acide sulfurique. Jusqu'ici, c'est

la pile de Volta. Mais pour débarrasser le cuivre de l'hydrogène adhérent, on met dans le vase poreux avec le cuivre, des cristaux de sulfate de cuivre. Pendant l'action, l'hydrogène réduit l'oxyde de cuivre du sulfate, lui prend son oxygène pour former de l'eau et le cuivre se dépose sur la lame de cuivre. L'acide sulfurique rendu libre va se combiner

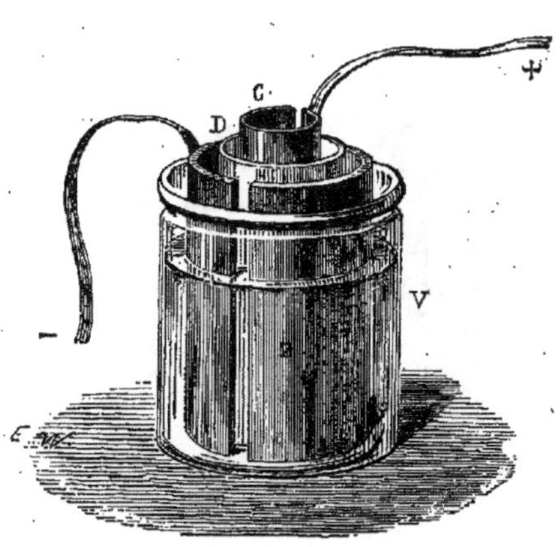

Fig. 14. — Élément de pile Daniell.

à l'oxyde de zinc formé à l'électrode négative et produit du sulfate de zinc.

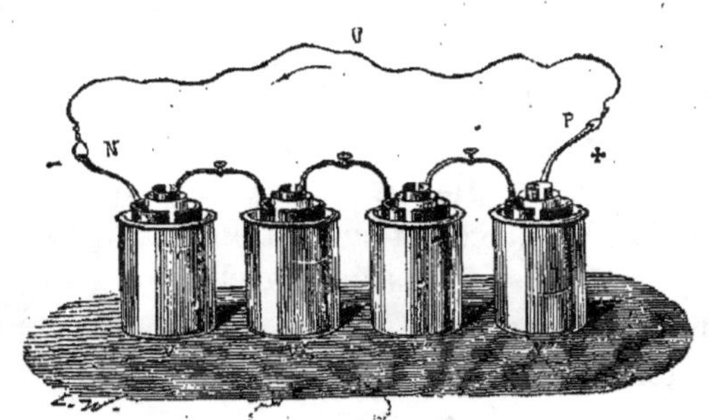

Fig. 15. — Pile Daniell.

Cette pile est pour nous la plus commode des piles. Elle est d'une remarquable constance, ne dégage au-

cune mauvaise odeur, et ne réclame pour son entretien qu'un peu de sulfate de cuivre de loin en loin.

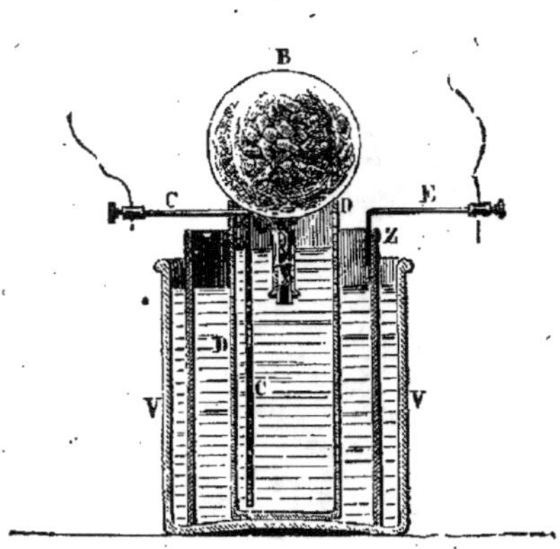

Fig 16. — Élément Daniell.

Sa force élec-
tro-motrice est
de 1 quand celle
de Grove ou Bun-
sen est de 1,812
à 1,510. Donc,
plus faible un
peu, mais quelles
différences dans
l'entretien et la
manipulation!
Elle fonctionne
des semaines,
sans qu'on s'en
occupe et avec un
dispositif approprié, des années. Il n'y a qu'à re-
mettre de l'eau pour remplacer celle que l'évaporation enlève et à retirer le sulfate de zinc en excès.

On l'a beaucoup transformée, selon les pays et les
circonstances. On l'a coiffée d'un ballon en verre plein
de cristaux de sulfate de cuivre qui maintiennent la
solution saturée au voisinage du cuivre.

Pile Carré. — C'est la pile Daniell, dans laquelle,
pour diminuer la résistance intérieure, on a remplacé
le vase poreux par un vase en papier-parchemin. L'auteur a pu faire fonctionner cette pile 200 heures de
suite, sans affaiblissement sensible, en ayant soin de
remplacer tous les deux jours par de l'eau pure une
partie du sulfate de zinc qui baigne l'électrode zinc
et qui finit par gêner les réactions de la pile.

Pile William Thomson. — Les éléments qu'on

superpose en pile sont formés de cuves plates en bois doublées d'une feuille de plomb pour les rendre étanches. Au fond de la cuve, une feuille de cuivre. Au-dessus, maintenu sur des tassots en bois, un gril à barreaux très-serrés en zinc, enveloppé de papier parcheminé. Cristaux de sulfate de cuivre autour de la feuille de cuivre. Eau acidulée. Cette pile a peu de résistance et donne d'excellents résultats.

Pile Minotto. — Pile Daniell à sable. Le sable est tassé au-dessus du cuivre avec cristaux de sulfate. Le zinc est disposé au dessus dans l'eau acidulée. On remplace avantageusement le sable par de la sciure de bois.

Pile Trouvé. — Même type. Le sable est remplacé par du papier buvard. Il suffit que le papier soit humide pour que la pile fonctionne; donc pas de liquide; disposition heureuse pour certaines applications.

Pile Callaud. — Pile Daniell simplifiée. On supprime le vase poreux ou le séparateur en porcelaine, parchemin, papier. Vase en verre. Un crochet placé sur le rebord pour maintenir une petite lame de zinc; une tige verticale de cuivre protégée par une gaîne de gutta-percha et terminée par une spirale de même métal s'enfonçant dans le liquide ; autour de la spirale les cristaux. En haut, l'électricité négative ; en bas, l'électricité positive. La solution de sulfate de cuivre et la solution de sulfate de zinc, restent à peu près l'une au-dessus de l'autre sans trop se mélanger. La résistance est évidemment ici réduite au minimum. Les piles Callaud sont très-économiques et très-répandues. Avec trois éléments de 10 centimètres de hauteur et de 6 de largeur, on décompose l'eau. On s'en sert tout particulièrement à l'Administration des télégraphes de France et dans les chemins de fer. Au Poste central de Paris, 6000 Callaud grand modèle sont journellement en fonction. Même succès aux États-Unis.

Pile Meidenger. — Vase en verre renflé à quelques centimètres du fond pour contenir plus d'eau à la partie supérieure où se concentre le sulfate de zinc. Au fond, un gobelet renfermant une lame de cuivre enroulée en cylindre avec tige verticale montant à la surface, pour servir de pôle positif. Pénétrant dans le gobelet, le goulot d'un ballon placé au dessus et ouvert par la base. On charge le ballon de cristaux qui viennent lentement saturer le liquide près du cuivre. Un cylindre de zinc maintenu à l'intérieur du vase sert de support au ballon en même temps que d'électrode négative. M. Meidenger remplace maintenant le cuivre par le plomb qui n'est pas attaqué par l'acide sulfurique. La tige verticale elle-même est en plomb, ce qui évite la garniture en gutta. Ces piles sont commodes; elles fonctionnent sans qu'on ait besoin de les surveiller trop souvent. On en fait un grand emploi en Allemagne, en Russie, et même en France sur la ligne de Lyon. On reste quelquefois plus d'un an sans y toucher.

Pile William Thomson sans parchemin. — Même dispositif que la première pile décrite, mais suppression du séparateur. Autre dispositif. Cuivre en dessus, zinc en dessous. Dans ce cas, on maintient la solution de zinc à 1,44, tandis que la solution de cuivre ne peut dépasser 1,18. On a renversé la disposition parce que ordinairement lorsque la solution de sulfate de zinc est très-saturée, elle tombe sur la dissolution de cuivre et le mélange nuit au bon fonctionnement de la pile. Les avis sont partagés sur la valeur de cette disposition originale.

Piles dérivées de la pile Daniell. — On a combiné un grand nombre de types d'après l'élément Daniell, en remplaçant le cuivre par un autre métal et le sulfate de cuivre par un sulfate du même métal. Citons les principales.

M. Marié-Davy, remplace le sulfate de cuivre par le sulfate de mercure et le cuivre par un charbon conducteur. C'est la pile au sulfate de mercure : Avantages, force motrice supérieure, 1,5, presque celle de l'élément Bunsen. — Moins d'actions locales, meilleure utilisation, amalgamation du zinc par le mercure qui se dépose. — Inconvénients. Le sulfate de mercure est un poison violent. Son prix est élevé. Polarisation parce que le sulfate de mercure est peu soluble et ne suffit pas à l'enlèvement de l'hydrogène. M. Gaiffe emploie pour ses appareils médicaux la pile au mercure.

Piles à chlorures. — On peut enlever l'hydrogène de-l'électrode inerte au moyen du chlore. M. Marié-Davy a combiné sur ce principe la pile à chlorure d'argent qui est devenue un instrument puissant entre les mains de M. Warren de la Rue. Un vase cylindrique en verre. Électrode négative, une baguette de zinc pur de la Vieille-Montagne ; électrode positive, un ruban d'argent autour duquel est fondu un cylindre de chlorure d'argent. Le liquide est une solution de chlorhydrate d'ammoniaque. Le chlore se sépare de l'argent et attaque le zinc ; l'argent se dépose sous forme de masse poreuse. La force motrice équivaut à celle de l'élément Daniell. En groupant 11,000 éléments, M. Warren de la Rue a pu voir un trait continu de feu jaillir entre les deux pôles. Cette pile ne s'use pas, quand le circuit est ouvert; le courant est constant; on peut d'ailleurs recueillir l'argent. M. Gaiffe a appliqué la pile au chlorure à ses appareils médicaux.

Le perchlorure de fer peut très-bien servir aussi de dépolarisant. On obtient facilement une pile en plongeant du zinc dans de l'eau rendue conductrice par du sel marin et à côté un électrode de charbon entouré d'une solution du perchlorure. L'hydrogène s'empare du chlore de perchlorure qui se transforme en protochlorure. Cette pile a été imaginée par M. Buff. M. Duchemin l'a remise en circulation, il y a quelques années, croyant la combinaison neuve. Cette pile s'affaiblit assez vite.

De même M. A. Niaudet, a construit une pile à chlorure de chaux comme agent dépolarisant au contact du charbon, avec une solution d'eau salée. Déjà M. Lavenarde avait eu recours aussi à l'hypochlorite de chaux. La pile Niaudet mérite l'attention; elle possède de nombreux avantages. Il serait à souhaiter que M. Niaudet qui en a poussé l'examen déjà loin en reprît l'étude. Le chlorure de chaux est à bas prix et la pile ne dépense que lorsqu'elle travaille.

Piles au sel marin. — Électrodes, zinc et charbon, liquide, eau salée. Le sel se décompose, le chlore attaque le zinc. L'hydrogène qui se porte sur le charbon polarise la pile à la longue. Cette pile, très-économique, est très-employée en Suisse. Elle peut fonctionner huit à dix mois sans qu'on y touche. On en a vu durer six ans. On peut épuiser la pile assez rapidement, mais il suffit de deux à trois heures, pour rendre aux éléments leur énergie. Il est probable que l'oxygène de l'air enlève peu à peu l'hydrogène de l'électrode en charbon.

Pile Palagi. — C'est la plus élémentaire des piles. Un vase très-haut plein d'eau pure ou salée, dans laquelle s'enfonce une longue bande de zinc et une chaîne de morceaux de charbons suspendus les uns aux autres par des fils de cuivre. Le courant est faible, mais dure indéfiniment.

Pile au sel ammoniac. — Cette pile, connue aussi sous le nom de *pile Bagration*, est encore très-simple. Le prince Bagration a eu l'idée d'enfoncer une lame de zinc et une lame de cuivre, dans un grand vase plein de sable ou de terre qu'on arrose d'une solution de sel ammoniac. On peut même se servir de tonneaux. Le courant est faible, mais d'une extrème constance; le chlorhydrate d'ammoniaque attaque le zinc; il est probable que l'hydrogène se diffuse, est absorbé par la terre et se combine avec l'oxygène de l'air.

Pile Loomis. — Deux plaques zinc et cuivre, enfoncées dans le sol humide, procurent encore un courant sensible. Telle est la pile Loomis.

Piles à oxydes. — La plus employée et la plus énergique est sans contredit la *pile Leclanché* : Vase carré, diaphragme cylindrique en porcelaine. A l'extérieur du diaphragme, l'électrode zinc sous forme de bâton; à l'intérieur du vase poreux, une plaque de charbon de cornue entourée par parties égales de charbon de cornue et de peroxyde de manganèse. Liquide excitateur : de l'eau et du sel ammoniac. Le zinc amalgamé est attaqué par le sel ammoniac, l'hydrogène est enlevé du charbon par le peroxyde de manganèse qui se réduit à un degré d'oxydation inférieur.

Cet élément présentait des variations de résistance.

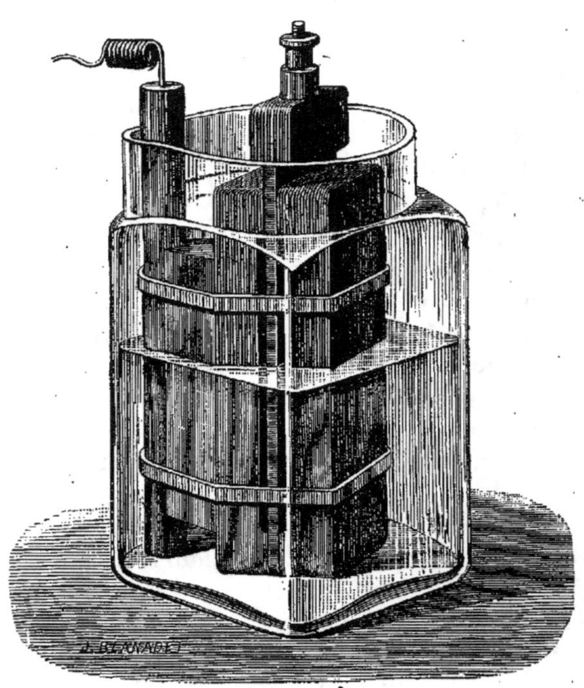

Fig. 17. — Elément de pile Leclanché à agglomérés.

M. Leclanché l'a modifié. Il supprime le vase poreux et prépare un aggloméré de charbon et de peroxyde de manganèse (40 peroxyde, 55 charbon, 5 gomme laque) le tout est soumis à une pression de 30 atmosphères à la température de 100°. Les plaques ainsi formées sont placées à droite et à gauche d'une lame

de charbon et plongées dans le liquide. Les plaques
sont séparées du zinc par un morceau de bois, et tout
le système retenu ensemble par des lanières en
caoutchouc.

Avantages : Le zinc ne s'use que pendant le travail.
La force électro-motrice est de 1,38 presque équivalente à celle d'un Bunsen ; 24 éléments Leclanché remplacent 40 Daniell ; très-faible résistance. La pile ne
gèle pas, même à 17 degrés au-dessous de zéro. Inconvénients : la pile ne donne son maximum d'action
que pendant quelques minutes ; elle s'affaiblit rapidement parce que le peroxyde de manganèse (pyrolusite
des minéralogistes) ne dépolarise pas assez vite le charbon, mais elle reprend vite son activité. C'est une
excellente pile très-usitée en télégraphie, en téléphonie et pour les usages domestiques, sonnette, allu-
moirs, etc. On n'y touche jamais ; il suffit d'y ajouter
de temps en temps un peu d'eau et de l'ammoniac. On
connaît certains éléments dont les zincs ont duré
10 ans.

Piles à mélange dépolarisant. — Elles sont en très-
grand nombre ; les plus employées sont les piles Grenet et Delaurier.

La pile Grenet se présente sous la forme d'une bou-
teille-ballon à gros goulot, fermée par un couvercle de
caoutchouc durci. Le couvercle supporte intérieurement des plaques de charbon maintenues parallèlement à quelques centimètres l'une de l'autre ; entre
les deux charbons se place une lame de zinc fixée à
une tige de laiton, qui traverse le bouchon. Le liquide
emplit le vase aux deux tiers de façon à atteindre les
charbons. Quand on veut faire fonctionner la pile, on
fait descendre la tige, et le zinc est plongé aussi dans le

liquide excitateur. Ce liquide à été combiné autrefois par Poggendorff : voici sa composition. Bichromate de potasse, 3 parties. Acide sulfurique, 4. Eau, 18. On emploie de préférence le mélange de Byrne, 340 grammes ; sel de potasse, 925 ; acide sulfurique, 2,500. Eau.

La réaction est assez complexe ; l'acide sulfurique et le bichromate se combinent de façon à donner un alun et de l'oxygène qui dépolarise le charbon.

Avantages : Le zinc ne s'oxyde que pendant le travail. Grande facilité de manipulation. Courant énergique. Malheureusement, il s'affaiblit au bout de quelques minutes. La dépolarisation est insuffisante. Pile de laboratoire, pour expériences. M. Grenet et beaucoup d'autres insufflent souvent de l'air à l'intérieur pour débarrasser le charbon de l'excès d'hydrogène.

La pile Delaurier ressemble à la pile de Bunsen ; zinc intérieur, vase poreux, double lame de charbon : avec le zinc de l'eau ; avec le charbon de l'eau, du bichromate de potasse, du sulfate de fer, de l'acide sulfurique ; les actions chimiques sont compliquées. Cette pile est très-employée pour des travaux divers, nickelage, etc.

Pile Cloris Baudet. — Pile à bichromate seulement et à vase poreux. Le zinc est dans le vase poreux, en relation lui-même avec deux vases accessoires, dont l'un renferme de l'acide sulfurique, et l'autre du bichromate. Ces vases remplacent le ballon au sulfate de cuivre alimentateur de la pile Daniell. C'est un magasin pour fournir du liquide dépolarisant. D'où le nom de *pile impolarisable,* un bien gros mot pour une légère modification sans avantage bien démontré.

Pile à consommation de charbon. — Le zinc coûte

cher. Si l'on pouvait oxyder du charbon au lieu de zinc ! Partant de cette idée, M. Jablockhoff a essayé de plonger un charbon rougi au feu dans du salpêtre fondu. Le charbon s'oxyde aux dépens de l'oxygène du nitre. Le nitre est positif, le charbon négatif; cette pile ne donne aucun résultat pratique. Elle avait déjà été essayée par Becquerel. L'expérience est faite souvent dans les cours pour démontrer que la combustion dégage de l'électricité.

Pile Thommasi. — L'inconvénient principal de la pile énergique de Bunsen, c'est le dégagement de vapeur rutilante d'acide hypo-azoteux, et le prix élevé de l'acide azotique qui sert de dépolarisant. L'acide azotique coûte de 3 à 4 fois plus cher que le zinc. M. Thommasi remplace l'acide azotique par un mélange d'acide sulfurique et d'azotate de soude. Les zincs sont formés de rondelles empilées; on les remplace une par une, à mesure qu'elles s'usent. Avec 75 couples, on peut produire 50 becs Carcel de lumière.

Pile Reynier. — C'est une pile Daniell modifiée. Le dépolarisant est toujours le sulfate de cuivre, mais le zinc plonge dans une solution de soude caustique additionnée d'une dizaine d'autres sels ayant pour but d'augmenter la conductibilité du liquide. Le diaphragme séparateur est en parchemin. La force électro-motrice est considérable : 1.47; la résistance très-faible. M. Reynier, en ajoutant à la solution des sels nombreux, avait aussi en vue de produire, dans la pile, des réactions amenant la formation de composés industriels. L'auteur ne parait pas avoir réussi. C'est un problème qui a été posé, il y a longtemps, et qui réclame encore une solution. On peut citer, par exemple, comme une bonne tentative dans cette direction la pile de Schœnbein ou vase cylindrique en fonte rendue

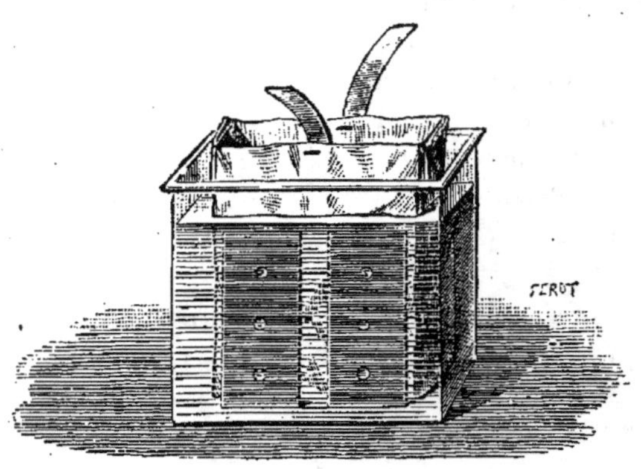

Fig. 18. — Élément de pile Reynier.

passivé par l'action de l'acide azotique. Un vase poreux dans lequel plonge un cylindre de fonte. On verse

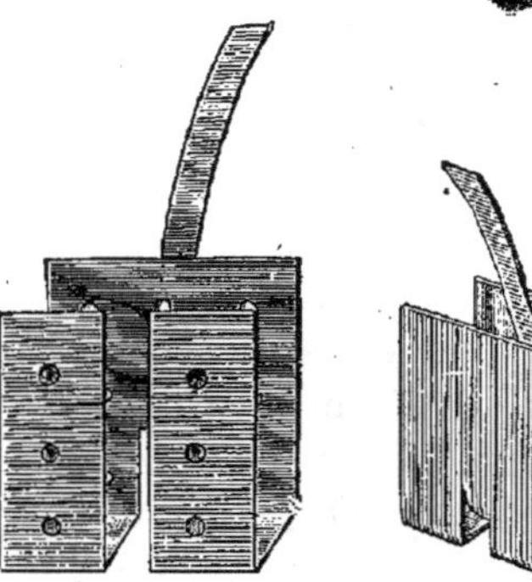

Fig. 19. — Cuivre. Fig. 20. — Zinc. Fig. 21. — Parchemin.
Détails de l'élément Reynier.

3 parties acide azotique et 1 partie acide sulfurique dans la marmite de fonte. De l'eau acidulée dans le

vase poreux. Ce couple est très-énergique, très-peu coûteux et le sulfate de fer qui se forme a des usages dans l'industrie.

M. Reynier a présenté tout récemment comme neuf un autre dispositif de la pile Daniell. Ce dispositif est, trait pour trait, celui qu'avait déjà réalisé Péclet.

Pile Maiche. — M. Maiche donne au charbon des piles la forme d'un disque que l'on fait tourner de temps en temps. L'hydrogène de polarisation est ainsi plongé dans l'air et s'en va. Dans une autre disposition, M. Maiche se sert d'un cylindre très-large de charbon recouvert d'une pellicule de noir de platine. Il pense que sous l'action du noir de platine l'hydrogène se recombine à l'oxygène de l'air. Liquide excitateur : eau acidulée à l'acide sulfurique ou solution de sel marin ou de sel ammoniacal. On peut combiner ces deux modes de dépolarisation et empêcher ainsi l'affaiblissement de la pile.

M. Maiche a repris aussi une excellente idée déjà ancienne du reste, celle de régénérer les piles en faisant passer un courant dans leurs électrodes. Une pile qui est usée parce que ses sels décomposés ne la dépolarisent plus est remise à neuf par le passage d'un courant.

Pile Rousse. — Le zinc est remplacé par du ferro-manganèse à 85 0/0 de manganèse fabriqué industriellement dans plusieurs usines. Cet alliage a plus d'affinité que le zinc pour l'oxygène. La dépolarisation s'effectue avec de l'acide azotique ou du permanganate de potasse.

Cette pile est économique, parce que le ferro-manganèse ne coûte que 50 francs les 100 kilogrammes et que les produits peuvent être transformés en sels utilisables dans le commerce.

Piles humides. — Citons encore la pile Desruelles et Bourdoncle, qui a l'avantage de ne pas contenir de liquide. Les inventeurs mêlent à la solution d'une pile quelconque de l'amiante en poudre. L'amiante peut retenir entre ses pores jusqu'à 11 fois son poids d'eau. On évite ainsi le renversement du liquide, mais on accroît la résistance. Déjà, dans le même but, on avait employé le sable et la sciure de bois. M. Skrivanow avait exposé dans la section russe une pile à pâte sèche suffisante pour mettre en action une sonnerie électrique pendant des mois. Le bouton de sonnerie constituait lui-même la pile, le zinc était allié à du sodium et la pâte dépolarisante était formée de bichromate de potasse et de mélasse.

Arrêtons ici cette revue des principales piles; les types sont innombrables, on peut imaginer des piles à volonté en variant les éléments chimiques, prendre par exemple des électrodes de même nature et les plonger dans des solutions différentes, composer des piles au gaz en réunissant par des fils deux éprouvettes pleines de gaz différents et susceptibles de se combiner, etc. Rien de si facile que de produire de l'électricité.

Mais rien de si difficile que d'inventer une pile économique. Le zinc est le seul métal qui s'oxyde assez vite pour donner beaucoup de force électro-motrice, mais il coûte cher. Les piles les plus économiques sont encore très-dispendieuses.

Cependant, il est permis d'ajouter que les recherches n'ont peut-être pas été assez bien dirigées jusqu'ici, pour qu'on ne puisse pas espérer découvrir une combinaison plus satisfaisante. Nécessité fait loi; le moment est venu de produire commodément de l'électricité, et nous pensons qu'on finira par nous doter d'une pile vraiment commode et relativement économique.

Les piles précédentes sont connues sous le nom générique de piles *hydro-électriques* par opposition à celles dont nous allons parler et qui portent le nom de *piles thermo-électriques*. Dans les premières, l'électricité est produite par action chimique; dans les secondes, par

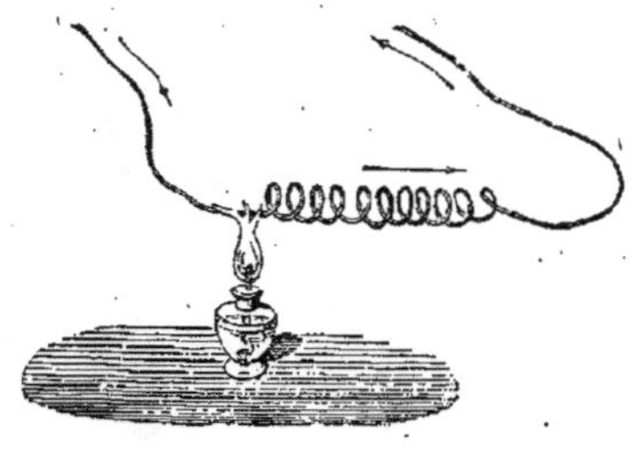

Fig. 22.

action physique. Nous avons déjà posé en principe que toute modification physique quelconque déterminait la production d'électricité. Quand on chauffe l'extrémité d'un fil métallique ou même d'un corps quelconque et qu'on maintient froide l'autre extrémité, on produit un courant. C'est Seebeck de Berlin qui fit cette découverte en 1821. Becquerel a donné les lois du phénomène.

En soudant ensemble des métaux appropriés ou des alliages, si on echauffe la soudure, l'effet électrique est très-augmenté. Ainsi, en soudant sur une lame de bismuth les extrémités d'une lame de cuivre, dès qu'on chauffe une des jonctions, un courant circule dans les deux lames. Le courant va de la soudure chaude à la soudure froide dans le cuivre, et de la région froide à région chaude dans le bismuth. Becquerel pense que le courant est dû à l'inégale propagation de la chaleur à travers les parties de ce circuit hétérogène.

En groupant ainsi une série de lames soudées, en recueillant les différents courants engendrés, on réalise une pile thermo-électrique. Ces piles ont très-peu

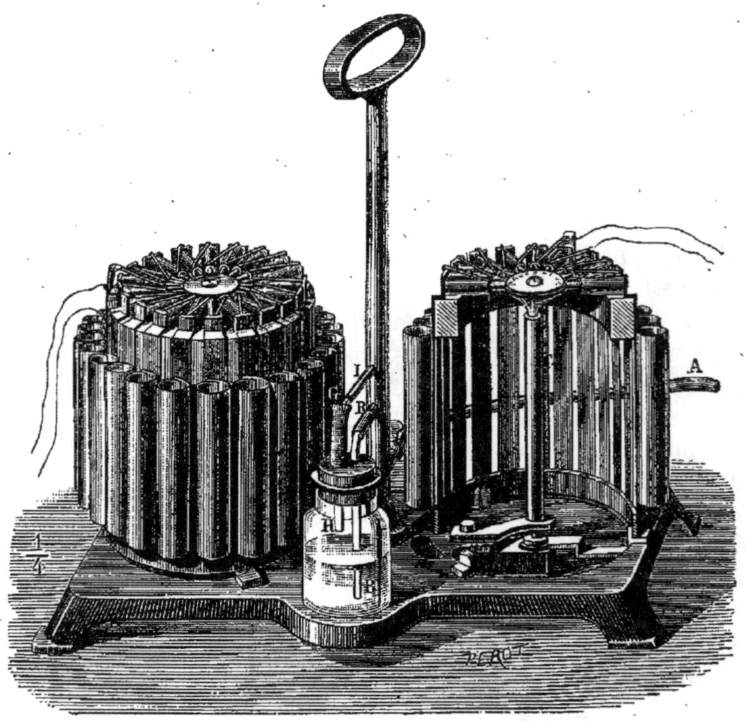

Fig. 23. — Pile thermo-électrique de Noë.

de tension; la résistance au passage du courant est très-faible; la force électro-motrice d'un élément varie entre 1/20 et 1/300 de celle d'un élément Daniell. Il faut en réunir beaucoup pour obtenir une force électro-motrice comparable à celle d'une pile hydro-électrique.

Ces générateurs d'électricité ne sont pas encore entrés couramment dans la pratique. Toutefois, il en est deux types perfectionnés qui font exception dans une certaine mesure, et qui peuvent être décrits en quelques lignes ; nous faisons allusion à la pile de M. Noë très employée en Autriche pour effectuer les dépôts galvaniques et à la pile Clamond qui a été modifiée et expérimentée dans ces derniers temps sur un modèle presque industriel.

Dans la pile Noë construite en France par la maison Bréguet, les deux lames qui forment un élément sont l'une en maillechort ou argentan, l'autre en alliage d'antimoine et de zinc. Chaque système de double lame est disposé en cercle; on les superpose. Un brûleur à gaz chauffe les soudures. Chaque groupe de 20 éléments a une force électro-motrice de 1,25 de Daniell et une résistance de 0,5 Ohm. Il faut donc compter sur une pile de 20 éléments pour faire environ un Daniell. Cette pile ne s'altère pas.

La pile Clamond perfectionnée est chauffée au coke ; elle est formée d'une série de chaînes disposées en couronnes autour d'un cylindre de fonte au centre duquel est installé le foyer de chaleur. Les éléments ne sont donc pas au contact du feu. Les métaux employés sont l'alliage de zinc et antimoine et le métal de la pile Marcus, c'est-à-dire un alliage nickel, zinc et cuivre. Une pile de 3,000 couples comprend 60 chaînes de 50 couples. On en superpose deux séries, ce qui porte l'ensemble à 6,000 éléments. Pour une température des soudures chaudes de 360 degrés et une température de 80 degrés des soudures froides, les 3,000 éléments donnent une force électro-motrice de 109 Daniel et une resistance de 15 Ohm

Le modèle que nous avons vu fonctionner de 6,000 couples brûle 12 kilog. de coke par heure. On peut, avec l'appareil, alimenter deux lampes électriques de 30 à 50 carcel. La pile Clamond à coke ressemble à un gros calorifère. Aussi bien, elle peut servir à chauffer les appartements et à donner de l'électricité.

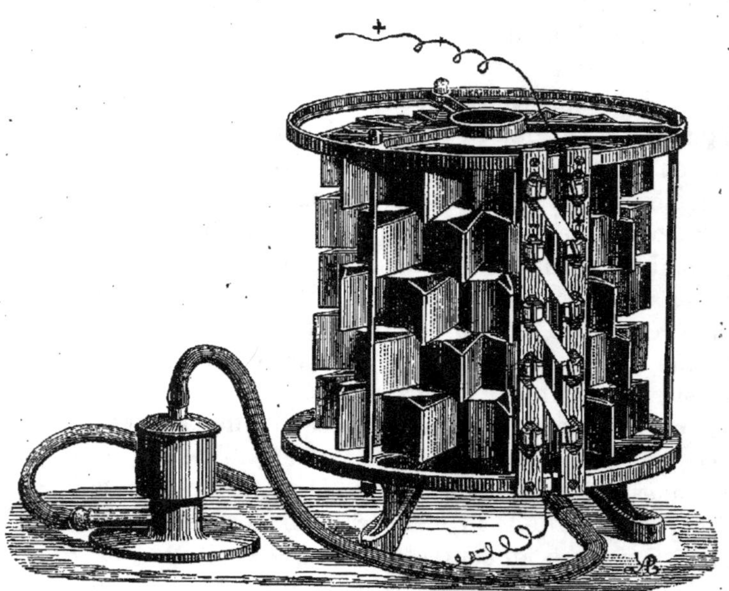

Fig. 24. — Petite pile thermo-électrique de Clamond chauffée au gaz.

En France, on n'utilise la pile thermo-électrique que pour faire des dépôts électro-chimiques, notamment à la Banque de France et à l'usine d'Asnières de la maison Goupil.

On a conçu beaucoup d'espérances sur ce mode de production de l'électricité. Nous ne partageons pas

cette opinion, d'une manière générale. Évidemment,
les piles thermo-électriques seront susceptibles d'application dans beaucoup de circonstances déterminées :
mais on s'illusionne, peut-être, quand on y voit un
mode de transformation directe et économique de la
chaleur en électricité. Une modification physique est
toujours moins énergique qu'une transformation chimique. Nous verrons bientôt qu'on produit mécaniquement l'électricité précisément par des actions
toutes physiques. Mais ici la variation physique est
rapide et répétée. Il en est bien autrement pour les
piles thermiques. En dehors de cette raison, il faut
ajouter qu'il se produit dans le système des pertes considérables par suite du rayonnement. Une pile thermo-
électrique n'est bonne qu'à la condition d'être à la
fois une source de calorique et d'électricité. Si l'application n'est pas double, nous ne voyons pas qu'on
puisse atteindre un bon rendement économique.

III

Avant d'aller plus loin dans notre examen rapide des générateurs d'électricité, peut-être n'est-il pas superflu de revenir un peu sur quelques notions élémentaires bonnes à se rappeler. Il n'est pas essentiel de les connaître, mais elles présentent l'avantage de donner de la précision aux idées et elles permettent de se familiariser avec le langage des électriciens. Il s'agit de définir quelques-unes des propriétés essentielles des courants et de dire ce que l'on doit entendre par les unités électriques.

Un courant électrique présente beaucoup d'analogie avec les courants liquides. On a besoin pour les applications de mesurer la valeur d'un courant électrique comme on mesure celle d'un cours d'eau. Ainsi de l'eau qui circule dans un tuyau coule en quantité d'autant plus grande que la pression initiale, la charge d'eau est plus considérable ; il est clair qu'un filet d'eau, qui provient d'un réservoir de 10 mètres de haut, s'échappe par l'orifice de sortie autrement vite que le filet, qui n'a au-dessus de lui que quelques décimètres d'eau. Une conduite d'eau débite en raison de sa charge. De même un courant électrique débite en raison de sa charge, c'est-à-dire de sa force électro-motrice.

Le frottement de l'eau dans les tuyaux engendre de la résistance à la progression du liquide. Nous avons vu que, de même aussi, le flux électrique éprouvait une résistance pour se propager, soit à travers les molécules liquides de la pile, soit à travers les molécules du métal. Il y a donc à considérer ici, comme pour une conduite sous pression, la résistance au passage de l'électricité.

La quantité d'électricité débitée est d'autant plus grande que la force électro-motrice est plus considérable; elle est aussi bien évidemment d'autant plus petite que la résistance est plus forte. Nous avons déjà eu l'occasion de dire que Ohm et Pouillet ont démontré ce fait curieux, que la quantité débitée varie exactement en raison directe de la force électro-motrice et en raison inverse de la résistance. Avec ces deux données uniques, force électro-motrice et résistance, on a le débit. Cette proportionnalité est simple et très-remarquable. Elle sert de base à tous les raisonnements et à tous les calculs en électricité. La formule $I = \dfrac{E}{R}$ est fondamentale; il est bon de l'avoir toujours présente à la mémoire; elle s'applique à tous les points d'un circuit électrique; c'est-à-dire que si dans un fil parcouru par un courant, on choisit unpoint quelconque en *amont* et un point quelconque

en *aval*, séparés par une distance quelconque, et que
e désigne la différence de potentiel entre ces points,
r la résistance opposée au passage entre les deux
mêmes points, on a toujours

$$I = \frac{e}{r}$$

La différence de potentiels, ou si l'on veut encore
la différence des deux niveaux constitue la *chute
électrique*; elle sert de mesure à la force électro-
motrice entre ces points. Le débit étant toujours le
même dans tout le réseau, le rapport de toutes les
chutes à la résistance qui leur correspond est toujours le même. On a donc

$$\frac{e}{r} = \frac{e_1}{r_1} = \frac{e_2}{r_2} \text{ etc...}$$

Si le fil a partout la même section, pour des points
séparés par la même distance, la chute est constante;
elle est comparable aux marches d'un escalier. La
hauteur de la marche représente la chute, la largeur
de la marche la résistance.

Il n'en est plus ainsi, bien entendu, quand le fil
varie de section. A la même chute correspondent des
longueurs de conducteur différentes.

La chute électrique varie avec la résistance, non-
seulement dans le circuit, mais encore dans la pile
elle-même. Si la résistance extérieure croît, la chute
diminue; le niveau électrique au pôle s'élève ou
s'abaisse en raison inverse de l'effort extérieur à
vaincre. L'écoulement est gêné et le niveau se maintient naturellement plus haut que si l'écoulement

était facilité. Cette observation a sa valeur pratique; quand nous traiterons de la distribution de l'électricité dans une canalisation, on verra qu'il est utile de savoir que le niveau électrique s'abaisse ou se relève dans un générateur d'électricité comme dans un réservoir selon que l'écoulement extérieur se fait sans obstacle ou au contraire est gêné dans son parcours. Il en résulte des différences de pression qui retentissent sur le régime de toute la canalisation.

Lorsque au lieu de réunir les deux pôles d'une pile par un fil unique, on les relie par plusieurs fils de section différente, le courant se partage et passe dans les divers conducteurs en raison de leur section. Chaque conducteur débite de l'électricité en raison de son volume, absolument comme un tuyau. Et si la pression dans la canalisation se maintient constante, le débit reste uniforme. Il en est encore de même si sur une canalisation, on branche des conducteurs dérivés, qui partant d'un point du circuit le rejoignent à un autre point comme les différents bras de la même rivière. Les courants dérivés ont aussi un débit constant quand le régime permanent est établi. Seulement le débit de la canalisation est ici augmenté en amont des bras dérivés et diminué en aval. Ces détails sont bons à conserver dans la mémoire.

Aux notions précédentes, il convient d'ajouter quelques considérations d'un autre ordre. Le frottement de l'eau contre les parois d'un tuyau, la résistance à l'écoulement se traduit par un dégagement de chaleur. De même, la résistance à l'écoulement électrique engendre de la chaleur dans les fils et dans la pile. L'oxydation du zinc crée de l'électricité; en chemin l'électricité se transforme en calorique. La chaleur

4

ainsi récupérée correspond au travail du frottement. On sait que travail et chaleur sont synonymes ; l'équivalence de la force et de la chaleur a été mise hors de doute ; c'est une des plus belles conquêtes de la physique moderne.

Quand un mécanicien veut évaluer le travail que peut effectuer de l'eau courant sous pression, il l'obtient en multipliant la pression de l'eau ou sa hauteur de chute par le volume débité, le poids par la hauteur de chute HV. Le travail électrique s'évalue absolument de même ; il a pour valeur dans l'unité de temps la force électro-motrice multipliée par l'intensité ou volume d'électricité E I (1). Ce résultat est

---

(1) Le travail mécanique a pour unité le kilogrammètre. Un kilogrammètre, c'est un kilogramme élevé à 1 mètre de hauteur. Le travail de 1 kilogrammètre par seconde, c'est un kilogramme élevé à 1 mètre par seconde. Le travail du cheval-vapeur correspond à 75 kilogrammètres par seconde ; c'est 75 kilog. élevés dans l'unité de temps à 1 mètre ou 1 kilogr. élevé à 75 mètres.

Le travail électrique EI exprimé en unités mécaniques, en kilogrammètres, doit être donné sous la forme

$$\frac{EI}{g} = \frac{EI}{9,81}$$

g étant l'accélération de la pesanteur. Pour être exprimé en chevaux-vapeur, il doit être donné sous la forme

$$\frac{EI}{9,81 \times 75}$$

Le terme g apparaît dans la formule, parce qu'en mécanique on substitue à la considération des poids celle des masses. Le poids varie avec la latitude ; on ne peut introduire une variable et l'on y substitue une constante : la masse. $P = mg$; le poids égale la masse multipliée par l'accélération de la pesanteur.

Enfin pour exprimer le travail calorifique, la quantité de chaleur engendrée, il faut se rappeler que le kilogrammètre correspond à 425 calories. La calorie est l'unité de chaleur ; soit la

facile à établir. Joule a le premier montré que a chaleur engendrée par le passage d'un courant d'intensité I est proportionnelle à la résistance du conducteur et au carré de l'intensité. On a donc pour les quantités de chaleur respectivement dégagées dans la pile, dans le conducteur, et à la fois dans la pile et le conducteur, r, r et R exprimant les résistances dans chaque cas.

$$K r I^2 t = K \frac{r}{R} E I t$$

$$K r_1 I^2 t = K \frac{r_1}{R} E I t$$

$$K R I^2 t = K E I t$$

La quantité de chaleur totale dégagée, soit le travail total développé dans l'unité de temps, peut donc s'exprimer par EI. On voit en même temps que la chaleur se répartit proportionnellement à la résistance entre la pile et le conducteur. Si celui-ci est très long, très résistant, toute la chaleur s'y concentre. Lorsque le courant circule simplement dans un fil, sans effectuer de travail extérieur, toute la chaleur se répartit dans la pile et dans le fil.

C'est ainsi qu'on peut rougir rapidement et porter à l'incandescence un conducteur métallique. La formule de Joule montre que l'élévation de température sera d'autant plus rapide que le fil sera plus fin et que la quantité d'électricité débitée sera plus grande. Pour faire de la lumière par incandescence, on le voit dès

quantité de chaleur nécessaire pour élever 1 kilog d'eau de 1 degré. Le travail calorifique sera

$$\frac{EI}{9,81} \times 425.$$

maintenant, il conviendra de produire beaucoup d'électricité et de la faire circuler dans des conducteurs très-fins.

Si le courant est utilisé à opérer une action chimique, la décomposition de l'eau, une partie du calorique sera convertie en travail. La chaleur répartie dans le circuit total sera moindre que celle qui correspond à l'oxydation du zinc. Le déficit équivaudra à la portion utilisée au dehors. Prenons 20 éléments et supposons que chacun d'eux ait dissous 5 gr. de zinc, soit au total 100 gr., au bout d'un certain temps. Ces 100 gr., auront par leur dissolution produit 56 calories. On trouvera que 1 gr. 364 d'eau aura été décomposé ; or ce travail mécanique de la séparation de l'oxygène et de l'hydrogène, exige la consommation de 5 calories, 3. Il restera dans le circuit 56 calories moins 5 calories, 3, soit 50 calories, 7.

Si on avait utilisé le courant à mettre en mouvement un moteur électrique, on constaterait, par exemple, que pour la même consommation de 100 gr. de zinc, la machine aurait effectué 4,250 kilogrammètres. Or, chaque calorie produisant 425 kilogrammètres, c'est qu'on aurait utilisé 10 calories sur 56 ; or, 56 moins 10 font 46. Le reste 46 calories s'est perdu dans le circuit. On voit que, dans ce cas, la chaleur répartie dans le circuit est moindre qu'avec l'action chimique.

Il faut, dans tous les cas, que la chaleur totale engendrée, se retrouve ou dans le circuit, ou sous forme de travail de décomposition chimique ou de travail mécanique ; c'est un résultat fondamental. $W = w + Tu$. Faraday a formulé cette relation importante : « les quantités de matières combinées dans chaque élément de pile et celles qui sont décomposées au dehors sont proportionnelles aux équivalents chimiques des substances respectivement combinées et décomposées. » En ayant présentes à la mémoire la loi de Joule et la loi de Faraday, on peut facilement se rendre compte de la quantité des effets chimiques et calorifiques accomplis dans un circuit.

Ces notions générales établies, il est bon d'entrer dans quelques détails succincts sur la mesure de l'électricité.

On mesure le débit d'une rivière, la pression d'une conduite d'eau, on en déduit le travail mécanique qu'elle peut fournir. Il est indispensable de pouvoir en faire autant pour l'électricité. Il convient de mesurer la pression ou la force électro-motrice d'une pile, sa résistance, etc., ce que l'on appelle ses *constantes*. Déjà nous avons eu l'occasion de comparer entre elles, les forces électro-motrices des piles, et comme il fallait bien un terme de comparaison, nous disions : tel élément a une force électro-motrice supérieure ou inférieure à l'élément Daniell. Il faut préciser davantage et fixer un type qui serve d'unité.

Il y a longtemps qu'en Angleterre où l'industrie des câbles télégraphiques a pris depuis vingt ans un grand développement, on avait dû se préoccuper de fixer des unités pour l'électricité comme pour les autres forces physiques.

En 1863, l'Association Britannique nomma une Commission pour établir un système complet de mesures électriques. La Commission a poursuivi ses travaux pendant huit années consécutives.

Le Congrès international des électriciens réuni le 15 septembre 1881, à Paris, a décidé d'adopter à très-peu près les unités de l'Association Britannique. Elles vont donc faire loi partout.

L'unité de *force électro-motrice* s'appelle le *Volt* en honneur de Volta. L'élément dont la force motrice est pris pour unité diffère peu de l'élément Daniell. C'est un couple cuivre et zinc amalgamé; le cuivre plonge dans une solution de nitrate de cuivre et le zinc dans l'acide sulfurique étendu de 12 fois son poids d'eau. Donc, dire qu'un élément Bunsen a une force électro-motrice de 1,5 Volt, c'est dire qu'il correspond à une fois et demie l'élément type, en pratique à une fois et demie le Daniell, dont la valeur exacte est 1,079. Le Volt vaut environ 0,93 Daniell.

L'unité de *résistance* est l'*Ohm* en souvenir du physicien allemand. Elle correspond à peu près à la résistance qu'oppose à la propagation de l'électricité un fil de fer de 4 millimètres de diamètre et de 100 mètres de long. En France, on comptait, il y a quelques années encore, la résistance en kilomètres de fils télégraphiques. Le kilomètre équivaut à environ 10 Ohms; en Allemagne, on se servait de l'unité Siemens équivalente à une colonne de mercure d'un mètre de long et d'un millimètre de section. C'est l'unité Siemens modifiée qui servira d'unité. Une Commission internationale sera chargée de déterminer la longueur exacte d'une colonne de mercure de un millimètre carré dont la résistance à 0° centigrade représentera la valeur de l'Ohm. On peut admettre que l'Ohm équivaut environ à la résistance de 48 mètres de fil de cuivre de 0,001 de diamètre.

L'unité d'*intensité* se déduit des deux précédentes. On a le débit quand on a la force électro-motrice et la résistance. On l'appelle *Ampère*. C'est l'intensité d'un courant, qui traverse un conducteur dont la résistance est de 1 Ohm, quand la différence de potentiel aux extrémités de ce conducteur est de 1 Volt.

$$I = \frac{1 \text{ Volt}}{1 \text{ Ohm}}$$ Un courant d'un Ampère est capable de précipiter 4 grammes d'argent par heure.

L'unité de *quantité* est l'unité d'intensité quand on y ajoute la notion du temps; $q = it$. C'est le débit par seconde. On la désigne sous le nom de *Coulomb*. Le Coulomb est la quantité d'électricité qui traverse *pendant une seconde* un conducteur de 1 Ohm de résistance, avec une différence de potentiel de 1 Volt. Un courant dont l'intensité est de *un Ampère* débite par seconde une quantité d'électricité égale à *un Coulomb*.

Les courants employés en télégraphie sont des courants faibles; ils varient entre 1 et 10 milli-Ampères; ceux qui servent à la lumière électrique varient entre 1 et 60 Ampères. Enfin, dans les opérations électro-chimiques, on se sert de courants dont l'intensité atteint 1,000 Ampères.

Il reste une dernière unité à mentionner, c'est le *Farad*, ainsi appelée en souvenir de Faraday; elle se rapporte à l'unité de capacité. C'est la capacité d'un conducteur qui renferme un Coulomb lorsqu'il est chargé au potentiel de 1 Volt. La quantité d'électricité qu'on peut ainsi enfermer est comme pour un gaz proportionnelle à la pression. Le *Farad* est une quantité trop grande pour la pratique; l'unité dont on se sert réellement est le *micro-farad* qui en est la *millionième* partie.

Le Congrès de Paris a substitué aux anciennes *unités absolues* de l'Association Britannique qui étaient généralement trop petites pour la pratique des *multiples décimaux* (1). Ainsi on a

$$\text{Le Volt} = 10^8 \text{ unités (CGS)}$$

$$\text{L'Ohm} = 10^9 \text{ unités (CGS)}$$

$$\text{L'Ampère} = \frac{10^8}{10^9} = 10^{-1} \text{ unités (CGS)} \quad (2).$$

Les noms de ces unités précédées des préfixes *mega* ou *micro* désignent des unités un million de fois plus grandes ou plus petites. Le préfixe *milli* désigne une unité mille fois plus faible. Ainsi la résistance des isolants qui est toujours considérable s'évalue en megohms, les petites résistances en microhms, les intensités des courants télégraphiques en milliampères, etc.

Toutes ces expressions passées aujourd'hui dans le langage des électriciens étaient utiles à faire connaître.

(1) Consulter, au sujet des unités électriques, le beau livre de M. Mascart. *Leçons sur l'électricité et le magnétisme* ; Masson, éditeur ; et une excellente étude de M. Hospitalier, publiée dans l'*Électricien*, février-mars 1882.

(2) Le symbole (CGS) signifie centimètre, gramme, seconde. Les unités de l'Association Britannique ont pour point de départ le centimètre, le gramme-masse et la seconde. Les premières unités déterminées par Weber avaient pour base le millimètre, le milligramme et la seconde.

IV

Générateurs mécaniques d'électricité. — Fabrication industrielle des courants électriques. — Action d'un aimant sur un
fil métallique.— Induction.— Courants induits. — Découvertes
d'Œrstedt, d'Ampère et d'Arago. — Electricité générée par la
rotation d'une pelotte de fil devant un aimant — Les machines
magnéto-électriques. — Machines de Pixii, de Clarke.— Machines dynamo-électriques. — Principe de la surexcitation. —
Magnétisme permanent. — Les machines à courants continus.
— Types Gramme, Siemens, Brush. — L'anneau Pacinotti. —
Machines à courants alternatifs. — Machine auxiliaire excitatrice. — Types Gramme, Siemens, à électro-aimants.— Types de
l'Alliance et de Méritens, à aimants permanents. — Usage des
machines à courants alternatifs.

Nous avons vu que, malgré toutes les combinaisons
tentées jusqu'ici, les nombreuses piles que l'on a ima-
ginées ne donnent, en somme, que peu d'électricité, et
qu'encore il faut la payer cher. Ce n'est pas, effectivement, avec les piles, qu'en ce moment on fabrique
l'électricité par grandes quantités et à un bas prix
relatif. Le secret de la production industrielle de l'électricité est ailleurs ; il repose sur des phénomènes tout
différents de ceux que nous avons exposés.

En 1830, Faraday reconnut qu'il suffisait, pour engendrer un courant électrique, d'un aimant et d'un
fil métallique. Lorsqu'on approche d'un aimant un
fil conducteur, un fil de cuivre, par exemple, il se
manifeste dans le fil un courant instantané ; si on
l'éloigne, il se produit de nouveau un courant instan-

tané, mais de sens contraire au précédent. Il faut, bien entendu, pour que le courant passe, que les deux extrémités du fil se rejoignent et fassent un circuit fermé. Les applications innombrables qui figuraient à l'exposition étaient tout entières en germe dans cette découverte capitale. Un aimant n'agit pas, comme on croit généralement, sur le fer ou l'acier seulement ; il exerce une action attractive ou répulsive sur tous les corps ; évidemment, l'aimant trouble par un artifice encore obscur, l'équilibre moléculaire du fil métallique et détermine ainsi la formation d'un courant dans les corps qu'il influence ; la modification moléculaire est si vraie que Joule a trouvé que le fil s'allonge sous l'action du courant. Le phénomène observé par Faraday rentre dans le principe général de génération d'électricité que nous avons posé au début. Les courants électriques obtenus ainsi par influence d'un aimant sur un conducteur fermé sont connus sous le nom de *courants d'induction* (1).

Il résulte nettement de ce qui précède, qu'il suffit d'approcher et d'éloigner alternativement et rapidement un fil d'un aimant pour engendrer une succession de courants électriques. Ces courants seront d'autant plus énergiques qu'il y aura plus de longueur

(1) En 1819, Œrstedt, professeur de physique à Copenhague, trouva qu'un courant électrique passant dans le voisinage d'une aiguille aimantée la faisait dévier ; il découvrit ainsi l'action des courants sur les aimants. Le réciproque devait être vrai ; il fallait s'attendre à voir les aimants réagir sur les fils conducteurs et engendrer des courants. L'action est égale à la réaction.

En 1820, Ampère démontra que les courants s'influencent lès uns les autres et qu'un courant traversant un fil enroulé en hélice peut agir sur une autre hélice semblable à la façon d'un aimant. Il assimile les aimants à des hélices traversées par des courants. Les aimants ne seraient que des *Solénoïdes* d'Ampère.

de fil soumis à l'action de l'aimant et que le **rappro**-
chement ou l'éloignement sera plus rapide.

Supposons donc une pelotte ou une bobine de fils
métalliques recouverts de soie pour les isoler, con-
trainte à tourner entre les pôles d'un aimant ; les fils
s'approcheront et s'éloigneront de chaque pôle et
seront parcourus par des courants. Telle sera réduite
à sa plus simple expression une machine engendrant
des courants électriques ; tel est le principe des machines dites magnéto-électriques (1).

On le voit, on produit l'électricité dynamique *sans
contact* aucun entre les corps en présence. Le seul fait
du rapprochement ou de l'éloignement des fils a pour
effet la génération des courants On obtient l'électricité
statique en faisant tourner un disque de verre entre
des coussins frotteurs ; mais ici, il y a contact étroit,
il y a frottement, et le phénomène est tout autre.

En pratique, on enroule une très-grande longueur
de fil de cuivre garni de soie sur une ou plusieurs
bobines que l'on fait tourner entre les pôles d'un
aimant. Nous avons dit que lorsque les fils s'appro-
chent ou s'éloignent de l'aimant, les courants sont
renversés. On s'arrange de façon que tous les courants
de même sens soient recueillis dans un conducteur
unique et que tous les courants de sens contraire s'en
aillent de même dans un autre conducteur unique.
Le petit appareil, qui opère cette distribution, est
connu sous le nom de *commutateur*. Lorsqu'on
récolte ainsi séparément les courants instantanés inverses successivement générés dans les fils, on a une

(1) Machines *magnéto-électriques*, parce que l'électricité est
engendrée par l'influence de l'aimant, par l'action du *magnétisme*
de l'aimant.

machine à *courants continus.* « Si au contraire, on se contente de recevoir successivement les courants engendrés dans chaque sens inverse, on a une machine

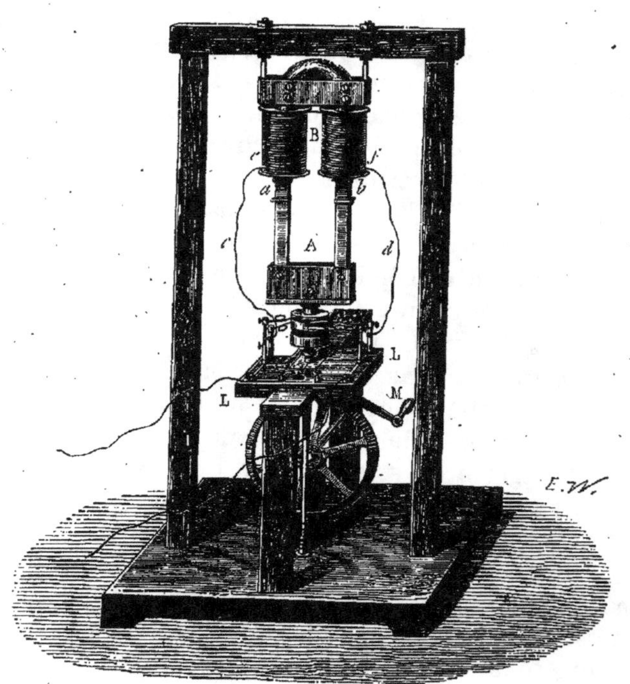

Fig. 25. — Machine magnéto-électrique de Pixii.
B bobines fixes. — A aimant mobile. — L commutateur

à *courants alternatifs.* En réalité, on n'obtient jamais ainsi, comme dans une pile, un courant continu réel, puisque la machine n'engendre en tournant qu'une succession très-rapide de courants instantanés; mais les courants successifs courent les uns après les autres

si vite, qu'en définitive c'est comme si la continuité
était parfaite. On note le passage de plus de 10,000
courants successifs par seconde, 60,000 par minute.

Fig. 26. — Machine de Clarke.
B Aimant fixe. — H Bobines mobiles. — xy Commutateur.

L'enroulement du fil, qui constitue les bobines se fait
sur une âme en fer doux. Faraday a, en effet, constaté
que la présence du fer dans l'intérieur de la bobine augmentait l'intensité des courants produits. Le fer surexcite l'aimant (1) et accroît son influence inductrice.

(1) Pour conserver aux aimants leur force, on a l'habitude de

L'ÉLECTR.   5

La première machine magnéto-électrique fut réalisée par Pixii en 1832. Pixii faisait tourner un aimant mobile devant deux bobines fixes. Sexton , puis Clarke trouvèrent avec raison que l'aimant étant l'élément le plus volumineux et le plus lourd, il était préférable de le maintenir fixe et de faire tourner les bobines. Ce n'est qu'en 1849 que Nollet, professeur à l'École militaire de Bruxelles, conçut une machine magnéto-électrique un peu puissante. Il groupa 60 gros aimants en fer à cheval et fit tourner entre leurs pôles les bobines de fil. Telle fut l'origine de la machine acquise par la Compagnie *l'Alliance* et qui, perfectionnée par Masson et par van Malderen, permit d'engendrer assez d'électricité pour alimenter de puissantes lampes électriques. Jusqu'en 1870 ce fut, en somme, la seule machine fournissant des résultats vraiment industriels. Ces machines ont servi jusque dans ces derniers temps à éclairer les phares.

Les aimants acquièrent des dimensions et un poids considérables lorsqu'on veut obtenir une grande production d'électricité. En 1865, M. Wilde, physicien anglais, se servit d'une disposition nouvelle dont l'importance n'échappera à personne. Il remplaça les aimants naturels par des aimants artificiels.

Dès 1820, Arago découvrit que l'on communiquait les propriétés d'un aimant à un morceau de fer doux lorsqu'on faisait circuler autour du métal un courant électrique. On entoure un cylindre de fer d'une hélice de fil de cuivre recouvert de soie, et le fer doux s'aimante ou se désaimante à volonté selon que le cou-

les garnir d'armatures en fer doux. L'armature surexcite sans cesse l'aimantation et empêche les aimants de perdre leurs propriétés.

rant passe ou ne passe pas à travers les spires du fil (1). Ces aimants artificiellement produits et mo-

Fig. 27. — Aimantation par le passage d'un courant d'une aiguille placée dans un tube de verre, sur lequel on a enroulé un fil de cuivre.

mentanés s'appellent des *électro-aimants*. Toute la télégraphie électrique est fondée sur leur emploi. A poids égal, un électro-aimant a une puissance au moins vingt-cinq fois plus grande que celle d'un aimant naturel. Leur application était tout indiquée dans les machines génératrices d'électricité ; les machines dans lesquelles les aimants sont remplacés par des électro-aimants sont connues plus spécialement sous le nom de *machines dynamo - électriques*. Wilde fit tourner ses bobines devant des électro-aimants. Le courant électrique destiné à

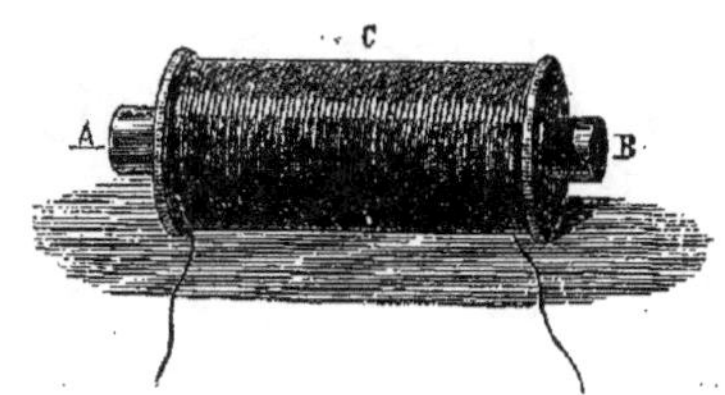

Fig. 28. — Électro-aimant.

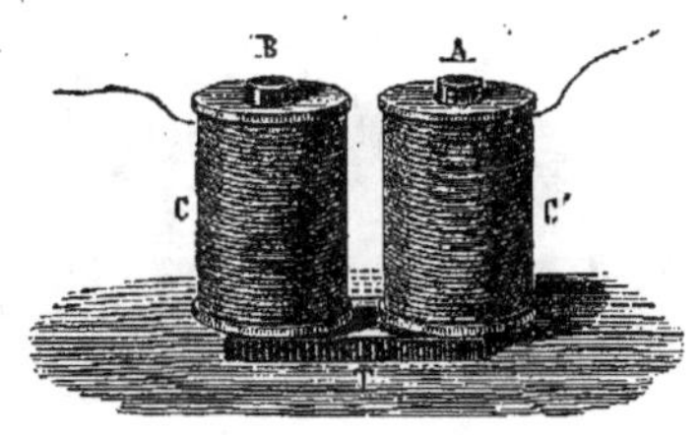

Fig. 29. — Électro-aimant.
A B barreaux de fer doux. — C C' bobines.
T armature.

(1) La loi est toujours la même. Un courant circulant autour d'une tige de fer oriente les molécules, selon Ampère, et communique au métal les propriétés de l'aimant. Le courant fait l'aimant, et réciproquement l'aimant peut engendrer un courant.

donner au fer doux les propriétés de l'aimant était produit par une petite machine à aimant naturel auxiliaire. Quand la petite machine dite *amorçante*

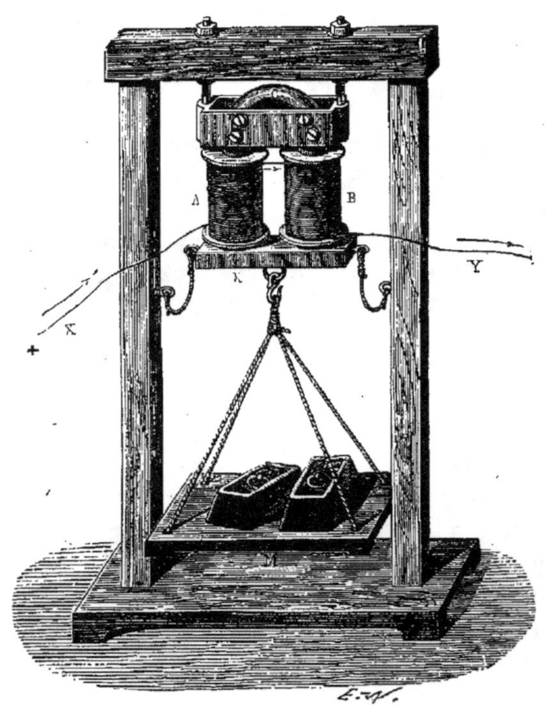

Fig 30. — Électro-aimant en fer à cheval.
AB, bobines entourant le fer doux G. XY, courant excitateur.
K, armature.

ou *excitatrice* tourne, elle engendre le courant qui excite l'électro-aimant.

En 1867 parut un perfectionnement considérable de la machine Wilde. M. Ladd supprima la machine auxiliaire de Wilde en tirant parti d'un artifice ingénieux imaginé en même temps, séparément, par Wheatstone et Siemens, et communiqué à la Société royale de Londres le même jour, le 14 février 1867 (1).

Voici le principe important signalé par MM. Wheatstone et Siemens. A quoi bon s'embarrasser d'une machine spéciale pour envoyer un courant dans les fils de l'électro-aimant? Il reste presque toujours dans le fer doux un peu de magnétisme. Cette petite aimantation permanente suffit pour réagir sur les fils de la bobine quand on la fait tourner; il se produit un petit courant initial très-faible. Si l'on a eu soin de relier les fils de la bobine au fil enroulé sur l'électro-aimant, il est clair que le courant initial y passera en partie et agira à son tour sur le fer doux pour l'aimanter plus fort. L'aimantation plus puissante provoque la naissance d'un courant plus énergique dans l'électro-aimant; et ainsi de suite, par influences réciproques, la machine, en tournant, se surexcite et atteint bientôt son régime normal, sans le secours d'un courant primitif auxiliaire. Rien de curieux comme cette production d'électricité par la seule réaction

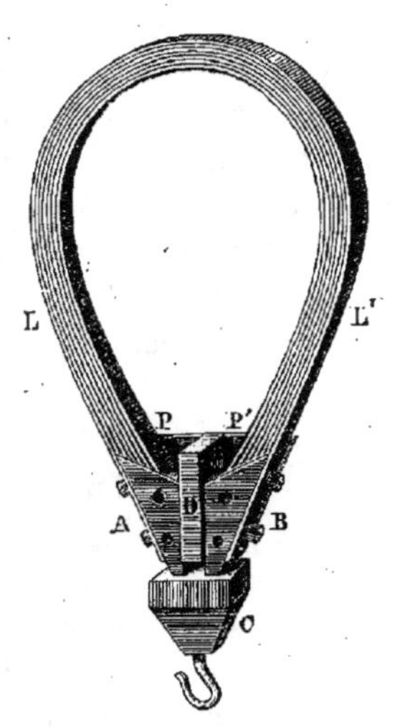

Fig. 31. — Aimant Jamin, à lames d'acier juxtaposées. LL', lames. AB, armatures.

(1) M. Alfred Varley avait cependant déposé sur le même sujet une justification provisoire dès le mois de décembre 1866. M. Gramme a pris aussi un brevet le 26 février 1867.

mutuelle de pièces métalliques tournant les unes devant les autres. La machine Ladd, par sa puissance et ses petites dimensions, intéressa beaucoup les visiteurs de l'Exposition de 1867. Elle devait être à bref délai largement dépassée par une invention française.

En 1870, un ancien employé de la Compagnie l'*Alliance*, M. Gramme, réalisa la machine qui porte son nom et qui a donné tout à coup un développement inespéré aux applications; la nouvelle machine a littéralement ouvert à deux battants les portes de l'industrie à la force électrique; l'ère industrielle de l'électricité date sans conteste de la machine de Gramme.

Les notions que nous venons de donner sur les machine magnéto et dynamo-électriques sont nécessaires et suffisantes pour l'intelligence des faits; nous pourrions nous en tenir à ce court résumé; cependant, pour le lecteur, qui désirerait approfondir un peu plus le mécanisme de la génération électrique dans les machines modernes, nous croyons bon de décrire sommairement, et à titre d'exemple, quelques-uns des types les plus en faveur parmi les industriels, et principalement la machine de M. Gramme.

Dans les anciennes machines Pixii, Clarke, etc., les bobines consistaient en une âme droite sur laquelle on enroulait des spires de fils; la vraie bobine dont se servent les dames. M. Gramme a adopté une tout autre disposition; il a recourbé sur elle-même la bobine droite, avec son âme en fer doux, de façon à en faire un anneau. C'est un anneau, une couronne autour de laquelle on enroule le fil. On comprendra bientôt la valeur de cette combinaison.

Essayons de bien faire saisir le principe fondamental de la machine Gramme. Imaginons donc tout d'abord une bague, un anneau de fer doux placé entre les deux branches d'un aimant vertical en fer à cheval. (Fig. 32). Il est clair que le fer doux va s'aimanter sous l'action de l'aimant. En b b' il se formera **deux** pôles juxtaposés de nom contraire à celui de l'aimant ; de même en a a'. En n n' se trouveront des régions neutres correspondantes à la région neutre M de l'aimant.

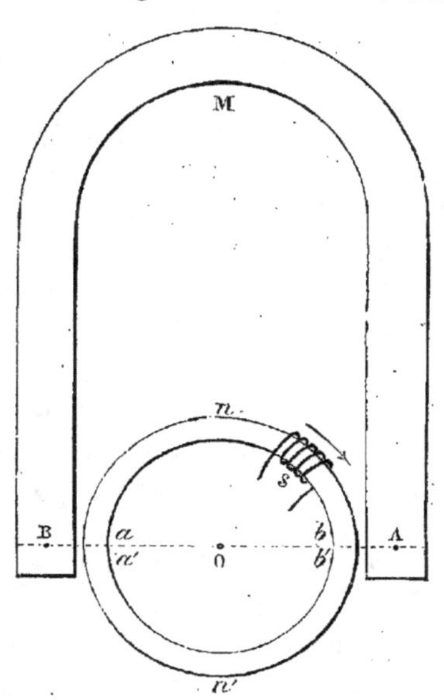

Fig. 32. — Anneau de la machine Gramme.

Concevons maintenant que l'on enroule autour d'un des points de l'anneau quelques spires de fils s, que l'on fera communiquer avec un galvanomètre, révélateur du passage des courants ; puis faisons glisser cette spirale par petits déplacements successifs dans le sens de la flèche. L'expérience prouve qu'à chaque déplacement, il se produit un courant induit. Les courants successifs engendrés ont tous la même direction pendant que la spirale progresse de n en n', pendant qu'elle parcourt tout le demi-anneau de droite. Au-delà du point n', les courants engendrés, pendant le glissement de la spire, de bas en haut, changent de sens. Dans le demi-anneau de gauche, les courants marchent dans une direction opposée à celle qu'ils avaient dans le demi-anneau de droite (1).

Au lieu de faire glisser la spirale sur l'anneau, il est plus simple de faire tourner l'anneau lui-même ; la spirale se déplacera, et comme dans le fer doux, les pôles créés par l'influence de l'aimant se reproduiront toujours aux mêmes points, malgré le mouvement de rotation, il est évident que l'on se retrouvera identiquement dans les conditions précédentes. Des courants induits se succèderont pendant chaque rotation de l'anneau, dans un sens pendant le demi-parcours de droite, dans le sens opposé pendant le demi-parcours de gauche.

Nous avons supposé qu'on avait enroulé une spirale. Il va de soi que pour multiplier l'effet produit et le rendre continu, il convient d'en disposer sur tout le contour de l'anneau côte à côte ; chacune des spires agira pour son propre compte et le flux électrique engendré croîtra en conséquence. On les distribue tout autour de l'anneau, et on les réunit entre elles par un mode de jonction qu'il est important de connaître.

(1) En effet le demi-anneau de droite et le demi-anneau de gauche peuvent être assimilés à deux aimants droits et courbés et mis bout à bout par les pôles de même nom.

$$\overline{\quad a \quad n \quad b \quad} \ \overline{\quad b' \quad n' \quad a' \quad}$$

Or, d'après la loi de Lenz, le courant engendré dans une spire qui progresse de a en a' change de sens quand la spire franchit la ligne neutre. Donc le courant reste de même sens de n en n' et se retourne seulement de n' en n.

On soude l'extrémité terminale de la spirale *s* à une lame de cuivre D et le commencement de la spirale suivante *s'* à la même pièce de cuivre. Ce mode de liaison s'effectue de proche en proche pour toutes les spires. Les pièces de jonction D, D', D'', etc., sont disposées comme les rayons d'une roue et tournent avec l'anneau autour de l'axe *o*.

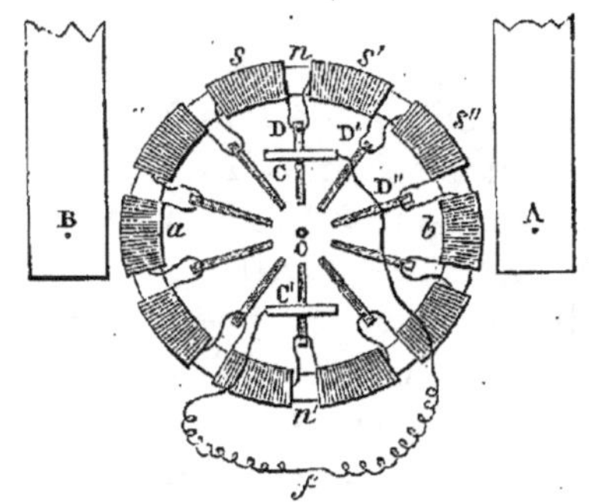

Fig. 33.—Groupement des spires de l'anneau

Ainsi, à chaque rotation, pendant que dans tout le côté droit, spires et pièces de jonction, il se produira un courant se dirigeant par exemple de haut en bas, dans tout le côté gauche, dans les spires et pièces de jonction, il se manifestera un courant allant aussi de haut en bas, mais à la rencontre du premier. Du point neutre *n* les deux courants engendrés divergeront; ils tendront à se rejoindre en *n'*.

Maintenant, fixons exactement, selon le diamètre, des points neutres *n* et *n'* en C et C' deux lames élastiques en cuivre, qui pourront frotter au passage les pièces rayonnantes de cuivre pendant leur mouvement de rotation.

Quand une pièce rayonnante parviendra dans la ligne neutre, elle sera en relation, à la fois, d'une part avec les spires de droite, de l'autre avec les spires de gauche; c'est-à-dire qu'elle sera le lieu de rencontre de deux courants de sens opposé. Donc, le frotteur C' du bas sera parcouru simultanément par deux courants inverses, qui se heurteront et s'annuleront. Pour la même raison la pièce rayonnante du haut, symétrique de la première, sera en relation simultanément avec les spires de droite et de gauche, elle sera le lieu d'où divergeront les deux courants de sens opposé.

D'une part en n', rencontre des deux courants, *pression positive;* d'autre part en n départ des deux courants, raréfaction, *pression négative.* Aussi, le point n' peut être assimilé au pôle positif d'une pile, et le point n au pôle négatif.

En réalité, chaque demi-anneau se comporte comme une pile dont le pôle positif serait en n' et le pôle négatif en n. Les deux demi-anneaux juxtaposés sont comme deux piles associées en opposition. Pôle positif relié au pôle positif, pôle négatif relié au pôle négatif.

Dans ces conditions, les courants engendrés étant égaux et de sens opposé, s'équilibrent en n'. Mais si l'on établit une jonction par un fil, entre le frotteur d'en bas et le frotteur d'en haut, les deux courants qui se heurtaient et s'arrêtaient réciproquement, vont se précipiter dans le conducteur de liaison et s'en iront ensemble de la pression haute à la pression basse, c'est-à-dire de n' vers n, du pôle positif vers le pôle négatif. C'est ici absolument la répétition de ce qui se passe dans deux piles associées en opposition. Si l'on ouvre une issue aux deux courants opposés, en réunissant par un fil les conducteurs, qui joignent les deux pôles de même nom, il se propage un double courant dans ce fil de la région positive, à la région négative.

On remarquera que si l'on avait établi les frotteurs, non pas dans la ligne neutre, mais dans la ligne perpendiculaire, on ne recueillerait aucun courant.

Les deux courants contraires traverseraient l'anneau et s'entre-détruiraient. Cet effet est d'autant moins marqué que l'on recueille le courant sur une pièce rayonnante voisine de la ligne neutre.

Cette remarque a son importance, parce que pour augmenter ou diminuer l'intensité du courant recueilli, on voit qu'il suffit de faire une prise d'électricité soit dans le voisinage de la ligne neutre, soit au contraire en se rapprochant de la ligne des pôles de l'aimant.

Telle est, dans son principe essentiel, la machine Gramme.

On peut s'en faire encore une idée à l'aide d'une image restée certainement présente à l'esprit de tout le monde. Qui n'a vu dans les fêtes foraines ce jeu de balançoires qui a eu longtemps la vogue? Deux grandes roues tournent parallèlement; sur leurs jantes on a fixé des échelons auxquels sont suspendus des fauteuils. Les amateurs sont enlevés avec les fauteuils et décrivent dans l'espace un cercle, tour à tour en bas et en haut de cette gigantesque manivelle. Assimilez par la pensée chaque fauteuil à une spire de l'anneau Gramme, et supposez que chaque amateur en arrivant au bas de la course soit tenu de donner un coup de poing sur un piston assujetti à s'enfoncer, sans pouvoir remonter, dans un cylindre plein d'air. Pour chaque fauteuil qui sera au ras du sol, un coup de poing; donc une descente du piston et une compression de l'air intérieur. De même, chaque amateur en parvenant au sommet de la course, sera astreint à soulever de la même quantité, un piston plongé dans un cylindre plein d'air. Pour chaque fauteuil qui atteindra le sommet, soulèvement du piston, raréfaction de l'air intérieur. Donc, tous les amateurs pendant la descente de haut en bas, comprimeront l'air; tous les amateurs pendant la montée de bas en haut dilateront l'air; ils auront agi en sens inverse aux deux extrémités du même diamètre. Chaque piston aura récolté pour sa part leur travail opposé, comme tout à l'heure dans l'anneau Gramme, chaque frotteur avait recueilli le travail en sens contraire des spires pendant leur double trajet de descente et de montée. Les deux travaux sont strictement égaux, mais de sens opposé; c'est si vrai, que si on laisse le piston, qui maintient l'air comprimé, libre de remonter, il s'élèvera à une certaine hauteur; si on laisse celui qui maintient l'air raréfié libre de s'abaisser, il descendra précisément de la même hauteur. Ici pression positive, là pression négative rigoureusement égale, toujours comme pour les deux courants de sens opposé engendrés sur chaque frotteur.

L'analogie est si complète, que si avant de laisser libre de se déplacer les deux pistons, l'on vient à réunir les deux cylindres par un tuyau de communication, l'air comprimé de l'un se précipitera dans l'air dilaté de l'autre. Il y aura production d'un courant du premier cylindre dans le second. Et l'effet se reproduirait indéfiniment comme avec le courant électrique, si la balançoire continuait de tourner, et si l'on poursuivait le travail de compression et de raréfaction.

Dans ce qui précède, nous avons analysé seulement l'action de l'aimantation du fer doux de l'anneau sur les spires. Mais l'aimant permanent en fer à cheval influence les spires directement. Il se produit de ce chef dans la portion des spires qui regarde l'aimant un courant qui s'ajoute au courant général; dans la

portion des spires située en arrière de l'anneau, il y
a bien aussi génération d'un courant de sens inverse,
mais plus faible; aussi au total, il y a gain (1).

D'autres phénomènes complexes se produisent encore dans l'anneau Gramme; il serait superflu de s'y
arrêter. Ce qu'il importe de savoir, c'est que le fer
doux de l'anneau agit en définitive de trois manières
différentes; il agit comme inducteur sur les spires, il
agit comme écran pour diminuer la production d'un
courant inverse par l'aimant, il agit enfin comme excitateur de l'aimant dont il accroît la puissance.
Tels sont, en gros, les avantages considérables que
M. Gramme retire de l'emploi de son anneau.

Il serait injuste à ce propos de ne pas rappeler que
dès 1860, un étudiant italien aujourd'hui professeur
de physique à l'université de Cagliari, M. Pacinotti,
avait conçu la même disposition; il en a donné la
description en 1863 dans le recueil *Il nuovo cimento;*
M. Pacinotti avait exposé dans la section italienne
le modèle de sa machine qu'il considérait du reste
comme un moteur électrique et non pas comme un
générateur d'électricité; il ne semble pas que le physicien italien ait compris l'importance de son invention appliquée à la génération des courants. Au surplus
dès 1852 Page avait aussi imaginé l'anneau et s'en
était servi pour réaliser un moteur électrique. Tous
ces essais étaient restés sans application. L'anneau de

(1) Pour comprendre la génération de ce double courant dans
les spires, il faut savoir que toute action qui *renforce* ou *diminue* l'énergie d'un aimant crée un courant, direct, quand il
y a affaiblissement, inverse, quand il y a renforcement. D'un
côté l'aimant est renforcé par la présence du fer de l'anneau;
donc courant; de l'autre, le fer fait écran sur l'autre portion des
spires; donc courant inverse.

M. Pacinotti portait des échancrures comme l'anneau de la machine Brush et c'est dans ces échancrures que l'on disposait les spires. En **1866**, M. Worms de Romilly avait aussi combiné un dispositif analogue.

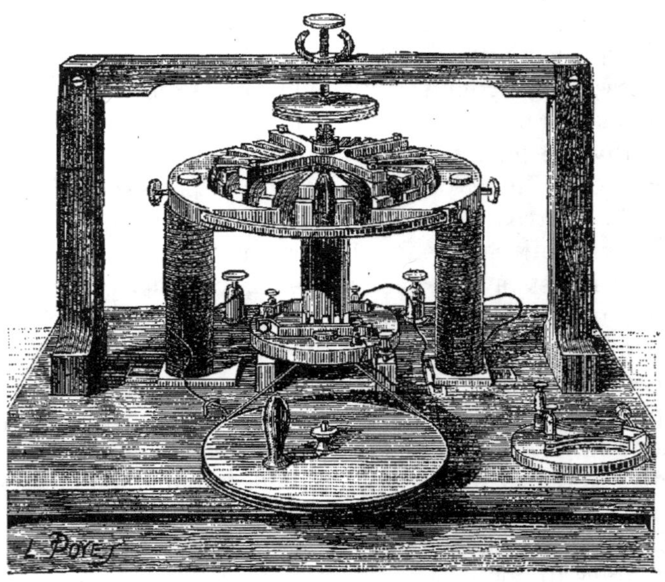

Fig. 34. — Machine Pacinotti, exposée dans la section italienne.

On connaît maintenant le principe de la machine Gramme. Esquissons sommairement les dispositions adoptées pour la pratique.

M. Breguet construit depuis longtemps un petit type de laboratoire mu à la main et qui donne l'équivalent de huit à dix éléments Bunsen. L'aimant ou fer à cheval LL' est du système Jamin. Ce sont des lames de fer doux accolées; ces aimants ont plus de puissance que les aimants faits d'une seule pièce. Les armatures A et B constituent les pôles entre lesquels

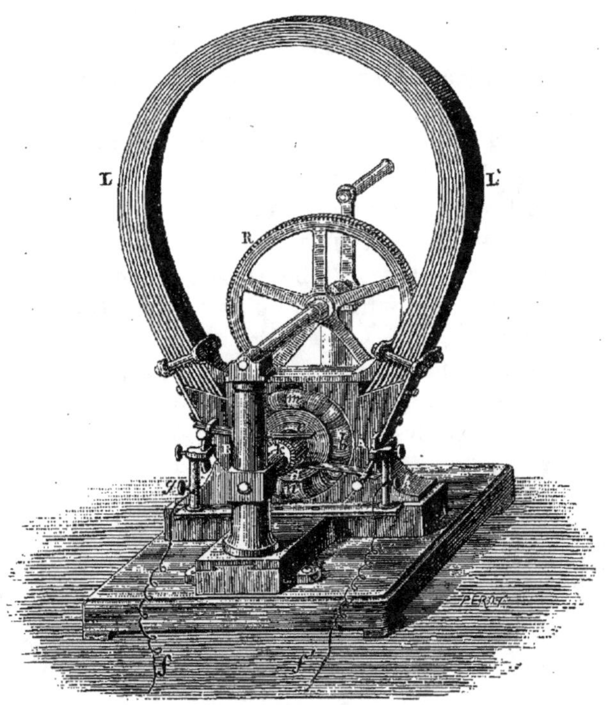

Fig. 35. — Petite machine Gramme.

tourne l'anneau *m b n*. Cet anneau n'est pas non plus formé d'une pièce unique de fer doux; mais bien d'un faisceau de fils de fer soudés et juxtaposés. L'aimantation et la désaimantation est plus rapide et plus parfaite dans un anneau ainsi formé.

Les pièces de cuivre rayonnantes sa prolongent à angle droit et se juxtaposant les unes près des autres de manière à former un cylindre K de petit diamètre, elles sont soigneusement isolées les unes des autres par du papier d'amiante. C'est sur ce cylindre K que viennent appuyer en haut et en bas les frotteurs. Cette disposition très-ingénieuse est une des caractéristiques de la machine. C'est le *collecteur* Gramme que l'on retrouve copié dans tous les autres systèmes. Les frotteurs sont en réalité de petits balais de fils de cuivre assujettis aux colonnes g et h qui servent de pôles. Le mouvement est imprimé à l'anneau au moyen d'une manivelle et d'une roue dentée R. On obtient facilement une vitesse de plusieurs centaines de tours à la minute.

Nous avons dit qu'il y avait tout avantage au point de vue de la puissance magnétique à remplacer les aimants permanents par des électro-aimants. M. Gramme devait naturellement être amené à se servir aussi d'électro-aimants. Nous décrirons la machine normale, ou dite d'atelier, type A, dont l'emploi s'est si généralisé dans ces dernières années pour la production de la lumière électrique. Plus de 1200 machines ont été livrées au commerce.

La machine porte sur deux bâtis solides et en regard deux électro-aimants inducteurs, l'un A B, l'autre A′ B′. Les pôles de même nom A A sont opposés et sont appliqués sur une armature de fer doux α; les autres pôles de même nom B B, sont appliqués sur l'armature β.

On voit l'anneau en $s\ s'$, les deux balais en c et d. Une machine à vapeur fait tourner l'anneau par l'intermédiaire d'une courroie placée sur le tambour P.

M. Gramme excite les électro-aimants, selon le
principe de Wheatstone et Siemens, en faisant passer
le courant de la bobine dans le fil enroulé autour des
électro-aimants. Pour cela le fil g s'enroule successivement sur les bobines A A' et B B' ; il part d'un des

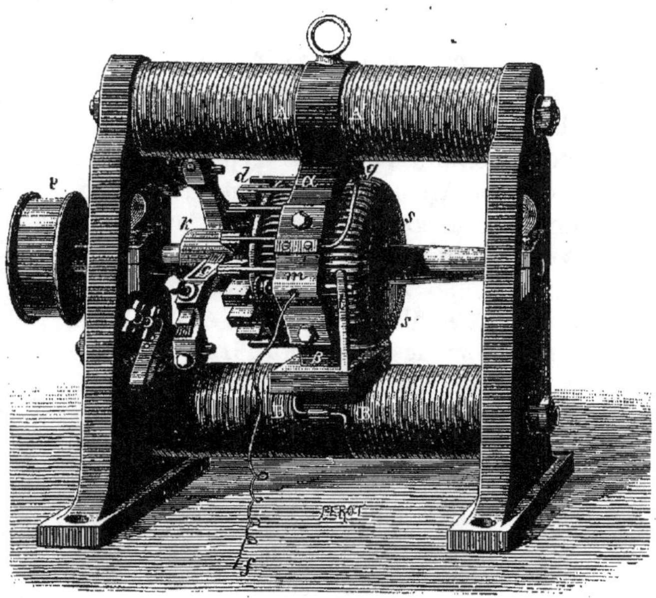

Fig 36. — Machine Gramme, type d'atelier.

balais, d'un des pôles et vient aboutir à la pièce de
cuivre isolée m. A cette pièce on fixe le fil f auquel
s'attache le conducteur, dans lequel doit passer le courant et qui vient se relier ensuite au second balai
pour compléter le circuit.

La première machine dynamo-électrique Gramme
fut construite en 1872 et appliquée aux usages de la

galvanoplastie chez MM. Christophe. Depuis, le premier type a été modifié et a pris la forme que nous avons indiquée. Cette machine d'atelier type normal nécessite de 2 à 3 chevaux selon la vitesse qu'on lui imprime. Pour une lampe placée à 10 mètres de distance, et pour 820 tours à la minute, la lumière obtenue est de 515 Carcel. On conçoit que l'on produit d'autant plus d'électricité que la machine va plus vite. Ainsi à 920 tours pour la même distance de 10 mètres le pouvoir éclairant de la lampe atteint 1207 carcels.

M. Gramme a combiné d'autres types selon les applications en vue. Ainsi, les machines à galvanoplastie réclament beaucoup de quantité et peu de tension; dans ce cas, on remplace les fils qui excitent l'électro-aimant par une seule bande de cuivre, et les fils de la bobine par des fils méplats trés-épais. Nous ne pouvons insister sur les détails; qu'il nous suffise de dire, pour faire toucher du doigt les progrès réalisés depuis 1872, que l'ancienne machine de l'*Alliance* de 6 disques produisant 100 carcels, pesait 800 kilogrammes, occupait un volume de 1 mètre cube 1/4 et coûtait 4,800 francs. La machine Gramme, de même force, pèse 20 kilogrammes, occupe un volume de un dixième de mètre cube — c'est un joujou — et coûte 300 francs. Enfin, la machine Gramme peut transformer en électricité jusqu'à 90 0/0 du travail moteur dépensé sur l'arbre. C'est assez dire qu'il n'y a plus à espérer découvrir de machines à rendement plus considérable. Nous tenons le maximum.

Après la machine Gramme, la plus répandue dans l'industrie est certainement la machine Siemens. Cette machine a été combinée par M. Hafner Alteneck, ingénieur de la maison Werner-Siemens de Berlin;

elle a été beaucoup remaniée depuis sa première apparition, en 1873, à l'Exposition de Vienne. Dans ce type, on utilise seulement l'induction produite sur les fils par les pôles magnétiques.

M. Siemens emploie comme bobine, au lieu d'un

Fig. 37. — Machine Siemens, à type horizontal.

anneau, une sorte de navette ; le fil est enroulé en long sur cette navette, qui tourne entre les électro-aimants. L'avantage de cette disposition est dans ce cas évident. Dans l'anneau Gramme, nous avons vu que les pôles de l'aimant permanent n'agissaient effi-cacement que sur la portion extérieure des fils en-roulés ; les fils qui se trouvent de l'autre côté de l'anneau sont peu influencés ; avec l'enroulement en navette, tous les fils restent sur la surface, à l'extérieur, juste en face des électro-aimants; l'utilisation est meilleure, la seule portion de fils inutilisée est

Fig. 38. — Machine Siemens (type vertical).

celle qui passe à l'extrémité de la navette. En outre, la navette étant longue, et les électro-aimants longs eux-mêmes, l'action du magnétisme se distribue sur un champ plus large (1).

La bobine en navette de M. Siemens date de 1854. Elle avait déjà été utilisée dans la machine de Wilde qui fut exposée au Champ de Mars en 1867. Voir nos *Causeries scientifiques*, tomes VII et VIII, 1867 et 1868.

La bobine navette est directement calée sur l'arbre de rotation de la machine; voici comment : On enfile sur l'arbre et côte à côte des rondelles de bois, qui constituent un support, sur lequel on enroule circulairement plusieurs couches de fils de fer réunis. Cette enveloppe de fer forme le noyau de fer doux-surexcitateur. On recouvre le tambour ainsi obtenu avec du taffetas enduit d'un vernis isolant, et c'est sur cet enduit qu'on enroule le fil de cuivre longitudinalement en plusieurs couches. Le fil est unique, seulement on le fragmente, et l'on réunit les bouts coupés par une boucle. Chaque boucle vient se souder à une pièce métallique comme dans l'anneau Gramme, et ces pièces se recourbent et se groupent en un cylindre unique sur lequel appuient les balais.

Les inducteurs et les armatures diffèrent aussi des inducteurs Gramme. Les électro-aimants à doubles pôles similaires viennent alimenter de magnétisme deux larges armatures, qui enveloppent sur les deux tiers environ la bobine. Ces armatures sont constituées par des lames de fer courbées en arc de cercle et juxtaposées à petite distance de manière que l'air puisse circuler dans les intervalles et empêcher l'échauffement de la machine.

M. Siemens dispose ses électro-aimants tantôt horizontalement, tantôt verticalement, et selon la grosseur des fils de la navette, on obtient des machines à quantité ou des machines à tension. Les balais sont doubles pour chaque pôle; la prise de courant est ainsi plus parfaite.

Après les machines Gramme et Siemens, il en est une qui attire aussi l'attention; c'est la machine

combinée par M. Brush et qui offre certaines particularités caractéristiques intéressantes.

On reproche à l'anneau cylindrique Gramme la

Fig. 39. — Anneau de la machine Brush.

grande quantité de fil inactif enroulé sur la surface
intérieure. On a vu comment M. Siemens a évité cet
inconvénient; M. Brush obtient le même résultat
autrement; il fait son anneau très-plat et les pôles des
électro-aimants n'agissent plus sur le pourtour de

l'anneau, mais sur la face latérale très-large. L'anneau a une section rectangulaire. On y pratique des échancrures dans lesquelles on enroule les spires, comme dans l'anneau Pacinotti ; les saillies qui séparent les bobines forment des appendices polaires destinés à réagir latéralement sur les fils. Des cannelures concentriques sont creusées sur le plat de l'anneau ; une large et profonde rainure ménagée au milieu de la jante, partage presque l'anneau en deux disques. On diminue, par ces ruptures du métal, la formation des courants parasitaires, qui se développent toujours plus ou moins sous l'influence du champ magnétique et on obtient une grande surface de refroidissement.

L'anneau tourne entre les quatre pôles de deux électro-aimants très-puissants ; leurs branches s'épanouissent de façon à épouser la forme de l'anneau et à l'envelopper sur une partie de son diamètre. M. Brush construit deux types principaux pouvant alimenter 16 ou 40 lampes. Dans la machine à 16 foyers, chacune des bobines contient environ 270 mètres de fil de 2 millimètres. La vitesse est de 750 tours et la force motrice de 16 chevaux.

L'anneau ne porte qu'un nombre restreint de bobines ; huit ou douze symétriquement placées. et indépendantes. Les bobines diamétralement opposées sont reliées deux à deux ; bobine A^1 avec bobine A^5, A^2, avec A^6, A^3, avec A^7, etc. Les bouts sortants $B^1 B^2 \ldots B^8$ s'en vont s'adapter à quatre bagues isolées en deux groupes CC^1, sur lesquels frottent les balais collecteurs B^1, B^2, B^3, B^4. Il y a par conséquent une bague par paire. Ce mode de récolte du courant constitue une des particularités les plus remarquables du système. On reconnaît vite en examinant le mode de développement des courants pendant une rotation de l'anneau que chaque paire de bobines est traversée par deux courants de si-

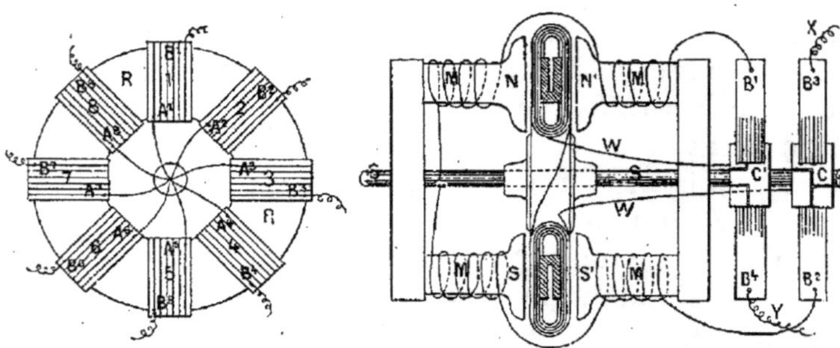

Fig. 40. — Groupement des bobines par paires.

Fig. 41. — MM, électro-aimant, l'axe de rotation, CC' bagues du Commutateur, B¹B², balais, XY, prise du courant.

gne contraire qui se recueillent sur chaque bague ; et comme ces courants se renversent à chaque demi-rotation, la bague est sciée en deux segments isolés ; chaque segment reste constamment positif ou négatif pendant toute la rotation.

A vrai dire, les bagues sont partagées en trois segments ; il existe, entre les deux fractions indiquées une autre fraction isolée d'un développement de $\frac{1}{8}^{me}$ de tour. Il résulte du jeu de la machine que deux fois par tour quand une paire de bobines passe par la ligne

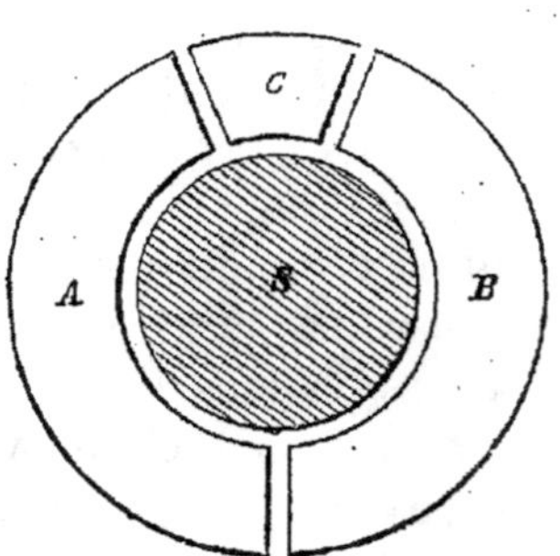

Fig. 42. — Commutateur Brush; AB, segments ; C, segment correspondant à la ligne neutre.

neutre des électro-aimants, il n'y a aucune force électro-motrice développée ; les fils ne sont parcourus par aucun courant. Si on laissait communiquer cette paire de bobines avec le commutateur, le courant général pénétrerait dans leurs fils en pure perte ; il faut la faire sortir du circuit pendant cette courte

Fig. 43. — Machine Brush.

fraction de seconde. Aussi les choses sont combinées pour que, juste à ce moment, les frotteurs se trouvent en face du segment isolé des bagues ; il n'y a aucune communication possible et le courant ne peut rentrer dans la machine.

M. Brush excite ses électro-aimants par une disposition très-ingénieuse. Le commutateur envoie alternativement le courant de chaque paire de bobines dans les inducteurs et dans le circuit général. Mais

6

comme les balais sont assez larges pour frotter sur deux des bagues du commutateur, malgré l'interruption du courant deux fois par tour, le courant principal n'est jamais interrompu. Ce mode d'excitation est très-ingénieux, car il rend la puissance du champ inducteur indépendante de la résistance du circuit utile.

L'anneau mesure 50 centimètres de diamètre dans le type à 16 lumières et il tourne très-vite, ce qui explique la grande force électro-motrice de la machine. En outre l'anneau fait volant et donne de la régularité au mouvement et à la production du courant.

La machine Brush est bien équilibrée, solide, puissante. C'est un des meilleurs types que l'on ait imaginés. Elle fournit des courants de très-haute tension dont nous aurons à indiquer plus tard les applications spéciales.

A côté de ces machines particulièrement intéressantes, il en existe un très-grand nombre antérieurement ou postérieurement inventées et reposant toutes sur les mêmes principes. Telles sont les machines Schuchert, Niaudet, Lontin, Méritens, Vallace-Farmer, Burgin, Jamin, Jablockhoff, Maxim, Weston, Jüngers, Gulcher, Edison, etc. Leur description détaillée ne saurait présenter d'intérêt réel dans ce tableau d'ensemble. Nous aurons d'ailleurs l'occasion de revenir sur quelques-unes d'entre elles dans les chapitres suivants (1).

(1) On trouvera des renseignements complémentaires sur les machines magnéto et dynamo-électriques dans les ouvrages suivants : *Machines électriques*, A. Niaudet ; *Théorie de la machine Gramme*, A. Bréguet ; les *Principales applications de l'électricité*, E. Hospitalier, la *Lumière électrique*, H. Fon-

Nous avons vu qu'en faisant tourner les bobines de fil devant les électro-aimants, on obtenait dans la moitié du parcours des courants directs et dans l'autre moitié des courants renversés. Ce n'est qu'à l'aide d'un artifice ingénieux qu'on parvient à récolter ces courants et à les diriger dans le même sens. On obtient ainsi les machines à *courants continus*. Mais il est des cas, où il serait préférable de recueillir successivement les courants inverses; par exemple, quand il s'agit d'alimenter les bougies Jablockhoff; on égalise mieux l'usure des charbons en faisant agir alternativement le courant dans un sens et dans l'autre. De là, la contruction des machines à *courants alternatifs*.

La machine de l'*Alliance* était une machine à courants alternatifs. La seconde en date est due à M. Lontin; nous allons en donner le principe. Cette machine n'est plus magnéto, mais dynamo-électrique.

Il est clair tout d'abord que pour constituer une machine dynamo-électrique, devant fournir des courants interrompus, il devient nécessaire de se servir d'une petite machine auxiliaire pour produire le courant continu qui doit exciter les inducteurs; cette machine auxiliaire à courants continus s'appelle ordinairement une *excitatrice*. Elle peut être une machine Gramme, Siemens, Lontin, etc., à courants continus.

La machine Lontin à courants alternatifs consiste principalement en un grand pignon tournant autour d'un axe horizontal portant intérieurement 24 dents de fer A A A enveloppées chacune d'une hélice en fil de

taine; *Éclairage électrique*, Du Moncel; les *Machines dynamo-électriques*, Boulard; journal *le Génie civil*, 1881-1882.

cuivre. La rotation s'effectue à l'intérieur d'une couronne fixe portant de même 24 dents BBB enveloppées également de fils.

Le courant de l'excitatrice pénètre dans le pignon inducteur par les frotteurs FF, aimante chaque dent et détermine une aimantation inverse dans la dent correspondante de la couronne; il s'ensuit un courant

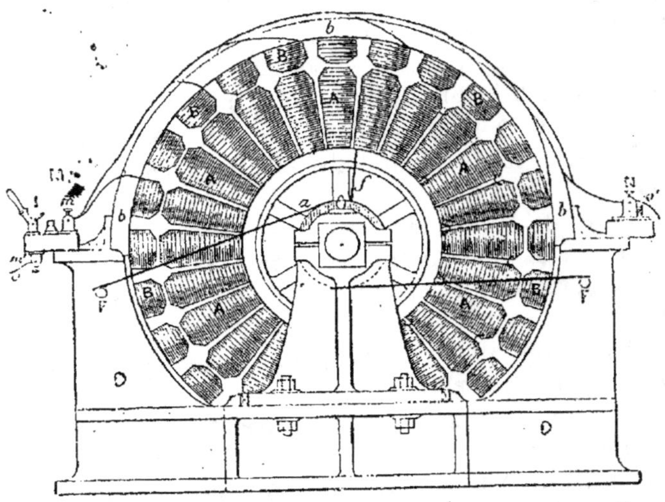

Fig. 44. — Diagramme de la machine Lontin, à courants alternatifs.

induit dans le fil de chaque bobine, au moment du passage de chaque dent du pignon, et un courant inverse quand la dent s'éloigne. La machine a 24 bobines tournant à raison de 340 tours par minute; il se produit 8640 courants alternativement de sens contraire.

Les fils des bobines de la couronne vont se réunir sur un manipulateur M et se fixent à une série de bornes *m*. On peut à volonté les grouper en tension et en quantité; on peut par exemple alimenter 24 circuits distincts ou relier les bobines par série et n'alimenter que 12, que 6, que 3, qu'un seul circuit. Cette machine ingénieuse a fourni la première solution de

Fig. 45. — Diagramme de la machine Gramme, à courants alternatifs.

la division de la lumière. Il est évident que, avec une seule machine, on peut ainsi alimenter plusieurs foyers électriques.

M. Gramme, sollicité par la Compagnie Jablockhoff, a construit sur le même principe une machine à division pour lumière. Le pignon central est remplacé par un cylindre qui porte 8 électro-aimants droits à pôles alternés. La couronne est remplacée par un cylindre de fer assez long, autour de la surface duquel on a enroulé des spirales disposées comme celles de l'anneau du même inventeur. Les spirales sont

6.

distribuées au nombre de huit sur la circonférence du
cylindre; chacune d'elles est formée de 4 spires dis-
tinctes, *a b c d*. On réunit toutes les spires *a*, ensemble,
puis de même les spires *b, c, d*. Ces groupes sont en

Fig. 46. — Machine Gramme, à courants alternatifs.

effet influencés de la même façon, comme il est facile
de le voir, par les pôles de l'inducteur mobile. Chaque
série constitue un générateur indépendant de courants alternatifs. On alimente par cet artifice quatre
foers distincts.

On peut, en multipliant les combinaisons de spirales, augmenter la production des courants distincts.

M. Gramme construit ainsi des machines à 12 courants, capables d'allumer chacun indépendamment 5 bougies, soit au total 60 bougies. Telle est la machine

Fig. 47. — Machine à division, de Siemens.

employée notamment pour l'éclairage de l'Hippodrome de Paris.

M. Siemens a naturellement combiné aussi sa machine à courants alternatifs. Ici l'inducteur est fixe et les induits mobiles. L'inducteur est constitué par 32 électro-aimants fixes distribués sur deux couronnes en fonte, 16 par 16. Les extrémités en regard portent une petite plaque de fer servant à épanouir les pôles alternativement de sens contraire.

L'induit est formé par 16 bobines plates fixées sur un plateau qui tourne rapidement dans l'espace annulaire ménagé entre les deux séries d'inducteurs. Ces bobines n'ont pas de noyau de fer, le courant ne s'y développe que sous l'influence directe et unique des pôles des électro-aimants. On a supprimé le noyau parce que les changements de polarité ayant lieu 8000 fois par minute, les aimantations et désaimantations successives du noyau de fer eussent produit un échauffemeut dangereux pour l'isolement des fils. Les bobines sont groupées au mieux des applications et les courants recueillis à l'aide de balais qui frottent sur les collecteurs. La machine Siemens à 16 bobines est divisée en deux circuits alimentant chacun dix lampes. On construit des types à 8 et 12 bobines.

M. Lambotte-Lachaussée a réalisé aussi une machine, qui pendant l'Exposition servait à produire le courant nécessaire aux lampes-Soleil; elle tient à la fois du système Lontin et du système Siemens. La forme des inducteurs et des induits est celle de la machine Siemens; seulement l'inducteur est mobile et l'induit fixe; les bobines de l'induit ont un noyau de fer. Les fils des bobines sont reliés à un manipulateur du genre Lontin; on les groupe à volonté suivant le nombre de circuits à alimenter. Cette machine produit un ronflement insupportable qu'il est permis d'attribuer à la forme des parties mobiles.

Signalons seulement pour mémoire les machines à courants alternatifs très analogues de MM. Jablockhoff,

Kremenecky, Hopkinson, Muirhead et A. Gérard, et arrivons vite à la machine magnéto-électrique à courants alternatifs de M. Méritens, type excellent et qui nécessite une mention spéciale.

Ici, nous le savons, plus d'électro-aimants, mais de puissants aimants pour inducteurs comme dans l'ancienne machine de l'*Alliance*, si remarquable par la régularité et la durée de son bon fonctionnement; la machine de M. Van Malderen a fonctionné dix-huit ans aux phares de la Hève et de Gris-nez.

Nous rappellerons, en quelques lignes, que dans cette machine les bobines au nombre de seize sont distribuées sur le pourtour d'une roue en bronze qui tourne entre deux rangées d'aimants en fer à cheval. Ces aimants fixes sont au nombre de huit; leurs seize pôles alternent; il y a par conséquent un pôle correspondant à chaque bobine. On groupe ainsi sur un même bâtis plusieurs séries d'aimants et les rouleaux à bobines correspondants, pour augmenter la somme des effets produits. Les bobines sont droites; les fils enroulés sur des tubes de fer doux qui sont fendus longitudinalement pour diminuer l'induction au sein du fer et faciliter la rapidité des aimantations et des désaimantations successives; malgré cet artifice, on ne peut faire tourner l'axe qui porte les différents rouleaux au-delà de 500 fois par minute; le changement de polarité du fer ne s'effectuerait plus en temps utile. Cependant à 500 tours par minute, comme il y a 16 bobines, il se produit 16 inversions de courant par tour, au total 8000 inversions, soit par seconde 133 inversions. Le courant n'existe plus évidemment quand il change de direction; il y a extinction d'un foyer électrique en pareil cas et rallumage instantané; mais la série des interruptions est si courte, pas même un dix-millième de seconde, que l'œil ne peut saisir ces variations corrigées d'ailleurs par l'incandescence permanente du charbon.

M. de Méritens a réalisé une machine magnéto-électrique autrement puissante, d'un poids et d'un volume réduits. Dans le type précédent, on ne recueille

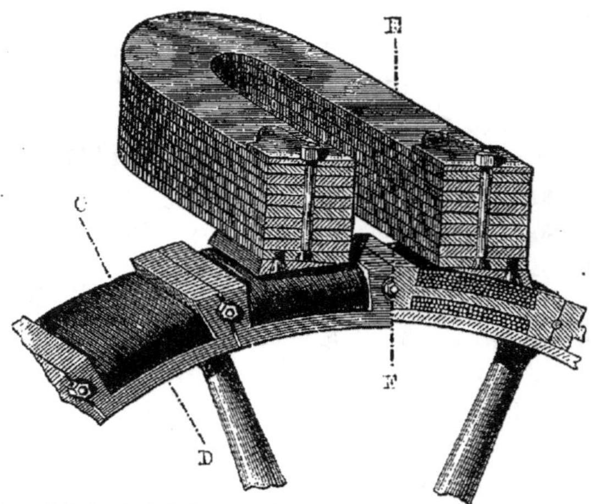

Fig. 48. — Détails de la bobine et de l'aimant de la machine de Méritens.

que les courants inverses produits, comme dans la machine Clarke, par la réaction des noyaux de fer sur les fils des bobines pendant leur passage devant les aimants. Les bobines ne présentent, en effet, que leur bout à l'influence magnétique.

A ce genre d'induction, M. de Méritens a su très-ingénieusement ajouter encore l'induction dont on tire parti dans les machines de Gramme ou de Siemens, c'est-à-dire l'influence directe des pôles sur le fil des bobines.

Pour cela, il couche transversalement sur le pourtour d'une roue en fonte les bobines à induire, non plus cylindriques mais plates. Le noyau en fer plat se redresse à chaque extrémité de façon à encadrer les fils entre deux plaques de fer. On juxtapose ces plaques bout à bout tout autour de la roue, en les séparant seulement par une petite lame de cuivre. Chaque plaque constitue un pôle à large surface.

Les aimants permanents placés transversalement au-dessus de l'anneau viennent en quelque sorte frôler par leurs pôles les bobines plates. On devine ce qui se passe. Quand une bobine arrive près d'un pôle, la plaque de fer du noyau s'aimante la première : génération d'un courant instantané dans le fil ; induction du genre de la machine l'*Alliance;* puis les spires passent successivement devant le pôle et subissent d'une part l'induction du noyau qui défile devant le pôle, d'autre part l'induction directe du pôle de l'aimant : génération d'un courant continu pendant le passage ; induction genre Gramme. Enfin, quand la bobine quitte le pôle, les mêmes effets se reproduisent en sens inverse. On tire parti à l'aide de cette disposition de tous les genres d'induction.

De plus, M. de Méritens forme les noyaux des bobines avec des lames de tôle douce d'un millimètre d'épaisseur, découpées à l'emporte-pièce ; il en place soixante-six les unes au-dessus des autres. Ces noyaux à lames multiples peuvent s'aimanter et se désaimanter avec une extrême rapidité ; on peut donc faire tourner la machine très-vite ; on double la vitesse de l'ancienne machine de l'*Alliance*.

On groupe ensemble plusieurs roues parallèles et plusieurs séries d'inducteurs ; mais chaque roue avec sa couronne d'aimants forme au fond une machine complète; le type qui sert à l'Administration des

Fig. 49. — Machine magnéto-électrique de Méritens

phares comprend cinq roues avec cinq séries d'inducteurs.

Chaque anneau comprend seize bobines plates. A

chaque tour on obtient 32 changements de courants. Ces machines faisant 1,000 tours, on recueille donc 32,000 courants par minute.

A l'aide d'une modification très-simple, M. de Méritens transforme facilement sa machine à courants alternatifs en une machine à courants continus. Il peut d'ailleurs aussi facilement remplacer les aimants permanents par des électro-aimants et faire de sa machine un générateur dynamo-électrique.

Nous avons dit précédemment qu'il y avait grand avantage à remplacer les aimants dans les machines par des électro-aimants. Dès lors, pourquoi la machine de Méritens?

La machine magnéto-électrique est incontestablement inférieure à la machine dynamo-électrique au point de vue du volume, du poids et du prix d'achat. Mais le magnétisme des électro-aimants ne s'obtient pas pour rien; il faut dépenser de la force; aussi la machine magnéto-électrique exige moins de force motrice; elle a un rendement supérieur, ne s'échauffe pas et ne se dérange jamais; la production des courants est d'une régularité parfaite. Dans certains services, comme ceux des phares, où rien ne doit être laissé à l'imprévu, il y a avantage à se servir des machines magnéto-électriques. A vrai dire, il n'y a pas de panacée et chaque type a sa valeur pratique selon les applications.

En résumé, et sans se pénétrer autrement des détails un peu techniques, bien que très-succincts, dans lesquels nous venons d'entrer; il suffira de se souvenir que toute machine électrique réduite à ses termes les plus simples consiste, en définitive, dans un *inducteur,* aimant ou électro-aimant, provoquant dans les fils des bobines en mouvement, des courants *induits* que l'on recueille. Et maintenant à la question posée : Comment fabrique-t-on industriellement l'électricité? nous répondrons : Aujourd'hui on fabrique l'électricité en faisant simplement tourner des pelotes de fils métalliques devant des aimants; on transforme le travail mécanique en électricité.

V

Nous venons de montrer comment, par suite d'une succession de découvertes admirables, on était parvenu de nos jours à fabriquer industriellement l'électricité ; nous savons que, pour fabriquer des courants électriques autant que nous en voudrons, il suffira de faire tourner des machines, c'est-à-dire de dépenser de la force. Or, nous nous procurons de la force motrice à volonté avec nos moteurs à vapeur, nos moteurs à gaz, les turbines, les moulins à vent, etc. Donc, en définitive, nous sommes absolument maîtres de notre production d'électricité.

L'usine gigantesque du palais des Champs-Elysées nous a montré jusqu'à quel point le problème est résolu. Des chaudières alimentent de vapeur les moteurs, et ceux-ci entraînent les machines, qui font le courant électrique. On voyait dans la galerie du fond,

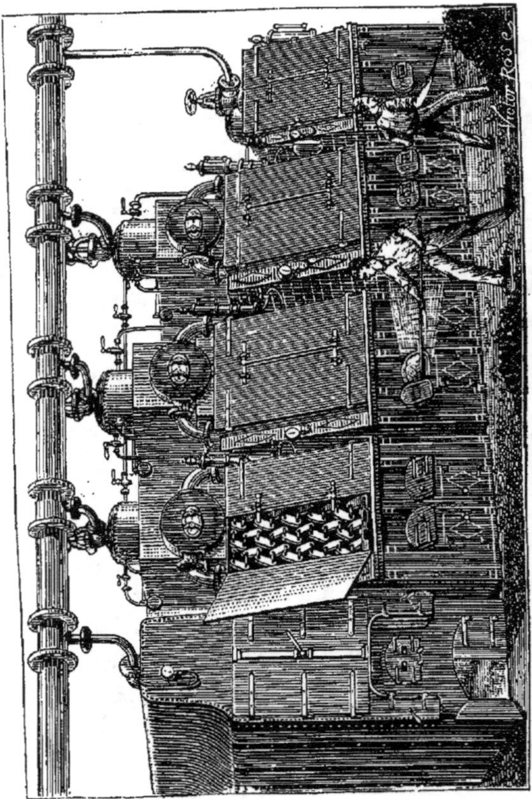

Fig. 50. — Groupe des générateurs inexplosibles système de Naeyer, chargés du service général de la force motrice ; exposés par MM. Geneste et Herscher.

parallèle à la Seine, toutes ces petites machines rangées en bataille et tournant à toute vitesse pour fabriquer l'électricite. Cette installation occupait un espace de 95 mètres de longueur sur 30 de largeur, soit une surface de 2,850 mètres. Le syndicat, qui s'était chargé de produire et de vendre aux exposants la force motrice, mettait ainsi tous les jours à la disposition des industriels plus de 1,000 chevaux de force. Les sections étrangères produisaient en outre,

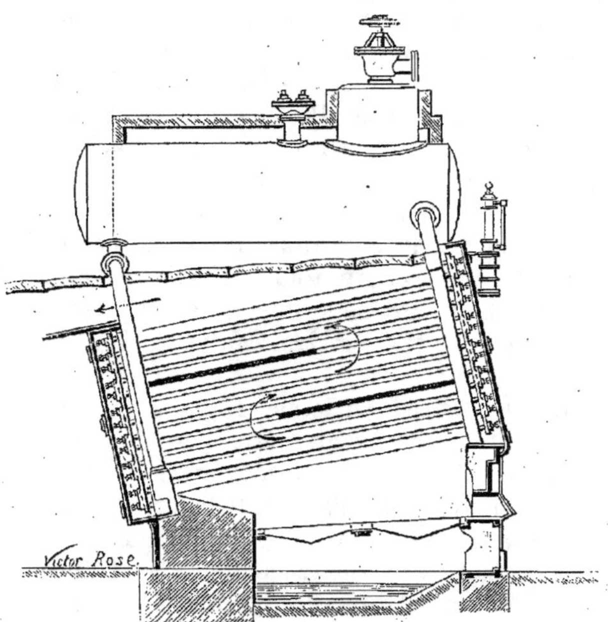

Fig. 51. — Coupe transversale de la chaudière de Naeyer.

à l'aide de locomobiles et de moteurs n'appartenant pas au syndicat, environ 600 chevaux. C'était, au total, environ 1,800 chevaux-vapeur de force, soit le travail de 4,800 chevaux ordinaires, qui étaient uniquement employés à fabriquer l'électricité.

Les moteurs à vapeur, qui actionnaient les machines dynamo et magnéto-électriques, étaient au nombre de 39; les moteurs à gaz au nombre de 12. Voici comment était répartie la production de la force des machines du syndicat : MM. Carels frères, de Gand : 2 machines jumelles, 1 modèle Sulzer de 200 chevaux, 1 modèle Cail et Halot 50 chevaux ; MM. Weyher et Richemond, de Pantin, machine Compound 150 chevaux, modèle Farcot 120 chevaux ; MM. Chaligny et Guyot Sionnest, machine demi-fixe Compound 67 chevaux ; MM. Hermann-Lachapelle, machine demi-fixe 50 chevaux ; MM. Olry et Grandemange, machine demi-fixe 30 chevaux ; MM. Tangye et C°, 20 chevaux ; MM. Quillacq et Cⁱᵉ, d'Angers, 30 chevaux ; MM. Rickkers et Cᵉ, 10 chevaux ; MM. Weyher et Richemond, 15 chevaux. Au total : 926,5 chevaux nominaux ; 32 chaudières de systèmes variés présentaient un ensemble de 1,339 mètres carrés de surface de chauffe.

M. Edison, la British Electric Light Company et quelques autres exposants étrangers avaient pourvu à leurs besoins de force au moyen de quelques moteurs qui ne figurent pas dans la liste précédente.

Les moteurs à vapeur sont incontestablement les meilleurs pour mettre en mouvement les machines électriques ; il faut en effet que les machines tournent régulièrement pour que le courant soit lui-même régulier ; d'ailleurs la force électro-motrice d'une machine électrique varie avec la vitesse de rotation ; c'est la rapidité du mouvement qui la crée ; aussi les variations de marche du moteur retentissent sur tout le circuit et l'influencent. Il importe donc de ne se servir que de moteurs à rotation uniforme. Les moteurs à simple effet seraient détestables ; car la force produite par un seul coup de piston va s'atténuant et

Fig. 52. — Machine semi-fixe Weyher et Richemond, de 25 chevaux. Vue longitudinale.

à la fin de la rotation, malgré le volant, l'énergie a diminué. Les moteurs à double effet dans lesquels la vapeur agit successivement sur les deux faces du

Fig. 53. — Machine Wehyer et Richemond. Vue de face.

piston sont meilleurs; mais il se présente encore, quand le piston change de direction, deux points morts; il est préférable d'atteler la machine à un moteur à double cylindre. Il arrive aussi quelquefois

que les courroies qui commandent la rotation de la
machine électrique glissent et tombent; plus de mouvement, plus de lumière ! Pour remédier à ce dernier
inconvénient, on commence à construire des moteurs à
vapeur qui font tourner directement, sans transmission,
les machines électriques. Tel est, par exemple, le moteur à action directe de MM. Warral, Elwell et
Middleton, de Paris, qui commandait une machine
Gramme. Tel est aussi le moteur de la machine
Edison, etc. Pour remédier au second inconvénient le défaut d'uniformité dans la force développée pendant chaque rotation, M. Brotherood a
combiné un moteur à trois cylindres conjugués très-
employé aujourd'hui pour conduire les machines
Gramme, Siemens, etc.

Il a, en outre, l'avantage de donner de grandes
vitesses, ce qui est indispensable, quand on doit commander directement une machine nécessitant jusqu'à
2,000 tours par minute, d'être peu volumineux, bien
équilibré, sans trépidations. Le moteur Brotherood
peut fonctionner avec de la vapeur, de l'air comprimé ou de l'eau, et sa vitesse varie depuis 80 tours,
sous une pression de 50 atmosphères d'eau, jusqu'à
950 tours avec de la vapeur à une atmosphère ou
2,000 tours avec de l'air comprimé à 45 atmosphères.
Dans le premier cas, il s'attelle à des cabestans,
dans le deuxième cas à une machine Gramme, dans
le troisième cas à l'hélice d'une torpille.

Les trois cylindres sont disposés, à 120 degrés l'un
de l'autre, sur une même circonférence; dans chacun
d'eux se meut un piston, presque aussi long que
large, ce qui assure son guidage, car il n'y a ni
presse-étoupe, ni glissière comme dans les moteurs

ordinaires. Les trois bielles attaquent la même manivelle. La vapeur agit par la face extérieure du
piston, le pousse en avant; et d'un côté seulement
comme dans les machines à simple effet. L'effort se

Fig. 54. — Moteur Brotherood.

produisant dans trois directions conjuguées, on évite
les points morts, et la force étant produite avec une
répartition bien égale dans la machine, il n'y a ni
choc, ni trépidation.

Avec trois cylindres de 18 centimètres de diame-
tre et de 15 centimètres de course, la machine pèse

Fig. 55. — Moteur rotatif Dolgorouki conduisant une machine Siemens.

510 kilogrammes et développe à la vitesse de 300 tours par minute 20 chevaux. Ce moteur se règle instantanément à l'allure que l'on désire.

Il convient de mentionner parmi les nouveautés, à côté du moteur Brotherood, les moteurs Dolgorouki, Graff et Schneider, qui fonctionnaient dans la section russe et dans la section allemande chez MM. Siemens et Halske. Ce sont des moteurs rotatifs qui doivent dépenser sans doute un peu plus de vapeur que le moteur Brotherood; seulement ils sont encore plus réduits de volume et doivent tourner avec une grande uniformité. Déjà, à l'Exposition de 1867 et de 1878, on avait exposé des types analogues.

Le moteur Dolgorouki nous paraît présenter beaucoup d'analogie avec la machine rotative américaine de Behrens, un peu trop oubliée aujourd'hui en France (1). On pourrait rappeler aussi le petit moteur à quatre cylindres conjugués de Hick, extrêmement compact et simple.

Une mention aussi au petit moteur domestique de 1/2 à 1 cheval de M. Julien, mal disposé pour les applications électriques parce qu'il est à simple effet; mais, à cause de son volume réduit, il pourrait être utilisé avantageusement dans beaucoup de cas. La vapeur de chaque cylindrée va se condenser dans un réservoir d'eau, et une petite pompe introduit sans cesse la quantité de liquide correspondant à la vapeur condensée dans la chaudière ; aussi la machine n'exige aucune surveillance ; on met sous vapeur en dix minutes, avec du gaz, du pétrole ou du charbon ; on ouvre un robinet et la machine part sans qu'il y ait

---

(1) *Causeries scientifiques*, t. VII, 1867. Exposition universelle.

désormais lieu de s'en occuper. Ce petit moteur fonctionne dans plusieurs maisons de Paris.

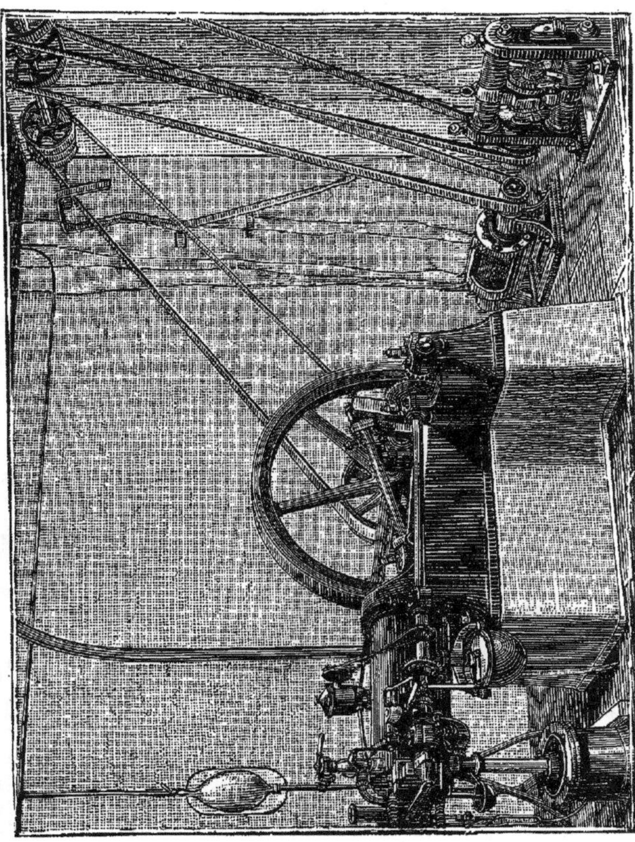

Fig 56. — Moteur à gaz conduisant des machines Gramme. (Laboratoire de l'*Électricien*.)

Rappelons encore pour mémoire le moteur Tyson,
analogue au précédent, lui-même assez analogue au
moteur français Isoard, et le moteur de MM. Moret

et Broquet dont les deux cylindres conjugués face à face commandent la manivelle. Tous ces moteurs sont petits et donnent seulement quelques dizaines de kilogrammètres.

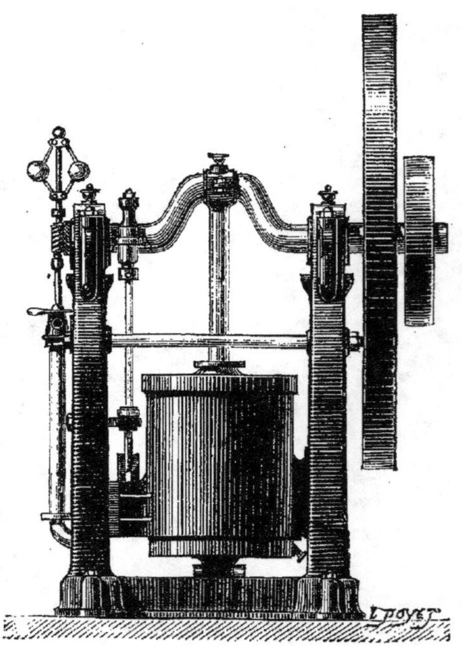

Fig. 57. — Moteur Ravel.

Les moteurs à gaz sont aujourd'hui très-répandus, surtout pour donner de petites forces. Les moteurs Hugon, Bischopp, Ravel Otto surtout, rendent de grands services à la petite industrie. Il existait à l'Exposition un moteur Otto de la force de 25 chevaux. C'est la première fois qu'on voit fonctionner en France un moteur à gaz de cette puissance. Longtemps on pensa qu'il serait bien difficile d'obtenir avec une explosion de gaz dans un cylindre une poussée sur un piston assez puissante et assez régulière pour engendrer le travail de plus de 3 à 5 chevaux. Les idées ont dû se modifier, puisqu'on construit maintenant des types Otto depuis un demi-cheval jusqu'à 50 chevaux.

Les moteurs à gaz ne sont cependant pas à recommander pour actionner les machines électriques. Dans le type Otto, notamment, l'explosion n'a lieu qu'une fois par deux coups de piston; la puissance motrice développée est donc très-inégale. Toutefois, il est des circonstances que nous signalerons où le moteur à gaz peut être avantageusement utilisé; et d'ailleurs les machines à 25 chevaux sont à deux cylindres conjugués, ce qui rend la rotation beaucoup plus uniforme.

Un moteur à gaz, peu connu en France, fonctionnait à l'Exposition près des autres types; c'est la machine de Clerke, qui présente cet avantage de donner une explosion par chaque tour de manivelle; la force générée est bien plus uniforme que dans la machine Otto; le modèle exposé pouvait donner jusqu'à 10 chevaux de force. La machine comprend deux cylindres juxtaposés; l'un est celui dans lequel le mélange d'air et de gaz s'enflamme; il s'appelle le cylindre actif; l'autre s'appelle le cylindre de déplacement. Dans ce cylindre, la pression reste toujours inférieure à 1/3 d'atmosphère; aussi son piston peut-il être mû, sans emprunt de force sensible, au moyen d'un bouton placé sur un bras du volant. Le cylindre auxiliaire reçoit pendant la moitié de la course le mélange explosif; pendant l'autre moitié de l'air pur. La charge explosive et l'air sont déversés dans le cylindre moteur alternativement. La charge pousse le piston, l'air a pour effet de refroidir et de nettoyer le cylindre après chaque explosion. Voici le jeu de la machine : La charge pénètre quand le piston moteur est à l'extrémité de sa course et que les gaz résidus ont été évacués; le piston est ramené à son point de départ et pendant ce temps admet l'air pur envoyé par le cylindre de déplacement. L'explosion a lieu et détermine une pression de 15 atmosphères; le piston progresse de nouveau et ainsi toujours, successivement poussé par l'inflammation du gaz et refroidi par le passage de l'air. Pour les grandes forces, cette machine paraît bien conçue.

A côté des moteurs à gaz, MM. Pierron et Dehaitre de Paris avaient installé un appareil nouveau pour fabriquer du gaz. L'invention est due à M. A. Dowson, de Manchester. Ce qu'il faut dans les moteurs à gaz, c'est du gaz combustible; il n'a pas besoin d'être éclairant; or le gaz éclairant est cher. M. Dowson a cherché à produire économiquement du gaz, par la réaction de la vapeur d'eau sur du charbon incandescent. En conséquence, son installation comprend un générateur de vapeur, un transformateur de vapeur en gaz, un purificateur, un gazomètre. Le jet de vapeur produit est dirigé avec l'air qu'il entraîne dans une chambre cylindrique en fer, garnie d'une brasque charbonneuse. A l'aide d'une trémie, on fait tomber dans cette chambre, terminée à sa partie inférieure par une grille, de l'anthracite. La vapeur monte à travers l'anthracite en feu, se décompose et donne un mélange d'hydrogène,

d'oxyde de carbone et d'azote. Le gaz engendré va
se purifier dans le purificateur et s'emmagasine dans
le gazomètre. Pour produire 100 mètres cubes de gaz,
on consomme 20 kilog. d'anthracite et 4 litres d'eau.
Il se forme avec l'anthracite un peu d'hydrogène sul-
furé qu'on élimine dans le purificateur au moyen
d'oxyde de fer hydraté. A l'Exposition, on employait
du coke ; aussi le gaz obtenu était pur. C'est le gaz
formé qui chauffe le générateur de vapeur.

Une longue série d'expériences aurait prouvé,
d'après une communication de M. Dowson à une
réunion de l'Association Britannique, que le coût de
fabrication du gaz, dans un appareil pouvant produire 70 mètres cubes par heure, revient à 1 centime
par mètre cube. Mais la quantité de chaleur développée par l'inflammation de ce gaz, n'est que la cinquième de celle du gaz de houille ordinaire, de sorte
qu'il en faut cinq fois plus pour développer la même
somme d'énergie. L'équivalent de 1 mètre cube de
gaz ordinaire reviendrait donc à 5 centimes. La dépense en charbon est de 1 kilogr. Toutes choses égales
d'ailleurs, il y aurait encore économie de près de
50 0/0 à utiliser le nouveau gaz dans les machines.
L'inventeur et les concessionnaires donnent des prix
comparatifs qui seraient satisfaisants si l'expérience
confirme leurs évaluations. En effet, pour faire fonctionner une machine à gaz pendant 300 jours de travail à neuf heures chaque, soit pendant 2,700 heures,
on obtient le coût total suivant pour une machine de
30 chevaux mue au gaz de houille : 6,892 fr. 50. Avec
la même machine mue au gaz Dowson, on obtient
dans les mêmes conditions, tout compris, intérêt et
amortissement : 3,762 fr. 50.

La même comparaison, faite avec un moteur à vapeur de 30 chevaux consommant 2 k. 75 de charbon par force de cheval est encore bien plus favorable. Le moteur à vapeur exigerait 230 tonnes de houille, le moteur à gaz Dowson, 39 tonnes. L'économie serait de plus de 85 0/0. L'avenir paraît appartenir au gaz comme combustible ; il est plus économique ; il y a moins de déchet ; la mise en feu est plus commode et on se débarrasse de la fumée et des poussières charbonneuses toujours gênantes, quand on veut obtenir de la force motrice dans les villes et dans les maisons.

Nous avons examiné les moteurs à vapeur et à gaz qui peuvent utilement commander des machines électriques. Il est superflu d'ajouter que le travail de l'homme pourrait servir aussi pour actionner, pendant quelques minutes, les mêmes machines. Les turbines, les moulins à vent rendraient les mêmes services ; seulement le travail des moulins étant moins régulier, on ne peut guère en tirer parti qu'au moyen d'un artifice qui sera indiqué ; on se sert d'un intermédiaire, des accumulateurs d'électricité, qui emmagasinent ce travail irrégulier et le débitent ensuite d'une façon régulière ; il y a perte évidemment, mais il vaut mieux perdre que de ne pas utiliser du tout, et des courants variables d'intensité trouvent difficilement des applications industrielles.

On nous permettra de mettre en évidence, en passant, le côté philosophique curieux de la transformation directe du travail mécanique en électricité.

Les machines dynamo-électriques étant actionnées par un moteur à vapeur ou à gaz, qui tire lui-même sa puissance de la combustion du charbon, il va de soi que c'est la combustion de la houille qui engendre l'électricité. La combustion du charbon n'agissant que par le calorique dégagé, en définitive c'est la chaleur qui, dans nos appareils actuels, se transforme en électricité (1). On peut faire encore un pas en avant et remonter à la source première de la force sur notre planète. La houille en brûlant nous rend simplement la chaleur que les végétaux avaient empruntée au soleil pour s'accroître et vivre aux époques géologiques. C'est donc, en réalité, la chaleur du soleil d'autrefois qui travaillait à l'Exposition.

Si l'on actionnait les machines électriques avec une turbine tournant sous l'action d'un torrent, dans ce cas, le travail serait produit par le soleil d'aujourd'hui ; car l'eau du torrent provient des nuages, et la vapeur d'eau atmosphérique est fournie par l'évaporation continuelle que produit le soleil dans les régions équatoriales. Quoi qu'on fasse, on trouve toujours la chaleur solaire à l'origine des transformations de force qui s'opèrent sous nos yeux. La force humaine a pour origine l'aliment, et l'aliment comme la houille a pour origine la chaleur solaire. Le soleil est le grand dispensateur de la puissance mécanique ; il est le mécanicien suprême.

Le visiteur qui parcourait la galerie des machines et qui remarquait que, pour fabriquer de l'électricité avec les machines dynamo-électriques, il fallait des chaudières, des moteurs à vapeur, etc., ne pouvait s'empêcher de faire cette réflexion en apparence très-judicieuse : « Mais la pile aussi donne de l'électricité et

(1) La chaleur se transforme en électricité ; nous établirons que la réciproque est vraie et que l'on transforme l'électricité en chaleur.

bien plus commodément; on la met dans un coin, on n'a pas besoin de tout cet attirail mécanique; elle travaille silencieusement et débite paisiblement, sans tant de cérémonie, son courant électrique pendant des heures et même des mois. » Cette objection vient sur les lèvres de beaucoup de personnes; il n'est donc pas superflu d'y répondre brièvement.

La pile électrique peut être comparée à un générateur de vapeur avec foyer chauffé à la houille. La pile consomme du zinc pour donner directement de l'électricité, comme le générateur consomme de la houille pour produire de la vapeur. Mais le zinc coûte 15 fois plus cher que le charbon et fournit 5 fois moins de chaleur en s'oxydant; or le principe de la transformation des forces est absolu : tant de chaleur, tant d'électricité! Par conséquent la pile ne dégage son électricité qu'à bon prix. MM. Joule et Scoresby ont trouvé autrefois, dans leurs expériences, qu'on pouvait obtenir dans la pile sous forme de travail effectif les 4/5 du travail théorique produit, tandis que la meilleure machine à vapeur n'utilise que 10 0/0 du travail théorique; en sorte que la combustion de 1 grain de zinc paraît réellement fournir 22 kilogrammètres et celle de 1 grain de charbon seulement 44 kilogrammètres, soit le double. Mais le zinc coûtant 14 fois plus que la houille, le travail engendré par une pile serait en définitive 28 fois plus coûteux que celui d'une machine à vapeur.

La pile fournit l'électricité non-seulement à un prix exorbitant (1) mais encore en quantités insuffisantes.

______

(1) A Lyon, en 1857, on a fait fonctionner pendant 100 heures une lampe du système Lacassagne et Thiers, alimentée par

L'oxydation du zinc y est trop lente, c'est comme si on essayait de brûler du charbon dans un foyer qui tire mal; on perdrait son temps, et l'on ne produirait que des quantités trop petites de vapeur. Aussi quand on veut se servir d'une pile pour obtenir des quantités notables d'électricité, il faut accroître outre mesure le nombre des éléments, et dans ce cas, les manipulations de centaines de vases fragiles, contenant des acides qui répandent des odeurs acres et délétères, présentent de véritables inconvénients. Pour faire briller un arc électrique, il est nécessaire d'employer de 50 à 100 éléments. La production, en apparence commode, de l'électricité au moyen de la pile devient, en réalité, difficile et peu pratique.

Pour mieux mettre en relief, s'il est possible, l'infériorité de la pile actuelle vis-à-vis de la machine dynamo-électrique, nous allons, par un calcul élémentaire, chercher ce qu'il faudrait d'éléments pour qu'une pile pût remplacer une machine dynamo-électrique, et nous prendrons comme terme de comparaison la pile Bunsen la plus puissante, ou la pile Grove, et la machine Gramme type d'atelier, nécessitant de 2 à 3 che-

60 éléments Bunsen de 0 m. 20 de hauteur. Voici les prix de consommation de zinc et d'acide ramenés au prix actuel :

Consommation totale en 100 heures.		Prix des 100 kilog.	Prix des substances consommées.	Coût par heure.
Zinc....................	72 k.	80 fr.	57 fr.	0,57 fr.
Acide sulfurique	154	12	18	0,18
Acide nitrique	247	56	155	1,55
Mercure	9	650	60	0,60
Carbone purifié	6	2 50	15	0,15
Totaux........			305	3,05

Ainsi 60 éléments Bunsen, donnant une lumière moyenne de 65 Carcel, dépensent au moins 3 fr. à l'heure, ainsi que l'avait déjà constaté dans d'autres expériences M. E. Becquerel.

vaux de force. Nous supposerons, toutes choses égales d'ailleurs, c'est-à-dire que la pile et la machine des servent un circuit très-court formé par un conducteur très-gros, ce qui revient à dire que nous considérerons de part et d'autre comme nulle la résistance extérieure.

L'énergie électrique d'un élément de pile s'exprime par le carré de la force électro-motrice divisé par la résistance intérieure de l'élément (1).

$$\frac{e^2}{r}$$

L'énergie d'une machine dynamo-électrique s'exprime de même

$$\frac{E^2}{R}$$

Il est clair que si n désigne le nombre d'éléments qu'il faudra prendre pour former une pile équivalente en énergie à la machine dynamo, on devra avoir nécessairement

$$\frac{ne^2}{r} = \frac{E^2}{R}$$

D'où l'on tire

$$n = \frac{\dfrac{E^2}{R}}{\dfrac{e^2}{r}}$$

(1) Nous avons démontré précédemment que l'énergie mécanique d'un élément se mesure comme celui d'une chute d'eau, en multipliant la hauteur de chute par le volume débité, soit par le produit de la force électro-motrice par l'intensité du courant $e\,i$.

En remplaçant i par sa valeur déduite de la formule de Ohm, $i = \dfrac{e}{r}$; on obtient $\dfrac{e^2}{r}$.

Le nombre total d'éléments est égal au rapport des énergies de la machine et de l'élément. Maintenant, comment doivent-ils être associés en tension et en quantité? Il est clair que le nombre des éléments en tension, multiplié par la force électro-motrice de chaque élément, doit équivaloir à la force électro-motrice de la machine; d'où

$$n = \frac{E}{e}$$

Et par suite le nombre d'éléments à associer en quantité sera évidemment $\frac{n}{n_t}$. On a :

$$n_q = \frac{n}{n_t} = \frac{E\ r}{e\ R}$$

Bref, la pile aura $\frac{E}{e}$ éléments en tension et chaque groupe de $\frac{E}{e}$ éléments comprendra $\frac{E\ r}{e\ R}$ éléments reliés en quantité.

Faisons une application numérique et déterminons ce qu'il faudrait d'éléments pour former une pile Bunsen équivalente à la machine Gramme. Un élément Bunsen grand modèle plat Ruhmkorff a pour force électromotrice en volts : 1,8. La résistance intérieure en ohms est de 0,06. Donc $\frac{e^2}{r} = \frac{324}{6} = 54$.

De même pour la vitesse de rotation de 1,200 tours, la machine Gramme a une force électro-motrice de 65 volts et une résistance intérieure de 0,36 ohms. Donc $\frac{E^2}{R} = \frac{422500}{36} = 11736$.

Et finalement on a

$$n = \frac{\dfrac{E^2}{R}}{\dfrac{e^2}{r}} = 217$$

On a pour n_t le nombre des éléments à grouper en tension.

$$n_t = \frac{E}{e} = \frac{65}{1,8} = 36.$$

On a pour n_q le nombre de groupes à associer en quantité

$$n_q = \frac{n}{n_t} = \frac{217}{36} = 6.$$

Donc la pile Bunsen, équivalente à la machine Gramme normale, se composera de 217 éléments.

On trouve encore des électriciens qui ont l'habitude d'évaluer la machine Gramme à 50 Bunsen pour la force électro-motrice et à 2 Bunsen pour le volume du courant ; ces appréciations, qui n'ont aucun sens précis, sont, comme on le voit, bien loin de la réalité.

Il ressort de ce qui précède que la pile telle que nous la construisons aujourd'hui, est un bien incommode et bien encombrant producteur d'électricité. Il faudrait un emplacement énorme pour l'installer, alors que la machine Gramme tiendrait sur une table. On en sait quelque chose à l'Opéra, où M. Dubosq a produit si longtemps la lumière électrique avec des piles.

Il ne convient évidemment d'avoir recours aux piles que dans des circonstances bien limitées et bien définies, quand il s'agit de produire de petits travaux intermittents ; la dépense devient ici secondaire et l'encombrement est réduit.

C'est ainsi que la télégraphie et la téléphonie n'utilisent guère que les courants de la pile. Cependant il pourrait bien se faire que pour la télégraphie, tout au moins, on donnât bientôt aussi la préférence aux machines ; on s'en sert déjà en Angleterre, et, d'après des essais entrepris récemment à Vienne, l'économie atteindrait près de 50 0/0.

Nous en avons dit assez pour montrer qu'il était impossible qu'avec les piles l'électricité pénétrât de plein pied dans l'industrie. Heureusement, les machines dynamo-électriques présentent par rapport aux piles des avantages énormes. Ces générateurs d'électricité occupent une place très-restreinte ; ils sont petits, presque mignons ; on pourrait en installer plusieurs dans une chambre ; ils convertissent 80, 85 et même 90 0/0 du travail moteur en énergie électrique. La dépense est par conséquent très-réduite ; elle peut même, selon les applications, descendre de plus de moitié.

S'il s'agit, par exemple, d'utiliser l'électricité engendrée à la production de la lumière, on trouvera les chiffres extrêmes suivants avec la pile et la machine : pour un éclairage équivalent à 400 becs Carcel, la dépense avec la pile serait par heure d'au moins 24 fr ; avec la machine de 1 fr. 78 (1) et même seulement de 0 fr. 55,

---

(1) Il est vrai que même la pile est dans ce cas moins coûteuse que l'huile. Le même éclairage avec la bougie de cire coûterait 132 fr., avec la bougie stéarique 98 fr., avec l'huile de colza 28 fr. L'huile de pétrole est moins chère : 21 fr. Le gaz ne revient qu'à 20 fr. Il faut ajouter que le foyer électrique est unique, tandis que les foyers à gaz, à huile, etc., sont multiples, et l'on perd toujours quand on distribue la lumière en foyers isolés.

8

si les machines fonctionnaient pendant 4,000 heures par an ; parce que dans ce cas les frais d'amortissement diminuent considérablement.

On comprendra maintenant que l'ère des applications électriques n'ait pu réellement commencer qu'avec l'invention de la première machine dynamo-électrique.

En somme, nous savons produire de l'électricité par grandes quantité et à un prix de revient relativement faible ; nous savons comment on peut transformer la force motrice des machines à vapeur ou à gaz, des chutes d'eau, etc..., en électricité. Il nous reste à résoudre le problème inverse, à n trasformer l'électricité en force, et à montrer comment on lui fait effectuer un travail mécanique. La production de la force par l'électricité est une des applications les plus considérables de notre époque ; c'est une de celles dont on a eu les plus curieux exemples au palais des Champs-Elysées.

VI

Que d'inventeurs ont perdu leurs peines et gaspillé
leur fortune dans le fol espoir de résoudre ce problème : remplacer les moteurs à vapeur par des
moteurs électriques! avec de l'électricité, faire de la
force et donner le mouvement aux outils. Et c'est si
joli en effet : une pile dans un coin, un fil télégraphique pour porter l'électricité jusqu'à un petit appareil qui, en tournant, ferait fonctionner les outils.
Plus de foyer, plus de fumée, plus de vapeur! Que
d'essais, que de tentatives infructueuses! Les inventeurs oubliaient le prix de revient de l'électricité
engendrée par la pile et surtout l'insuffisance du
courant. Que faire avec un filet d'eau, qu'obtenir
avec un petit courant d'électricité!

Le principe des *moteurs électriques* est facile à saisir. Nous avons appelé « électro-aimant » un cylindre de fer doux entouré de spires de fils métalliques. Il a été dit que le fer doux se transformait en aimant quand on faisait passer un courant électrique dans les fils de l'hélice enveloppe. Le fer doux perd ses propriétés magnétiques brusquement, aussitôt que le courant est interrompu. Dès lors, imaginez une palette de fer placée en regard d'un électro-aimant, et maintenue à petite distance par un ressort. On fait passer le courant : la palette est attirée; on l'interrompt : le ressort ramène la palette à sa position première. Voici facilement obtenu un mouvement de va-et-vient. C'est ainsi que l'on fait fonctionner à grande distance les appareils télégraphiques, car le télégraphe est le premier des moteurs électriques.

Quand, de même, on introduit un barreau de fer dans un électro-aimant creux, le barreau est attiré à l'intérieur et peut revenir ensuite sur lui-même sous l'action d'un ressort. Voici encore un mouvement de va-et-vient tout à fait comparable à celui d'un piston dans le cylindre d'une machine à vapeur.

Il est ensuite très-aisé, par un artifice de mécanique, de transformer ce mouvement de va-et-vient en mouvement circulaire et de faire tourner une machine quelconque; d'ailleurs l'appareil lui-même peut interrompre le courant électrique, de sorte que le mouvement devient continu.

On a imaginé ensuite une autre disposition meilleure. Une sorte d'engrenage à dents de fer était disposé sur un axe entre des électro-aimants. Ceux-ci, s'aimantant et se désaimantant successivement sous l'action d'un courant, attiraient les dents, et la roue dentelée tournait. Le mouvement circulaire était directement obtenu. C'est par centaines que l'on pourrait compter les moteurs électriques sortis du cerveau des inventeurs. Le premier moteur qui ait réellement fonctionné paraît être celui de Jacobi, l'illustre inventeur de la galvanoplastie. Une pile de 128 couples Grove fournissait l'électricité; il fut essayé en 1839 sur la Néva, à Saint-Pétersbourg. Il faisait tourner les roues à palettes d'une chaloupe montée par douze personnes; il développait une force évaluée, ce qui est possible, aux trois quarts d'un cheval vapeur.

Le poids de ce moteur était considérable. Un moteur de 40 à 50 kilogrammètres pesait en ce temps-là 1,000 kilogrammes. Qu'aurait donc pesé une machine de plusieurs chevaux! Maintenant on obtient la même force sous un poids vingt fois moindre. Il est vrai de dire que les moteurs réalisés depuis Jacobi et construits souvent par des mécaniciens très-habiles n'ont jamais donné plus de quelques kilogrammètres de force. La difficulté principale à vaincre ne résidait pas du reste dans la machine elle-même, mais bien dans la pile. Comment songer à substituer sérieusement à la machine à vapeur un moteur électrique dépensant à force égale trente fois davantage?

De nos jours, cependant, depuis l'invention des machines magnéto-électriques, on est arrivé à des résultats plus satisfaisants. On construit de petits moteurs très-réduits de dimensions et de poids, qui fonctionnent avec quelques éléments de pile et développent quelques kilogrammètres.

8.

M. Marcel Deprez a eu l'idée de placer longitudinalement entre les branches d'un aimant en fer à

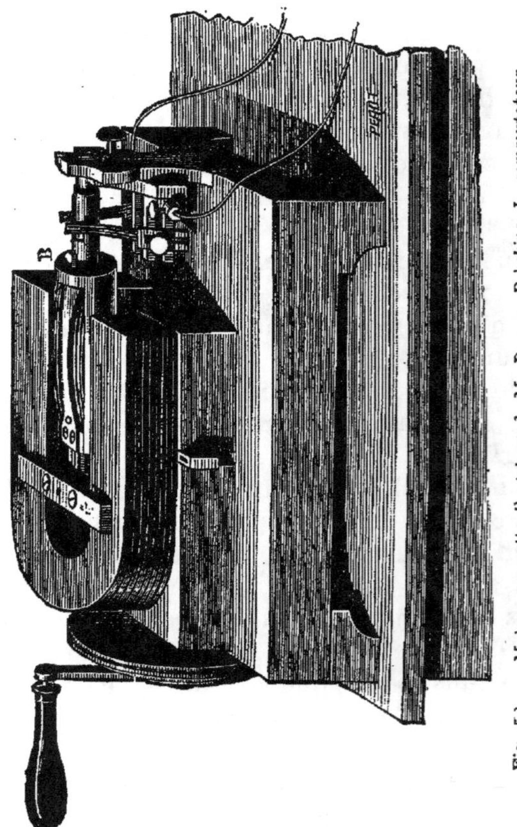

Fig. 58. — Moteur magnéto-électrique de M. Deprez. B bobine. L. commutateur.

cheval une des bobines dont se sert M. Siemens dans
ses machines dynamo-électriques. On se rappelle que
cette bobine consiste en une sorte de navette cylindrique en fer autour de laquelle on enroule, dans le

sens de la longueur, le fil métallique. Le courant arrive dans la bobine et aimante le fer de la navette; à chaque demi-tour on l'oblige par un mécanisme auxiliaire à changer de direction, si bien que la navette, aimantée alternativement en sens contraire, est successivement attirée et repoussée par les pôles

Fig. 59. — Moteur électrique de M. Trouvé.

de l'aimant en fer à cheval et se met à tourner rapidement. Le poids du moteur ne dépasse pas 4 kilogrammes et développe à la vitesse de 3,000 tours 2,5 kilogrammètres avec 8 éléments Bunsen. Quand la vitesse de la machine tend à s'exagérer, un petit régulateur à boule agit sur le commutateur et rompt le courant qui passe de nouveau quand la machine a repris sa vitesse de régime. Les variations ne dépassent pas $\frac{1}{700}$ de la vitesse normale. Pour faire marcher des machines à coudre, rien de si commode!

M. Trouvé, de son côté, affirme avoir accru la sensibilité de la bobine Siemens en donnant aux extrémités de la navette la forme de limaçon. Cette forme

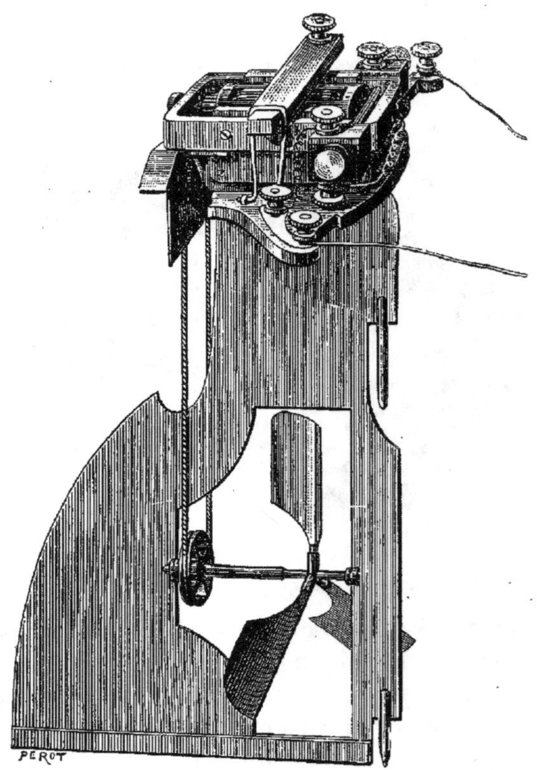

Fig. 60. — Hélice du canot Trouvé.

particulière est telle, que l'extrêmité de la bobine en tournant se rapproche le plus possible du pôle de l'aimant et le quitte brusquement quand la répulsion commence; on diminuerait ainsi l'influence du point

Fig. 61 — Canot électrique de M. Trouvé.

mort. M. Trouvé remplace l'aimant de M. Deprez par un électro-aimant, c'est un moteur dynamo-électrique. Quoi qu'il en soit, le moteur Trouvé possède assez de force pour faire marcher un vélocipède. Rue de Valois, à Paris, sur un sol bitumé, le vélocipède de M. Trouvé muni de la pile et du moteur prenait l'allure d'un fiacre. Ce n'est pas beaucoup, mais c'est un commenmencement. En accouplant deux bobines, la machine ne pèse pas plus de 5 kilogrammes.

C'est une de ces petites machines qui faisait progresser sur le bassin central, au-dessus duquel émergeait le grand phare, le coquet canot baptisé par l'inventeur du nom de *Téléphone*. Le canot a 5ᵐ50 de longueur sur 1ᵐ20 de largeur; il pèse 80 kilogr. Au milieu sont disposées deux batteries de pile à auges au bichromate de potasse, de six éléments chacune et du poids total de 24 kilogr. Les piles sont mises en relation avec les moteurs par l'intermédiaire de deux cordelettes, servant tout à la fois d'enveloppes aux fils conducteurs et de guides pour faire manœuvrer le gouvernail. Le moteur est installé au-dessus du gouvernail et transmet le mouvement par une courroie à l'hélice disposée dans une échancrure ménagée dans le battant même du gouvernail. On peut se promener ainsi en bateau pour une dépense de quelques francs, pendant plusieurs heures. Nous avons pris place dans le bateau de M. Trouvé, au mois de juin dernier, avec deux autres personnes. Le canot remonta facilement le courant de la Seine au Pont-Royal avec une vitesse de 1 mètre par seconde, et le redescendit avec une vitesse de 2ᵐ50. C'est, à quarante ans de distance, l'expérience de Jacobi, avec des moyens perfectionnés.

On voyait fonctionner dans la section américaine, avec une extrême rapidité, un petit moteur à peine volumineux comme le poing, qui attirait la foule. Il est dû à M. Griscom. C'est toujours à quelques variantes près le type Deprez et Trouvé, c'est-à-dire la bobine Siemens entraînée par la réaction du courant dès fils sur le fer des électro-aimants. Ici les électro-aimants enveloppent la bobine sur une portion de son diamètre et la recouvrent en partie ; leur noyau est en fonte malléable dont la force coercitive est aussi faible que celle du fer doux. Ce moteur est surtout destiné à mettre en mouvement les machines à coudre. Il est alimenté par le courant d'une pile au bichromate de six éléments enfermés dans une boîte ; on peut à volonté, en appuyant sur une pédale, faire plonger plus ou moins les zincs dans les bocaux et diminuer ou augmenter ainsi à volonté la vitesse du moteur. D'après l'inventeur, une seule charge de bichromate suffirait pour effectuer de 500 à 1,000 mètres de couture.

Tous ces petits moteurs du type à bobine Siemens ne sauraient fournir que quelques kilogramètres ; ils présentent tous un inconvénient inhérent à l'emploi de la bobine Siemens. A chaque demi-tour, le courant est interrompu et passe d'une moitié de bague à la moitié suivante du commutateur ; à chaque moitié de bague aboutit en effet une des extrémités inverses du fil de la bobine. Cette discontinuité d'action est défavorable au rendement. De plus, le courant est amené par deux balais en fil de cuivre fin, qui souvent touchent à la fois les deux portions du commutateur quand passe la coupure d'interruption de la bague ; le courant circule alors facilement en circuit court, à plein débit, juste au moment où il n'entre pas dans la machine.

M. Borel, de la Société des câbles Berthoud et Borel avait exposé un petit moteur électrique d'une grande simplicité, très-original de conception. Pour en saisir le jeu, il faut se rappeler le principe de l'appareil si employé partout pour apprécier l'intensité d'un courant électrique et connu sous le nom de *galvanomètre*. Ampère a démontré que lorsqu'on

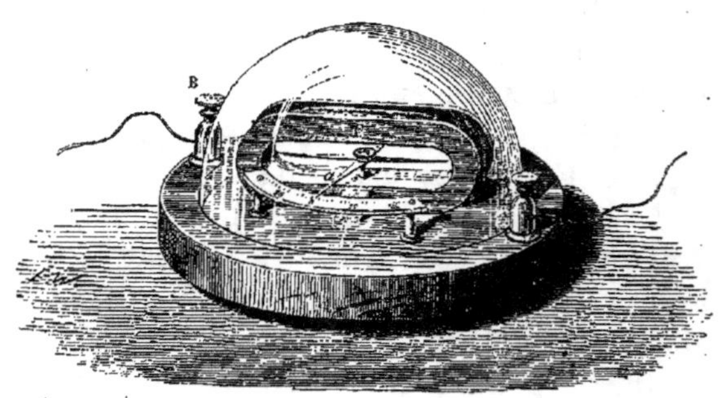

Fig. 62. — Galvanomètre.

dispose au-dessus d'une aiguille aimantée un fil dans lequel circule un courant, celle-ci tend à se mettre en croix avec le fil. Si donc on dispose horizontalement une aiguille aimantée au milieu d'un cadre autour duquel on a enroulé un grand nombre de tours de fils isolés par de la soie, l'effet sera considérablement multiplié. et même sous l'influence d'un très-faible courant, l'aiguille sera déviée. De l'angle de déviation, on déduit l'intensité du courant (1). On

(1) On se sert généralement non pas d'une aiguille, mais de deux aiguilles superposées dont les pôles contraires se regardent. On détruit ainsi l'influence du magnétisme terrestre sur l'aiguille

peut toujours savoir ainsi si un fil est traversé par un flux électrique.

Ceci dit, lançons un courant dans un cadre galvano-métrique, l'aiguille va tourner et devenir perpendiculaire au cadre; changeons le sens du courant, l'aiguille va continuer la rotation commencée pour prendre la position perpendiculairement inverse. Chaque changement de sens du courant amènera une demi-rotation. On peut ainsi faire indéfiniment tourner l'aiguille.

Mais à la place de l'aiguille aimantée, on peut mettre un aimant artificiel, un électro-aimant, soit une tige de fer doux entourée de spires isolées dans lesquelles on fera passer le courant. Puis, sur l'axe de rotation de cette tige on disposera un commutateur qui, à chaque demi-tour, enverra le courant soit par une extrémité du fil du cadre galvanométrique, soit par l'extrémité opposée. Le sens du courant sera chaque fois renversé dans le galvanomètre et la tige de fer doux tournera d'un mouvement uniforme.

On voit que, ici, le fer doux reste aimanté dans le même sens pendant la rotation; on évite les aimantations et désaimantations successives, qui se produisent dans les bobines des autres moteurs, et engendrent des réactions nuisibles. On économise tout le travail que le courant emploie à polariser le fer en sens inverse. Les courants ne sont renversées que dans la partie fixe, dans le cadre. Il n'y a plus ici d'inertie

aimantée et le système reste en équilibre dans toutes les directions de l'horizon. Cet artifice indiqué par Nobili augmente notablement la sensibilité de l'instrument. On a réalisé en grand nombre de ces instruments. **M. Deprez a notamment imaginé un galvanomètre excellent.**

magnétique à vaincre. M. Burgin de Bâle avait
exposé un moteur très-analogue, fonctionnant aussi

Fig. 63. — Moteur électrique Borel.

sans renversement de polarité du noyau. Il va sans
dire que nous décrivons sans nous occuper des ques-

tions de priorité. Le moteur Burgin et le moteur
Borel sont les mêmes, à cela près que le noyau de fer

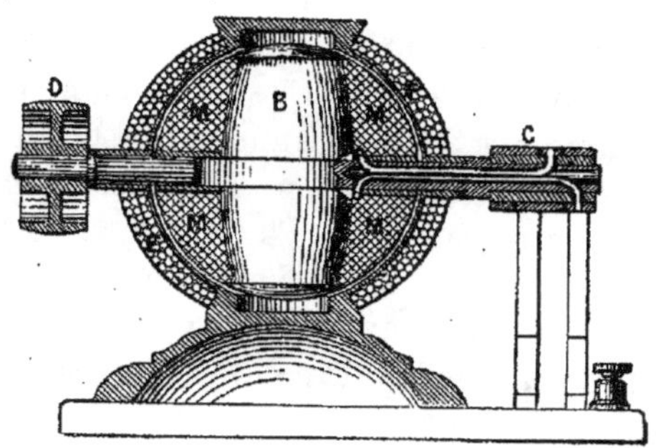

Fig. 64. — Moteur Burgin (vue en coupe).

doux B entouré de ses spires M affecte la forme d'une
sphère et que le cadre galvanométrique est remplacé

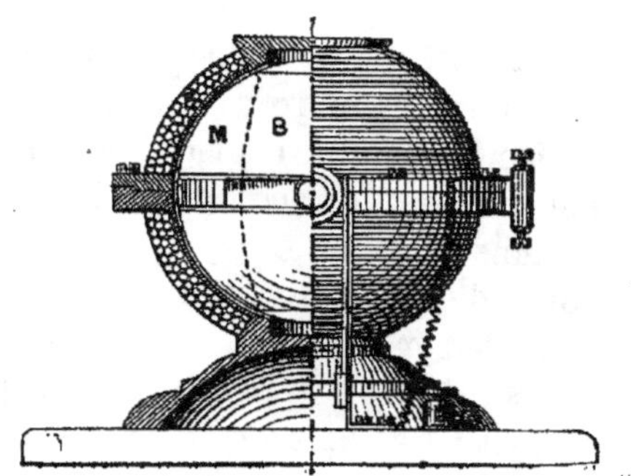

Fig. 65. — Moteur Burgin (vue de la sphère intérieure)

par une sphère creuse et fixe sur laquelle est enroulé
un fil E relié aux balais du commutateur C.

C'est aussi dans la catégorie des moteurs à grand

rendement, qu'il faut placer le moteur de M. Gramme dont un modèle figurait à l'Exposition. Les interversions de polarité se font d'une manière continue dans le même sens ; les pertes de travail sont réduites au minimum. Ce moteur donne environ 1 kilogrammètre de force par kilogramme de poids. C'est tout bonnement la machine dynamo-électrique à anneau de Gramme réduite à sa plus simple expression. Le courant entre par l'un des balais et sort par l'autre, après s'être bifurqué dans les deux moitiés de l'anneau. Quand on fait tourner l'anneau à la main, il engendre un courant qui s'échappe par les balais comme nous savons ; réciproquement, quand on fait pénétrer le courant, l'anneau se met à tourner ; les réactions de l'aimant sur les spires sont remplacées par les réactions des spires dans lesquelles passe le courant sur l'aimant. Réactions inverses aussi des pôles du fer doux sur ceux de l'aimant. Les attractions sont remplacées par des répulsions et tout le système tourne ; il tourne précisément sous l'action du courant comme il eût fallu le faire tourner pour engendrer le même courant.

On reconnaîtrait facilement que la machine Gramme, considérée comme moteur ou comme générateur, tournera toujours dans le même sens, à la condition expresse que la borne d'entrée du courant soit choisie la même que la borne de sortie, ou en d'autres termes, que le fil d'amenée soit aussi le fil de sortie, qu'on adopte pour pôle positif dans les deux cas la même borne, le même balai. C'est une remarque qu'il sera bon d'avoir présente à la mémoire.

Quoi qu'il en soit, on voit que dans le moteur Gramme, par suite du mode même de récolte de l'électricité par les collecteurs en cuivre de chaque spire, il n'y a plus ni renversement de courants, ni interruption à chaque demi rotation. Le mouvement est uniforme, continu, sans perte de travail ; la machine dynamo-électrique est le meilleur des électro-moteurs.

Nous ne décrirons pas les quelques autres moteurs sans véritable portée pratique, disséminés dans le Palais ; il suffit de savoir qu'en définitive, quels qu'ils soient, ils ne sont bons, tout au plus, qu'à fournir la force d'un enfant, ou, si l'on veut même, celle d'un homme. Ce n'est pas à dire qu'il faille dédaigner ce mince résultat. C'est déjà très-beau de pouvoir, à l'occasion, se procurer la force d'un homme, sans foyer, sans vapeur, sans aucun embarras. Une pile dans une armoire, un bouton sur lequel on appuie, et le moteur fonctionne (1) !

Toutefois, on le comprend sans peine, ce n'est pas ainsi qu'on pouvait espérer produire de la force économiquement et en quantité suffisante pour les usages industriels.

Les choses en étaient là, lorsqu'en 1873, une expérience d'une portée capitale vint démontrer que l'on faisait fausse route ; la solution du problème était ailleurs, et déjà absolument mûre pour les appli-

---

(1) Le moteur électrique est encore économique par rapport au travail de l'homme. Voici, en effet, quelques prix de revient comparatifs par heure, pour un travail de 75 kilogrammètres, tous rais compris, intérêt, amortissement, en admettant 3,000 heures de marche par an pour les machines :

Moteur à vapeur d'au moins 20 chevaux.....	0 fr. 13
Moteur à vapeur de 4 chevaux...............	0 fr. 32
Moteur à gaz (30 c. le mètre cube) de 8 chevaux.	0 fr. 44
Moteur à gaz de 1 cheval...................	0 fr. 73
Moteur à gaz de 12 kilogrammètres.........	1 fr. 90
Moteur électrique (tous frais compris)......	3 fr. 50
Moteur humain...........................	6 fr. 25

cations. On passait à côté d'elle depuis quelques années sans la voir. Nous venons nous-mêmes d'y passer à l'instant sans nous y arrêter, en parlant du moteur Gramme.

Nous savons bien maintenant qu'en faisant tourner une machine électro-dynamique, nous engendrons de l'électricité. Réciproquement, lorsqu'on fournit de l'électricité à la machine, elle se met à tourner. Par conséquent, au lieu d'emprunter le courant à une pile pour déterminer la rotation d'une machine dynamo-électrique, rien n'empêche de l'emprunter à une machine magnéto-électrique semblable. On fera tourner la première, elle donnera le courant, et la seconde se mettra d'elle-même en mouvement. Et nous savons que si nous faisons tourner l'une dans un sens, l'autre tournera absolument dans le même sens, comme le feraient deux poulies entraînées par une courroie. Cette solution paraît aujourd'hui toute simple, mais elle ne pouvait venir que lorsqu'on aurait reconnu que la même machine pouvait à volonté donner de l'électricité, si on la mettait en mouvement, ou au contraire du mouvement si on lui fournissait de l'électricité.

On dit, dans ce cas, que les machines sont *reversibles*; elles transforment le travail en électricité, et inversement l'électricité s'y transforme en travail.

C'est en 1873, à l'Exposition de Vienne, que M. H. Fontaine eut le premier l'idée d'atteler ensemble deux machines Gramme. Un moteur à gaz faisait marcher une première machine qui produisait des courants. Ces courants étaient transmis à travers un câble de 1,000 mètres de longueur, à une seconde machine identique à la première. Cette machine

réceptrice, excitée par le courant transmis, tournait
et faisait fonctionner une pompe centrifuge. Cette
expérience mémorable fut faite devant l'empereur
d'Autriche, quand il visita la section française.

Une machine génératrice de courants devient par
cela même un excellent moteur, le meilleur des
moteurs électriques. Le mouvement de l'anneau est
continu et régulier; l'organe est bien équilibré dans
toutes ses parties; tout le système est parfaitement
simple. Et la machine électro-dynamique n'est plus
un moteur insuffisant, ce n'est plus un joujou donnant quelques kilogrammètres; sa force peut être
considérable comme l'est elle-même la puissance de production électrique de cette machine. On a déjà réalisé
des moteurs de 20 chevaux et l'on s'apprête à construire des moteurs de 50 et de 150 chevaux. A
l'Exposition, on pouvait voir, dans la section française, des moteurs Gramme dont la force variait
depuis un kilogrammètre jusqu'à 20 chevaux. Les
machines dynamo-électriques motrices puissantes ne
pèsent guère que 1,000 à 1,500 kilogrammes et tien-
draient sur une cheminée.

On se sera bien aperçu que le problème ainsi résolu
n'est pas précisément celui qu'on s'était posé à l'origine. On avait rêvé des moteurs électriques tout différents. Pour faire marcher un moteur à vapeur, il
n'y a qu'à jeter du charbon dans le foyer; pour faire
fonctionner un moteur électrique, on aurait voulu
tout bonnement jeter de même du zinc dans la pile.
Malheureusement, on l'a vu, la pile est coûteuse et
insuffisante; il a bien fallu produire autrement l'électricité. Or, précisément, on se trouve dans la nécessité de se servir de la machine à vapeur que l'on

voulait supprimer pour faire l'électricité à bon compte qui doit alimenter les moteurs électriques.

Alors, demandera-t-on, à quoi bon? Et pourquoi ne pas faire tourner directement les outils, comme autrefois, avec une machine à vapeur?

La réponse n'exige que quelques mots. La machine à vapeur travaille sur place. Avec les moteurs électriques, la force peut être transmise par un simple fil télégraphique de la machine dynamo-électrique qui produit le courant à la machine dynamo-électrique qui l'utilise; on peut la mener, la distribuer, la répartir partout; on peut faire passer par le trou d'une serrure des centaines de chevaux de force. On peut recueillir la force de tous côtés, à droite, à gauche, la force des moteurs à vapeur, la force des torrents, la force des chutes d'eau, la force du vent, des marées, et la conduire par un fil jusqu'au point où l'on veut qu'elle travaille. C'est un résultat capital.

Concluons donc ainsi. La machine dynamo-électrique a enfin permis de fabriquer l'électricité à un prix de revient relativement bas. La machine dynamo-électrique a donné le moyen de transformer facilement cette électricité en travail mécanique. Elle peut être considérée à juste titre comme le véritable point de départ de la révolution industrielle à laquelle nous assistons en ce moment.

VII

Production industrielle de l'électricité, transformation de l'électricité en énergie mécanique : tels
sont les deux termes extrêmes du problème capital
qui a été résolu dans ces dernières années. Nous
avons dit à la suite de quelles étapes successives ce
résultat avait été atteint. Nous avons montré qu'un
moteur quelconque, en communiquant son mouvement à une machine dynamo-électrique, engendrait
de l'électricité, et que cette électricité, envoyée par
un fil conducteur à une machine dynamo-électrique
identique à la première, la faisait tourner à son tour,
et par suite produisait de la force motrice. C'est
aujourd'hui le seul moyen économique de transformer
l'électricité en énergie mécanique.

L'électricité n'est au fond qu'un simple intermédiaire, un véhicule de force. On lui met à portée de

la force motrice et elle la transporte à destination. Les deux machines dynamo-électriques jouent ici absolument le même rôle que les deux poulies dans les transmissions de nos usines. La machine à vapeur fait tourner une première poulie, et, à l'aide d'une courroie, cette poulie en entraîne une seconde qui donne le mouvement aux outils. Dans le nouveau système, au lieu d'une poulie, on a recours à une machine dynamo-électrique. En apparence, la solution est la même; mais quelle différence en réalité! On ne peut transmettre la force au delà de quelques dizaines de mètres avec des poulies et des courroies; on ne peut guère dépasser quelques kilomètres avec un câble télodynamique. En prenant pour transmetteur l'électricité, on peut transporter à des distances énormes des forces colossales. Le problème résolu revient en somme à celui-ci, qui paraîtrait merveilleux si nous n'étions aujourd'hui en plein siècle des merveilles : envoyer par le télégraphe non plus de simples dépêches, mais assez de force motrice pour alimenter toutes les usines et les fabriques d'une grande ville. Rien ne nous empêche, en effet, de faire courir sur des fils télégraphiques des milliers de chevaux-vapeur !

De même que, pour alimenter d'eau un grand centre de population, on va au loin capter des sources et on les canalise pour les conduire à destination, de même ici on peut grouper des forces disséminées de tous côtés sans profit pour personne, et les apporter par un simple fil jusqu'au lieu d'utilisation. Et quelle facilité ! un fil métallique se plie à toutes les exigences, contourne tous les obstacles et passe partout. C'est vraiment de la magie que de pouvoir faire

passer par un conducteur de quelques millimètres
d'épaisseur la force de régiments de travailleurs et
de la distribuer à volonté dans tous les coins d'une
usine en fractions aussi petites qu'on le désire. Comme
nous sommes loin de l'emploi de l'air comprimé ou
de l'eau sous pression pour le transport et la distribution du travail à domicile!

En ce monde, tout se paie, on n'a rien pour rien. Il
va sans dire que, pour transmettre la force au loin,
il faut consentir à certains sacrifices. Il se perd
nécessairement en route de la force. On produit tant,
on récolte moins qu'on a produit : c'est le revers de
la médaille. L'expérience a montré que si l'on confie
au départ 100 au fil conducteur, à l'arrivée il ne rend
qu'environ 50. Ce qui revient à dire que par transmission électrique on ne doit guère compter, comme
force effective transportée au point d'utilisation, que
50 0/0. C'est une perte évidemment, mais qui n'est
pas de nature à diminuer l'importance du rôle de
l'électricité dans l'industrie (1). Il va de soi, par
exemple, que 50 0/0 c'est déjà du bénéfice tout trouvé
lorsque la force est gratuite; bien souvent on rencontre des chutes d'eau que leur éloignement de tout
centre industriel ne permet pas d'utiliser; on en tirerait certainement parti, si elles se trouvaient près

(1) Longtemps on a cru que, dépensant 100 au point de départ,
on ne recueillerait que 50 au point d'arrivée, ce qui revient à
dire que le rendement maximum ne pourrait pas dépasser 50 0/0.
Cette opinion est erronée; nous reviendrons sur ce point dans
un chapitre spécial et nous démontrerons que le rendement
peut devenir aussi grand qu'on veut en théorie; cependant, en
pratique, il serait illusoire, pour de petites distances, de compter
sur un rendement très-supérieur à 50 0/0 et, pour les grandes
distances, sur un rendement dépassant beaucoup 40 0/0.

d'une ville ou d'une usine. Désormais, que ces chutes soient loin ou près, on leur prendra leur force et on la transportera à domicile. Les petites rivières, les petits torrents ne travailleront plus pour le seul plaisir des canotiers et des touristes; on leur dira de se rendre bons à quelque chose. Le vent aussi ne soufflera pas toujours autant qu'aujourd'hui sans nous servir. Il souffle dans une région quatre jours sur neuf, qu'importe! On sera en mesure de recueillir ce travail intermittent et capricieux.

Deux exemples pour préciser les idées. A la porte de Paris, il existe un barrage, le barrage de Port-à-l'Anglais; son débit est tel qu'il représente par jour une force de 3,000 chevaux-vapeur; on la laisse se perdre. Avec des machines dynamo-électriques, on en transporterait à peu près la moitié à Paris, soit 1,500 chevaux; mettons 1,000 chevaux : c'est déjà bien; pour 360 journées de travail nuit et jour, on y gagnerait au'bas mot 350,000 fr., et plus du quadruple si l'on fractionnait la force en la distribuant par petits lots, soit une économie de 1 million 1/2.

Le Niagara peut donner par sa chute une puissance motrice de plus de deux millions de chevaux-vapeur; voici donc tout trouvés au moins 500,000 chevaux-vapeur que l'on pourra distribuer dans un rayon considérable, jusqu'à Montréal, Boston, New-York, Philadelphie. Ce n'est pas une force gratuite, parce qu'il faut tenir compte de l'intérêt du prix des conducteurs qui sont en cuivre pur. Mais, en tous cas, quelle faible dépense relative! 5,000 chevaux de force conduits à 480 kilomètres coûteraient l'intérêt du cuivre. Le prix du cuivre serait de 925,000 fr. pour une pareille distance; l'intérêt à 5 0/0 est de

47,500 fr. Or, le prix de revient de 5,000 chevaux produits sur place, avec la houille, atteindrait au minimum, pour un travail continuel, 2 millions, et s'il y avait fractionnement du travail, 8 millions. Qu'est-ce que 50,000 fr. à côté de 8 millions?

Même avec 50 0/0 de perte et lorsqu'on emploie des machines à vapeur pour produire la force, la transmission électrique reste encore très-avantageuse dans beaucoup de circonstances. Elle permet notamment de résoudre, avec une supériorité évidente sur tous les systèmes déjà indiqués, le difficile problème de la distribution de la force à domicile. On sait combien la production du travail mécanique est limitée, coûteuse et incommode dans les petits ateliers. Le travail en chambre est le moins favorisé, alors qu'il devrait l'être le plus. Il y a danger à établir des chaudières puissantes pour les machines à vapeur; aussi l'Administration n'autorise-t-elle dans les maisons habitées que l'introduction de moteurs à vapeur de faible puissance (1). L'eau coûte trop cher dans beaucoup de grandes villes pour qu'on puisse employer des moteurs hydrauliques. Les moteurs à gaz sont les plus commodes, mais ils ne sont pas encore suffisamment économiques. Avec l'électricité, on peut avoir tout juste la force que l'on veut et à bon marché.

(1) En France, les chaudières sont divisées en trois catégories. Cette classification est fondée sur le produit du nombre exprimant en mètres cubes la capacité totale de la chaudière par le nombre exprimant en degrés centigrades la température de l'eau au-dessus de 100 degrés. Les chaudières sont de la 1re catégorie quand ce produit est supérieur à 200, de 2e catégorie quand il dépasse 50, et de 3e catégorie s'il n'excède pas 50. Les chaudières de la 3e catégorie peuvent seules pénétrer dans les habitations.

Supposons, en effet, un entrepreneur se chargeant de débiter de la force motrice dans les maisons et les ateliers d'un quartier. Dans une station centrale, il produira 1,000 chevaux de force, par exemple, avec cinq machines de 200 chevaux. Avec une transmission électrique, il pourra débiter aux industries 50 0/0 de cette force, soit 500 chevaux. Pour toute canalisation, les fils s'en iront sous terre jusqu'à domicile et pénétreront dans les appartements et les ateliers. Au bout du fil, qui peut d'ailleurs passer encore de chambre en chambre et se plier à toutes les nécessités, on prendra la force comme en ce moment on prend le gaz en tournant un robinet. Ici, on dépensera, selon marché passé, un cheval, ici deux chevaux, là quelques kilogrammètres, ailleurs cinq, dix chevaux, peu importe. On parvient à fractionner la force à volonté au moyen d'artifices très-simples. Chaque consommateur aura même un compteur et pourra payer au bout du mois en raison de l'électricité fournie.

L'avantage pour le petit industriel est évident. Plus de moteurs, plus d'emplacement à réserver, un fil, une mignonne machine dynamo-électrique, un robinet qu'on ouvre ou qu'on ferme, et voilà ses outils en mouvement, tours à bois, découpeurs de carton, scies, machines à coudre, essoreuses, piqueuses, pompes, etc. Partout où va le fil va la force.

Maintenant, et malgré les 50 0/0 de perte, l'entrepreneur y gagnera, et les consommateurs aussi. En effet, les machines motrices puissantes ne dépensent pas plus aujourd'hui de 1 kilog. par heure et par cheval; il en est qui dépensent moins encore, de 750 à 800 grammes. Les petites machines dépensent au contraire beaucoup plus de 3 à 5 kilog., soit par cheval et par heure de 10 c. à 15 c. au moins, et les moteurs à gaz de 35 c. à 40 c. S'il fallait produire 500 chevaux de force disséminés à droite et à gauche à l'aide par exemple de 300 machines travaillant sur place (1), il faudrait dépenser avec les machines à vapeur et par heure 60 francs en moyenne, et 175 francs avec les moteurs à gaz. A l'usine de production, au contraire, le coût par heure de 1,000 chevaux ne serait que de 30 francs. Nous n'avons parlé que de la consommation de combustible; mais et l'achat, l'entretien et l'amortissement des 300 machines, et les chauffeurs ou mécaniciens! Et l'emplacement! On voit que de ce côté encore la transmission électrique permettrait de réaliser de nouvelles et importantes économies, tout en tenant compte, bien entendu, des frais exigés pour la pose des conducteurs. Il est superflu de faire remarquer que la canalisation, qui transmet la force le jour, est disposée de manière à transmettre la lumière le soir, et que les prix de revient s'abaissent encore de ce chef, puisque les mêmes machines motrices peuvent travailler sans cesse et mettre constamment en valeur tout le matériel employé. Dans l'économie de tout le système, c'est un point essentiel qu'il est bon de ne pas omettre.

Ajoutons pour mémoire qu'il est possible aujourd'hui non-seulement de distribuer ainsi la force en fractions très-petites, mais encore de ne la fournir que proportionnellement aux besoins du consomma-

---

(1) Et il faudrait souvent plus de machines encore, car beaucoup d'industriels n'ont besoin que de quelques kilogrammètres et n'emploient que des moteurs à gaz d'un quart ou d'un demi-cheval.

teur. Il est clair que si des industriels ne se servaient pas, pour une cause ou pour une autre, du courant qui leur est transmis, leurs voisins bénéficieraient de l'excès et auraient trop de force à leur disposition; les machines prendraient le galop et s'emporteraient. Grave inconvénient pour le consommateur, dépense inutile pour le producteur. Il est possible de vaincre la difficulté. On peut faire en sorte maintenant que, si des machines ne travaillent pas dans leur plein ou ne fonctionnent même pas du tout, les autres machines alimentées par le même circuit n'en continuent pas moins à tourner avec leur régularité normale. Quand une portion du courant n'est pas utilisée, elle agit d'elle-même sur l'usine centrale pour réduire la quantité d'électricité envoyée. Le travail moteur et la dépense par conséquent se proportionnent sans cesse à l'effort à vaincre dans le circuit et à la consommation même de l'électricité. La solution extrêmement importante de ce problème rend pratique le nouveau mode de distribution de la force. Plusieurs systèmes ont été imaginés; l'un d'eux a fait beaucoup de bruit, c'est le système de réglage automatique du courant par le courant lui-même, sans organes mécaniques, de M. Marcel Deprez. Nous reviendrons spécialement sur les différents modes de distribution de la force. Le système Deprez a été appliqué sur une large échelle à l'Exposition. Il commandait de nombreuses machines à coudre installées dans toutes les parties du Palais. C'est le même circuit qui apportait l'électricité aux petits moteurs qui faisaient tourner ces machines. Il paraissait évident que si l'on avait arrêté la plupart de ces machines, celles qui restaient, alimentées par un excès d'électricité, auraient dû

s'emporter. On constatait, au contraire, qu'elles continuaient à tourner avec leur même vitesse, et absolument comme si chacune d'elles eût été commandée
par un circuit spécial et indépendant d'égale puissance. Le nombre total des appareils mis en mouvement dans le circuit de M. Deprez était de 27, et tous
nécessitaient des courants d'intensité très-différente.
Citons : scies à découper, machines à coudre, à fraiser,
percer les métaux, instruments électriques de musique,
cuve à galvanoplastie, une presse d'imprimerie Marinoni, etc. — Tous ces appareils fonctionnaient ensemble ou séparément, sans que l'on ait jamais eu à se
préoccuper de modifier le courant, de le diminuer ou
de l'augmenter. Le courant changeait de lui-même
son intensité selon les besoins. Le résultat obtenu était
des plus saisissants.

A quelle distance peut-on transporter la force d'un
torrent, d'une chute d'eau, d'un moteur à vapeur ?
On avait avancé tout d'abord que l'on perdrait de la
force en raison de la distance franchie : comme à
quelques centaines de mètres de distance la perte était
déjà considérée comme égale au moins à 50 0/0, on
craignait qu'au bout de quelques kilomètres il n'y
eût plus rien à récolter du tout. Cette opinion était
erronée.

Le rendement peut être maintenu à peu près constant, quelle que soit la distance, ou du moins, en pratique, pour une distance très-considérable. Lorsqu'on
veut conduire de l'eau dans une canalisation très-
longue, il faut donner à cette eau, au point de départ,
une pression très-grande pour qu'elle parvienne à
vaincre les résistances que le frottement dans de longs
tuyaux lui fait éprouver : de même ici, pour que le

courant électrique puisse vaincre la résistance qu'oppose à son passage un conducteur relativement trèspetit, il est indispensable de lui donner beaucoup de tension.

On fabrique de l'électricité à haute tension quand on veut aller loin, et tout est dit; on récolte toujours la même fraction de la force transmise. Toutefois, il y a des limites qu'il serait difficile de franchir. La résistance qu'éprouve un courant électrique à se propager dans un conducteur métallique dépend, toutes choses égales, des dimensions de ce conducteur. En augmentant le diamètre on diminue la résistance. On peut donc, à la condition de se servir de gros conducteurs, diminuer la tension du courant. Un courant de trop forte tension n'est plus maniable; il est même dangereux : il brûle les conducteurs et donne des commotions même mortelles à ceux qui, par mégarde, y toucheraient de trop près : c'est la foudre que l'on promènerait ainsi de ville en ville; d'ailleurs, un pareil courant tend à trouer la matière isolante du câble et à s'échapper. Donc, la tension à employer est limitée. Limitée aussi est la grosseur du conducteur, car le cuivre pur coûte cher, et si l'on augmentait considérablement les diamètres, on serait forcément arrêté par une question de prix de revient. M. Marcel Deprez a trouvé par le calcul qu'en adoptant une tension raisonnable et un conducteur en cuivre de 12 millimètres, on pourrait transmettre la force motrice à 350 kilomètres; si l'on reprenait la force transmise à cette distance, on pourrait encore en porter la moitié à 350 kilomètres; en sorte qu'en définitive il est possible de transmettre 25 0/0 d'une force à 700 kilomètres. Sept cents kilomètres! On amènerait ainsi la puissance motrice des torrents des Alpes jusqu'à Paris ; on conduirait jusqu'aux Champs-Élysées 25 0/0 de la force développée par la chute du Rhin.

Le prix d'installation de la canalisation peut seule dans ce cas limiter la portée des transmissions électriques. Le problème à étudier maintenant sera, avant tout, de trouver des conducteurs économiques.

Après ces considérations, on comprendra qu'il n'y ait plus lieu de s'effrayer autant qu'autrefois de voir notre provision de houille enfermée dans les profondeurs du sol diminuer tous les jours. Avant que nos mines ne soient épuisées, nous aurons bien trouvé le moyen de produire de la force sans passer par la combustion du charbon. Il y a notamment une force immense que nous ne savons pas employer, c'est l'ondulation de la marée qui vient engouffrer dans le canal de la Manche des milliards de tonnes d'eau. Quand nous parviendrons à tirer parti de cette dénivellation gigantesque et périodique, ne prendrions-nous même qu'une parcelle de sa puissance motrice, nous disposerions encore d'une somme d'énergie mécanique supérieure à celle que nous fournissent aujourd'hui, au prix de tant de labeurs et de dangers, toutes nos houillères réunies. La transmission électrique nous l'apporterait à pied d'œuvre.

En attendant, on a quelque droit de se demander si l'utilisation de la force produite par la combustion de la houille ne ressentira pas le contre-coup du nouveau mode de transmission. On va chercher le charbon très-loin . ne serait-ce pas plus économique de le brûler sur place et d'envoyer sa puissance motrice par les fils télégraphiques? Plus de transport, plus de transbordement; on laisse à la mine le poids mort et l'on n'envoie que la force ! D'autre part, il faut souvent descendre à 800 ou 1,000 mètres pour attaquer certaines couches, ce qui augmente les frais d'exploitation : pourquoi ne brûlerait-on pas le combustible en bas, et ne transmettrait-on pas la force en haut? On voit, sans qu'il soit nécessaire d'insister, quelle variété de problèmes nouveaux fait naître la possibilité bien démontrée de transporter l'énergie à de grandes distances.

Jusqu'ici on ne s'est servi de l'électricité que pour transporter de petites forces à de petites distances.

Il y a commencement à tout. Le premier essai date de 1873 ; nous l'avons dit, il a été fait, à titre de démonstration, à l'Exposition de Vienne. M. Fontaine a fait marcher à 1 kilomètre une pompe avec la force empruntée à un moteur à gaz. La première application pratique fut tentée à l'atelier de Saint-Thomas d'Aquin, en 1877. Les officiers d'artillerie firent fonctionner une machine à diviser dans un pavillon isolé à 60 mètres de la machine motrice placée dans l'atelier. La seconde fut faite par M. Cadiat, aux ateliers du Val d'Osnes, en 1878. A la même époque, on employa le même système à la Compagnie de Lyon pour commander à distance une machine-outil. Mais l'application la plus saillante est due à MM. Félix et Chrétien Elle a été faite à la sucrerie de Sermaize, dans la Marne, en 1879. Ces deux ingénieurs eurent l'idée de transporter la force de la machine à vapeur de la sucrerie, en plein champ, pour mettre en mouvement une charrue. On ne peut imaginer de meilleure démonstration de la facilité et de la souplesse avec laquelle on amène la force où l'on veut. Une charrue doit se déplacer sans cesse, et cependant on est parvenu à lui apporter constamment sa provision de force. Pour labourer, la charrue doit parcourir le champ dans toute sa largeur, puis recommencer quelques mètres plus loin en suivant le même itinéraire. On place deux treuils avec câble d'acier aux extrémités du champ. La force est transmise successivement à chacun des treuils. Le câble s'enroule sur l'un et se déroule sur l'autre, entraînant la charrue ; au bout du sillon, on recommence l'opération en sens inverse, après avoir déplacé les treuils et les avoir installés sur la nouvelle piste. C'est encore la force électrique qui fait rouler les treuils et les amène dans la position convenable. La charrue de Sermaize laboure une étendue de 400 mètres, au taux de 30 à 40 ares par heure. Les fils de transmission ont jusqu'à 1,600 mètres. La machine motrice donne à l'usine 25 chevaux, et la force transportée est d'environ 12 chevaux. L'application à Sermaize est économique parce que, la campagne sucrière ne durant que quatre mois, les machines à vapeur n'ont plus rien à faire pendant le reste de l'année ; on les utilise. M. Félix s'en sert de même, non-seulement pour labourer, mais encore pour battre le grain ; la force des machines est apportée dans la grange par fil télégraphique, et on peut ainsi défier l'incendie. En hiver, les mêmes moteurs font mouvoir par transmission électrique les monte-charges qui amènent les betteraves des bateaux amarrés au canal de la Marne, aux wagons de l'usine, et, le soir, la force motrice est encore utilisée pour produire la lumière électrique qui éclaire l'usine et le quai du canal.

M. Menier avait également appliqué le même système dans sa propriété de Noisiel, en utilisant une chute d'eau dont la force motrice, recueillie et transmise électriquement, fait fonctionner des charrues. A la fonderie de Ruelle, on commande électriquement à distance des machines-outils, des perceuses, etc. A la Belle-Jardinière, on fait passer par un fil la force de la machine à vapeur qui est dans les caves aux quatrième et cinquième étages, et on fait mouvoir ainsi des machines à coudre, des scies à rubans, etc. Aux Magasins du Louvre, un fil suspendu à travers la rue Saint-Honoré envoie de la force empruntée au moteur placé dans les caves jusque dans la rue de Valois, à 150 mètres de distance.

Depuis deux ans, les applications se multiplient. On commence déjà à commander dans les mines certains appareils par transmission électrique. Le moteur est installé près des puits, et la force est conduite dans les galeries souterraines par un fil métallique. En Suisse et dans quelques villes d'eaux des Pyrénées, on se sert de la force de petits torrents pour produire la lumière électrique nécessaire à l'éclairage des hôtels. A Saint-Moritz dans les Grisons, on voit un étincelant foyer de lumière alimenté, par la chute d'un petit torrent.

L'Exposition renfermait, du reste, des exemples très-nombreux et bien choisis des transmissions électriques. Si toutes les machines fonctionnaient sans moteur apparent, sans bruit, sans embarras, c'est que la force leur était envoyée télégraphiquement. L'électricité fabriquée dans la galerie parallèle à la Seine arrivait par les nombreux fils qui couraient dans l'espace et le long des murs jusqu'aux petits moteurs dynamo-électriques. On poussait un bouton, et tout s'ébranlait sans plus de cérémonie.

C'est ainsi que fonctionnaient les outils, raboteuses, foreuses, tours, machines à coudre, brodeuses, tisseuses, etc. Une pompe Neut et Dumont élevait et refoulait de l'eau, empruntant sa force par un fil à un moteur à vapeur de 20 chevaux installé sous la galerie Sud. En 1867, il y a quatorze ans, la même pompe Neut et Dumont fonctionnait au Champ-de-Mars, actionnée à distance par un câble télodynamique Hirn. Aujourd'hui le câble s'est aminci au point de devenir un fil, et, au lieu de porter la force à quelques kilomètres, il la transporterait tout aussi bien jusqu'à Rouen, jusqu'à Lyon.

A côté travaillait la perforatrice à diamant noir de M. Taverdon. Aujourd'hui on emploie l'air comprimé pour la commande des perforatrices au fond des tunnels. C'est ainsi que l'on a percé les trous de mines au mont Cenis et au Saint-Gothard. La transmission par air comprimé entraîne l'établissement et l'entretien de tuyaux qu'il faut continuellement allonger et déplacer. C'est coûteux, incommode, et le rendement de la force transmise peut descendre jusqu'à 5 0/0 de la force employée. Avec un fil qui se déroulera à mesure des besoins, on transportera la force au front de taille relativement sans frais et avec un rendement de 50 0/0. La perforatrice de l'Exposition donnait très-bien une idée des avantages que l'on obtiendra dans ce cas avec le système électrique.

Les différents ventilateurs du Palais, notamment le ventilateur de MM. Geneste et Herscher qui amenait l'air dans les salons hermétiquement clos des auditions téléphoniques, étaient mus par transmission électrique. En un mot, tout à l'Exposition fonctionnait électriquement. L'électricité y régnait sans partage.

Une application intéressante frappait surtout le

Fig 66. — Ascenseur électrique.

visiteur : l'ascenseur électrique installé au sud-est
du Palais, imaginé par MM. Siemens frères, de Ber-

lin. On peut décrire l'ascenseur en quelques lignes.

On voyait s'élevant au milieu de la cage de l'ascenseur et dans toute sa hauteur une solide tige de fer ressemblant à une crémaillère. Cette tige traverse à frottement la plate-forme où prennent place dix personnes. Une petite machine dynamo-électrique est cachée sous le plancher de la plate-forme. On lui envoie de l'électricité par un fil; elle se met à tourner et elle entraîne dans son mouvement deux pignons dentés, symétriquement disposés, qui engrènent les dents de la crémaillère; la plate-forme se hisse ainsi le long de la tige centrale; comme l'électricité arrive continuellement le long de la tige à la machine, la plate-forme monte jusqu'à ce qu'on l'arrête. Pour redescendre, on renverse le sens du courant; la machine tournant en sens contraire, le pignon engrène dent par dent et s'abaisse comme on descendrait une par une les marches d'un escalier. La plate-forme suit et ramène au rez-de-chaussée les dix personnes qu'elle avait emportées. Si le courant n'arrive plus, soit qu'il soit interrompu volontairement ou involontairement, la roue dentée à rochet reste engrenée avec les deux crémaillères, et la plate-forme se maintient suspendue. Plus d'accident à redouter, plus de piston profond, plus besoin d'eau! etc.

La maison Siemens devait aussi exposer, au premier étage, un petit chemin de fer postal; l'installation n'aurait pu être prête en temps utile. Ce petit chemin de fer postal est destiné à remplacer le système des tubes pneumatiques employés jusqu'ici pour le transport des paquets et des cartes-télégrammes. Dès 1879, M. Bontemps avait eu aussi l'idée de remplacer l'air comprimé ou raréfié des tubes de l'Administration par la traction électrique.

Un remorqueur porte un petit moteur électrique. On envoie par les rails ou par des fils le courant électrique au moteur, et le remorqueur entraîne des wagonnets avec les lettres et les paquets. On prétend que ce système serait beaucoup plus économique que le transport actuel par des tubes dans lesquels de l'air comprimé chasse un cylindre-piston à travers tout le réseau d'une ville. La question serait à examiner.

Mais l'application la plus populaire, celle qui a le plus excité la curiosité du public, c'est sans contredit le tramway électrique qui prenait les voyageurs à quelques centaines de mètres du Palais, aux pieds des chevaux de Marly et les descendait à l'intérieur de 'Exposition, à la porte Est. Au début, on a eu quelque peine à le faire fonctionner, et la curiosité publique en a grandi d'autant. Marchera-t-il, ne marchera-t-il pas? demandait la foule. Il ne pouvait pas ne pas marcher, mais on s'est trouvé au dernier moment en face de difficultés imprévues qu'il a fallu vaincre, et on les a vaincues tant bien que mal, mais assez complètement cependant pour assurer le bon fonctionnement du système. L'origine de ce nouveau mode de traction mérite bien quelques développements.

Aux dernières expositions de Bruxelles et de Dusseldorf, MM. Siemens avaient déjà établi un petit chemin de fer électrique, presque un joujou. Un remorqueur entraînait, sur un parcours de quelques centaines de mètres, deux petits wagons où pouvaient prendre place une douzaine de voyageurs. Dans la section allemande, on peut voir le premier remor-

queur construit pour ces chemins de fer miniature
par MM. Siemens.

Le principe de la traction par l'électricité est tout
simple. On envoie le courant par un rail central disposé au milieu de la voie jusqu'à une machine dynamo-
électrique établie sur le remorqueur. Le courant

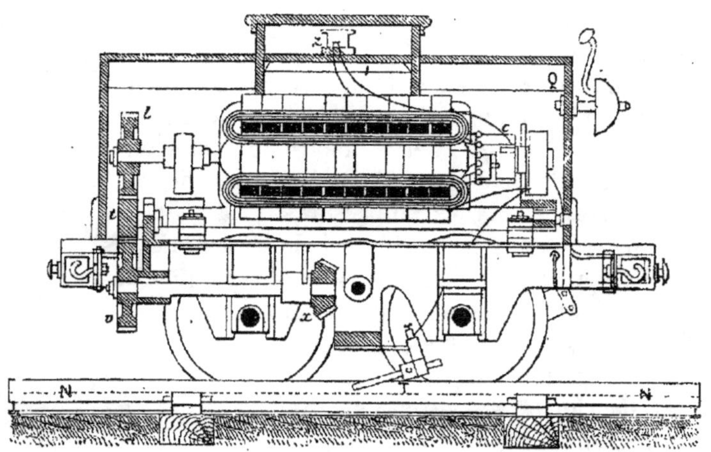

Fig. 67. — Coupe longitudinale de la locomotive du premier chemin de fer
électrique de Berlin (1879).

passe par un balai de fils métalliques frottant sur le
rail central. La machine, excitée par le courant,
tourne entraînant les roues, et tout le système progresse.

Le premier essai ayant réussi en petit, MM. Siemens n'hésitèrent pas à construire, au commencement
de cette année, un véritable chemin de fer électrique.
La ligne ferrée installée à Berlin depuis le mois de
mars va à Lichterfelde, à l'École militaire des cadets;

elle a en ce moment près de 3 kilomètres de développement, et elle sera prolongée encore de 3,500 mètres; 36 trains par jour circulent déjà sur cette première ligne. Les voitures sont analogues à nos voitures de tramway, mais sans impériale; 12 voyageurs prennent place à l'intérieur et 4 sur chacune des deux plates-formes. On trouvait dans la section allemande un spécimen de cette voiture : *Electrische Bahn Lichterfelde.*

La nouvelle ligne part de la gare du chemin de fer d'Anhalt. Ses rails n'ont qu'un écartement de 1 mètre au lieu de 1 mètre 50. Cette disposition est économique, mais elle a l'inconvénient d'empêcher les wagons des grandes lignes de passer sur la voie. La vitesse autorisée pour les trains est de 20 kilomètres à l'heure. On pourrait facilement atteindre 35 kilomètres. Les voyageurs ne payent que 20 pfennigs, soit 25 centimes pour le trajet entier.

Ce premier chemin de fer électrique ayant donné toute satisfaction à ses promoteurs et au public de Berlin, la Compagnie des tramways a voulu, à son tour, appliquer le système sur une de ses lignes les plus fréquentées, sur la ligne qui, longeant le Westend, va de Charlottenbourg au Spandauer-Bock ; le parcours est de 1,600 mètres seulement, mais il faut franchir une rampe de 3 centimètres par mètre sur une longueur de 600 mètres.

De plus, sur une ligne établie en pleine route, on ne pouvait songer à placer un rail central en relief au milieu de la voie pour amener, comme à Lichterfelde, le courant dans le remorqueur. MM. Siemens ont dû prendre une tout autre disposition. Le long de la ligne on a posé des poteaux qui supportent un fil conducteur. C'est par ce fil que le courant est sans cesse amené à la machine motrice du remorqueur. Pour établir un lien de jonction entre le fil et la machine, un conducteur auxiliaire flexible réunit le remorqueur à un petit frotteur qui glisse pendant la marche tout le long du fil de ligne. Chaque train se compose, sur le tramway de Charlottenbourg, de deux grandes voitures qui emportent 90 voyageurs. Le nouveau tramway a un grand succès à Berlin.

MM. Siemens pensaient n'avoir qu'à copier le tramway de Charlottenbourg pour la petite ligne des Champs-Élysées, à Paris. On emprunta une voiture à la Compagnie des Tramways-Nord, que l'on aménagea en conséquence, et l'on établit latéralement en bordure des Champs-Élysées un fil sur poteaux. La machine fut installée sous la voiture, et le courant électrique devait venir par le fil, un frotteur et un fil de liaison, puis s'en aller à la terre par les rails. Mais l'Administration de la ville exigea que les rails fussent du type à ornières employé à Paris. La circulation est active aux Champs-Élysées, et les voitures n'auraient pu passer sur des rails en relief. Les rails à ornières s'emplirent vite de poussière ou de boue ; on s'aperçut aux premiers essais que le courant amené par le fil latéral et redescendant par les roues ne pouvait pas s'échapper à travers les rails. Le courant était sans cesse interrompu. Les étincelles se multipliaient. On ne pouvait marcher dans ces conditions.

En outre, l'Administration, avec raison d'ailleurs, obligea les inventeurs à suivre le trottoir et à tourner court dans l'avenue. Par suite de cette nécessité, il fallut renforcer les poteaux de soutien, et néanmoins le fil latéral fouetta continuellement, et ses vibrations

rendirent les contacts avec les frotteurs imparfaits.
MM. Siemens durent changer le système à la dernière
heure ; on installa le long des poteaux, non plus un
fil, mais deux tubes de petit diamètre accolés et isolés.
Ces tubes portent à leur partie inférieure une rainure.
Un frotteur intérieur avec galet directeur extérieur

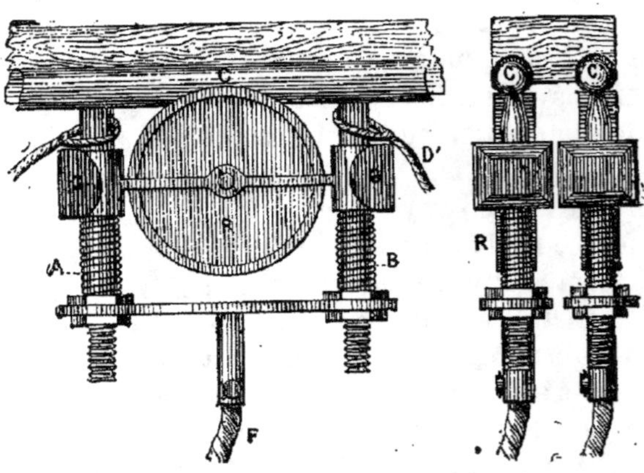

Fig. 68. — Chariot glisseur du tramway des Champs-Élysées.
C, tube-enveloppe ; R, roulette directrice ; AB, tige-support de la roulette
avec ressorts pour appuyer la roulette sur le tube.

peut courir dans chaque tube, laissant passer à travers la fente une patte métallique à laquelle on
attache le fil auxiliaire qui établit la communication
électrique avec la machine de la voiture. Le courant est amené par le premier tube ; il s'en retourne
par le second.

On voyait très-bien les fils d'attache courir le long
des tubes à mesure que la voiture progressait. Cette
disposition est évidemment compliquée et ne serait
sans doute pas très-pratique sur une grande échelle ;

mais elle a l'avantage d'éviter, aux passants et aux chevaux, les décharges électriques. A Berlin, le public s'amuse beaucoup à toucher des deux mains à la fois les rails du tramway ; on ressent une légère commotion. Mais un cheval ombrageux, dont les sabots heurteraient les deux rails, pourrait fort bien, sous l'influence du choc électrique, s'effrayer et s'emporter. A Paris, cet inconvénient n'existait pas.

On apercevait seulement le long des tubes conducteurs courir des étincelles ; elles se produisaient quand les chariots passaient aux points d'assemblage des tuyaux ; il en résultait des petits ressauts dans le glissement et des ruptures de courants.

On pénètre maintenant le secret de la locomotion du tramway des Champs-Élysées. A l'intérieur du Palais, une machine à vapeur met en action une machine dynamo-électrique qui envoie son courant par les conducteurs jusqu'à une machine semblable placée sous la voiture. Le courant est ramené au point de départ par le second conducteur. Pour faire partir la voiture, il n'y a qu'à laisser pénétrer le courant dans la machine motrice. Le mécanicien assis sur le tramway tourne une manivelle, et aussitôt la voiture se met en marche. Aux Champs-Élysées, le parcours était de 500 mètres et la vitesse d'environ 17 kilomètres à l'heure.

Quelques détails complémentaires. La voiture avait 7^{m}70 de long, 2^{m}25 de large, 3^{m}65 de haut. La caisse vide pesait 5,500 kilogrammes et pouvait contenir 50 voyageurs du poids de 70 kilogrammes, ce qui faisait un poids total de 9,000 kilogrammes à traîner. Cette voiture a emporté une fois en un seul voyage 67 élèves de l'École des Ponts-et-Chaussées.

La machine à vapeur motrice était de 20 chevaux et la machine dynamo qu'elle commandait pouvait les absorber. La seconde machine dynamo conjuguée placée sous la voiture était un peu plus petite. La première faisait 500 tours, la seconde 465 à la minute. La tension du courant était de 45 volts. La machine motrice aurait pu prendre environ 10 chevaux sur les 20 engendrés ; on n'en produisait guère que 17 et l'on en recueillait environ 8. La voie faisait deux courbes très-prononcées : une de 55 mètres de rayon au détour de la place de la Concorde ; une de 27 mètres de rayon et une seconde courbe de 21 mètres à l'entrée dans le Palais, avec rampe de 21 millimètres. En palier, il fallait, pour marcher à la vitesse de 4^m70 , développer un effort de 135 kilogrammètres.

Quand on interrompait le courant pour arrêter la voiture, il se produisait une étincelle ; cette étincelle aurait pu brûler la soie des fils ; on a paré à cet inconvénient en interposant à volonté, sur le trajet du courant, une grande longueur de fils de maillechort quatre fois plus résistants que le fil de fer. Ces *résistances* étaient introduites dans le circuit avant l'arrêt et agissaient comme un frein ; l'étincelle, au moment de la rupture, était réduite à presque rien.

Le tramway Siemens a transporté plus de 90,000 voyageurs ; la marche a été très régulière. Après 5,000 voyages représentant 3,000 kilomètres de parcours, les conducteurs latéraux n'étaient pas encore usés.

Il est clair que les chemins de fer électriques offrent des avantages. Plus de foyer, plus de chaudière lourde à traîner, plus de soins réclamés au mé-

canicien, plus de fumée, plus d'escarbilles ! Des machines fixes au départ, des fils conducteurs : et tout
est dit. Pour la traversée de longs tunnels, le système électrique est tout indiqué. Quant aux prix

Fig. 69. — Coupe transversale du chemin de fer électrique de M. Chrétien.

comparatifs de construction et d'exploitation, le
moment n'est pas venu de les préciser. La question
est très-complexe.

D'après M. Boistel, directeur de la maison Siemens
de Paris, les frais de traction du tramway électrique
seraient d'environ 0 fr. 32 par voiture et par kilomètre.
La traction à vapeur pour les tramways de l'Étoile à
Courbevoie à Paris est de 0 fr. 75 ; la traction par chevaux coûte 0 fr. 52 à 0 fr. 55. Il faut réserver encore

toute opinion précise, sur l'économie résultant des transports électriques. Cependant il paraît évident que dans beaucoup de circonstances, notamment dans l'intérieur des villes, les chemins de fer électriques sont vraiment susceptibles d'avenir.

M. Chrétien avait exposé un projet complet de chemin de fer électrique qu'il compte établir à Paris sur les boulevards extérieurs, et de préférence sur le boulevard Voltaire. La voie serait aérienne et passerait sur un viaduc en fer.

Ce que nous avons dit dans cette esquisse rapide suffira, nous l'espérons du moins, pour qu'on sache maintenant comment il est possible, par des procédés vraiment admirables de simplicité, d'obliger l'électricité à travailler, à mettre des machines en mouvement, non-seulement sur place, mais à des distances considérables. Elle est réellement assouplie, domptée et dominée. Après le siècle de la vapeur, nous aurons certainement le siècle de l'électricité.

VIII

Jusqu'ici nous avons vu la production de l'électricité marcher de front avec la consommation. Des
machines fabriquent l'électricité; on l'utilise à mesure
qu'elle est produite. Le courant est immédiatement
mis à profit et dépensé. Ne pourrait-on le produire
sans le dépenser et le mettre en réserve, comme on
recueille dans un réservoir le mince filet d'eau qui
sort d'une source? Au bout d'un certain temps, le
réservoir plein, on pourrait disposer, pendant quelques instants, d'un écoulement liquide beaucoup plus
important. C'est là un autre problème très-tentant,
qui devait naturellement exciter l'émulation des physiciens. Comme il serait commode de pouvoir engendrer des courants électriques, à temps perdu en
quelque sorte, lorsque les moteurs n'ont rien de mieux
à faire, d'emmagasiner les courants et de les conserver de façon à s'en servir ensuite au moment où

l'on en aurait besoin ! On pourrait tirer ainsi parti de courants très-faibles, mais qui, réunis, finiraient par donner momentanément un courant utilisable. Cela reviendrait évidemment à mettre en boîte de la force ou de la lumière.

On avait annoncé, dans le cours de l'année 1880, avec certain fracas, que la question était résolue et que désormais on pourrait enfermer sous un poids très-réduit assez d'électricité pour faire fonctionner des voitures, des chemins de fer, etc. La vérité est que l'on sait depuis longtemps déjà emprisonner des quantités relativement considérables d'électricité. Nous écrivions en effet dès 1872 : « M. Gaston Planté est le premier qui soit parvenu à résoudre pratiquement le problème difficile d'emmagasiner à volonté l'élextricité dynamique. Il recueille l'électricité, il la met en bonteilles, il l'enferme dans des flacons, dans des boîtes, dans des étuis ; il en met partout, et quand il en a besoin, il n'a plus qu'à la laisser sortir. Rien n'empêcherait d'exporter jusqu'aux Indes l'électricité fabriquée en France (1) ».

Ce qui était vrai en 1872, l'est tout aussi bien aujound'huï. Il n'est pas douteux qu'il soit possible d'emmagasiner l'électricité ; mais ce qui est moins clair à préciser, c'est la dose exacte qui peut être ainsi enfermée. On avait été jusqu'à affirmer que, sous un poids de 75 kilogrammes, on accumulerait assez d'énergie pour donner pendant une heure la force d'un cheval-vapeur. On est bien revenu aujourd'hui de ces illusions de la première heure. Il ne semble pas que, jusqu'ici du moins, on ait très-nota-

(1) *Causeries scientifiques*, tomes XII et XIII.

blement dépassé les résultats obtenus dès le début par M. Gaston Planté.

On comprend facilement qu'il soit possible d'accumuler sur place l'électricité statique, puisque, par constitution, elle reste à la surface des corps, mais on conçoit moins bien comment il est possible d'emmagasiner des courants électriques qui par leur nature sont essentiellement fugaces et toujours en mouvement.

A vrai dire, l'expression « d'accumulation », ou « d'emmagasinement », des courants électriques est vicieuse et donne une fausse idée du phénomène que l'on utilise. On n'emmagasine pas du tout un courant électrique.

Voici ce que l'on fait. Nous savons bien qu'un courant électrique peut effectuer un travail de décomposition chimique entre des substances convenablement choisies. Nous avons vu par exemple, dans les piles, le courant décomposer l'eau en ses éléments constitutifs, le courant accomplit son œuvre pendant un certain temps. Après quoi, si l'on supprime son action perturbatrice et qu'on laisse les substances décomposées sous son influence, reprendre leurs premières positions d'équilibre et se reconstituer par un travail chimique inverse, elles engendrent, en se combinant à leur tour, un courant électrique, et d'autant plus intense, d'autant plus long, que le travail préliminaire de décomposition avait été lui-même plus considérable. C'est un peu comme si on avait bandé un ressort en effectuant du travail; il est évident qu'en se détendant ensuite, le ressort rendra une partie du travail qu'il avait absorbé. On n'emmagasine donc pas des courants électriques, on emmagasine du travàil, qui se manifeste ensuite sous forme de courant. Il était bon d'éviter tout malentendu à cet égard.

Ainsi, lorsqu'on fait passer un courant électrique à travers de l'eau légèrement acidulée, le liquide se décompose aussitôt et progressivement en ses deux éléments constitutifs : en gaz oxygène et en gaz hydrogène. On peut recueillir sous deux éprouvettes en verre les grosses bulles d'oxygène qui se dégagent

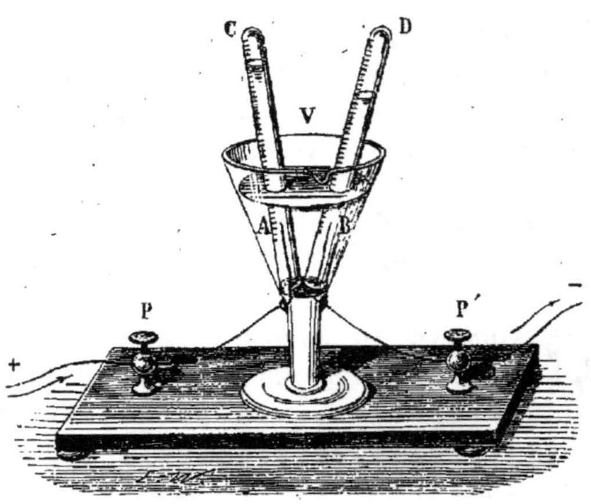

Fig. 70. — Voltamètre. Décomposition de l'eau par la pile. L'oxygène se réunit au pôle positif dans l'éprouvette A, et l'hydrogène au pôle négatif dans l'éprouvette B. Le volume de gaz en B est double du volume de gaz en C.

au pôle positif et le gaz hydrogène qui se rend au pôle négatif (expérience de Carlisle et de Nicholson, 1800). Le courant a effectué un véritable travail de séparation, de décomposition.

Maintenant supprimons l'action du courant, et réunissons ensemble les deux éprouvettes par un fil métallique : il va se produire un travail inverse.

L'oxygène se recombine avec l'hydrogène pour reconstituer de l'eau, et le fil métallique est traversé par un courant (expérience de Gautherot, 1801), qui va de l'hydrogène vers l'oxygène, c'est-à-dire en sens inverse du courant de décomposition, Le premier courant, celui qui a décomposé l'eau, porte le nom de *courant primaire*. Le second, celui qui résulte de la combinaison des deux gaz, s'appelle *courant secondaire*.

Si l'on a deux éprouvettes volumineuses, il est évident que l'on pourra accumuler, par l'action d'un courant, beaucoup de gaz, et ensuite profiter de ce travail emmagasiné pour produire un courant secondaire qui persistera d'autant plus longtemps qu'aura travaillé lui-même le courant primaire. On chargera d'un côté, on déchargera de l'autre. Si même on fournissait à chaque éprouvette son oxygène et son hydrogène au fur et à mesure de la consommation, on engendrerait indéfiniment un courant électrique. M. Grove, notamment, a réalisé ainsi des piles à gaz. On y voit peu à peu l'oxygène et l'hydrogène disparaître, et donner naissance à de l'eau pendant la production du courant.

On peut obtenir les mêmes effets plus commodément, en remplaçant les fils par des plaques de même métal, et en plongeant simplement ces lames dans un bocal unique plein d'eau acidulée. Le gaz hydrogène va se condenser tout autour de la plaque négative, comme les bulles du vin de Champagne le long des parois d'un verre, et l'oxygène se rend de même à la plaque positive ; si le métal est oxydable, l'oxygène s'y combine. Quand on réunit ensuite les deux lames par un fil pour faire passer le courant, l'oxygène reprend sa liberté et reconstitue encore de l'eau avec l'hydrogène.

Tel est le principe des accumulateurs de l'électricité, plus connus jusqu'ici dans la science sous le nom de *piles* ou *batteries secondaires*.

La première en date remonte à 1803 ; elle avait été réalisée par Ritter avec des lames d'or, de cuivre, de fer, de bismuth, etc. (1). C'est en 1859 que M. Gaston Planté commença les persévérantes recherches qu'il a poursuivies pendant vingt années (2). Pour rester strictement dans notre sujet, disons seulement que M. Gaston Planté a montré que de tous les métaux, le plomb était celui qui se prêtait le mieux à la confection d'une pile secondaire. Ce physicien renferme dans une bouteille en verre, en gutta-percha, etc., deux lames de plomb, enroulées en hélice et séparées par place l'une de l'autre au moyen d'une bande de caoutchouc. La bouteille est remplie d'eau acidulée au dixième. Voilà un élément de pile secondaire. On fait passer le courant dans les lames de plomb. La lame en relation avec le pôle positif de la pile se charge d'oxygène qui se combine avec le plomb et l'oxyde ; celle qui est reliée au pôle négatif se couvre d'hydrogène. Quand on veut réciproquement que l'élément secondaire produise un courant, on réunit les deux fils communiquant respectivement avec

---

(1) Beaucoup de physiciens se sont occupés de l'étude des courants secondaires. Citons Faraday, Wheatstone, Schoenbein, Poggendorff, Buff, Beetz, Svanberg, Lenz, Ed. Becquerel, du Moncel, Gaugain, du Bois-Reymond, Crova, Raoult, Thomson, Tait, Patry, Paalzow, Thayer, Fleming, Hankel, Bornstein, Branly, Lippmann, etc.

(2) Voir son intéressant ouvrage : *Recherches sur l'Électricité*, in-18. Paris, 1879. Librairie A. Fourneau.

chaque lame métallique. Les effets produits par le courant se renversent ; l'hydrogène reprend l'oxygène au plomb pour reconstituer de l'eau, et en même temps un courant électrique inverse du premier se manifeste. Le nouveau courant va cette fois du pôle négatif au pôle positif, les pôles sont renversés. Un élément Planté, immédiatement après la rupture du courant primaire, possède une force électromotrice qui dépasse de moitié celle de l'élément Bunsen. soit environ 2 volts, 4. Mais quelques minutes après, cette force électro-motrice descend un peu et reste constante entre 2 volts et 2 volts, 1. La résistance serait environ celle

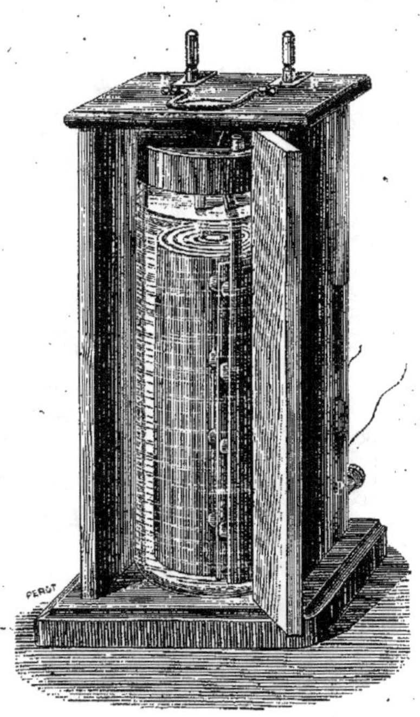

Fig. 71. — Élément de pile secondaire de M. Gaston Planté.

de 2 à 5 mètres de fil de cuivre de 1 millimètre, elle varie un peu entre 0 ^{ohm}, 04 et 0 ^{ohm}, 10 ; elle est voisine de celle des grands éléments Bunsen. Quoi qu'il en soit, un élément Planté, après quelques minutes de charge par deux éléments Bunsen, peut rougir un fil de platine de 1 milli-

mètre de diamètre. En associant plusieurs éléments, on obtient des résultats remarquables. Avec une batterie de 40 couples, on peut, pendant les quelques minutes qui suivent la rupture du courant primaire, produire les mêmes effets qu'avec 60 éléments Bunsen. M. Planté a réuni dans son laboratoire 800 couples, qui équivalent à peu près à 1,200 éléments Bunsen de grande surface. Les couples chargés en quan-

Fig. 72 — Enroulement des deux feuilles de plomb des piles Planté.

tité peuvent être ensuite associés en tension, ce qui permet d'obtenir tous les effets des piles les plus puissantes.

Les accumulateurs d'électricité présentent ce fait curieux qu'ils conservent leur charge très-longtemps. Au bout d'un mois, ils sont encore en état de fournir des courants; après huit jours, la conservation est presque intacte.

La quantité d'électricité qui sort de l'appareil est égale, à un dixième près, à celle qui est entrée. On

récolte donc 90 p. 100 de la quantité entrée. La perte
est donc très-faible, les quantités dépensées et récu-
pérées étant mesurées par les dépôts métalliques dus
au passage des courants de charge et de décharge.

Le courant débité est sensiblement constant : un

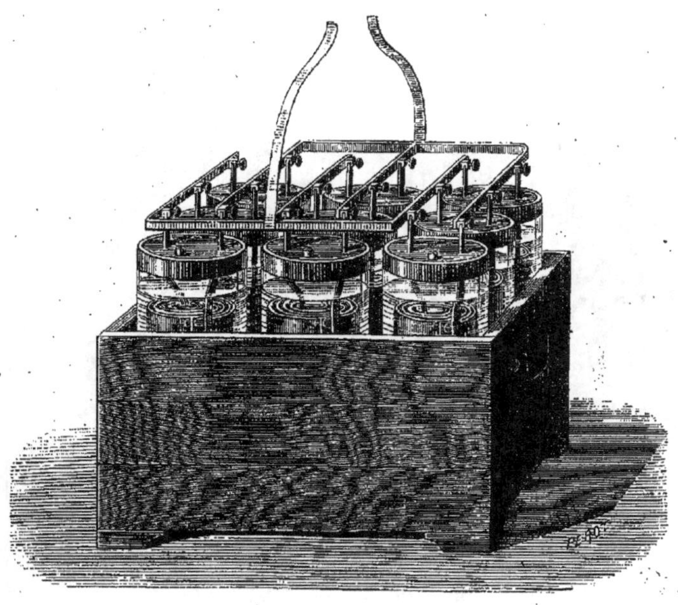

Fig. 73. — Batterie secondaire à grande surface

peu plus énergique comme nous l'avons dit au début,
un peu moins vers la fin du travail. Cette propriété
des accumulateurs a une grande importance pour les
applications.

Il est évident, en effet, que l'appareil devient par
cela même un régulateur excellent du débit électrique. Son emploi est tout indiqué lorsqu'on voudra

être certain de n'user constamment que la même quantité d'électricité. Il jouera, dans les distributions d'électricité à domicile, pour la transmission de la force ou pour l'éclairage, le même rôle que les réservoirs d'eau de nos maisons dans la distribution d'eau des villes.

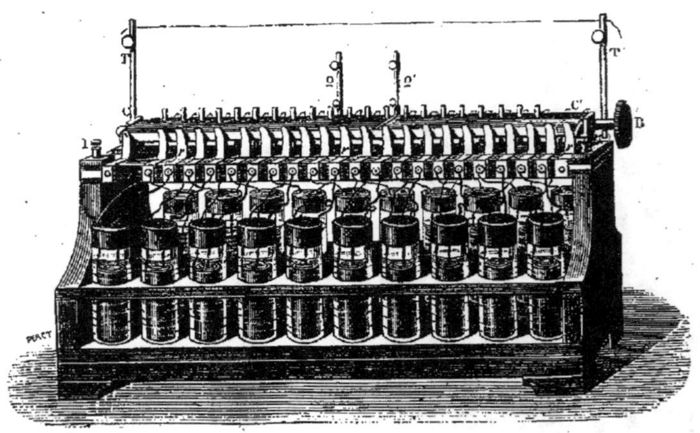

Fig. 74. — Batterie de tension, avec commutateur, permettant par un simple mouvement de bascule de grouper en tension les éléments chargés en quantité.

On sait que chaque particulier ne prend pas l'eau à même la conduite de la rue. En effet, l'eau circule dans les tuyaux avec une pression variable selon la consommation. Quand on prend beaucoup d'eau sur un point, naturellement la quantité qui reste disponible ailleurs diminue ; pour égaliser le débit, chaque propriétaire fait monter l'eau dans un réservoir, et c'est sur ce réservoir que se fait la prise d'eau de chaque maison. La pression avec laquelle l'eau arrive au robinet, dépend alors uniquement de la hauteur à

laquelle est placé le réservoir ; celle-ci restant constante, l'eau sort toujours du robinet avec la même
vitesse.

De même, on donnera accès à l'électricité dans une
pile Planté, sorte de réservoir intermédiaire qui
l'emmagasinera plus ou moins vite selon les variations d'énergie du courant d'alimentation, et qui la
débitera ensuite, toujours par quantités égales.

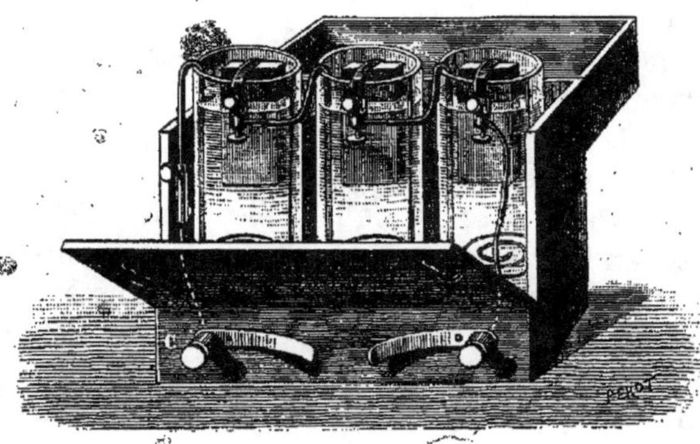

Fig. 75. — Pile Callaud de trois éléments pour charger un élément
Planté.

M. Planté, le premier, a signalé cette importante
application (1).

Toutes les applications électriques réclament un
courant régulier. En interposant un accumulateur
sur le trajet du circuit électrique, on sera bien certain
que, le robinet de l'appareil tout grand ouvert, le

(1) L'expression d'*accumulateur* et l'idée de l'*accumulation voltaïque*, reviennent de droit à M. Planté, ainsi que le
faisait justement remarquer M. Swan dans une récente confé-
rence à la Société chimique de Newcastle. (*Électricien*, janvier 1882.)

11

débit se maintiendra constant. Il sera facile de multiplier sur place les accumulateurs, de les laisser s'emplir et de les obliger ensuite automatiquement à déverser régulièrement leur contenu. C'est une solution excellente de la régularisation parfaite du débit d'un courant électrique. Si la consommation d'électricité reste constante, le débit de la pile reste lui-même constant. A ce seul point de vue, la pile secondaire prend de nos jours une importance considérable.

Il y aura évidemment lieu de l'utiliser dans un autre but; mais son principal rôle semble.être en ce moment d'emmagasiner le courant pour le régulariser.

Quant à charger des accumulateurs pour les transporter à domicile et se servir de leur électricité, c'est une application qui sera possible dans des circonstances particulières, mais qui ne paraît pas susceptible de développement, tant que l'on ne saura pas emmagasiner plus de travail électrique disponible sous un poids de plomb plus faible; en somme, une pile secondaire pèse beaucoup, relativement au courant qu'elle peut donner. Le transport de ces colis pesants et encombrants à domicile ne serait pas bien pratique. Au contraire, la pile secondaire est appelée à rendre des services toutes les fois que, sans être déplacée, elle peut être chargée par l'intermédiaire d'un moteur qui n'a pas d'emploi pendant toute une partie de la journée. Il existe des usines, des fabriques où, pendant l'heure des repas, la machine à vapeur ne travaille pas : pourquoi ne s'en servirait-on pas pour mettre en mouvement une machine dynamo-électrique qui enverrait ses courants dans des accumulateurs? Il en est de même pour beaucoup d'établissements qui se servent de forces hydrauliques. Et que de petites chutes sans emploi aujourd'hui seraient cependant suffisantes pour charger des accumulateurs ! Certains moulins à vent qui élèvent l'eau dans les propriétés particulières pourraient de même accumuler de l'électricité ; et, nous le répétons, il n'est pas indispensable de reprendre le courant et de s'en servir immédiatement. Il est possible d'attendre des heures, des journées entières avant de l'utiliser.

Il existe des usines où le moteur à vapeur cesse son travail à six heures du soir ; on voudrait cependant de la lumière électrique dans la soirée sans employer le moteur. Les accumulateurs chargés pendant le jour pourraient parfaitement, dans ce cas, alimenter de nuit les lampes électriques. Nous citons ces exemples, il en est évidemment beaucoup d'autres où les accumulateurs seraient avantageusement employés. Certains moteurs, les machines à vapeur à simple effet, les moteurs à gaz sont, comme nous l'avons vu, de mauvaises machines pour commander les générateurs dynamo-électriques. Malgré leur volant, la force développée varie pendant chaque tour de manivelle ; le générateur produit des courants périodiquement variables, et s'il s'agit de l'éclairage électrique, l'intensité de la lumière varie de même et les résultats sont désagréables à l'œil, le foyer lumineux change sans cesse d'éclat. En chargeant des piles secondaires avec le courant variable, et en se servant ensuite du débit constant de la pile, on tourne cette difficulté. C'est une application extrêmement utile qui n'a peut-être pas assez été remarquée par beaucoup d'ingénieurs.

Nous avons insisté sur ces détails parce que, après

avoir vanté outre mesure les piles secondaires, on tend maintenant à en contester l'utilité. L'accumulateur est certainement un appareil qui a un rôle à remplir dans les nouvelles applications de l'électricité.

En dehors du monde savant, on s'était, à vrai dire, bien peu préoccupé de la pile Planté. On agit plus qu'on ne parle dans les laboratoires et l'on sait bien tout le bruit qu'il faut faire pour attirer l'attention des indifférents. Tout changea, quand une Société industrielle couvrit les murs de Paris d'affiches et annonça avec grands fracas les résultats obtenus par M. Faure.

La pile secondaire Planté offre un inconvénient pratique; elle exige de longs mois pour se *former*. C'est-à-dire que le plomb qui s'oxyde, ne prend la texture particulière qui convient à une oxydation rapide que lentement; aussi, c'est seulement lorsqu'on a fait passer le courant dans plusieurs sens et longtemps, que le métal s'est modifié intérieurement au point de prendre une charge d'oxygène suffisamment grande; alors seulement l'élément est bon; il emmagasinera beaucoup de travail électrique. M. Faure a cherché à diminuer la durée de cette préparation. En outre, dans l'élément Planté, l'oxydation n'atteint que rarement, et au bout de plusieurs années, la profondeur du plomb; il subsiste au centre du métal une portion qui reste sans emploi utile et qui augmente le poids de l'élément. M. Faure a de même cherché à réduire ce poids mort, en faisant servir toute la masse à l'oxydation, c'est-à-dire à l'emmagasinement de travail.

Pour résoudre ce double problème, M. Fa

lieu de plonger dans l'eau acidulée des lames de plomb contournées en spirale, y met des lames de plomb entourées de minium ou d'oxyde de plomb. Chaque lame est peinte au minium et recouverte de minium, maintenu en place par une feuille de feutre à l'aide de rivets de plomb. Le courant amène de l'oxygène sur le minium et le peroxyde; l'hydrogène se combine à l'oxygène du minium de l'autre lame et

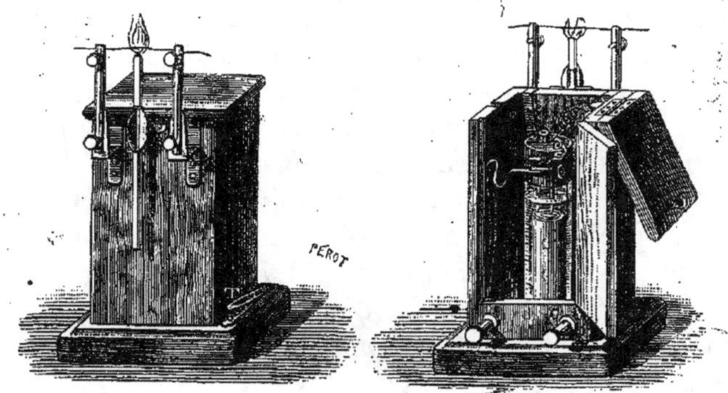

Fig. 76. — Élément Planté rougissant un fil de platine et allumant une bougie.

le réduit. On gagne du temps, car ici l'oxygène n'a plus à oxyder le plomb au premier degré et ensuite au second; on supprime la durée de l'oxydation intermédiaire, en mettant à portée du courant de l'oxyde tout formé; on obtient plus rapidement une réaction plus profonde, on forme plus vite, on charge plus complétement. En cent heures, dit-on, on forme une pile.

A vrai dire, il ne paraît pas que l'artifice imaginé par M. Faure augmente réellement beaucoup la puissance d'emmagasinement de la pile. Le seul avantage, peut-être, consiste dans la rapidité de la formation, par suite, dans la facilité de préparation des accumulateurs. C'est déjà beaucoup. Il reste à savoir si le minium, à l'usage, ne se détachera pas de la lame de plomb, si la communication électrique subsistera bien ; ce sont des points que l'expérience seule pourra élucider.

Quoi qu'il en soit, on avait annoncé que l'accumulateur Faure avait une puissance d'emmagasinement quarante fois supérieure à la pile Planté ; c'est une pure illusion. On a réduit ensuite sa capacité à celle de trois fois la pile Planté ; encore une illusion ! Au fond, nous estimons que lorsqu'on compare des éléments Planté vieillis et bien formés à des éléments Faure, il y a sensiblement égalité. M. Hospitalier, dans des expériences personnelles, a trouvé qu'une pile Planté peut livrer par kilogramme de pile, 1,750 kilogrammètres ; n'ayant pu avoir à sa disposition d'éléments Faure, il avait admis le chiffre annoncé, attribuant à la capacité d'emmagasinement un cheval par 75 kilogr. de poids, soit 270,000 kilogrammètres par 75 kilogr. soit 3,600 kilogrammètres par kilogramme. Le rapport des capacités d'emmagasinement serait donc, pour les deux piles, de 1 à 2,06. Mais l'élément Planté expérimenté par M. Hospitalier n'était pas formé au maximum ; on conçoit que tout dépend de la vieillesse du couple secondaire ; et d'autre part le chiffre donné pour l'élément Faure paraît trop grand. M. Frank Geraldy avait trouvé de son côté un rapport variable selon les éléments étudiés de 1 à 1,30, de 1, à 1,08 et de 1 à 0,95. On voit combien ces comparaisons sont délicates à apprécier. D'autre part, M. Reynier a donné pour un élément Faure bien fait

3,750 kilogrammètres par kilogramme et pour un élément Planté 3,450. Rapport 1,08. Il résulte delà que la différence est, comme nous le disions, bien petite, si réellement il en existe une. Mais encore une fois, l'élément Faure atteint vite son maximum de capacité et il faut beaucoup de temps pour vieillir un élément Planté.

Des expériences faites à l'Exposition et répétées depuis au Conservatoire des Arts-et-Métiers par MM. Tresca, Allard, Le Blanc, Joubert et Potier, fournissent des données utiles sur le rendement des accumulateurs Faure. Ces expérimentateurs ont essayé une pile Faure de 35 éléments du poids de 43 kilogr., 700 chacun (1), avec une machine dynamo-électrique du type Siemens. On a dépensé pour le chargement un travail de un cheval-vapeur pendant 35 h. 26 m. Ensuite on a déchargé l'accumulateur, en faisant passer le courant dans douze lampes à incandescence Maxim. L'éclairage s'est maintenu constant pendant 10 h. 39 m.

Le travail moteur, transmission comprise, a absorbé 9,570,000 kilogrammètres. Le travail électrique réellement produit dans l'accumulateur par la machine dynamo-électrique, a été de 6,382,100 kilogrammètres. Donc, le travail emmagasiné n'a été que de 67 p. 100 du travail dépensé.

L'accumulateur a restitué ensuite en travail utile 3,809,000 kilogrammètres. Puisqu'il était entré 6,382,100 kilogrammètres, le travail récupéré n'a été que de 60 p. 100 du travail emmagasiné.

(1) Le kilogramme de pile comprend l'eau acidulée au dixième d'acide sulfurique, et les électrodes de plomb recouverts de minium au taux de 10 kilogr. par mètre carré.

Enfin, le moteur ayant absorbé 9,570,000 kilogrammètres et l'accumulateur n'ayant rendu que 3,809,000 kilogrammètres, l'accumulateur n'a restitué que 40 p. 100 du travail mécanique dépensé. Quarante pour cent!

La quantité d'électricité qui sort et celle qui entre a été trouvée la même à un dixième près, comme l'avait déjà très-bien annoncé M. Planté. Mais de ce que les quantités entrées et sorties sont à peu près les mêmes, il ne s'ensuit pas, comme on serait tenté de le croire tout d'abord, que la pile rend ce qu'elle a absorbé.

En effet, ce qu'elle a coûté, c'est du travail mécanique et, quand il s'agit de mesurer le travail, il faut mettre en ligne de compte, non-seulement le volume d'électricité débité, mais encore la pression du courant, comme on le fait pour une chute d'eau. Le travail est E I. Or, nécessairement, pour que le courant pénètre dans l'accumulateur, il faut bien qu'il ait une force électro-motrice, une pression plus grande que celle du courant de décharge. De là la perte dans le travail récupéré. Et d'ailleurs, comme le travail perdu augmente en raison même de la pression du courant de charge, il est clair que la perte définitive sera d'autant plus forte que le courant de charge aura eu une pression plus exagérée vis-à-vis du courant de décharge. Il faut tendre, pour augmenter le rendement, à n'employer que des courants de charge à force électro-motrice minimum. Il est vraisemblable que le chiffre de 40 p. 100, obtenu par MM. Tresca, Allard, Le Blanc, Joubert et Potier, pourra être augmenté en employant des machines à force électro-motrice plus faible, en chargeant moins vite. Le rendement croîtra en raison de la lenteur de la charge.

Le potentiel de charge était de 90 volts, le potentiel de décharge de 60 volts environ. La quantité d'électricité introduite de 694,500 coulombs et la quantité sortie de 519,600 coulombs. Le chargement a été fait pendant un temps à peu près triple de celui de la décharge.

Maintenant, il a fallu 35 h. 26 m. pour charger les 35 éléments Faure du poids de 43 kilogr. 700, avec la force d'un cheval. Cela revient à dire que chaque élément a absorbé la force d'un cheval pendant une heure. Chaque élément a pris pour son compte en une heure 270,000 kilogrammètres; il n'en a rendu que 40 p. 100, soit 108,000 kilogrammètres. Chaque kilogramme de pile n'a donc donné, en définitive, que 2,500 kilogrammètres.

On est loin des 3,600 kilogrammètres de capacité promis. 75 kilogrammes de pile ne donneraient pas un cheval. Il faudrait 100 kilogr. pour l'obtenir. Il resterait à savoir si, dans les expériences que nous signalons, on a bien réellement poussé la charge jusqu'à son extrême limite, épuisé le pouvoir d'emmagasinement de la pile et réduit le poids mort à sa dernière limite. Nous ne le pensons pas. M. Faure a affirmé depuis ces expériences qu'on avait mis trop d'eau dans les accumulateurs, qu'on avait employé des pots de grès trop lourds, qu'on n'avait pas défalqué le poids de l'emballage, de la paille, etc. Bref, pour lui, le poids de chaque accumulateur n'aurait pas dû dépasser 30 kilogrammes. Il subsiste encore une certaine incertitude sur la véritable capacité d'emmagasinement des accumulateurs. Nous adopterons jusqu'à nouvel ordre le chiffre minimum de 90 kilogr.

par cheval, qui nous paraît tenir le juste milieu entre les chiffres fournis par différents expérimentateurs.

Avant M. Faure, MM. Houston et Thomson, en Angleterre, avaient imaginé aussi un accumulateur formé d'une plaque de charbon et d'une plaque de cuivre plongées dans une dissolution de sulfate de zinc. La décomposition du sulfate de zinc par un courant charge l'élément secondaire, qui restitue ensuite le travail chimique accumulé. La pile Houston et Thomson ne paraît pas, à poids égal, supérieure à celle de M. Planté. M. d'Arsonval, de son côté, et à peu près en même temps, avait combiné un condensateur analogue avec charbon, cuivre, grenaille de plomb et sulfate de zinc. Depuis, on a multiplié les tentatives. M. de Pezzer notamment a diminué le poids mort de la pile Planté, en se servant de lames de plomb plus minces, et en réduisant les dimensions de la lame positive par rapport à celles de la lame négative. Il pourrait y avoir quelque avantage à adopter cette disposition. M. de Méritens a, de son côté, adopté le système Planté seulement il entasse les unes par-dessus les autres, des feuilles minces de plomb un peu comme les feuillets d'un livre, de façon à faciliter l'oxydation et à diminuer le poids mort. M. de Kabadt gaufre les lames pour augmenter la surface utile. Enfin, M. Rousse a imaginé aussi une pile secondaire* intéressante. Ce qu'il faut, en définitive, c'est loger le plus possible sur une lame métallique de l'hydrogène et sur une autre lame de l'oxygène, provenant de la décomposition de l'eau. M. Rousse plonge en conséquence dans de l'eau acidulée une lame de plomb qui retient l'oxygène, et une lame de palladium qui peut absorber 900 fois son volume d'hydrogène. Cet élément serait très-puissant. M. Rousse emploie aussi une lame de tôle mince, qui absorbe 200 fois son volume d'hydrogène,

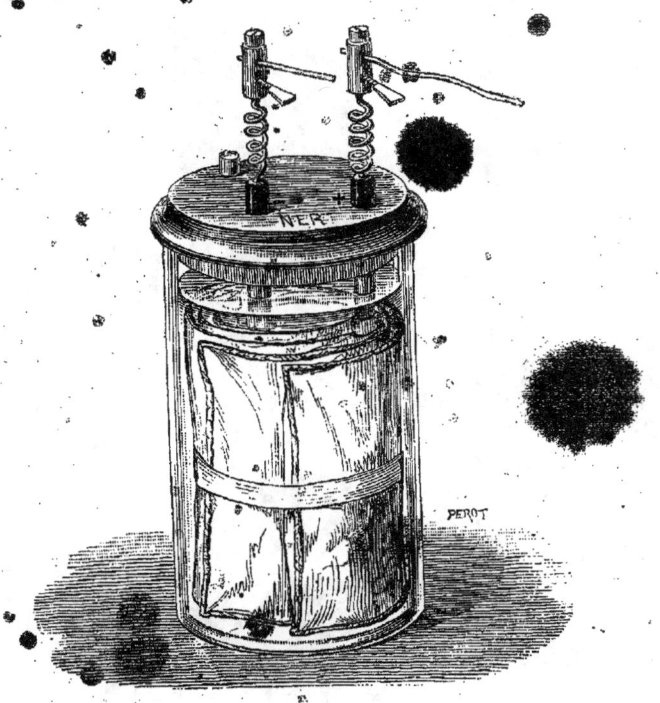

Fig. 77. — Élément Faure.

quand elle est placée dans de l'eau contenant 50 p. 100 de sulfate d'ammoniaque. La lame positive est en plomb recouverte de litharge ou de céruse.

Enfin M. Maiche, nous l'avons déjà dit, revivifie les piles épuisées en les soumettant à l'action du courant économique d'une machine dynamo-électrique.

La pile reprend son énergie première, puisque les matériaux décomposés se sont reconstitués sous l'influence du courant.

On peut ainsi transformer la pile en accumulateur, sans appareil spécial.

On voit les inventeurs à l'œuvre ; il pourrait donc bien se faire que l'on trouvât bientôt des accumulateurs beaucoup plus puissants

Fig. 78. — Allumoir Planté.

que ceux que nous possédons aujourd'hui.

A l'Exposition, on trouvait différentes applications de la pile secondaire Planté. Briquet, allumoir, mise en marche des sonnettes, polyscope Trouvé, pour éclairer différentes parties du corps humain, etc. Les piles Faure étaient en plein travail. Une puissante locomotive actionnait des machines dynamo-électriques du type Siemens, dont le courant électrique al-

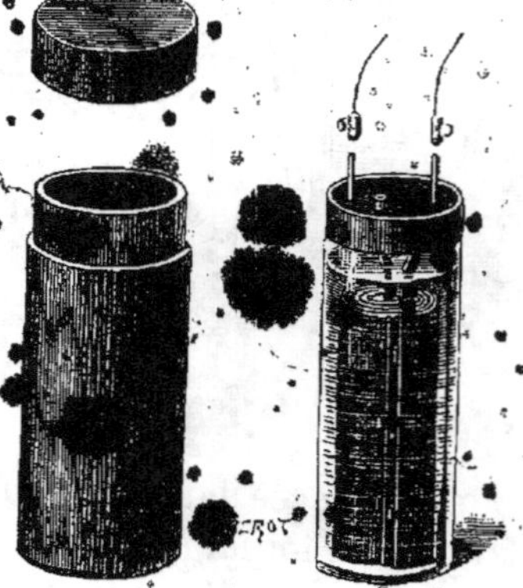

Fig. 79. — Accumulateur de poche pour la galvanocaustie.

lait charger des douzaines d'accumulateurs. On envoyait le courant pendant cinq ou six heures, et dans la soirée les accumulateurs dépensaient le travail chimique accompli pendant le jour en trois ou quatre heures. Le courant secondaire des accumulateurs allait alimenter des lampes à incandescence (1).

Ailleurs, quelques éléments mettaient en mouvement des machines à coudre et différents petits outils. Près de la porte Est, un accumulateur Planté était utilisé par M. Achard, pour faire fonctionner son frein électrique installé sur les voitures des chemins de fer de l'État.

L'application la plus neuve des accumulateurs est

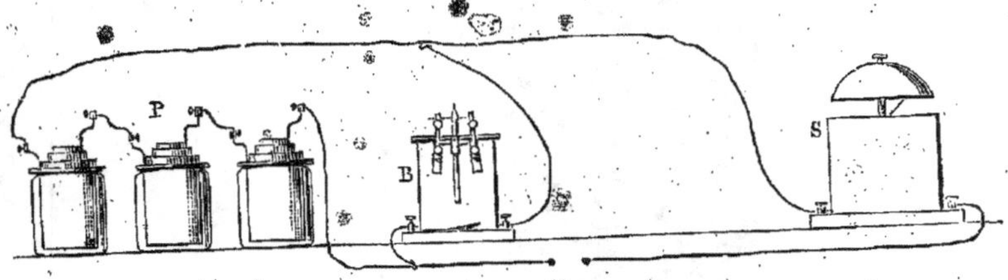

Fig. 80. — Circuit alimentant à la fois une sonnerie et un allumoir Planté. P pile, B allumoir, S sonnerie.

celle qu'avait songé à en faire M. Gaston Tissandier à la direction des ballons. Il ne s'agit pas, bien entendu, de lutter contre le vent, mais d'imprimer à un aérostat une vitesse propre, qui lui permette d'obliquer à droite ou à gauche du lit du vent. La solution du problème est liée à l'invention d'un moteur très-puissant sous un faible poids (2). M. Tissandier a réalisé un modèle de ballon qui fonctionnait

(1) La maison Siemens envoie à domicile maintenant, pour 50 centimes, des éléments de 35 kilogrammes qu'on remporte, la charge épuisée.

(2) On y arrive petit à petit. Le moteur Herrehsof ne pèse plus que kilogrammes environ, par cheval-vapeur.

à l'Exposition, et auquel un petit moteur électrique Trouvé communiquait un mouvement de propulsion, en faisant tourner une hélice. L'électricité est fournie au moteur par une pile secondaire Planté. Le ballon, en forme allongée, mesure 3 m. 50 de longueur et

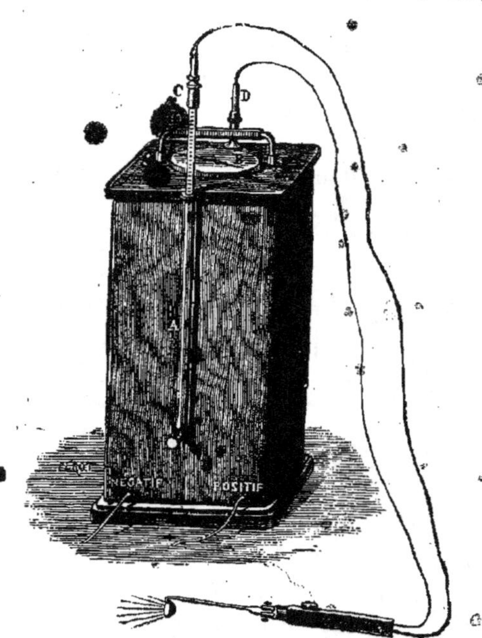

Fig. 81. — Polyscope Trouvé.

1 m. 50 de diamètre. Gonflé d'hydrogène pur, il a un excédent de force ascensionnelle de 2 kilogrammes. Le moteur pèse 220 grammes. L'accumulateur Planté pèse 220 grammes. L'hélice, à deux branches très-légères, a 40 centimètres de diamètre. L'aérostat progressait pendant quelques minutes dans l'air calme du Palais.

Avec un accumulateur Planté du poids de 1 kil. 300, l'hélice fait six tours et demi à la seconde, et la vitesse se maintient de 1 mètre à la seconde pendant plus de 40 minutes. Avec deux éléments Planté associés en tension, on peut faire tourner une hélice de 60 centimètres de diamètre communiquant une vitesse de 2 mètres au ballon pendant 10 minutes.

Si l'on passe maintenant de ce petit ballon d'essai à un ballon de grand volume, on arrive à des conclusions satisfaisantes. Un moteur dynamo-électrique de six chevaux de force ne pèse pas plus de 300 kilogrammes; on peut l'alimenter, pendant plus d'une heure, avec un poids de 900 kilogrammes d'accumulateurs, soit au total pour la force motrice 1,200 kilogrammes (1). Un aérostat allongé comme celui de M. Dupuy de Lôme, de 40 mètres de long, de 13 mètres de diamètre, de 3,000 mètres cubes de capacité, gonflé d'hydrogène, peut enlever 3,500 kilogrammes environ. Il pèserait à peu près 1,000 kilogrammes. En défalquant ce poids de celui que nécessite la force motrice, il resterait encore 1,000 kilogrammes pour les voyageurs et le lest. On pourrait facilement emporter dans la nacelle 5 ou 6 voyageurs et de nombreux appareils d'observation. Par temps calme, cet aérostat, actionné par une hélice de 5 à 6 mètres, aurait une vitesse de 20 kilomètres à l'heure, et avec un peu de vent il pourrait encore dévier notablement et suivre une route oblique assez prononcée.

Cette vitesse de déviation n'a jamais été atteinte

____

(1) M. Tissandier emploie maintenant une pile puissante au bichromate, actionnant une dynamo Siemens. On obtient 100 kilogrammètres.

ni par le ballon de M. Giffard, ni par l'aérostat de M. Dupuy de Lôme.

Le système présente certains avantages; il fonc-

Fig. 82. — Ballon électrique de M. Gaston Tissandier.

tionne sans aucun foyer et supprime tout danger d'incendie; il offre un poids constant, puisqu'il n'y a ni produits de la combustion, ni vapeur s'échappant dans l'air; le moteur se manie avec le doigt. Par

contre, la durée de la propulsion est très-limitée, et
ce n'est pas encore évidemment une solution. Mais,
en définitive, il survient souvent des journées d'ac-
calmie, et ces jours-là le ballon pourrait partir et
revenir à son point de départ. D'ailleurs, il permettrait d'étudier de plus près le problème de la direction, et il faut bien un commencement à tout. L'expérience est intéressante à faire. M. Tissandier se
propose de l'exécuter. Donc, le petit ballon de l'Exposition pourrait bien grandir.

Ce qui précède suffit pour montrer que, dans des
circonstances bien définies, les accumulateurs sont
susceptibles de rendre des services à l'industrie. Et
la meilleure preuve, c'est que, s'ils n'étaient pas
inventés, on ferait le possible pour les inventer, tant
ils répondent aux besoins de notre époque.

IX

Nous avons passé en revue les générateurs d'électricité, les moteurs, les accumulateurs électriques :
il nous reste, pour épuiser le sujet, à consacrer quelques lignes à un intermédiaire indispensable : nous
voulons désigner les fils conducteurs et les câbles de
transmission.

La circulation électrique n'est possible qu'avec de
très-bons conducteurs et des conducteurs appropriés
à chaque application spéciale. Le courant passe d'autant plus difficilement, qu'un fil est plus long et plus
mince. Aussi lorsqu'on veut aller loin, il faut augmenter les diamètres, sans perdre de vue que les
poids augmentent et de même les prix de revient. Les
conducteurs employés aujourd'hui sont en fer, ou bois

très-pur, en fer galvanisé, en acier, ou formés d'un brin central d'acier avec ruban de cuivre enroulé en hélice; ils sont surtout maintenant fabriqués pour les usages industriels en cuivre exceptionnellement pur. Le cuivre conduit l'électricité sept fois mieux que le fer; l'emploi du cuivre permet, à écoulement égal, de réduire de près du tiers le diamètre des fils. L'avantage est évident, malgré le coût plus élevé, quand il s'agit de grouper plusieurs fils dans un conducteur (1).

Le fer est uniquement employé sur les lignes télégraphiques aériennes, où il faut des fils à la fois résistant à la rupture et relativement économiques. Le fil de 4 millimètres est usité pour les lignes du service intérieur et les fils de 5 millimètres pour les lignes internationales. On substitue partout aux anciens fils de fer galvanisé de 3 à 4 millimètres des fils tout en fer, plus gros, qui sont plus résistants et meilleurs conducteurs. Les fils omnibus établis le long des chemins de fer sont seuls encore en fer galvanisé de 3 millimètres de diamètre.

Les conducteurs pour la télégraphie ou la téléphonie souterraine, les câbles sous-marins, les fils des sonneries électriques, les conducteurs pour transmission de force ou les fils pour lumière sont tous indistinctement en cuivre.

Le cuivre employé, pour atteindre un haut degré de conductibilité, doit être raffiné, purifié; aussitôt qu'il renferme les plus petites traces de métaux étrangers, il perd brusquement la plus grande partie

(1) Voici la conductibilité des divers métaux à 14 degrés, en prenant celle du cuivre pour unité :
Argent 1,10, cuivre 1; or 0,71; zinc 0,26, étain 0,15, fer 0.134, platine 0,11, mercure 0,02.

de ses propriétés. On le soumet aussi pendant le tréfilage à un traitement particulier, qui développe encore ses qualités conductrices. Très-peu d'usines parviennent à fabriquer du bon fil de cuivre pour transmis-

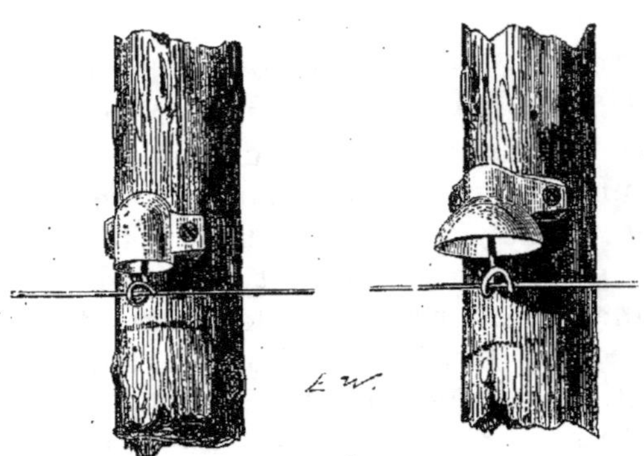

Fig. 83. — Isolateurs en porcelaines pour fils télégraphiques.

sions électriques. La difficulté est considérable. Le fil qu'on utilise en France sort des usines de M. Mouchel qui datent du siècle dernier. Ce n'est qu'à force d'efforts, d'essais et de sacrifices de toute nature que les établissements de Boisthorel ont atteint la perfection. Les fils de cuivre de M. Mouchel ont aujourd'hui une réputation universelle. On fabrique des fils depuis une fraction de un dixième, deux dixièmes de millimètre, etc.

Il convient de citer aussi les fils de MM. Laveissière et fils, Oesrchger, Merdach et Cie, des fonderies de Saint-Waast près d'Arras, Videcoq à Rugles, Létrange et Cie à Paris, etc.

On commence à se servir de fils en bronze dit phosphoreux, moins bons conducteurs que les fils en cuivre, mais plus résistants ; à section égale, i's sont meilleurs que les fils de fer, d'après M. Lazare Weiller d'Angoulême, qui avait exposé une collection de fils de bronze siliceux. Le fil d'acier employé toujours au moins avec un diamètre de 2^{mm} pèse 25 kilog. Le fil de bronze pèse seulement 4 kilog. 5 par kilom. avec un diamètre de $0^{mm}8$ et 8 kilog. 5 pour un diamètre de $1^{mm}1$. L'emploi du bronze donne le moyen de réaliser des portées de 400 à 500 m., comme le prouvent les réseaux téléphoniques de

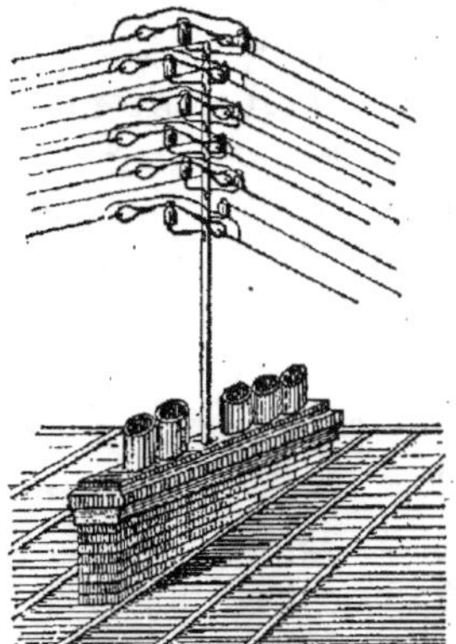

Fig. 84. — Poteau télégraphique aérien.

Bruxelles, Gand et Vienne, ce qui permet de diminuer le nombre des supports. Le prix du fil de bronze est à celui de l'acier comme $\frac{3,50}{1,75}$ mais il est 4 à 5 fois plus conducteur et il y a finalement économie et moins de chance de rupture. Citons encore le fer inoxydable de Bariff, et celui de M. Hodel, de Bordeaux, recouvert d'une sorte d'alliage de soudure - une mention surtout au tissu conducteur de M. André, exposé par M. Passagay, de Mâcon, qui se rapproche du conducteur imaginé par M. le professeur Ayrton.

12.

Ce sont des bandes tissées de fils de cuivre ou d'acier
et de chanvre ou autre textile ; les fils métalliques peuvent être isolés par la gaîne fibreuse. Il paraîtrait qu'avec
ce tissu conducteur les effets d'induction des fils les uns
sur les autres sont diminués. C'est une simple opinion.

Les fils aériens télégraphiques sont isolés par des
supports de diverse nature ; mais les fils de cuivre
qui doivent circuler un peu partout, le long des murs,
dans les égouts, doivent être recouverts de substances
laissant passer le moins possible l'électricité. On a
successivement essayé dans ce but une enveloppe de
coton goudronné, paraffiné ; de soie, de collodion, de
bitume, de résine gomme-laque, caoutchouc, gutta-
percha. Chaque isolant a ses avantages et ses inconvénients propres. Quand il s'agit de courts circuits,
on se contente de soie ou même de coton, seul ou im-
prégné de paraffine ; M. Edison se sert même de coton simplement recouvert d'oxyde de plomb. Lorsqu'au contraire la transmission électrique doit être
longue ou les courants intenses, il faut avoir recours à des enduits plus isolants de caoutchouc et
surtout de gutta-percha. Les fils en gutta-percha
sont très-répandus aujourd'hui ; on en trouvait des
types très-nombreux dans la section française et dans
la section anglaise, exposés par MM. Menier, Rattier, par la Telegraph Works Company (usines de
Persan-Beaumont, Seine-et-Oise), etc. Leur fabrication constitue aujourd'hui une industrie importante.
L'usine Rattier, la plus importante de France, a été
récemment acquise par la Société générale des téléphones de Paris. Elle remonte à 1848. Elle fabriqua
en 1858 les premiers fils souterrains employés à Paris,
et en 1860, les premiers câbles sous-marins qui relient

au continent les diverses îles des côtes de France.
L'usine actuelle de Bezons occupe 350 ouvriers et l'on
peut y fabriquer par semaine plus de 240 kilom. de
câbles à trois couches d'isolants.

La confection des fils isolés par le caoutchouc ou la
gutta-percha est assez complexe et exige un matériel
considérable. Le caoutchouc est préalablement mé-
langé à du soufre et à du sulfure de plomb, puis découpé en lanières, que des machines appliquent sur
le fil de cuivre ; par-dessus, d'autres machines adap-
tent un ruban qui enveloppe le caoutchouc. Le fil
passe ensuite dans un récipient chauffé à une température élevée, où a lieu la vulcanisation du caoutchouc, c'est-à-dire sa combinaison avec le soufre. La
vulcanisation a pour effet de donner au caoutchouc
les qualités de souplesse, d'élasticité et de consis-
tance qui lui manquent quand il est à l'état naturel.
Le soufre attaquant le cuivre, il faut préalablement
étamer le fil de cuivre. Quant à la gutta-percha, on
en enveloppe les fils en les obligeant à passer plusieurs fois à travers une filière par laquelle la
gomme s'écoule sous pression. Elle reste adhérente
au cuivre.

En général, aujourd'hui on se sert peu de fils simples ; on réunit par groupe des fils enduits de gutta
que l'on enveloppe d'un *guipage* en coton ou de rubans goudronnés ; on forme ainsi des câbles. On pré-
fère même remplacer chaque fil élémentaire par plusieurs brins de cuivre tordus ensemble et enfermés
dans une même gaîne de gutta : on est ainsi plus certain que le courant passe bien en cas de rupture de
l'un des fils. Les câbles téléphoniques sont ainsi pré-
parés. En France, tous les câbles sont logés dans des

tuyaux de plomb pour les mettre à l'abri des accidents, des avaries et des déprédations des rats; on

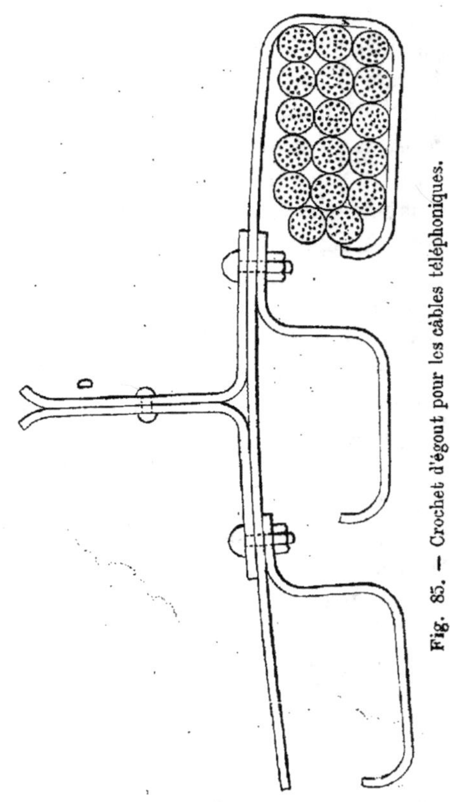

Fig. 85. — Crochet d'égout pour les câbles téléphoniques.

les suspend, à la voûte des égouts, dans des crochets scellés au mur.

Les câbles sous-marins sont aussi fabriqués avec des fils en cuivre. L'isolant est de la gutta-percha, qui est inaltérable à l'eau de mer, et qui conserve assez bien l'électricité pour que, si long que soit le câble, le courant ne perde même pas 1 0/0 de sa force initiale; seulement la gutta retient par contre dans sa masse beaucoup d'électricité, ce qui est un inconvénient. En effet, ce qu'elle absorbe n'entre pas dans la ligne et diminue naturellement la quantité d'électricité transmise. Le caoutchouc ne présente pas ce défaut au même degré. M. Smith a combiné une gutta spéciale, qui sous ce rapport se rapproche du caoutchouc.

Dans les pays chauds on emploie de préférence une variété de caoutchouc vulcanisé dû à M. Hooper. La gutta-percha à haute température perd de ses propriétés isolantes et laisse fuir le courant; le caoutchouc isole mieux dans ce cas, au point qu'on peut transmettre deux fois plus de mots avec le câble en caoutchouc qu'avec un câble semblable en gutta. On a beaucoup employé aussi une composition inventée par M. Chatterton; c'est un mélange de trois parties égales en poids : 1 de gutta, 1 de résine et 1 de goudron de Stockholm. On s'en sert encore comme gaîne de raccord entre une première enveloppe de gutta et une seconde de gutta ou de caoutchouc. Quel que soit l'isolant adopté, les câbles sous-marins sont enfermés dans une enveloppe de chanvre, et sont protégés en outre par une armature de fils de fer. De plus, aujourd'hui on enveloppe le fer dans des couches d'étoupe mélangée à de l'asphalte combiné avec un silicate de chaux pour le mettre à l'abri de la rouille. Sur les côtes où le mouvement des vagues ou les courants atteignent le fond, l'armature métallique des câbles pèse jusqu'à 8 tonnes par kilomètre.

Les procédés employés pour la pose et le relèvement des câbles ont été beaucoup perfectionnés depuis l'origine. Il est devenu en quelque sorte facile d'aller chercher des câbles par 4,000 mètres de profondeur pour les couper, les relever et les réparer. L'industrie des câbles sous-marins a exercé une très-grande influence sur les progrès de l'électricité ; il a fallu créer des méthodes de mesures, de recherches, de transmissions, qui ont par contre-coup fait naître d'heureuses découvertes et de fécondes applications.

Nous n'avons pas à faire incidemment l'historique des câbles sous - marins. Rappelons seulement que le premier câble fut immergé le 28 août 1850, entre Calais et Douvres. Il se brisait quelques jours plus tard contre les rochers de la côte. Il fut rétabli d'une manière définitive le 26 septembre 1851. Après de longs sondages qui démontrèrent que le lit de l'océan Atlantique est formé par un immense plateau situé à 3,500 mètres de profondeur, et terminé du côté des deux

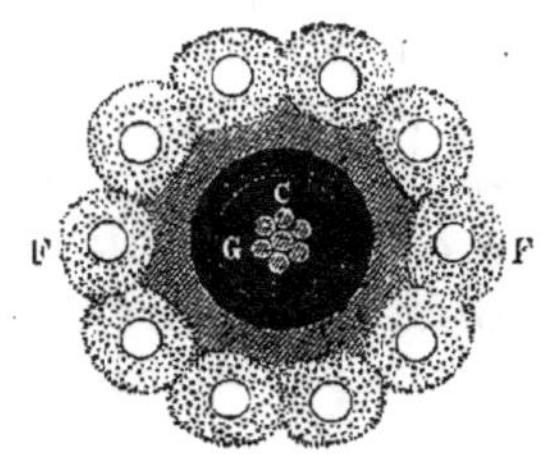

Fig. 86. — Câble transatlautique Section transversale. C fils de cuivre. G isolant. F armature en fer entourée de chanvre.

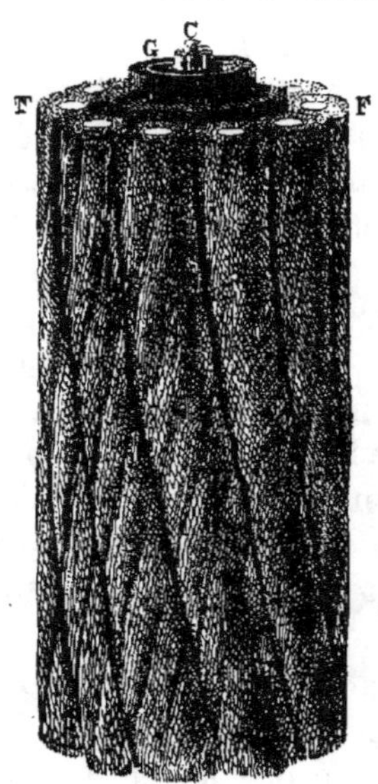

Fig. 87. — Câble transatlan tique (grosseur réelle).

continents par deux vallées abruptes, on se décida
à tenter la pose d'un câble d'Europe en Amérique.
Le premier essai, qui remonte au 5 août 1857, échoua;
le câble se brisa pendant la pose. On recommença
avec succès au mois de juillet 1858. On se souvient
sans doute encore de l'enthousiasme avec lequel on
accueillit les premières dépêches transmises à travers l'Océan. La reine Victoria échangea quelques
mots de félicitations avec le président Buchanan. En
Amérique, ce fut pendant plusieurs jours fêtes sur
fêtes, processions, feux d'artifices. A New-York, l'al-
légresse fut immense; on illumina si complètement
que l'on finit par mettre le feu à l'Hôtel-de-Ville : le
toit et la coupole furent entièrement détruits. La joie
générale ne fut pas de longue durée. A peine un mois
s'était-il écoulé que les dépêches ne parvenaient plus
à destination. On chercha vainement la cause de l'interruption. Les électriciens se mirent au travail; et
c'est seulement sept années plus tard, en 1865, sans
se laisser rebuter par les pertes considérables qu'elle
avait déjà subies, que la Compagnie fondée par l'ingénieur américain Cyrus Field se décida à faire une
troisième tentative. Ce fut le *Great Eastern* qui em-
barqua le câble. Après un début heureux, le câble se
brisa, et l'expédition dut reprendre encore une fois
le chemin de l'Angleterre. On avait posé les deux
tiers du câble. L'année suivante, le 15 juillet, le
Great Eastern, partait de Valentia emportant un câble neuf. Le 28 juillet au soir, sans accident et à l'heure
annoncée, on atterrissait le câble à Heart's Content,
sur la côte de Terre-Neuve. Le 12 août, le *Great
Eastern* se trouvait sur le lieu de l'accident de l'année précédente, et, après vingt jours de dragages in-

fructueux, le câble rompu était ramené à bord ; on le soudait à un bout neuf, qui fut posé à son tour jusqu'à Terre-Neuve, et l'on eut ainsi une nouvelle communication avec l'Irlande. Depuis cette époque, les transmissions trans-océaniennes ont eu lieu sans aucune interruption.

La télégraphie transatlantique était définitivement créée.

Aujourd'hui cinq câbles traversent l'Océan ; trois ont leur point de départ sur la côte d'Angleterre. On s'occupe d'en poser un nouveau, qui atterrira sur les côtes d'Allemagne. Un autre câble part du Portugal, traverse la mer Equatoriale et va jusqu'au Brésil. Un autre encore met en relation, par la mer Méditerranée et la mer des Indes, Londres et Singapour, et relie Singapour au Japon. Du Japon divergent deux lignes : la ligne qui se relie à Wladivostock avec les fils terrestres de la Sibérie ; puis la ligne qui par le détroit de la Sonde va aboutir en Australie.

La *Telegraph Construction and Maintenance Company* a posé à elle seule, à l'heure actuelle, plus de 115,000 kilomètres de câbles, un circuit qui, mis bout à bout, ferait près de trois fois le tour du monde.

Une véritable flottille est affectée à la surveillance et à l'entretien des 600 lignes télégraphiques qui sillonnent les mers du monde entier.

Les capitaux engagés dans les entreprises télégraphiques sous-marines atteignent maintenant à peu près un milliard. En six ans, près de 500 millions ont été absorbés pour la pose de nouveaux câbles. C'est assez dire l'importance croissante de la nouvelle industrie.

La tendance est maintenant à remplacer les lignes

aériennes télégraphiques ou téléphoniques dans tous les pays par des lignes souterraines. Il y a longtemps qu'en Allemagne on a relié les différentes villes avec des câbles souterrains. En France, on s'occupe beaucoup de la substitution des câbles en fil de cuivre aux fils de fer suspendus sur poteaux, qui offrent des inconvénients multiples ; on construit en ce moment une ligne souterraine de Paris à Marseille. L'extension croissante que prend l'emploi des câbles suscite partout l'imagination des inventeurs. La gutta-percha coûte de plus en plus cher. Son utilisation exige des machines multiples, toute une installation dispendieuse ; la fabrication est lente ; il y a disette de câbles très-souvent. La consommation dépasse de beaucoup, en ce moment, la production. On a cherché de toutes parts à remplacer la gutta par des isolants moins chers, et à réaliser des câbles plus faciles à faire et n'exigeant pas tant de main-d'œuvre.

Mentionnons brièvement les essais nouveaux.

M. W. J. Henley, de Noth Wodlovich, recouvrait ses fils de caoutchouc pur, puis de caoutchouc vulcanisé ; le noyau était cuit et recuit dans un bain de paraffine, qui pénétrait dans les pores du caoutchouc. Maintenant il recouvre ses fils d'oxyde de zinc et d'une composition ayant pour base l'ozokérite, cire noire naturelle. MM. Lartimer-Clarke, Muirhead, de Westminster emploient la nigrite inventée par M. Field. C'est un mélange de deux parties ozokérite et une partie caoutchouc. On malaxe à basse température. L'économie serait de 40 0/0. La résistance d'isolation serait augmentée, la capacité électrostatique très-diminuée. Enfin, M. Mourlot, d'Auteuil, recommande l'emploi d'une gomme isolante extraite par distillation du bouleau blanc. L'auteur avait exposé des échantillons sous le nom de gutta-percha française.

Dans les sections étrangères, en dehors des câbles Henley, Lartimer-Clarke, on remarquait beaucoup le câble de M. Brooks de Philadelphie étudié en ce moment par l'Administration française. M. Brooks emploie pour isolant un liquide, l'huile lourde de pétrole qui sert au graissage des machines. On enferme côte à côte dans un tube de fer des fils recouverts d'un enrobage de jute ou de chanvre de Manille; on tord ces fils sur des longueurs de 300 à 600 mètres de façon à constituer un toron maintenu par un ruban de chanvre. L'huile pénètre toutes les couches et forme un isolant, comme l'avait déjà montré Faraday, non pas comparable à la gutta, mais suffisant pour les applications télégraphiques. On peut emmagasiner ainsi 30, 40 et même 100 fils dans chaque tube de fonte galvanisée de 3 millimètres d'épaisseur. Un tube de 40 fils a un diamètre de 3 centimètres; il est constitué par des sections raccordées de 4^{m}50 de longueur. Tous les 1300 mètres, 1800 mètres etc., le tuyau pénètre dans un tube plus gros en relation avec un tube vertical qui descend d'un petit réservoir; c'est par là qu'on verse l'huile. Après quoi on bouche avec une vis. A l'extrémité la plus basse de la ligne, un réservoir élevé maintient la pression du liquide dans le câble. Les fils étamés sont réunis bout à bout, et raccordés simplement par un ruban métallique. On ne se préoccupe pas de réunir les fils qui se correspondent; on relie même avec intention des fils quelconques; il paraît que cet entrecroisement diminue les effets d'induction. D'ailleurs l'induction serait, affirme-t-on, d'autant plus réduite qu'il y aurait plus de fils placés côte à côte dans le même tube. Il est de fait qu'à l'Exposition, dans le compartiment de l'*India Rubbar, gutta-percha and Telegraph Works Company*, de Silverstown, de Londres, le courant intermittent d'un générateur magnéto-électrique ne produisait aucun son dans un téléphone relié à l'un des fils voisins. Des électriciens du « Post office » ont affirmé qu'un téléphone placé sur deux des fils du câble allant de Waterloo à Claphane n'avait émis aucun son, bien qu'un des fils fût utilisé à transmettre le courant d'un télégraphe automatique de Wheatstone travaillant sans cesse.

Plusieurs lignes fonctionnent en Angleterre, notamment de Queen's Road à Claphane, sur une longueur de 2000 mètres. On a expérimenté sur petite échelle le câble Brooks à Versailles.

La résistance d'isolation n'est que deux méghoms par kilomètre, mais la capacité électro-statique n'est aussi que 0,20 microfarads; il en résulte un moindre retard dans l'émission des signaux, puisque la ligne, pour se charger, n'a pas besoin de prendre autant d'électricité. Nous n'avons pas de renseignements exacts sur les prix de revient des câbles Brooks, mais il est clair qu'ils sont plus économiques que les câbles à gutta et caoutchouc. Toutefois, il faudrait savoir si l'huile ne se modifiera pas avec le temps, si l'isolation restera suffisante et si, enfin, il est bien pratique d'avoir recours à une canalisation véritable avec raccords, réservoirs de pression, pour des lignes télégraphiques ou téléphoniques.

Enfin, à gauche de l'escalier d'honneur, on avait installé une curieuse machine, la presse à faire des câbles à la minute de la Société Bertoud et Borel.

Le travail ici est automatique; il n'exige plus le concours d'ouvriers spéciaux et expérimentés. Aucun système ne peut rivaliser avec celui-là pour la rapidité de l'exécution; on voit sortir de la machine en quelques instants des câbles tout prêts à livrer avec leur gaîne de plomb. Le fil de cuivre entre par une extrémité de la machine et s'en va par l'autre extrémité avec sa garniture métallique toute brillante. C'est de la prestidigitation!

La gutta-percha, avons-nous dit, coûte très-cher; MM. Berthoud et Borel lui substituent un autre isolant très-bon marché, du coton et de la paraffine, ou de la colophane. Le coton renferme toujours de l'humidité et l'humidité conduit l'électricité. Le coton dans son état ordinaire serait un mauvais isolant. Il faut le dessécher et s'arranger de façon à le mettre pour toujours à l'abri de l'air. Pour cela le fil de cuivre, préalablement revêtu mécaniquement de coton, est plongé dans un bain de paraffine fondue et maintenue à une température supérieure à 100 degrés; le coton est débarrassé de son eau; il la reprendrait vite, mais on l'entoure aussitôt à haute température d'une gaîne protectrice imperméable. Cette gaîne, c'est du plomb, qu'il est facile de mettre sous la forme d'un tuyau. Le coton paraffiné est brusquement saisi par le plomb.

Donc, un fil de cuivre entouré de coton imbibé de paraffine, le tout hermétiquement enfermé en contact parfait et sous pression dans du plomb, tel est le nouveau câble réduit à sa plus simple expression. Le coton paraffiné mis à l'abri de l'humidité est un excellent isolant; les essais faits déjà sur une grande échelle ont démontré que cet isolant pouvait rempla-

cer la gutta et le caoutchouc; voilà pour le câble ;
maintenant la fabrication.

Dans les procédés actuels, on protège bien la gutta
par du plomb ; mais le câble terminé, il faut avoir
recours à une opération complémentaire : la mise en
plomb. On glisse les câbles dans des tuyaux de plomb
d'un diamètre suffisamment grand pour les laisser librement passer. On fait des bouts de 100 à 120 mètres,
qu'il faut ensuite souder. Le travail exige des pré-
cautions. Quelquefois aussi la mise en plomb peut
déchirer la gutta et amener des pertes de courant
qui restent longtemps ignorées. La méthode de
MM. Berthoud et Borel est toute différente. Fil, isolant et plomb juxtaposés et fixés intimement pendant
la fabrication, forment un tout inséparable. Voyons
la machine de l'Exposition.

Elle est si ramassée sur elle-même, si massive,
qu'elle tient tout entière entre quatre colonnes sur-
montées d'une plate-forme circulaire sur laquelle on
parvient à l'aide d'une échelle. Sur la plate-forme on
remarque une petite chaudière très-réduite, entourée d'une couronne de becs de gaz en feu ; d'en bas on
dirait d'une auréole bleue. Dans la chaudière pleine
de paraffine ramollie, on introduit le fil de cuivre
préalablement recouvert d'un tissage de coton paraffiné.

Un gros cylindre creux vertical en acier très-résis-
tant, supporté par les quatre colonnes, passe à travers la plate-forme. C'est dans ce cylindre-réservoir
qu'est introduit le lingot de plomb destiné à revêtir
le câble.

Un piston d'acier peut pénétrer de bas en haut dans
la cavité du réservoir supérieur, poussé par de l'eau

sous pression comme dans la presse hydraulique. Ce piston très épais est foré d'outre en outre à la façon d'un canon de fusil.

Enfin, un tube d'acier, terminé par une portion co-

Fig. 87. — Machine Berthoud et Borel à fabriquer les câbles électriques.

nique, descend à travers le réservoir cylindrique jusqu'à la face supérieure du piston; il s'engage un peu dans la cavité centrale du piston, de manière à ne laisser entre les parois de cette cavité et sa partie conique qu'un espace annulaire étroit. Le tube d'acier est maintenu sans cesse dans cette position.

Le fil de cuivre et la matière isolante fondue dans la chaudière pénètrent ensemble dans le tube central d'acier. Le fil est enveloppé de paraffine, comme une mèche de bougie est entourée de stéarine : fil et isolant sortent par la partie conique du tube.

Le piston s'élevant exerce une poussée sur le plomb du cylindre réservoir. Le métal est obligé de s'étaler et de s'écouler par l'ouverture annulaire laissée libre entre le tube central et les parois intérieures du piston. Le plomb entoure de toutes parts le fil et son isolant, et les enferme dans une gaîne métallique.

Au fur et à mesure que le piston continue de monter, le plomb coule chassant sous lui la gaîne déjà formée, qui entraîne elle-même le fil dans son mouvement de descente. Le câble enrobé de plomb quitte l'intérieur du piston et va par une ouverture latérale s'enrouler automatiquement sur une bobine destinée à le recevoir.

L'épaisseur de l'enveloppe de plomb est variable à volonté ; elle dépend uniquement de la largeur de l'espace annulaire ménagé entre la broche centrale et les parois du piston. On peut donc enfermer le fil et son isolant dans des gaînes métalliques aussi épaisses ou aussi minces qu'on le désire.

Rien de si simple, comme on voit, que la presse à plomb de MM. Berthoud et Borel. C'est le principe des presses à fabriquer les tuyaux de grès ou de plomb, à fabriquer le macaroni. Seulement la broche centrale, au lieu d'être pleine, est creuse ici pour laisser passer le fil qu'il s'agit d'envelopper.

En définitive, un homme suffit pour garnir la chaudière de fils et de paraffine, pour emplir le réservoir cylindrique de plomb, pour surveiller le travail, et il n'en faut pas davantage avec la machine de MM. Berthoud et Borel pour transformer un fil de cuivre en un excellent câble, et pour débiter couramment de grandes longueurs de conducteurs électriques. On peut dire cette fois avec raison que les nouveaux câbles sont bien réellement fabriqués à la mécanique. La machine fait aisément ses 25 mètres de câble à la minute. La Société qui exploite le système

Fig. 88. — Ateliers Berthoud et Borel.

de MM. Borel et Berthoud a installé une importante usine à Paris et une autre usine à Cortaillod, près de Neufchâtel en Suisse.

Lorsque les câbles doivent être posés sous terre, on les fait passer une seconde fois dans la presse pour les entourer d'une nouvelle enveloppe de plomb. Entre ces deux gaînes, on interpose une substance imperméable comme le brais gras, résidu de la distillation du goudron de houille. Avec cette triple protection, les nouveaux câbles défient les intempéries et l'action du temps. On peut enfermer, bien entendu,

plusieurs fils entourés d'une mince couche de plomb
au milieu d'un masse isolante que l'on recouvre ensuite de plomb.

Il est une autre originalité du système qu'il est
bon d'indiquer en passant. On est obligé dans les câbles ordinaires, pour éviter le plus possible l'induction des fils les uns sur les autres, de se servir, pour
chaque circuit, d'un fil d'aller et d'un fil de retour.
L'effet d'induction produit par le courant qui va
dans un sens est annulé par l'effet du courant qui va
en sens contraire. Dans le câble Berthoud et Borel, la
gaîne de plomb qui enveloppe chaque fil paraffiné
peut servir de conducteur de retour. Le courant va
par le fil et revient par le plomb. Le plomb est bien
moins conducteur que le cuivre; mais comme la section du tuyau est relativement considérable, on gagne par le diamètre ce que l'on perd en conductibilité. On y trouve un grand avantage économique.
Les nouveaux câbles, du reste, fabriqués mécaniquement et très-vite, sans main-d'œuvre coûteuse,
avec un isolant très-bon marché, sont naturellement
d'un prix de revient très-inférieur à celui des
câbles employés jusqu'ici.

A l'Exposition, la Société Jablockhoff les utilisait
pour porter le courant aux bougies électriques et aux
différents moteurs en mouvement; 15,000 mètres de
câbles Berthoud et Borel transmettaient la force et la
lumière dans les différentes parties du Palais;
5,000 mètres ont été posés ensuite par la même Société pour l'éclairage Jablockhoff à l'Opéra. Un câble
à plusieurs conducteurs, placé dans les égouts de
Paris, reliait le ministère des télégraphes avec l'Exposition. Quelques kilomètres ont été aussi établis

dans les égouts pour des transmissions téléphoniques.

D'après les inventeurs, l'isolation obtenue par leur procédé de fabrication dépasserait celle que donne la gutta-percha ou le caoutchouc, et, de plus, leur capacité électro-statique, c'est-à-dire leur propriété de laisser pénétrer l'électricité dans leur masse, étant deux fois moindre qu'avec la gutta, il faudrait deux fois moins d'électricité pour les charger. Leur emploi serait donc avantageux. On a cependant noté des dérangements individuels des fils et des mélanges.

Il faut répéter ici ce qu'il convient de dire pour tous les câbles nouveaux. C'est une expérience un peu plus longue qui nous renseignera définitivement sur les qualités des câbles Berthoud et Borel. Tel est succinctement l'état actuel de l'industrie importante des câbles électriques.

Nous avons succinctement fait connaître les générateurs d'électricité, les moteurs électriques, les câbles qui donnent passage aux courants. Tout système de circulation électrique se trouve par cela même décrit.

X

Parmi les nombreuses applications de l'électricité, il en est surtout deux qui appellent l'attention : la production de la lumière, le transport de la force.

On a réalisé depuis quelques années de grands progrès dans les procédés d'éclairage électrique; nous les examinerons avec détail. Le problème du transport de la force est à peine né d'hier; il est naturellement beaucoup moins avancé. Nous avons déjà dit comment on portait au loin la force des moteurs, des chutes d'eau, etc. Le sujet est complexe et soulève différentes questions qu'il est bon d'étudier au moins sommairement. Nous allons très-rapidement essayer de nous rendre compte du rendement qu'on peut obtenir dans le transport de l'énergie mécanique, des conditions dans lesquelles il convient de se placer, pour canaliser et distribuer l'électricité.

Définissons d'abord les propriétés caractéristiques des machines électriques.

La force électro-motrice d'une machine est proportionnelle :

1° A l'intensité de son champ magnétique M;

2° A la longueur des fils qui constituent les spires de l'anneau n ;

3° A la vitesse de rotation v, et au rayon de l'anneau (1).

Par conséquent, pour une machine quelconque, on a l'expression suivante de la force électro-motrice :

$$E = KM\,nv.$$

Réciproquement, si l'on fait passer un courant dans l'anneau d'une machine, elle se met nécessairement à tourner, car ce courant provoque des actions inductives sur son champ magnétique. Chaque élément de fil de l'anneau prend un mouvement contraire à celui qu'il faudrait précisément lui donner pour engendrer le courant qui le traverse. En un mot, la machine tourne sous l'action du courant qu'elle reçoit tout comme il faudrait la faire tourner pour engendrer le même courant.

Lorsque, ainsi que l'ont montré MM. Niaudet et Planté, on charge un accumulateur avec une machine Gramme tournant dans un sens déterminé, si l'on

(1) Ceci résulte des lois mêmes de l'induction. (Consulter les *Traités de physique*.)

abandonne la manivelle de la machine, elle se met à
tourner d'elle-même dans le même sens, sous l'action
du courant renversé que lui envoie l'accumulateur.

Mais par cela même qu'une machine qui tourne
crée un courant, il faut bien que la machine mise en
mouvement par l'influence d'un courant engendre

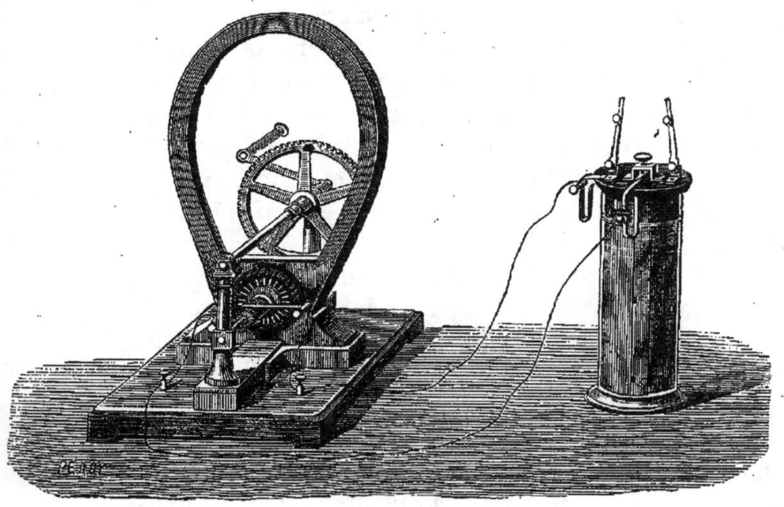

Fig. 89. — Machine Gramme excitée par une pile Planté.

elle-même un contre-courant. Donc, si E est la force
électro-motrice du courant excitateur, e sera la force
électro-motrice de sens inverse créé par le mouvement même de la machine; et la force électro-motrice
du courant résultant sera seulement la différence $E - e$.
La force électro-motrice de la machine rappelle ici la
force de polarisation des piles. L'intensité du courant
résultant sera donc aussi, en représentant par R la
résistance totale :

$$i = \frac{E - e}{R.}$$

Ce courant résultant jouit d'une propriété remarquable qu'il est bon de mettre en évidence. Quelle que soit l'intensité du courant excitateur, le courant résultant conserve toujours la même valeur, pour un effort constant à vaincre dans la machine. Étant donné, en d'autres termes, un effort à vaincre, le courant est lui-même à tout jamais fixé pour la machine et ne varie plus, alors même qu'on exagère le courant excitateur. La résistance dans le système entier étant constante, il s'ensuit que pour un effort donné, la différence des forces électro-motrices est elle-même constante.

Pour le démontrer, appliquons sur l'arbre de l'anneau d'une machine un frein dont la charge représentera un effort constant à vaincre. Si nous envoyons un courant d'abord très-faible dans la machine, elle ne démarrera pas, parce que les actions inductives de l'anneau sur son champ magnétique seront insuffisantes pour lever l'obstacle qui s'oppose au mouvement ; le courant ne produira que de la chaleur dans les fils. Augmentons progressivement l'intensité, c'est-à-dire la force électro-motrice du courant excitateur, en ajoutant de nouveaux éléments à la pile, il viendra un moment où brusquement la machine se mettra en marche.

L'effort sera vaincu par un courant de valeur bien déterminée. Eh bien ! maintenant, on aura beau ajouter de nouveaux éléments à la pile, accroître par conséquent la force électro-motrice et l'intensité, la force électro-motrice et l'intensité du courant résultant ne changeront pas ; elles se maintiendront constantes.

En effet, si l'on augmente l'intensité du courant excitateur, il provoquera des actions inductives plus puissantes , l'anneau tournera plus vite; mais s'il tourne plus vite, il créera un contre-courant plus énergique et l'augmentation du courant d'une part sera exactement contrebalancée par l'excès du contre-courant de l'autre, si bien qu'en définitive, le courant résultant reprendra sa valeur normale; seule, la vitesse de la machine aura varié. L'intensité étant restée la même, l'effort vaincu à chaque tour de l'anneau sera aussi resté avec sa valeur initiale ; mais la vitesse ayant augmenté, le travail absolu aura lui-même augmenté.

Ainsi, et c'est un point capital à retenir, à une intensité donnée correspond toujours, dans une machine électrique employée comme moteur. un effort mécanique déterminé et un seul. La différence $E-e$ des forces électro-motrices est constante; quand bien même on accroît E, e augmente dans la même proportion. Il résulte de là que le travail du moteur est toujours le même pour chaque rotation de l'anneau. Si l'on accroît E, on ne le change nullement; mais comme la vitesse augmente, on multiplie par cela même le travail par le nombre de tours effectués dans l'unité de temps.

Nous avons déjà montré que le travail du courant a pour valeur $e\,i$, en désignant par e la force électromotrice et par i l'intensité; le courant résultant i est constant pour un effort donné, mais quand on accroit E, on augmente de même e, qui est de son côté proportionnelle à la vitesse de l'anneau; donc, on augmente le travail proportionnellement à e, ou au nombre de tours de l'anneau. Nous revenons ainsi par une autre voie au résultat précédent.

On a supposé jusqu'ici que le courant excitateur provenait d'une pile dont on augmentait progressivement la force électro-motrice jusqu'au point convenable pour vaincre l'effort du frein, en ajoutant de nouveaux éléments en tension. A la pile, on peut substituer une machine; pour accroître progressivement sa force électro-motrice, il suffira, comme nous le savons, de la faire tourner de plus en plus vite. La force électro-motrice de cette machine sera $KMnv$; mais de même, la force contre-électro-motrice de la machine qui reçoit son courant sera, si elle est identique à la première, $KMnv'$, et l'intensité du courant résultant sera :

$$\frac{E - e}{R} = \frac{KMn(v - v')}{R}$$

Ce qui prouve que pour un effort mécanique constant, la différence des vitesses des deux machines sera elle-même constante, quelles que soient ces vitesses. On augmentera le travail total produit en accroissant les vitesses respectives de la machine qui commande et de la machine qui travaille, absolument comme si les deux machines représentaient des poulies conjuguées reliées par une courroie de transmission.

Ces considérations essentielles établies, essayons de résoudre la question suivante : Étant données deux machines identiques reliées par un circuit électrique, si l'on fait travailler la première, quel travail maximum rendra la deuxième? La machine qui commande absorbe un travail Tm, quel sera le plus grand travail utile Tu que l'on pourra obtenir de la machine commandée ?

Soit Tr le travail que doit effectuer la machine génératrice pour vaincre toutes les résistances qui s'opposent au mouvement de la machine réceptrice. La machine génératrice tourne avec une certaine vitesse; la machine réceptrice est encore au repos, mais sur le point de démarrer; elle est prête à tourner en effectuant un travail.

Si nous accroissons la vitesse de régime de la machine génératrice, et si nous augmentons ainsi son travail, aussitôt la machine réceptrice commence à tourner et à suivre le mouvement de la première. On a donc d'une manière générale, pour le travail moteur de la machine génératrice :

$$\mathrm{T}m = \mathrm{T}r + \mathrm{T}u.$$

La question à examiner est celle-ci. Pour une valeur quelconque de Tm, quelle sera la plus grande valeur correspondante de Tu ?

Pour que le travail utile soit le plus grand possible, il faut bien que le travail résistant soit lui-même le plus grand possible. Il faut donc qu'à la fois Tu et Tr aient la plus grande valeur possible. Or, pour que deux quantités dont la somme est constante soient maximum, il est nécessaire qu'elles soient égales entre elles, car si l'une était plus petite que l'autre, elle ne serait pas la plus grande possible. Donc, il faut que, dans ce cas, le travail utile égale précisément le travail résistant :

$$\mathrm{T}m = 2\,\mathrm{T}u = 2\,\mathrm{T}r.$$

Ainsi, le plus grand travail que l'on puisse demander à une machine réceptrice identique à la machine génératrice est exactement la moitié du travail dépensé. Du moment où l'on applique à la machine mue la plus grande résistance possible, c'est-à-dire celle-là même, qui est appliquée à la machine commandant, le travail récupéré par la seconde machine ne peut dépasser la moitié du travail absorbé par la première. Par tour, le travail de la machine réceptrice égale le travail de la machine génératrice, mais, l'une va moitié moins vite que l'autre (1).

On voit que le travail utile maximum correspond exactement à celui qu'il faut effectuer pour vaincre la résistance, pour amener la machine au point où elle va pouvoir tourner.

On arrive à ce résultat important par une voie plus directe, mais peut-être moins expressive. En effet, le travail utile de la machine réceptrice est, comme nous le savons, $e\,i$.

Mais
$$i = \frac{E - e}{R}.$$

Donc, on a :

$$Tu = \frac{e\,(E - e)}{R}.$$

(1) Le travail par tour est le produit de l'effort tangentiel appliqué à l'extrémité du rayon multiplié par ce rayon : $P.r.1$. Le travail maximum par tour est, de même dans la machine réceptrice $P.r.1$. Le travail de la machine génératrice à la vitesse v est $P.r.v$. Le travail maximum correspondant de la machine réceptrice est $P.r.v'$. Or, quel que soit v, v' ne peut dépasser $\frac{v}{2}$, du moment où la grandeur du couple $P.r$ est la plus grande possible. Telle est l'interprétation qu'il convient de donner au travail maximum. La grandeur du couple $P.r$ est proportionnelle au champ magnétique, à l'intensité du courant et indépendante de la vitesse.

On sait que, pour qu'un produit de deux facteurs dont la somme est constante soit maximum, il faut que ces deux facteurs soient égaux entre eux. Donc, quand Tu est le plus grand possible, on a

$$E = 2\,e.$$

La force électro-motrice de la machine conduite est la moitié de celle de la machine qui conduit. De même, la résistance étant constante, l'intensité du courant correspondant au travail maximum est moitié de l'intensité du courant qui va à la machine conduite, quand elle est arrêtée : $I = 2\,i$. C'est exactement la formule qui exprime le maximum du travail dans les piles.

Enfin, les forces électro-motrices E et e de la machine génératrice et de la machine réceptrice étant proportionnelles aux vitesses imprimées respectivement à leurs anneaux, il faut bien que la vitesse de la machine commandée soit la moitié de la vitesse de la machine qui commande : $V = 2\,v$.

La machine génératrice dépensant 100 et la machine réceptrice ne donnant que 50, on en conclut que le rendement n'est que de 50 p. 0/0.

Jusqu'à ces derniers temps, on s'est singulièrement mépris sur l'interprétation exacte de ce résultat. On a cru qu'on ne pourrait jamais transporter sur une machine réceptrice plus de 50 p. 0/0 du travail d'une machine génératrice.

Il faut, en effet, consentir à perdre 50 p. 0/0 du travail dépensé, mais seulement dans le cas où la machine réceptrice doit travailler dans son plein, quand on lui applique la plus grande résistance possible. Tout change et le rendement s'améliore lorsqu'on n'oblige plus la machine à effectuer le maximum de travail par tour.

Il est facile de le faire comprendre. Le travail de la machine génératrice est égal au travail par tour multiplié par la vitesse ; le travail de la machine réceptrice est de même égal au produit de la vitesse par ce même travail. Le rendement est donc égal au rapport des vitesses.

$$\frac{Tu}{Tm} = \frac{P.\,r.\,v}{P.\,r.\,V} = \frac{n}{V} = \frac{e}{E}$$

Cette expression générale du rendement peut d'ailleurs s'obtenir directement, en remarquant que si E et e représentent les forces électro-motrices respectives des deux machines aux vitesses V et v, i l'intensité du courant correspondant à la différence des vitesses $V - v$, on a $Tm = Ei$ et $Tu = ei$; donc :

$$\frac{Tu}{Tm} = \frac{e}{E} = \frac{v}{V}$$

Ainsi le rendement est mesuré par le rapport de deux vitesses dont la différence est constante.

Si l'on applique à chaque machine la résistance P.r, la plus grande qu'elle puisse vaincre, c'est-à-dire si l'on porte le travail au maximum par tour, il sera impossible, comme nous le savons, d'obtenir sur la machine mue plus de la moitié du travail dépensé. Mais nous sommes absolument maîtres de réduire cette résistance maximum. N'est-il pas clair qu'à mesure que nous la ferons plus petite, la portion du travail moteur absorbé pour la vaincre diminuera, et que l'autre portion uniquement utilisée à donner de la vitesse à la machine réceptrice augmentera. En réduisant de plus en plus le travail résistant, nous ferons croître la vitesse de la machine mue, au point qu'à la limite, elle deviendrait égale à la vitesse de la machine qui meut. A la limite le rendement serait intégral, mais comme l'effort vaincu serait nul, le travail serait nul lui-même.

En définitive, si pour le même travail moteur on consent à diminuer le travail résistant, le travail utile, qui n'est que la différence des deux travaux, croîtra en conséquence, et finalement le rendement sera augmenté.

Par exemple, une machine sous l'effort 3 prend la vitesse maximum 4 ; on a pour les valeurs respectives du travail moteur, du travail résistant et du travail utile dans le cas du maximum :

$$3 \times 4 = 3 \times 2 + 3 \times 2. \text{ Rendement } \frac{6}{12} = \frac{1}{2}$$

Nous réduisons l'effort à vaincre de 3 à 1 ; on a, si l'on ne fait pas varier le travail moteur :

$$1 \times 12 = 1 \times 2 + 1 \times 10. \text{ Rendement } \frac{10}{12} = \frac{5}{6}$$

Les vitesses ont passé respectivement pour la machine génératrice et pour la machine réceptrice de 4 à 12 et de 2 à 10.

On remarquera qu'en réduisant l'effort de 3 à 1, on a, en même temps, réduit dans la même proportion, l'intensité du courant dans le circuit ; il a passé de 3 à 1. L'effort à vaincre est toujours en rapport avec l'intensité. Seulement, on a conservé la vitesse qui correspondait à celle que doit prendre la machine pour vaincre l'effort maximum, et par suite la différence de vitesse de la machine génératrice et de la machine réceptrice est restée constante; elle était dans le premier cas de $4 - 2 = 2$; elle est dans le second de $12 - 10 = 2$.

D'une manière générale, on peut dire que si l'on fait descendre l'effort à vaincre de $P.r$ à $\dfrac{P.r}{n}$

On a (1) :

$$\frac{P.r}{n}\, n\, V = \frac{P.r}{n}\, v + \frac{P.r}{n}\, (n\, V - v)$$

Et le rendement devient

$$\frac{T u}{T m} = \frac{n\, V - v}{n\, V}$$

Mais V c'est la vitesse maximum que peut prendre la machine génératrice sous l'effort $P.r$; v c'est la vitesse à laquelle il faut faire tourner la machine génératrice pour vaincre la résistance dans le cas de l'effort maximum; nous savons que $V = 2\,v$. Donc,

$$\frac{T u}{T m} = \frac{2\,n - 1}{2\,n} = 1 - \frac{1}{2\,n}$$

Ce qui rend manifeste une fois de plus que le rendement augmente à mesure que n croît. Il est donc bien démontré qu'on peut obtenir le rendement qu'on veut,

----

(1) P. représentant l'effort à vaincre, r le bras du levier auquel est appliqué l'effort P. Si l'on devait exprimer le travail en kilogrammètres, il ne faudrait pas oublier qu'on doit diviser $P.r$ par g.

à la condition formelle de réduire l'effort à vaincre et d'accélérer les vitesses des deux machines. On voit que le gain entraîne un sacrifice et que l'amélioration du rendement exige une diminution dans le travail absolu par tour.

La formule qui précède fait immédiatement voir dans quelle proportion il convient de réduire l'effort pour obtenir un rendement donné. Pour $n = 1$, pour une réduction nulle, le rendement est de 50 0/0, puis il s'améliore quand n augmente, au point de devenir intégral, quand n est extrêmement grand, c'est-à-dire quand la machine tourne sans résistance.

Une machine fait 100 chevaux en plein travail à une vitesse donnée; la machine réceptrice donnera 50 chevaux en plein travail à la vitesse moitié moindre. Rendement : 50 0/0. Nous voulons que le rendement s'élève à 80 0/0. De combien faudra-t-il réduire l'effort maximum? On a

$$\frac{80}{100} = \frac{2n - 1}{2n},$$

D'où l'on tire

$$n = \frac{5}{2}.$$

Il faut donc abaisser l'effort à vaincre des deux cinquièmes et accroître la vitesse de la machine génératrice dans la proportion inverse. Elle était de 2 tours quand la machine réceptrice faisait 1 tour; elle devra faire 5 tours dans le même temps quand la machine réceptrice en fera 4 (1).

(1) Ce résultat peut se déduire directement. Le travail résistant est de 50 0/0 pour le rendement de 50 0/0; il descend

Les considérations qui précèdent et celles qui vont
suivre s'appliquent à toutes les machines électriques
conduites par des machines à champ magnétique constant, soit donc magnéto-électriques ou dynamo-électriques excitées par des machines indépendantes. La
loi du rendement proportionnel au rapport des vitesses
est générale et exacte pour toutes les machines semblables, quelles qu'elles soient, c'est-à-dire pour des machines à même champ, à même enroulement de bobine
et d'électro-aimant. Il n'en est plus ainsi, quand on
change le champ et l'enroulement. Le champ magnétique, en effet, est dépendant dans les machines dynamo
de l'intensité du courant excitateur; on ne sait pas
encore au juste comment il varie en raison de la variation du courant ; tout ce que l'on sait, c'est qu'au delà
d'une certaine limite voisine du point de saturation
du noyau de l'électro-aimant, la proportionnalité entre
l'énergie du champ et l'intensité du courant n'existe
plus du tout ; c'est en pure perte que l'on augmente l'intensité de l'excitation, il y a donc en tout cas un grand
avantage à se servir d'électro-aimants à gros noyaux
afin de reculer le plus possible le point de saturation.
Pour étudier les différences variables d'une machine
dynamo-électrique, il est indispensable de déterminer
par expérience selon quelle loi elles se modifient. On
cherche la force électro-motrice correspondant à une

à 100 — 80 = 20 pour le rendement de $\frac{80}{100}$. Les vitesses restant
les mêmes pour chaque travail résistant, il s'ensuit que les
efforts sont entre eux dans le rapport de 50 à 20, soit de $\frac{5}{2}$. L'effort est réduit, mais la différence des vitesses se maintient constante; dans le premier cas, elle est de 2 — 1 = 1 ; dans le deuxième
cas de 5 — 4 = 1.

intensité donnée pour une vitesse connue; on porte les intensités sur les abcisses et les forces électro-motrices sur les ordonnées; on construit ainsi une courbe qui permet de résoudre les questions exigées par la pratique; elle montre, en effet, comment, pour une machine donnée, varient les inconnues du problème : force électro-motrice, vitesse, intensité, travail utile, travail moteur, résistance. C'est ainsi que M. Marcel Deprez a établi ses *courbes caractéristiques*, que M. Fröhlich a tracé les courbes de la machine Siemens (1).

Dans tous les cas, on a, si les machines dynamo-électriques conjuguées sont semblables :

$$E = KMnV$$
$$e = KMnv$$

Et pour rendement

$$\frac{e}{E} = \frac{v}{V}$$

Mais, si elles sont dissemblables, on a pour le rendement qui n'est plus dans le rapport des vitesses :

$$\frac{e}{E} = \frac{K'M'n'v}{KMnV}$$

Si, tout en les choisissant dissemblables, on adoptait le même champ magnétique, on voit que le rendement serait dans le rapport du produit des vitesses par le nombre de spires des anneaux. Il résulte de cette remarque que pour augmenter le rendement, il est indispensable de se servir de machines dissemblables. Il convient d'étudier l'enroulement et le

(1) Consulter à cet égard le journal *la Lumière Électrique* du 3 décembre 1881, mémoire de M. Marcel Deprez; et le journal *l'Électricien* du 15 avril 1882, mémoire de M. Fröhlich.

champ magnétique des machines qui doivent être conjuguées pour en tirer tout l'effet utile possible. Jusqu'ici, on a beaucoup trop délaissé ce point très-important du problème.

Quoi qu'il en soit, et sans insister plus longtemps sur ces détails, qui ne seraient pas ici à leur place, nous sommes maintenant en état d'établir par le calcul les éléments fondamentaux d'une transmission de force par l'électricité. Nous avons, en fonction des forces électro-motrices, les expressions suivantes :

$$\mathbf{T}m = \mathrm{EI} = \mathrm{E}\,\frac{(\mathrm{E} - e)}{\mathrm{R}}$$

$$\mathbf{T}u = e\,\mathrm{I} = e\,\frac{(\mathrm{E} - e)}{\mathrm{R}}$$

Le travail résistant $\mathbf{T}r$ est tout aussi facile à donner. Tant que la machine conduite ne travaille pas, il n'y a aucun travail extérieur produit, tout le courant qui traverse le circuit est employé à faire de la chaleur. M. Niaudet a réalisé à ce sujet une expérience très-démonstrative ; il place sur le trajet du conducteur un fil fin de platine ; si la machine réceptrice est calée, tout le travail de la machine génératrice se transforme en chaleur et l'on voit le fil de platine rougir ; aussitôt qu'on laisse la machine réceptrice libre de tourner et d'effectuer du travail, il y a soustraction de calorique équivalent au travail effectué, et le fil redevient sombre. La production de chaleur est proportionnelle au travail résistant et diminue ou augmente avec lui. Nous savons que Joule a montré que le calorique engendré a pour expression

$$\mathrm{KRI}^2 :$$

Donc, on a

$$Tr = KRI^2 = K\ \frac{(E-e)^2}{R}$$

Et d'une manière générale

$$EI = RI^2 + Tu\ (1).$$

Examinons maintenant une autre question, qui a eu le don de soulever de nombreuses controverses, dans ces derniers temps. Diminue-t-on le rendement de deux machines électriques conjugées, quand on augmente la longueur du conducteur qui les relie? en d'autres termes, le rendement est-il indépendant de la distance?

Les uns ont répondu par l'affirmative, les autres par la négative. La réalité est que les uns et les autres ont raison; il s'agit de bien s'entendre sur les mots.

(1) Cette formule renferme en tout six quantités: Tm, E, I, Tu, e, R; quand on en connaît trois, on peut déterminer les trois autres. Si nous voulons trouver I par exemple, la formule peut se mettre sous la forme :

$$RI^2 - EI - Tu = 0$$

qui, résolue par rapport à I, donne

$$\frac{E + \sqrt{E^2 - 4RTu}}{2R}$$

En la discutant, on retrouverait tous les résultats que nous avons déjà établis. Ainsi, pour que l'effort à vaincre soit maximum, il faut que I soit maximum, ce qui a lieu quand $E^2 = 4RTu$: dans ce cas, I prend la valeur moitié de ce qu'elle est quand la machine réceptrice ne fonctionne pas; $i = \dfrac{E}{2R} = \dfrac{I}{2}$.

M. Maurice Lévy a fait ressortir, avec beaucoup de sagacité, les résultats que l'on peut tirer de l'examen de la formule fondamentale $EI - RI^2 = Tu$. (Voir le Bulletin de la Société d'encouragement, 24 février 1882.)

Si l'on entend par rendement, selon la définition admise, le rapport du travail utile au travail moteur, il est parfaitement exact que le rendement reste théoriquement le même, quelle que soit la distance ; mais si l'on veut dire que la même machine transportera la même somme de travail aussi bien loin que de près, on s'illusionne complétement. Voyons les choses un peu attentivement.

Le rendement est absolument indépendant de la distance, puisque la résistance R n'entre pas dans l'expression du rendement $\frac{e}{E}$. Mais pour une valeur donnée de E ou de e, l'intensité du courant $i = \dfrac{E - e}{R}$ diminue en raison de la résistance ; l'intensité est proportionnelle à l'effort vaincu ; donc, le travail diminue en raison de la résistance, c'est-à-dire de la distance à franchir. On se retrouve ici un peu dans les conditions où l'on était tout à l'heure, quand on voulait améliorer le rendement. Si l'on veut qu'il reste le même, il faut faire des sacrifices sur la quantité de travail transmis. Si la distance devient dix fois plus grande, on ne recueillera dans le même temps qu'un travail dix fois moindre. On conserve donc le même rendement, mais à la condition expresse que la quantité d'énergie à transmettre varie en raison inverse de la distance. Ceci n'est pas tout à fait aussi satisfaisant qu'on aurait voulu le faire croire.

On transporte 10 chevaux à 1 kilomètre ; on veut conserver le même rendement et transporter à 20 kilomètres avec la même installation ; on trouvera au bout du conducteur non plus 10 chevaux, mais, $\dfrac{10}{20} = \dfrac{1}{2}$ cheval !

Si l'on veut transporter à destination la même somme d'énergie et conserver le même rendement, il faudra absolument s'imposer de nouveaux sacrifices et changer complétement installation et machines.

En effet, on a

$$Tm = \frac{e\,(E-e)}{R} = \frac{eE}{R} - \frac{e^2}{R}$$

Posons le rendement $\frac{e}{E} = K$; il viendra

$$Tm = K\,(1-K)\,\frac{E^2}{R}$$

Or, pour que le rendement K reste constant et le travail transmis $\frac{E^2}{R}$ de même valeur, il faut de toute évidence que E^2 varie comme R, c'est-à-dire que la force électro-motrice varie comme la racine carrée de la résistance. Enfin, comme $K = \frac{e}{E}$, il faudra aussi que e varie de la même façon (1).

La distance devient 10,000 fois plus grande, la force

(1) On pourrait même, à transport d'énergie égale, accroître le rendement, ainsi que le fait remarquer sous forme de paradoxe M. Maurice Lévy. Il suffirait de faire varier E^2 non plus en raison de la racine carrée de R, mais directement en raison de R.

En posant $E^2 = nR$ et en résolvant l'équation précédente par rapport à $K = \frac{Tu}{Tm}$, il vient

$$\frac{Tu}{Tm} = \frac{1 + \sqrt{1 - \dfrac{4\,Tu}{nR}}}{2}$$

Il est clair que le rendement augmente avec R.

Nous n'avons pas besoin d'ajouter qu'en admettant cette proportionnalité, on atteindrait vite des forces électro-motrices, c'est-à-dire des vitesses incompatibles avec le bon fonctionnement des machines.

14.

électro-motrice devient 100 fois plus considérable. Donc, à toute distance choisie correspondent des forces électro-motrices définies, et par suite, des machines déterminées. L'ingénieur aura à modifier ses machines en raison des distances à franchir et des conducteurs employés. Telles sont exactement les conditions complexes du transport électrique de l'énergie.

La résistance d'un conducteur dépend, comme nous l'avons dit ailleurs, non-seulement de sa longueur, mais encore de sa section. Il est évident que lorsqu'on consent à adopter de gros conducteurs, on peut avec la même force électro-motrice transporter l'énergie plus loin; mais alors on augmente les dépenses de premier établissement, car les prix montent avec le poids et le poids s'élève avec les sections. Si l'on veut transporter avec un conducteur fin, on diminue les frais d'établissement, mais on accroît les forces électro-motrices. On est enfermé dans ce dilemme, dont on ne peut sortir. Et en pratique, il est évident qu'on ne peut accroître outre mesure les forces électro-motrices, c'est-à-dire les vitesses des machines. Il y a donc une limite à l'accroissement des forces électro-motrices et par suite à la diminution de sections des conducteurs ou à leur longueur.

On a fait certain bruit autour de la solution du transport par simple fil télégraphique préconisée avec ardeur par M. Marcel Deprez. Les personnes peu au courant de la science l'ont même baptisée du nom de « Système de transport de la force Marcel Deprez », bien que le procédé appartienne à tout le monde. On transporterait dans ce système bien plus économiquement que par tout autre. C'est clair, puisque on réduit à la limite le poids du conducteur, c'est-à-dire son prix.; mais on oublie en même temps qu'il faut alors exagérer les forces électro-motrices hors de mesure.

Dès lors, il y a lieu de craindre, outre l'usure rapide des machines fonctionnant à grande vitesse, la rupture des isolants, les décharges disruptives et les dangers qui peuvent résulter de l'emploi des courants à haute tension pour la sécurité publique. Il ne sera jamais prudent de faire voyager au milieu de la population des courants électriques de plusieurs milliers de volts, correspondant à ceux des puissantes bobines Ruhm-korff, qui donnent des commotions mortelles. On peut tuer son prochain avec de semblables courants aussi sûrement qu'avec un revolver chargé; déjà, du reste, on a eu plus d'une douzaine de morts à déplorer et la liste des victimes de l'électricité à haute tension s'augmente tous les jours. N'exagérons donc ni dans un sens ni dans un autre. Ici, comme bien souvent, la solution vraiment pratique du transport électrique nous paraît tenir le juste milieu entre les solutions extrêmes. Il convient de s'en tenir aux forces électro-motrices moyennes et aux conducteurs à section moyenne. C'est, quant à présent, entre ces limites bien déterminées qu'on peut songer sérieusement à entreprendre le transport électrique de l'énergie.

Nous avons supposé jusqu'ici que le courant produit par une machine génératrice servait uniquement à alimenter une seule machine motrice, mais rien n'empêche évidemment d'envoyer le courant à plusieurs machines ou même de l'utiliser à faire fonctionner à la fois des récepteurs différents; il sera tout aussi possible d'établir une sorte de canalisation sur laquelle on fera des prises de courant pour alimenter d'électricité des moteurs, des lampes, des cuves galvano-plastiques, etc. De là l'idée de distribuer l'électricité à domicile comme on distribue l'eau et le gaz ; problème tout nouveau et qui ne commence à s'imposer que depuis quelques mois.

Deux moyens s'offrent à l'esprit pour installer une canalisation. desservant des moteurs semblables ou différents. On peut disposer les appareils les uns à la suite des autres sur le même conducteur, en leur apportant un courant unique d'intensité définie. L'énergie que rendra chaque appareil sera $e\,\mathrm{I}$: et puisque I est le même sur tout le parcours, elle ne dépendra que de la pression e nécessaire au fonctionnement du moteur, liée elle-même à sa résistance propre. On se trouvera dans les conditions où l'on serait placé si l'on voulait tirer parti d'une haute chute d'eau en fournissant le même volume de liquide à chaque récepteur hydraulique. On les étagerait les uns au-dessus des autres en leur attribuant à chacun la hauteur de chute correspondante au travail qu'ils doivent fournir. Ce mode de canalisation répond au groupement en tension ou en série. Il est clair qu'il faudra élever la hauteur de chute électrique, c'est-à-dire la force électro-motrice, en raison du nombre d'appareils à desservir et de l'énergie que chacun d'eux devra fournir. On accroîtra la chute à mesure que le nombre des récepteurs augmentera. Ce moyen exige, comme on voit, l'emploi de forces électro-motrices considérables, et par cela même, il nous paraît limité à des applications spéciales. Sous peine d'accroître la force électro-motrice outre mesure, il faut bien ne desservir qu'un nombre relativement restreint de récepteurs (1).

(1) Les machines à desservir produisant une contre-force

Le second moyen permet, au contraire, d'assurer l'alimentation d'un grand nombre de récepteurs sans exiger l'emploi de grandes forces électro-motrices. Il consiste à copier les canalisations d'eau ou de gaz, à faire des prises de courant le long d'un conducteur principal et de les dériver jusqu'aux appareils. Dans ce cas, loin d'augmenter la résistance à vaincre avec le nombre des récepteurs, on la diminue. Chaque dérivation accroît pour son compte la section d'écoulement, et par suite, diminue la résistance. Chaque nouvel appareil intercalé dans le circuit, par cela même qu'il réduit la résistance, accroît en proportion l'écoulement et provoque ainsi l'arrivée du volume d'électricité nécessaire à son fonctionnement. Dès lors, l'énergie de chaque récepteur devant être $e\,i$, e étant supposé constant, on voit **que** le volume i dépendra uniquement de la résistance dans la dérivation, et la résistance du récepteur étant fixe, le débit sera lié à la section du conducteur, comme le débit d'une canalisation d'eau sous pression constante est lié au diamètre du tuyau d'amenée. On est ici dans les conditions d'une chute d'eau que l'on

électro-motrice, il faut encore, de ce chef, accroître la force électro-motrice du générateur.

Cette force contre-électro-motrice correspond à une augmentation de résistance à vaincre. On a, en effet, d'une manière générale I:

$$I = \frac{E - e}{R}$$

On peut poser $I = \dfrac{E}{R + x}$; d'où $x = \dfrac{e}{E - e}\,R$.

La résistance additionnelle x s'appelle la *résistance équivalente* à la force contre-électro-motrice e. Elle est commode à introduire dans le calcul pour la détermination de la force électro-motrice à donner au générateur qui doit alimenter une canalisation.

fait agir sur des roues hydrauliques disposées côte à côte, et qui reçoivent sous pression constante un volume d'eau qui dépend de la largeur des roues ; ou mieux dans les conditions d'une conduite d'eau sous pression amenant des volumes d'eau à des turbines en raison du diamètre des tuyaux branchés sur la canalisation générale. Bref, la pression étant constante, il suffira de proportionner la section des conducteurs au volume d'électricité dont on a besoin pour assurer à un récepteur l'énergie qu'on veut lui faire rendre.

Ce système de canalisation est beaucoup plus commode et plus simple que le précédent ; il permet de grouper sur le même réseau un très-grand nombre de récepteurs ; il a encore d'autres avantages qu'on appréciera facilement dans quelques instánts. Aussi nous semble-t-il devoir être préféré dans la majorité des applications.

La distribution. de l'énergie implique non-seulement la nécessité absolue d'assurer à un groupe de récepteurs quelconque la somme de travail qu'il leur faut, mais encore la nécessité de proportionner sans cesse l'alimentation à la dépense. En pratique, les récepteurs ne sauraient être astreints à travailler toujours dans leur plein, ou bien il arrivera souvent que les uns seront arrêtés, quand les autres continueront leur travail ; la dépense d'énergie sera sans cesse variable. Si l'alimentation se maintenait constante, il est clair que la machine génératrice travaillerait souvent en pure perte et que les récepteurs restés en mouvement, recevant un excès de force, s'emporteraient. Il faut donc, à tous les points de vue, que l'on soit en état de faire varier le travail moteur qui commande le réseau, quand le travail dépensé varie lui-même; il faut, en un mot, régler l'alimentation en raison de la dépense.

Le problème diffère naturellement selon qu'on adopte la canalisation par série ou la canalisation par dérivation. Nous examinerons d'abord et principalement la distribution par dérivation, parce que c'est la seule qui nous paraisse d'une application générale.

Considérons une machine génératrice à force électro-motrice constante commandant par l'intermédiaire d'un conducteur un seul récepteur. Cette machine, avec une force électro-motrice E, envoie un courant d'intensité I. Admettons maintenant qu'on relie les bornes de la machine par des dérivations successives à n nouveaux récepteurs que nous supposerons semblables pour simplifier l'exposé. Comme chaque nouveau récepteur aura besoin aussi du même courant I, pour produire le même travail que le premier récepteur, il s'ensuit qu'il faudra bien rendre l'intensité du courant primitif n fois plus grand. Mais, en ajoutant n dérivations successives, nous avons par cela même rendu la résistance totale n fois plus petite; donc, sans toucher à la force électro-motrice de la machine génératrice, nous avons augmenté l'intensité exactement dans la proportion convenable pour assurer le fonctionnement des n machines. La force électro-motrice conservant toujours la même valeur, la vitesse de la machine génératrice reste constante; il résulterait de là qu'il serait possible d'augmenter ou de diminuer à volonté le nombre des récepteurs en travail sur un réseau à dérivations, sans avoir à se préoccuper de la machine génératrice; elle proportionnerait d'elle-même son travail aux besoins du service. Le travail est monté, dans le cas précédent, de EI à EIn. La machine à vapeur qui commande la machine dynamo-électrique, proportionne en effet sans cesse, pour une vitesse donnée, le travail qu'elle doit effectuer, à la dépense. Quand elle marche à sa vitesse de régime, son régulateur permet l'introduction de plus ou moins de vapeur en proportion de l'effort à vaincre variable In. Donc le réglage, dans ces conditions, serait absolu et chaque récepteur donnerait toujours le travail que lui réclamerait le consommateur, quelle que soit l'augmentation ou la diminution de dépense des autres récepteurs du réseau.

Malheureusement ces déductions ne sont pas rigoureusement exactes; nous avons omis, en effet, un élément essentiel de la question. Tous les générateurs d'électricité, quels qu'ils soient, ont une résistance intérieure; on n'a pas en réalité, comme nous l'avons posé, $I = \dfrac{E}{R}$, R étant la résistance de la canalisation, mais, bien comme nous l'avons établi ailleurs, $I = \dfrac{E}{r + R}$, r étant la résistance propre de la machine génératrice. Dès lors la proportionnalité précédente est fausse. Lorsqu'on prend n dérivations sur le conducteur principal, on réduit bien la résistance de R à $\dfrac{R}{n}$, mais on laisse intacte la résistance propre r de la machine.

C'est-à-dire que l'intensité n'augmente ou ne diminue plus selon les besoins du service. Lorsque r est très-petit, vis-à-vis de $\dfrac{R}{n}$, la proportionnalité peut être considérée comme satisfaite; la réduction ou l'augmentation de l'intensité du courant qui va à chaque récepteur est insignifiante.

Il en est ainsi notamment dans toutes les applications où les récepteurs exigent, pour leur fonctionnement, bien plus d'intensité que de force électro-motrice; alors on se sert de machines à faible tension, à gros fils et par suite à faible résistance. M. Gravier, de Varsovie, avait pu établir aux Champs-Élysées, en se plaçant dans ces conditions une distribution satisfaisante; il en a d'ailleurs installé aussi plusieurs, à Varsovie, et à Saint-Denis en France. M. Gravier groupe plusieurs machines génératrices en quantité pour diminuer la résistance intérieure et il dispose ses récepteurs sur des circuits dérivés, de façon à égaliser le plus possible l'énergie que parcourt chaque circuit; de sorte que s'il vient à en supprimer un ou plusieurs, les autres reçoivent sensiblement la même somme de travail. C'est un moyen comme un autre de tourner la difficulté; on l'utilisera bien souvent.

Mais quand le réseau prendra de l'étendue et qu'il sera indispensable de fournir aux récepteurs une force électro-motrice assez grande, il faudra bien se servir de machines à forte tension, à fils très-fins, et par suite à grande résistance intérieure. Dans ces circonstances, la proportionnalité pourra bien n'être plus suffisamment satisfaite et il y aura lieu, pour la rétablir, d'augmenter ou de diminuer l'intensité du courant selon les exigences du service, et par conséquent de faire monter ou descendre la force électro-motrice, le seul élément variable dont on puisse disposer. Il faudra régler la machine.

On a imaginé plusieurs dispositifs pour atteindre le but. En général, la solution consiste à obliger le courant du réseau, quand il devient trop fort ou trop faible, à diminuer ou à augmenter lui-même automatiquement la force électro-motrice de la machine, jusqu'à ce que le régime normal soit rétabli. Pour cela, on excite séparément les électro-aimants par le courant d'une petite machine auxiliaire; on rend ainsi le champ magnétique indépendant des variations du réseau. La force électro-motrice est liée à l'énergie du champ magnétique, qui elle-même dépend de

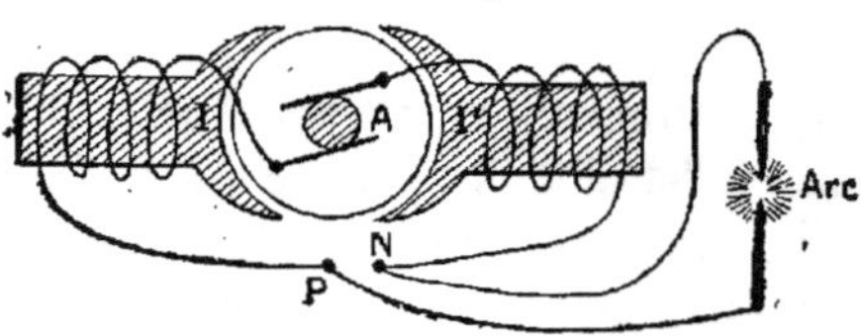

Fig. 90. — Diagramme du montage ordinaire d'une machine avec excitation des inducteurs par le circuit même de la machine.

l'intensité du courant excitateur. Il suffit de faire varier l'intensité de ce courant pour obtenir la force électro-motrice désirée. Or, il est facile d'obtenir ce résultat en intercalant dans le circuit des bobines de fil. des *résistances additionnelles*. C'est le courant général du réseau qui est chargé lui-même de la besogne. S'il augmente, il déplace, par le jeu d'un électro-aimant rendu actif, un organe mécanique. A chaque position de l'organe correspond l'introduction dans le circuit du champ magnétique d'une résistance déterminée. S'il diminue, l'organe se déplace en sens inverse et supprime des résistances. En sorte que, finalement, à toute augmentation ou diminution du courant général correspond une correction équivalente de l'intensité du courant excitateur, une correction convenable de la force électro-motrice de la machine. Le réglage est obtenu.

Dès 1880, M. Hospitalier brevetait un régulateur fondé sur ce principe. M. Gravier tirait aussi parti de la même idée, bien que d'une tout autre manière, pour projeter un mode de réglage du courant dans ses distributions d'électricité. De leur côté, MM. Maxim,

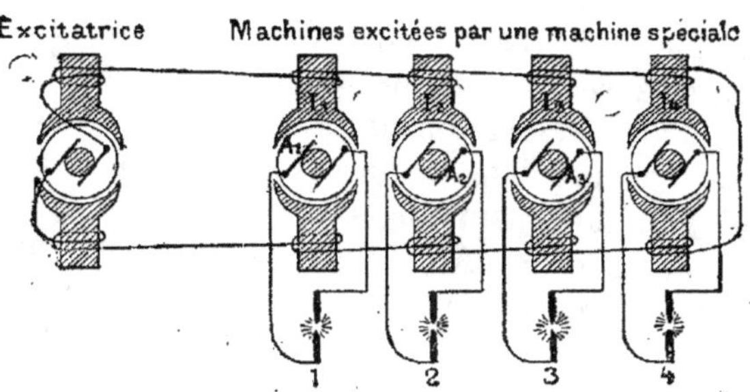

Fig. 91. — Diagramme du montage des machines avec excitation
indépendante.

Lane-Fox construisaient des régulateurs analogues, qui ont fonctionné à l'Exposition.

Quoi qu'il en soit, tous ces systèmes sont entachés, à des degrés divers, d'un vice originel. La correction de la force électro-motrice s'effectue par l'intermédiaire d'un organe mécanique qui offre toujours une certaine inertie; il faut le temps de la vaincre: aussi le réglage ne se produit pas aussi vite que la variation et il en résulte souvent des intermittences dans le régime du réseau.

Les choses en étaient là, quand M. Marcel Deprez eut une inspiration heureuse; il a indiqué un moyen très-simple et très-élégant d'obtenir le réglage sans l'intermédiaire d'aucun organe mécanique, d'aucun appareil auxiliaire, et par le seul jeu des courants les uns sur les autres. Cette solution est très-ingénieuse (1).

Dans les procédés mécaniques précédents, tout se réduit, comme on l'a vu, chaque fois que l'on ajoute de nouvelles dérivations, chaque fois, par conséquent, que l'on diminue la résistance, à élever la force électro-motrice au-dessus d'une limite fixe. Cette limite répond à la force électro-motrice de la machine sans dérivations, à la force électro-motrice correspondant à la résistance intérieure. Si nous désignons cette limite par $E = r_I$, à chaque dérivation diminuant la résistance correspondra une nouvelle excitation du champ magnétique, et l'on aura pour un accroissement ΔE un accroissement d'intensité ΔI. L'intensité deviendra $I + \Delta I$ quand la force électro-motrice sera $E + \Delta E$.

La force électro-motrice est donc représentée par la somme d'une force électro-motrice invariable et d'une force électro-motrice variable. On peut parfaitement réaliser un champ magnétique satisfaisant à cette condition, sans avoir recours à aucun artifice mécanique. Il suffit d'adopter un double champ magnétique, l'un fixe, excité par une machine auxiliaire, l'autre placé dans le circuit même de la machine comme d'habitude et variable avec lui. On dispose en conséquence, côte à côte, sur les électro-aimants, deux fils distincts constituant deux circuits excitateurs séparés; l'un est placé

(1) C'est elle, sans doute, qui a fait naître la confusion dans l'esprit de quelques personnes, qui pensaient que l'on devait à M. Deprez la solution du transport de l'énergie à grande distance. M. Deprez a contribué à élucider certains côtés obscurs de ce problème; mais il n'a pas inventé le transport de la force. Il a imaginé un mode de réglage du courant dans un réseau électrique.

dans le circuit de la machine, l'autre est relié à la machine auxiliaire. Dès lors, quand la machine fonctionnera, on aura toujours $E = e + \Delta e$ (1).

On voit que chaque accroissement Δe fournit simplement la force électro-motrice nécessaire pour assurer le débit supplémentaire exigé par chaque dérivation nouvelle; en sorte que la force électro-motrice disponible aux bornes de la machine reste sans cesse ce qu'elle était, c'est-à-dire égale à la force électro-motrice initiale e. La différence de potentiel aux

---

(1) On pouvait arriver immédiatement à ce résultat. On a, en effet, d'une manière générale,

$$\frac{E}{r + R} = I.$$

Du moment où l'on veut que I augmente en raison des réductions de la résistance extérieure R, il faut poser

$$\frac{E + x}{r + \dfrac{R}{n}} = In.$$

D'où

$$E + x = r\,In + R\,I.$$

Ce qui signifie que quel que soit R, la chute électrique extérieure reste constante, lorsqu'à un champ fixe $E = Ir$, on ajoute l'action d'un champ magnétique x qui croît comme nI. Elle est toujours égale à la chute du champ fixe.

La démonstration pourrait également se faire géométriquement; c'est la voie qu'a suivie M. Deprez. On remarquera que l'équation précédente peut prendre de la forme $E = e + x = rI + rI = r(I+I)$. C'est l'équation d'une droite qui coupe l'axe des y et qui a pour coefficient angulaire r. On a aussi d'ailleurs $E = rI + RI$, ordonnée qui correspond aux angles r et R. La droite qui a pour abscisse $I + I$ et qui représente la *caractéristique* de la machine est donc parallèle à la droite qui, partant de l'origine des coordonnées, comprend entre elle et l'axe des x l'angle r. Les différences de potentiel représentées par les portions d'ordonnées comprises entre ces deux droites seront toujours constantes, quel que soit l'angle R et telles que $RI = rI$.

bornes, la chute électrique utilisable se maintient constante. L'invariabilité de la chute électrique extérieure implique nécessairement la constance du débit dans chaque dérivation, la complète indépendance de chaque circuit. Le réglage est donc obtenu ; que l'on supprime ou que l'on replace des récepteurs dans le circuit, chacun d'eux n'en aura pas moins toujours exactement l'intensité qui lui revient. Le débit convenable sera maintenu entre deux limites bien déterminées, celui qui correspond à un seul récepteur et celui qui correspond à n récepteurs.

D'autre part, la dépense de force motrice sera ainsi exactement en raison de la consommation, car pour la même vitesse, le travail moteur ne dépend que du débit à fournir ; il augmentera à vitesse égale avec le nombre des dérivations. Il est clair seulement qu'il faudra préalablement fixer une fois pour toutes la vitesse de la machine d'après le débit maximum dont on aura besoin. Après quoi, le travail moteur ira décroissant de lui-même à mesure que le débit baissera (1).

(1) En pratique, il est facile de déterminer cette vitesse de réglage. En effet, à une intensité fournie par la machine à la vitesse V_1, répond un accroissement de force électro-motrice $\Delta_{E_1} = E_1 - E_1$. Il faut que l'accroissement total Δ_E produise l'accroissement d'intensité maximum ΔI, et pour que la différence de potentiel aux bornes reste constante, il faut aussi que $\Delta_E = \Delta Ir$. On a donc

$$\frac{V}{V_1} = \frac{\Delta_E}{\Delta_{E_1}} = \frac{\Delta Ir}{\Delta_{E_1}}$$

D'où

$$V = \frac{\Delta I}{\Delta_{E_1}}\, r\, V_1$$

Il est bon d'ajouter, sous forme de réserves, que dans tout ce qui précède, nous avons admis que la puissance du champ magnétique croissait en proportion de l'intensité du courant excitateur. Si cette proportionnalité n'est pas satisfaite, toutes les déductions auxquelles nous avons été conduit sont entachées d'erreur. Il n'est pas démontré qu'elle le soit, surtout quand on se rapproche du point de saturation des électro-aimants.

Cette solution originale n'est peut-être pas cependant aussi personnelle à M. Deprez qu'on serait tenté de le croire tout d'abord. En effet, pour que le réglage ait lieu, il faut et il suffit que la force électro-motrice auxiliaire soit constante, que le champ magnétique fixe soit alimenté par un courant d'intensité invariable. Alors, au lieu de le desservir par une machine excitatrice spéciale, il n'y a qu'à le relier par une dérivation au circuit général; il est bien clair que le courant qui passera par cette dérivation restera constant. Or, ce mode d'excitation qui est celui de M. Deprez, encore simplifié, paraît avoir été employé par M. Brush dès 1879 (1). M. Brush s'est servi, bien avant M. Deprez, du double enroulement et de l'excitation constante. Il est juste d'ajouter que M. Deprez l'a appliqué le premier au réglage d'une distribution d'électricité.

Les bobines à double fil sont, du reste, bien connues depuis quelques années. M. Brush s'en est servi

---

(1) *Electric transmission of power*, par Paget Higgs. Londres, 1879. Le double enroulement est décrit; puis l'auteur ajoute : « en détournant du circuit extérieur, dit M. Brush, une partie du courant de la machine, et en se servant de l'un des circuits séparément ou avec le reste du courant pour exciter les inducteurs, on peut obtenir un champ magnétique permanent. »

également pour le réglage de ses lampes différentielles, comme nous le verrons. Seulement ici le double enroulement est inverse; un courant se retranche de l'autre dans le but de diminuer la différence de potentiel quand la résistance de l'arc électrique augmente. Ce mode de réglage automatique de l'arc conduit directement au réglage du travail des machines.

Le champ magnétique à enroulement inverse peut d'ailleurs lui-même être utilisé avantageusement dans certains cas, car il permet, lorsque le travail dans un réseau reste invariable, de maintenir le courant de régime, pourvu que le champ magnétique différentiel reste constant. $I = \dfrac{E - E'}{R}$. Si R est constant et E — E' constant, I conserve sa valeur. C'est une solution qui offre de l'intérêt. Nous avons vu en effet que certains moteurs, les machines à gaz notamment, ont une allure périodiquement variable, qui retentit fâcheusement sur la régularité du courant généré par la machine électrique. Il en résulte que, si le courant est employé, par exemple, à illuminer des lampes à incandescence, à tout moment l'éclat s'élève ou s'abaisse, la lumière manque absolument de fixité. En employant une machine à double enroulement inverse et à excitation indépendante, on fait disparaître cet inconvénient. La machine génératrice et la machine excitatrice sont en effet commandées par le même moteur, et si la vitesse de l'une change, la vitesse de l'autre change en même temps dans le même rapport. Alors on a E — E' = V — V' constant, et la variation d'intensité et, par suite d'éclat, est corrigée.

Quelques lignes seulement maintenant sur le système de distribution par intensité constante. Il est clair que, dans ce cas, c'est la différence de potentiel aux bornes qui doit changer selon la résistance. Il faut augmenter ou diminuer la force électro-motrice de la machine de façon à conserver constante l'intensité. Nous retrouverons des applications de ce système quand nous parlerons de l'éclairage électrique. Le réglage automatique s'effectue , comme il a été dit tout à l'heure, par le jeu d'un double champ magnétique différentiel desservi par des dérivations convenablement prises sur le conducteur général. Les variations de la résistance extérieure font varier les courants dérivés qui excitent les inducteurs, de façon que le champ magnétique prenne la valeur convenable au maintien de la constance de l'intensité de régime. Le système à double enroulement satisfait d'ailleurs à cette condition dans ce genre de distribution. Il suffit d'y appliquer le montage de Wheatstone par dérivation. Les deux champs magnétiques varient en raison inverse de la résistance extérieure et l'intensité garde sa valeur.

La distribution par série offre pour nous le grand inconvénient que tous les appareils se commandent; le plus petit accident survenu à l'un d'eux retentit sur les autres; si le conducteur lui-même est atteint, tous les récepteurs sont hors d'état de fonctionner. Il est vrai qu'en revanche, on peut se servir de conducteurs moins volumineux, d'un nombre de fils réduit. L'installation est économique.

La distribution par pression constante oblige à prendre des conducteurs plus gros et à augmenter leur nombre et leur longueur, surtout si l'on fait partir chaque circuit des bornes de la machine. Mais aussi chacun d'eux est tout à fait indépendant et un accident survenu dans un récepteur n'a aucune action sur les autres. Enfin, les tensions dans le réseau sont faibles, tandis qu'elles sont dangereuses dans le circuit à intensité constante. Tous les avantages et les inconvénients respectifs de chaque système bien pesés, nous avons déjà conclu qu'il y avait lieu de préférer généralement la distribution par dérivation, bien qu'en rappelant que tout dépend, en définitive, des circonstances.

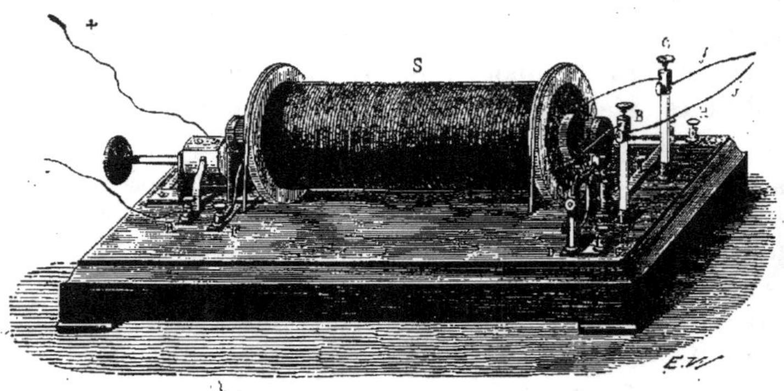

Fig. 92   — Bobine Ruhmkorff.

L'établissement d'un réseau électrique soulève un dernier problème qu'il est bon aussi d'indiquer sommairement. Nous avons vu que selon le mode de distribution choisi, on alimentait le réseau à volume constant ou à pression constante. Or, les appareils électriques sont comme tous les récepteurs, ils ont souvent besoin d'une pression déterminée et d'un volume de courant défini, pour travailler dans de bonnes conditions. Ainsi, par exemple, il faut aux lampes électriques, selon le système adopté, tant de force électro-motrice et tant d'intensité de courant. Avec une distribution générale, ces conditions seront

rarement remplies. Il faudrait donc trouver le moyen
de modifier sur place l'énergie transmise par le réseau
et de changer à volonté la valeur des deux facteurs e
et i, la force électro-motrice et l'intensité. Quand on
envoie le courant très-loin du générateur, il est clair
que la force électro-motrice sera le plus souvent trop
élevée pour les récepteurs, il faudrait la diminuer et

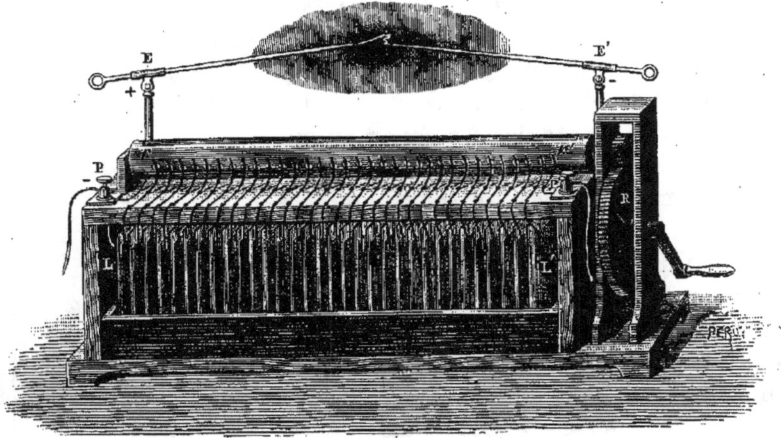

Fig. 93. — Machine rhéostatique de M. Planté.

augmenter l'intensité. On appelle *transformateurs* les
appareils qui permettent de transformer l'énergie
transmise en l'appropriant aux exigences des récepteurs du réseau.

La bobine de Ruhmkorff, qui, par la réaction d'un
courant à gros volume sur un fil fin donne un courant
moins volumineux mais à haute tension, est un transformateur. La machine rhéostatique de M. G. Planté (1)

(1) Voir *Recherches sur l'Électricité*, par M. Gaston Planté

qui se charge en quantité pendant qu'elle tourne et se décharge en tension, est un transformateur. L'accumulateur Planté est encore un transformateur. On peut, en effet, le charger avec un courant de volume donné et de force électro-motrice donnée, et en changeant l'association des éléments en quantité et en tension obtenir les qualités de courant que l'on désire.

Malheureusement, ces transformations entrainent toujours une perte plus ou moins grande, parce que le courant doit franchir des résistances supplémentaires avant de parvenir à chaque récepteur. M. G. Cabanellas s'est proposé de réduire ces pertes au minimum.

Il est bien clair, d'abord, que l'on pourrait résoudre le problème en utilisant le courant du réseau pour faire marcher, par l'intermédiaire d'une première machine dynamo-électrique, une seconde machine dynamo-électrique qui, bien construite, produirait, partout où on le voudrait, un courant d'intensité et de force électro-motrice convenable. Le courant du réseau actionne la machine; celle-ci actionne à son tour la machine conjuguée à la vitesse choisie et chaque nouveau courant, généré en quelque sorte de seconde main, s'en va alimenter sur place des lampes à incandescence, des cuves galvanoplastiques, etc., selon la force électro-motrice et l'intensité qu'on lui a données. Au lieu de se servir de deux machines, on peut grouper sur le même appareil deux bobines Gramme placées sur le même arbre. La première reçoit le courant et fait tourner la seconde qui génère le courant définitif. C'est ce que M. Cabanellas a appelé un *robinet électrique*. Mais la perte est encore ici très-considérable; nous savons qu'elle est de 50 0/0 quand les deux machines donnent leur plein de travail.

M. Cabanellas, dans une disposition récente et ingénieuse, a indiqué le moyen de la diminuer beaucoup. Soit un anneau Gramme à double enroulement distinct, un fil A et par dessus un fil B; on forme ainsi en quelque sorte comme deux anneaux concentriques superposés. L'anneau intérieur au fil A communique par ses deux balais avec le réseau; l'anneau extérieur au fil B est en relation avec le circuit local qu'il s'agit d'alimenter, également par deux autres balais. Au lieu de laisser l'anneau tourner sous l'action du courant du réseau, on le maintient fixe et immobile; mais on fait tourner chaque paire de balais à la même vitesse. Le déplacement des balais de l'enroulement A engendre par induction dans l'enroulement B une série de courants *alternatifs* qui, convenablement recueillis dans les balais B, deviennent *continus* et s'en vont dans le circuit à alimenter. La nature du courant local ainsi obtenu dépend de la grosseur du fil B, de la vitesse de rotation des balais et de l'énergie du courant du réseau. On peut donc le choisir à son gré. Quant au travail dépensé, on voit qu'il est réduit ici au travail nécessité par la rotation des balais; on les actionne au moyen d'une petite dérivation empruntée à la distribution. Ce procédé donnera donc toujours le moyen d'apporter à chaque récepteur l'énergie dont il a besoin sous la forme qui lui convient.

On peut concevoir encore d'autres moyens économiques de modifier, selon la circonstance, la force électro-motrice et l'intensité, et de l'approprier aux récepteurs; il est inutile d'insister davantage; il suffit d'avoir indiqué l'esprit général de la méthode.

Telles sont, en résumé, les conditions multiples qu'il ne faut pas perdre de vue, lorsqu'on veut entreprendre

l'installation d'un réseau électrique; et tel est l'état de
la question. Il est évident que, ici comme ailleurs,
les progrès ne se feront pas attendre longtemps.

XI

L'opinion des savants et du public s'est complètement modifiée depuis quelques années sur la possibilité d'appliquer la lumière électrique à l'éclairage.
En 1869, deux physiciens de mérite, MM. Boutan et
d'Almeida écrivaient dans leur *Cours de physique* :
« La lumière de l'arc voltaïque a été bien souvent
essayée pour l'éclairage des villes et jusqu'ici elle l'a
été sans succès... Ces petits soleils disséminés sur les
places et dans les carrefours fatigueront les habitants
éblouis par l'éclat insupportable d'une lumière aussi
vive ; on demandera à revenir immédiatement au
mode actuel d'éclairage. On pourrait, à la vérité,
amortir l'éclat par des verres dépolis, mais alors la
perte serait considérable, et comme la production

d'électricité est très-coûteuse, nous ne voyons pas trop l'avantage qu'il y aurait à substituer cette lumière affaiblie à celle du gaz... » Les faits ont donné tort à MM. Boutan et d'Almeida.

D'autre part, le 23 mai 1879, le président de la commission d'enquête sur l'éclairage électrique à la Chambre des Communes, ayant demandé à sir William Thomson s'il pensait que l'usage de la lumière électrique n'était pas le rêve d'un savant, l'illustre électricien de la Société royale répondit : « Certainement, la lumière électrique a été dans le domaine des rêves pendant soixante ans, mais elle est maintenant arrivée dans le domaine des réalités. »

La lumière électrique par arc voltaïque, si critiquée hier, peut effectivement aujourd'hui être utilisée très-avantageusement dans beaucoup de circonstances et notamment pour l'éclairage des phares, des usines, des magasins, des théâtres, des avenues, des places publiques, etc. Les progrès réalisés dans ces derniers temps ont été très-rapides, et nous devons en signaler tout au moins très-brièvement les principales étapes.

Humphry Davy, dès 1802, découvrit l'*arc voltaïque*, (J^al *Roy. Inst.*) Davy eut l'idée de mettre en contact deux morceaux de charbon reliés à une pile puissante de 2,000 éléments. Au moment où il sépara les deux morceaux, il vit jaillir entre eux une lumière éblouissante. Le phénomène est très-curieux. Nous dirons seulement, sans l'analyser dans ses détails, que les deux charbons, médiocrement conducteurs de l'électricité, opposent une résistance au passage du courant, l'air qui les entoure s'échauffe avec eux et devient relativement conducteur ; aussi, quand on

separe les deux charbons, le courant continue à passer. Il effectue un travail de transport singulier :
il chasse devant lui des parcelles charbonneuses qui
traversent l'air chaud d'un charbon à l'autre, et ces
parcelles portées au blanc donnent un éclat extrêmement vif à la lumière. Les parcelles augmentent la
conductibilité de l'arc ; elles constituent un conduc-

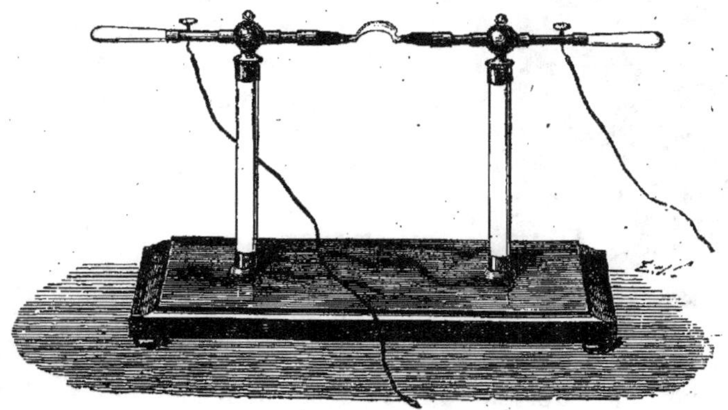

Fig. 94. — Arc voltaïque. (Exp. de Davy, en 1810, devant la Société Royale.

teur mobile ; le courant circule si bien que l'arc se
maintient aussi longtemps qu'il y a du charbon à
consumer. Le charbon en relation avec le pôle négatif
de la pile s'use en pointe, il se brûle ; les molécules
charbonneuses se détachant du pôle positif, le charbon
positif se creuse en cratère de volcan. Le charbon
négatif se consume une fois plus vite que le charbon
positif. Si, bien entendu, on se servait de courants
alternatifs, l'effet étant sans cesse renversé, l'usure
serait la même pour les deux charbons. Selon la
tension du courant, on peut écarter les deux baguettes
jusqu'à 5 centimètres sans les éteindre. L'arc, quand il

est court, ressemble à une gerbe de filets lumineux affectant une forme cylindrique. Une atmosphère violacée entoure comme d'une gaîne la gerbe. Ce double faisceau lumineux a sa base sur le charbon positif, s'amincit pour s'éteindre au pôle négatif. Si l'on raccourcit l'arc, la gerbe devient grêle. La gaîne violette prend l'aspect d'une flamme. On voit les particules incandescentes s'échelonner et former comme une chaîne entre les deux pôles. Le pôle positif est bien plus chaud et plus brillant que le pôle négatif (1).

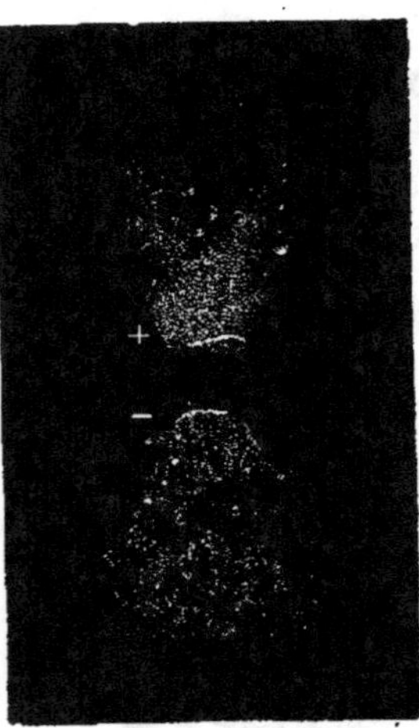

Fig. 95. — Les charbons de l'arc voltaïque.

L'expérience capitale de Davy resta bien longtemps sans applications. C'est seulement à partir de 1840 que divers physiciens songèrent à en tirer parti; il convient de citer les essais de Thomas Wright, Staite et Pétrie, de Moleyns, Le Molt et Léon Foucault.

En 1842, M. Bunsen inventa la pile puissante qui porte son nom. Foucault s'en servit pour faire éclater un arc non plus entre des morceaux de charbon de bois qui se consumaient immédiatement, mais entre deux baguettes de charbon dur de cornue à gaz. Les

(1) On remarquera qu'il faut un courant d'une certaine intensité pour produire la lumière de l'arc. C'est pour cette raison qu'on ne peut l'obtenir avec les anciennes machines statiques qui n'ont que de la tension et pas de quantité. Si le volume d'électricité est trop petit, on n'obtient que des étincelles. (Fig. 96.)

charbons étaient maintenus écartés l'un au-dessus de
l'autre dans deux supports ; quand l'intervalle devenait trop grand, on les rapprochait à la main. Foucault se servit de cette lumière pour obtenir des
épreuves photographiques. M. Deleuil, à la même
époque, produisait pour la première fois, à Paris,
une lumière éclatante sur la place de la Concorde.

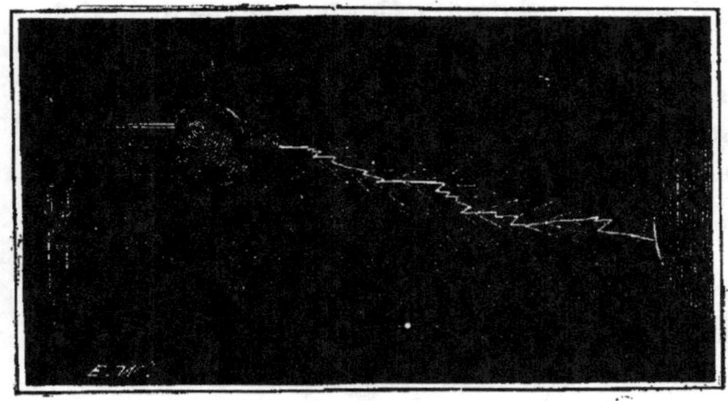

Fig. 96. — Étincelle électrique. Arc sans quantité, mais avec tension.

Le réglage de l'arc à la main limitait singulièrement l'emploi de la lampe électrique ; si la main était
un peu lourde, on aplatissait la lumière ; si elle était
trop légère, on l'éteignait. Il fallait absolument trouver le moyen d'effectuer le réglage automatiquement.

Dès 1845, Wright combina un premier dispositif,
mais c'est seulement en 1848 que Staite et Pétrie, en
Angleterre, Foucault en France, réalisèrent vraiment
les premiers régulateurs de la lumière électrique.

C'est le courant lui-même dont les inventeurs se
servirent pour maintenir constant l'écart entre les baguettes de charbon. Le mécanisme employé est assez
compliqué. Mais en principe, tout système de réglage

est facile à expliquer. Le rapprochement des charbons peut être commandé par un mouvement d'horlogerie qui tend sans cesse à les mettre en contact bout à bout; l'éloignement est produit par l'action intermittente d'un électro-aimant dont les spires sont traversées par le courant. Si les charbons sont à la distance convenable, le courant ayant son intensité normale, l'électro-aimant attire une palette de fer doux qui empêche le rouage d'horlogerie de fonctionner; mais si la distance entre les charbons grandit, le courant perd de sa force, l'électro-aimant n'a plus assez d'énergie pour maintenir en place la palette, et le rouage opère le rapprochement.

Le réglage, dans le premier appareil Foucault, s'effectuait par sauts trop brusques; la lumière variait sans cesse d'éclat. Foucault le modifia heureusement en obligeant chacun des charbons à se déplacer indépendamment, sous l'influence de deux rouages d'horlogerie distincts. Le collaborateur de Foucault, M. Dubosq, ajouta de son chef de nouveaux perfectionnements. En 1849, le régulateur électrique fit pour la première fois son apparition à l'Opéra; il servit à produire, dans une scène du *Prophète*, un effet de soleil qui fut très-admiré. On l'emploie encore à l'Opéra chaque fois qu'on veut projeter sur la scène un jet de lumière étincelant. C'est le même appareil que, depuis cette époque, nous avons tous vu briller dans les amphithéâtres, les conférences, etc. M. Dubosq lui a fait faire son tour de France.

Les charbons sont supportés en n et p par les tiges T et T'. La tige T engrène par la crémaillère S la petite roue R. La tige T' engrène la roue de diamètre double fixée sur le même axe, si bien que, lorsque la crémaillère de droite s'abaisse en faisant tourner la petite roue de gauche à droite, la grande roue est astreinte à tourner dans la même direction en faisant monter la crémaillère de gauche. Le charbon supérieur descend et le charbon inférieur s'élève, et celui-ci deux fois moins que celui-là, ce qui est nécessaire, puisque l'usure du positif est double de celle du négatif. C'est un ressort de mouvement d'horlogerie caché dans notre dessin qui oblige la crémaillère de droite à descendre ; le moteur est un ressort ; c'est une des particularités caractéristiques de ce système. Il est clair que si tel était seulement le dispositif employé, les deux charbons viendraient en contact et tout serait dit. Mais il existe encore deux autres petites roues dont l'une engrène avec la crémaillère montante. Si ces deux roues sont fixes, elles forment butoir et tout reste immobile ; on peut, par leur intermédiaire, régler l'écart des deux charbons, soit

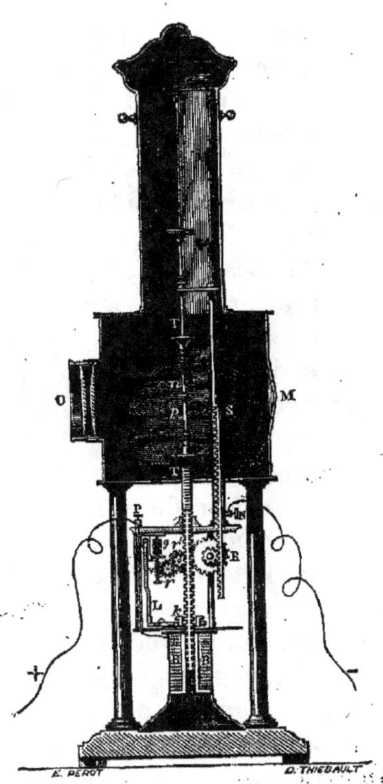

Fig. 97. — Régulateur Foucault.

la limite de leur rapprochement. Cet écart réglé, il faut que, malgré la combustion des charbons, l'intervalle reste constant. Pour cela, il suffit que la roue butoir cesse d'arrêter le mouvement quand l'écart a augmenté, et au contraire fonctionne de nouveau, quand il a repris sa valeur normale.

En bas de la lampe, on voit un électro-aimant B B creux, dans lequel glisse la crémaillère ; on voit en *k* un petit anneau de fer maintenu au-dessus de l'électro-aimant par un ressort. Si le courant perd de son intensité par suite de l'écart trop grand des charbons, l'anneau jusqu'alors attiré par l'électro-aimant est soulevé et obéit au ressort. Le rebord de l'anneau en montant entraîne le levier *k* L, qui par différents intermédiaires mécaniques, dégage les roues *rr'*. Les deux charbons se rapprochent respectivement de quantités proportionnelles à l'usure. Alors, le courant reprend son énergie, l'anneau est attiré et les petites roues arrêtent de nouveau la crémaillère. La vis *v* sert à fixer l'écart fixe entre les charbons selon le courant qu'on utilise.

Il y a plus de trente ans également, M. Archereau inventait un régulateur aussi simple que celui de Foucault était compliqué ; il est fondé sur un principe bien connu. Lorsqu'une tige de fer doux est introduite dans le creux d'une bobine recouverte de spires de fils métalliques, elle tend à monter ou à descendre selon que le courant qui traverse les spires augmente on diminue d'intensité. Le charbon supérieur dans le régulateur Archereau est fixe ; le charbon intérieur est planté dans une gaîne en fer, suspendue par un contre-poids dans une bobine. Si les charbons s'écartent trop, le courant diminue dans la bobine, le contre-poids l'emporte sur l'aimantation et la tige de fer monte rapprochant le charbon. Ce système est très-ingénieux; l'appareil ne coûtait pas plus de 15 fr.

Il offre cependant cet inconvénient que le point lumineux s'élève sans cesse, le charbon inférieur montant constamment pour rejoindre le charbon supérieur. Il est difficile aussi d'obtenir le réglage sans éteindre l'arc.

Les régulateurs Foucault et Archereau ont servi de type à un grand nombre de combinaisons diverses; c'est par douzaines qu'on a breveté les régulateurs. A l'Exposition de 1855, M. Jaspar, de Liège, produisait pour la première fois la lampe qu'il a tant

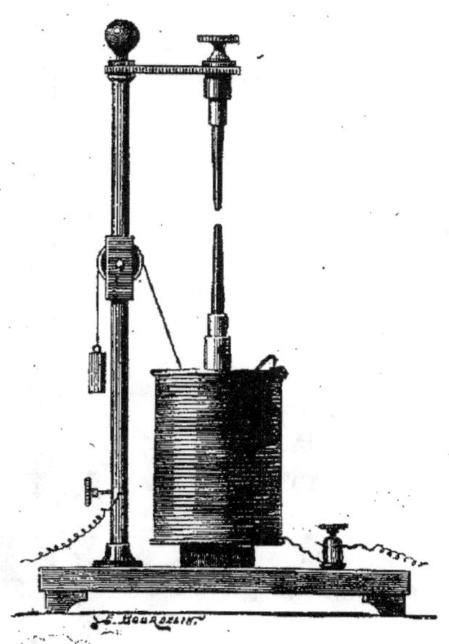

Fig. 98. — Régulateur Archereau.

perfectionnée depuis, celle qui a eu la médaille d'or en 1878. Elle est du type Archereau, seulement très-heureusement modifié. L'appareil est enfermé dans des boîtes garnies de glaces qui réfléchissent la lumière sur de grands disques blancs d'où elle se diffuse de toutes parts; il y a évidemment perte dans le rendement par suite de la réflexion, mais cet inconvénient est largement compensé par la douceur de la lumière produite.

Dans la lampe Jaspar, les deux porte-charbons A et B commandent une double roue. La tige A dont le poids sert de moteur est reliée à une roue par une corde; la tige B par une autre corde à une roue deux fois plus petite, de sorte que le charbon supérieur s'abaisse entraîné par son poids d'une longueur double de celle dont s'élève le charbon montant. Le poids de la tige A fait tourner les roues et oblige la tige B à s'élever pendant que l'autre descend. Dans le système tel quel, les deux charbons buteraient l'un contre l'autre. On fixe leur écart selon l'intensité du courant qui formera l'arc à l'aide d'une corde passant sur une troisième roue installée sur le même axe que les deux premières et reliée à un levier portant un contre-poids. Ce contre-

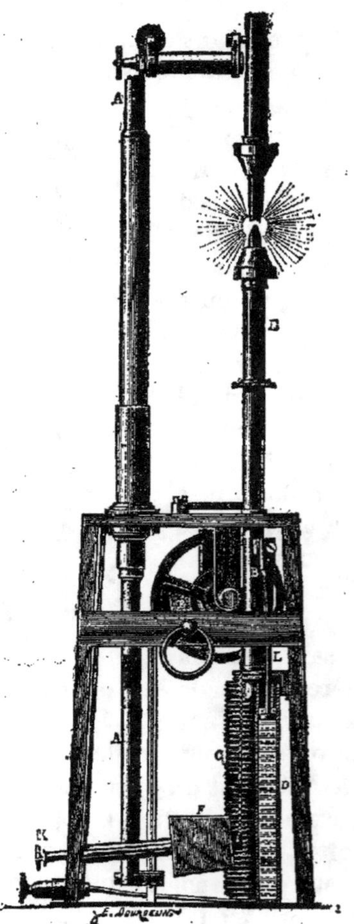

Fig. 99. — Régulateur Jaspar.

trepoids peut glisser le long du levier et, selon sa position, équilibrer le poids moteur de la tige A. Un bouton K permet de déplacer le contre-poids et de fixer l'écart entre les deux charbons.

En marche, cet écart est maintenu constant par le jeu de l'électro-aimant G. Si les charbons se consumant, la distance grandit, le courant qui passe dans l'électro-aimant perd de l'intensité, la tige B qui pénètre à l'intérieur de cet électro-aimant creux est moins attirée, l'équilibre est rompu, la tige motrice A descend, le charbon positif s'abaisse, le charbon négatif monte. On a placé en F un contre-poids pour régulariser l'action de l'électro-aimant sur la tige en fer doux B. Enfin, cette même tige est reliée à un bras L terminé par une portion plongeant dans le mercure. On adoucit ainsi par cet intermédiaire les mouvements des deux tiges qui pourraient être trop brusques ; ils sont amortis par le mercure qui fait frein en passant par l'ouverture circulaire ménagée entre le piston et le petit cylindre. Tout l'appareil fonctionne régulièrement et sans soubresauts. Notre dessin représente la lampe Jaspar, quand les porte-charbons sont arrivés au bout de leur course ; les baguettes sont usées.

Au type Archereau se rapportent encore les régulateurs Gaiffe, Carré, Chertemps, etc. Au type Foucault se rattachent plusieurs régulateurs excellents dont le meilleur et le plus répandu est incontestablement celui de M. Serrin, inventé en 1859.

Une des caractéristiques essentielles du système Serrin, c'est de ramener automatiquement les charbons au contact, quand le courant ne circule pas ; le réglage a pour fonction d'éloigner à la distance choisie les deux baguettes. Ainsi, s'il y a extinction de l'arc, comme les charbons se rapprochent toujours et s'éloignent ensuite par le jeu de l'appareil, il faut bien que le rallumage se produise.

Nous figurons dans le dessin ci-contre, le type Serrin construit par M. Suisse. Le poids du porte-charbon positif sert de moteur. La crémaillère engrène une série de roues à vitesse multipliée qui font tourner rapidement une roue à ailettes. Si le courant ne circule pas, le défilement des engrenages a lieu jusqu'à ce que les charbons soient en contact. Mais s'il circule, l'électro-aimant attire une armature à laquelle est fixé un parallélogramme articulé. Ce parallélogramme saisit la route à ailettes et arrête la descente du charbon supérieur, mais en même temps, comme il est relié au petit charbon inférieur, il l'abaisse et détermine ainsi un écart, qui peut être, comme on le comprend, fixé à l'avance. Les charbons se consumant, l'écart augmente, mais alors l'électro-aimant perdant de sa force laisse libre le parallélogramme, et les charbons se rapprochent.

Dans ce modèle ingénieux, le point lumineux descend à mesure de la combustion des charbons. Dans un modèle un peu plus compliqué, les déplacements respectifs sont obtenus de façon que le point lumineux reste toujours à même hauteur.

Le régulateur Serrin est employé dans nos phares français ; il est très-solide, très-robuste de construction et ne se dérange pas. M. Serrin avait exposé aux Champs-Élysées, devant la porte d'entrée du palais, un type qui intriguait beaucoup le public. Pour démontrer l'extrême souplesse de l'appareil, l'inventeur l'avait soumis à un mouvement continuel de roulis et de tangage ; malgré ces changements dé-

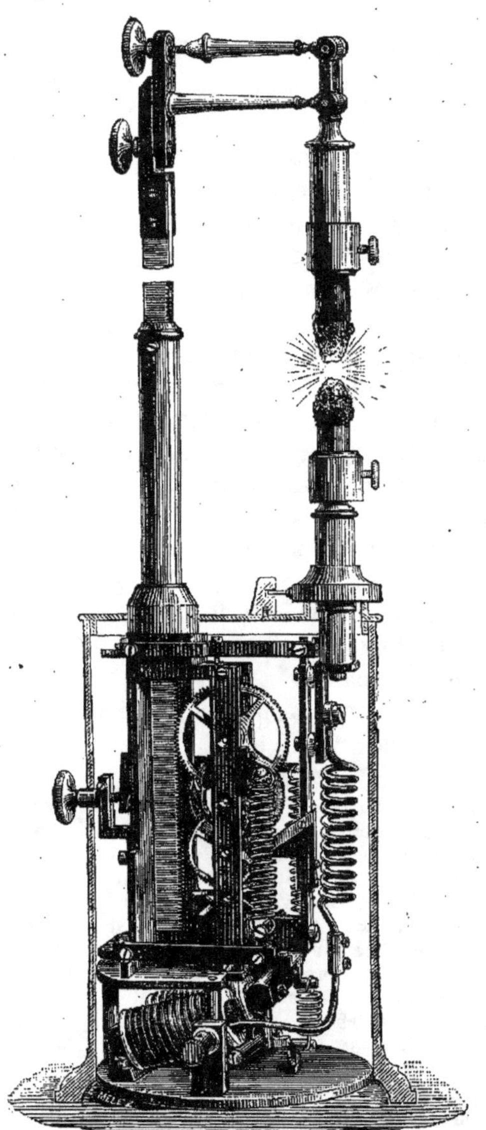

Fig. 100. — Régulateur Serrin. Modèle de M. Suisse.

sordonnés de position, le régulateur maintenait l'arc parfaitement fixe.

Il faudrait encore citer les régulateurs Crompton, de la section anglaise, et le régulateur Maxim, installé au sommet de la porte du palais et qui projetait son rayon puissant sur les Champs-Élysées jusqu'à l'Arc de Triomphe. Le régulateur Maxim donne une lumière très-fixe, parce qu'il est combiné de façon que le rapprochement des charbons soit extrêmement progressif. Dans le régulateur Bürgin, le réglage est aussi produit par un parallélogramme articulé et l'arrêt par un petit sabot appuyant sur une poulie de grand diamètre. Le sabot est commandé par l'électro-aimant. Ce système est si sensible, que si on emploie pour produire le courant une machine dynamo-électrique, actionnée par un moteur à gaz, les variations de vitesse du moteur à chaque rotation se trahissent par des variations d'intensité de la lumière.

Dans tous ces appareils, l'intensité lumineuse dépend de l'énergie du courant d'abord, bien entendu, mais ensuite de la nature (1), de la grosseur et même

(1) La nature des charbons joue un grand rôle dans l'éclat et la durée de l'arc. Dès le début, on s'est beaucoup préoccupé d'en préparer artificiellement de durs et de résistants; il faut citer par ordre chronologique les brevets de Bunsen (1842), Staite et Edwards (1846), Le Molt (1849), Watson et Slater (1852), Lacassagne et Thiers (1857), Jacquelain, Archereau, Gauduin, Carré (1876, 1877). En général, ce sont des agglomérés de poudre de charbon, de goudron, résine, brai gras obtenus à haute pression et trempés dans des sirops de sucre avant d'être carbonisés. M. Carré incorpore au charbon des oxydes métalliques. L'influence de la composition du charbon est considérable. Ainsi quand un charbon de cornue donne 103 becs, les charbons Archereau donnent 120, et les charbons Carré 180 becs. Dans un travail récent, M. Jacquelain a montré que le carbone graphitoïde naturel de la Sibérie, purifié par des procédés qui lui

de la disposition relative des charbons. Selon les applications, il est avantageux de placer le crayon positif, celui qui se creuse vis-à-vis de l'espace à éclairer; la cavité fait réflecteur. Pour éclairer une salle, le charbon positif doit être placé au sommet; il réfléchit en bas la lumière. Dans les phares, on s'arrange de façon que l'usure du charbon supérieur positif le plus étincelant ait lieu en biais pour qu'il renvoie la lumière du côté de l'horizon à éclairer. Pour cela, on doit placer la pointe du charbon négatif inférieur dans le prolongement de la paroi du charbon positif, au lieu de le disposer dans le milieu même de ce charbon. Dans ce cas, le charbon positif se creuse en formant un réflecteur incliné qui renvoie la lumière vers l'horizon. L'intensité lumineuse étant 100 quand les deux charbons sont dans le prolongement l'un de l'autre elle est devant le charbon concave 287, alors qu'elle n'est de chaque côté que de 116, et derrière les charbons que de 38 seulement.

La lumière produite par un foyer de deux charbons varie d'ailleurs beaucoup selon la direction dans laquelle on la mesure. La lumière mesurée selon la ligne horizontale qui passe par les charbons est environ moitié de celle qui s'en va en moyenne dans toutes les directions; l'intensité maximum a lieu dans une direction qui fait un angle de 50 à 60 degrés avec l'horizontale. L'inégalité des quantités de lumière émise dans des directions différentes n'est pas spéciale aux foyers électriques. Selon M. Allard, une lampe à

sont propres, acquiert un pouvoir lumineux double de celui qu'il présentait à l'état naturel ; son pouvoir lumineux dépasse même de un sixième celui des carbones purs artificiels. Peut-être y aura-t-il économie à préparer ainsi les électrodes de charbon pour l'arc voltaïque.

huile, mesurée dans une direction inclinée de 50 degrés, ne donne que 20 0/0 de lumière, qu'elle fournit dans le plan horizontal. Il est curieux qu'avec la lampe à huile, le maximum se produit dans l'horizontale, alors qu'avec la lampe électrique, il a lieu dans une direction inclinée de 60 degrés au-dessus ou au-dessous du plan horizontal, suivant que le charbon positif est au-dessus ou au-dessous du charbon négatif. Ces faits sont importants à connaître quand on veut mesurer rigoureusement les quantités de lumière émises par différents foyers lumineux.

L'arc électrique peut produire une lumière d'une intensité énorme. En augmentant convenablement la grosseur des charbons, on peut accumuler en un point l'intensité de plusieurs milliers de becs carcel. Rien n'empêche de condenser jusqu'à 6,000, 8,000, 10,000 becs carcel dans un arc voltaïque. On obtient un petit soleil qu'il serait imprudent de fixer à l'œil nu ; on peut même, en s'exposant à sa radiation, y gagner de véritables coups de soleil. Dans l'industrie, on se sert couramment de foyers compris entre quelques centaines de carcel et 1,000 carcel ; exceptionnellement on pousse l'intensité jusqu'à 1,500, 2,000 et même 3,000 carcel, ce qui est déjà beaucoup.

Les prix de revient sont difficiles à donner. Tout dépend des circonstances ; ils varient sans cesse selon les cas ; ils sont extrêmement bas quand le foyer est puissant et l'espace à éclairer considérable, et le nombre d'heures d'éclairage très-grand. On peut admettre qu'avec une machine Gramme et un régulateur Serrin la lumière est 75 fois moins coûteuse qu'avec une bougie de cire, 55 fois moins qu'avec la bougie stéarique, 16 fois moins qu'avec l'huile de colza, 11 fois moins qu'avec le gaz à 30 centimes le mètre cube et 5 fois 1/2 moins qu'avec le gaz à 15 centimes. Nous supposons ici une parfaite utilisation de la lumière par arc.

Dans la fonderie des ateliers Ducommun, à Mulhouse, on emploie quatre machines Gramme alimentant quatre régulateurs : si l'on ne tient compte ni des intérêts, ni de l'amortissement, la lumière coûte sept fois moins cher que celle du gaz; en tenant compte au contraire des intérêts, dégrèvements, etc., elle revient seulement à deux fois et demie meilleur marché. Le gaz à Mulhouse ne coûte que 25 c. On n'éclaire que pendant cinq cents heures par an, et la lumière des régulateurs n'est au total que de 320 becs, toutes conditions désavantageuses. Dans un tissage appartenant à M. Manchon, avec 600 heures d'éclairage par an et de la force motrice en location, pour une intensité lumineuse de 160 becs, on réalise avec l'électricité une économie annuelle sur le gaz de 1,428 fr., de 2 fr. 16 c. par heure, soit de près de 23 0/0.

Quand les espaces à éclairer sont grands, l'économie obtenue augmente encore. Dans l'avant-port du Havre, entreprise Jeanne Deslandes, plus de 150 ouvriers ont pu travailler sur un espace de 3,000 mètres carrés. A 115 mètres, on lisait distinctement un journal mieux qu'on ne l'eût fait à 5 mètres d'un bec de gaz. Deux machines Gramme alimentaient deux lampes de chacune 500 carcel, disposées à 15 mètres environ de hauteur au-dessus des travaux. La gare des marchandises du Nord est éclairée très-économiquement par des lampes Serrin. D'après M. Sartiaux, on ne dépense que 75 c. pour 400 becs carcel. On a pu réduire le personnel de 25 0/0. Ailleurs, dans l'atelier de montage de MM. Thomas et Powel, une halle de 40 mètres de longueur, 13 mètres de largeur et d'une grande hauteur est éclairée par deux régulateurs Serrin placés à 8 mètres du sol. La lumière diffusée dans l'atelier correspond à 500 carcel ; elle ne revient pas à 1 fr. de l'heure, sans tenir compte des frais d'amortissement. Avec le gaz, et sans tenir compte également de l'amortissement, la dépense eût été de 2 fr. 30 c.

On peut aller jusqu'à une production courante de 250 carcel par cheval de force. Dans les bonnes machines, la consommation en houille est réduite à un kilogramme. Si l'utilisation de l'intensité lumineuse était parfaite, on obtiendrait donc comme résultat brut, 250 carcels pour 4 à 5 centimes à l'heure. L'augmentation du prix dépend des intérêts, de l'amortissement, de l'intensité des foyers, du nombre d'heures d'éclairage, etc.

En somme, il est clair que pour les chantiers, les usines, les halles, l'éclairage par arc réalise des économies indiscutables qu'on pourra encore à l'avenir augmenter dans de très-larges proportions. La dépense est liée, comme on voit, à des circonstances multiples qui empêchent de fixer un prix de revient invariable.

Les lampes électriques dont nous venons de parler exigent toutes pour fonctionner un courant distinct; on ne peut, en d'autres termes, alimenter qu'un seul régulateur par circuit, fil d'aller, fil de retour. On les désigne pour cela quelquefois sous le nom de *monophotes* pour les distinguer de celles dont nous allons parler et qu'on appelle *polyphotes*. On emploie une machine par lampe. Si l'on plaçait deux ou trois appareils sur le même circuit, le réglage de l'arc ne se ferait plus.

C'est, en effet, on se le rappelle, l'intensité du courant qui fixe l'écart des charbons. Lorsque plusieurs lampes sont intercalées dans le circuit, si le courant rapproche les baguettes de charbon de l'une d'entre elles, par cela même il modifie forcément l'écart des charbons des autres et le plus souvent à contre-temps. Tout le système est solidaire; une variation d'un côté retentit de l'autre; il n'y a plus réglage; c'est « déréglage » qu'il faut dire. Le fonctionnement devient impossible.

Et, cependant, il y aurait grand avantage à pouvoir diviser la lumière, à produire avec le courant puissant des machines électriques modernes plusieurs foyers au lieu d'un seul foyer intense. M. Lontin, en France, M. Hefner Alteneck, ingénieur de la maison Siemens, en Prusse, ont donné tous deux, bien que par des méthodes différentes, une solution du problème de la division de la lumière par arc voltaïque (1).

Nous avons vu que dans les régulateurs précédents, c'est l'intensité du courant qui en augmentant ou diminuant selon la résistance déterminée par l'écart des charbons, amène leur rapprochement en réagissant sur le mécanisme moteur. Si dans le circuit se trouve une seule lampe, les variations du courant la règlent. S'il y en a plusieurs, les variations dues

(1) L'idée d'appliquer le principe des dérivations aux régulateurs de lumière électrique est revendiquée à la fois par un Français, M. Lontin, un Russe, M. Tchikoleff, et un Allemand, M. Hefner Alteneck. A vrai dire, dans le régulateur Lacassagne, et Thiers, qui remonte à 1854, on se servait déjà d'une dérivation du courant passant dans une bobine pour régler l'arc voltaïque.

respectivement à chaque lampe, mêlent leurs actions
et « dérèglent. » Il faudrait donc évidemment ne pas
avoir recours, dans le cas des lampes polyphotes, à
l'intensité du courant pour obtenir le réglage, Or, il y a
un élément qui est indépendant des variations qui se
produisent dans le circuit, et qui est bien spécial à
chaque lampe, c'est la résistance qu'offre l'arc au

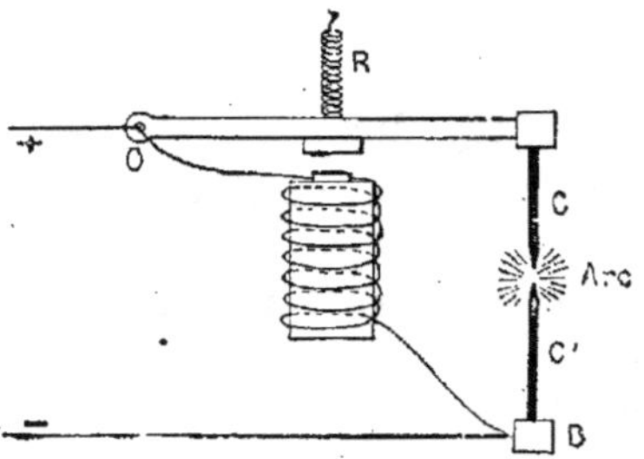

Fig. 101. — Principe des régulateurs à dérivation. B O Dérivation.
C C' Charbons. R Ressort antagoniste.

passage du courant ; cette résistance n'est liée qu'à
l'écart des charbons. Donc, si les charbons s'écar-
tant, la résistance augmentant, on pouvait faire en
sorte que le mécanisme moteur fonctionnât pour les
rapprocher, le problème serait résolu.

Pour cela, il suffit de faire passer dans l'électro-
aimant qui commande le mécanisme de rapprochement, non plus le courant général, celui qui traverse
l'arc, mais un petit courant dérivé emprunté au courant général. On laisse le courant total passer par
les charbons et on envoie un petit courant dérivé
dans l'électro-aimant. Lorsque la résistance s'accroît entre les charbons par suite de leur écart dû
à l'usure, l'intensité du courant qui traverse l'arc
diminue ; au contraire, l'intensité du petit courant

dérivé augmente, car l'électricité tend à aller comme l'eau partout où elle trouve la moindre résistance ; la résistance s'est élevée du côté de l'arc des charbons, elle reflue dans la dérivation dont la résistance n'a pas varié. Dès lors, l'électro-aimant excité par le courant dérivé prend de la force ; il fait fonctionner le mécanisme moteur qui rapproche les charbons.

Ce mode de réglage est individuel en quelque sorte; il ne retentit que fort peu sur les autres lampes, car si leurs résistances respectives au moment considéré, n'ont pas changé, il n'y a pas de raison pour que le courant passe en plus grande quantité par la dérivation qui va aux électro-aimants que par les charbons ; l'intensité générale seule a diminué pendant une fraction de seconde, ce qui passe inaperçu, et d'autant plus que ces effets se répétant sans cesse et alternativement pour chaque lampe, l'intensité moyenne reste successivement constante et l'éclat lumineux à peu près invariable.

Tel est le système combiné par M. Lontin.

Par conséquent, dans son régulateur polyphote, ce n'est plus le courant général qui, en faiblissant par suite de l'écart des charbons met en fonction le mécanisme moteur; c'est le courant de dérivation qui, en prenant de la force, oblige l'armature de l'électro-aimant à désembrayer l'ailette d'arrêt ; les charbons se rapprochent.

Avec le dispositif réalisé par M. Lontin, non-seulement on peut illuminer à la fois plusieurs lampes intercalées dans un circuit unique, mais il est encore possible d'employer à volonté des courants plus ou moins forts. La lampe est douée d'une certaine souplesse.

M. Lontin fait alimenter jusqu'à douze foyers par un seul circuit. Et comme il construit des machines qui engendrent à la fois plusieurs courants séparés, il arrive, avec ce système multiple, à illuminer avec une machine unique plus de trente foyers distribués sur différents circuits. Cette solution est très-simple et très-ingénieuse. Elle est utilisée depuis deux ans pour l'éclairage de la gare de Lyon-Méditerranée.

On conçoit qu'il soit facile de transformer les régulateurs monophotes en régulateurs polyphotes. C'est ainsi que M. Serrin a modifié le sien de façon à pouvoir l'introduire dans un circuit à plusieurs lampes. On peut aussi alimenter ces régulateurs avec des courants alternatifs au lieu de courants continus; il suffit de remplacer les électro-aimants qui commandent les armatures par des bobines en fer creux; quel que soit le sens du courant, la bobine attire ou repousse la tige qui pénètre dans le cylindre, en raison de l'intensité seule du courant.

Les régulateurs polyphotes à dérivation les plus connus et les plus employés sont ceux de MM. Lontin, Gramme, de Mersanne, Cance, Gérard, etc.

Le mécanisme du régulateur Gramme, un des meilleurs, est bien facile à suivre. En AA, sont deux électro-aimants à gros fils traversés par le courant du circuit général; quand le courant passe, ils attirent l'armature C qui porte les tiges EE se prolongeant jusqu'au porte-charbon inférieur G; dans ce cas, le porte-charbon supérieur est éloigné du porte-charbon inférieur et l'arc voltaïque se produit; deux ressorts RX et RY maintiennent l'armature C éloignée des électro-aimants quand le courant ne passe pas. Aussi la lampe s'allume d'elle-même; le courant circulant,

les charbons s'écartent; le courant étant interrompu,
les charbons reviennent au contact, tout prêts à s'éloigner de nouveau.

Quant au mouvement de progression du charbon à mesure de la combustion, il s'obtient par le
procédé suivant. La tige D, très-pesante, sert de moteur; elle actionne une roue dentée, tout en servant
de porte-charbon supérieur F. Un électro-aimant B
à grande résistance *excité en dérivation* agit sur
l'armature I relié au levier L, qui oscille autour
de K.

Quand le courant est envoyé à l'appareil, nous
savons que les charbons s'écartent; il ne passe dans
l'électro-aimant à dérivation B qu'une minime fraction
du courant. L'armature I sollicitée de bas en haut par
le ressort antagoniste U est soulevée; mais dès que la
combustion allonge l'arc, la résistance augmente, le
courant dérivé de l'électro-aimant B prend de l'énergie
et l'armature I est abaissée. Le levier L bascule; la
lame S dégage l'ailette d'arrêt; le poids de la tige
entraîne l'abaissement du porte-charbon, l'arc se
raccourcit. Mais, cet effet produit, il ne faut pas
aller au delà de l'écart fixé à l'avance; aussi la
vis M quitte le ressort N et le courant est interrompu; il ne passe plus dans l'électro - aimant B.
L'armature sollicitée par le ressort antagoniste U
remonte, la vis M rétablit le contact et tout est
prêt pour corriger un nouvel écart de charbons (1).

---

(1) Voici quelques prix courants et quelques données utiles à
consulter. La machine Gramme type normal coûte 1500 fr. et
alimente avec 2 chevaux et demi un régulateur Gramme fonctionnant 5 heures consécutives. Le régulateur coûte 400 fr.
L'intensité lumineuse est de 500 carcel. La dépense de crayons

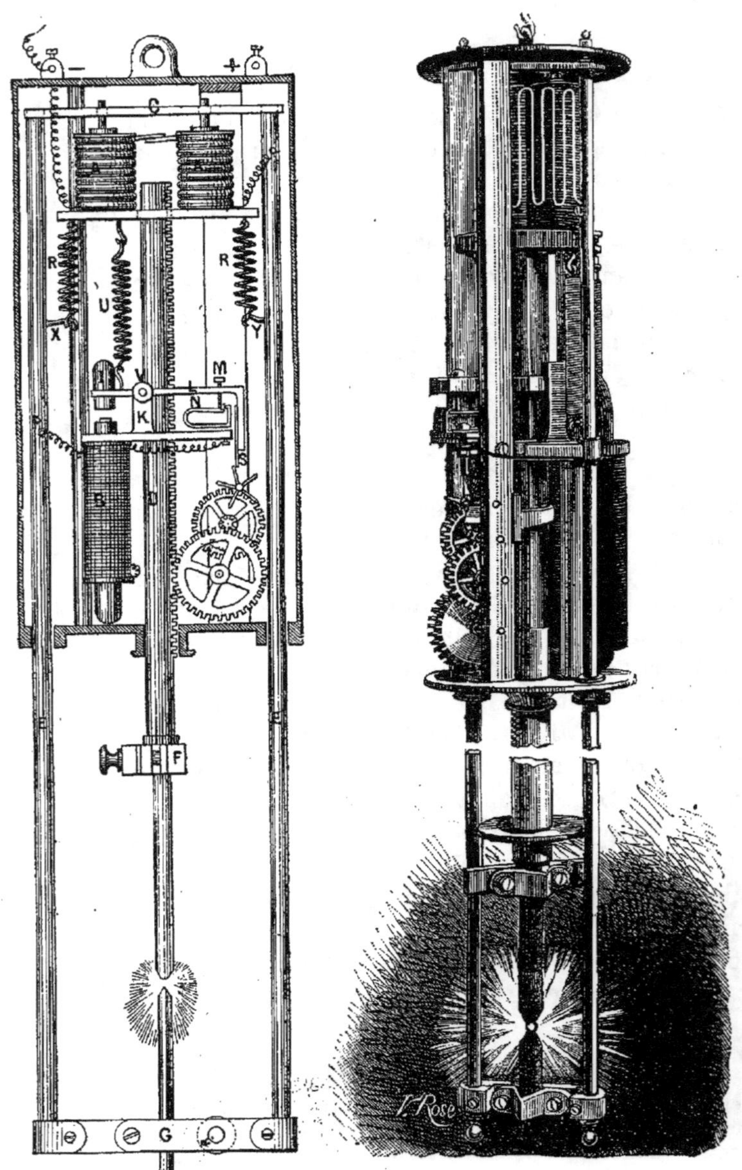

Fig. 102. — Diagramme du régulateur Gramme.   Fig. 103. — Régulateur Gramme.

Le régulateur Cance présente certaine analogie avec celui-ci; seulement le support du charbon inférieur n'est pas relié au cadre du charbon supérieur; il est distinct, de sorte que, lorsque le mouvement qui fait descendre l'un a lieu, l'autre remonte d'une quantité égale. M. Cance emploie des courants alternatifs. Dans ces conditions, le point lumineux, au lieu de se déplacer et de descendre, reste fixe au milieu du globe de la lampe.

M. Anatole Gérard a aussi combiné une disposition de régulateur vraiment très-simple et peu coûteuse. L'appareil consiste en un gros électro-aimant cylindrique à une seule branche, creux, et à travers duquel passe le charbon supérieur. Le charbon inférieur est installé sur un cadre mobile qui peut s'élever à mesure que le charbon se consume. L'électro-aimant porte une armature *en dessus* et une armature *au-dessous*. Celle du dessus, quand elle est attirée, agit sur un petit frein qui appuie ordinairement sur le charbon supérieur et l'empêche de descendre; celle du dessous soulève le support et le charbon inférieur.

Voici le jeu du régulateur Gérard. On sépare à la main les deux charbons; on fait communiquer chacun d'eux avec les bornes de la lampe; le courant ne passe pas, puisque les deux charbons ne sont pas en contact; mais le courant passe dans l'électro-aimant alimenté par une dérivation; les armatures sont attirées, le

électriques est de 0 fr. 25 par heure. L'installation complète d'un foyer revient à 2,000 fr. La machine Gramme à cinq foyers coûte 2,800 fr. et nécessite six chevaux de force. L'intensité lumineuse de chaque foyer est de 150 becs. La dépense de crayons par heure et par foyer est de 0 fr. 15. L'installation complète revient à 5,000 fr. Les prix des machines pour transmission de la force varie entre 3,000 et 10,000 fr. la paire.

frein est desserré, le charbon supérieur descend, l'inférieur remonte, les deux charbons se touchent; l'arc éclate. A ce moment, le courant dérivé perd de sa

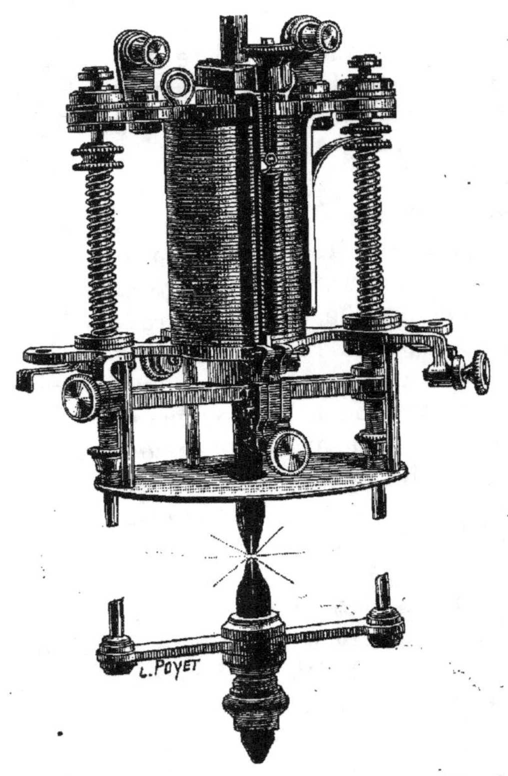

Fig. 104. — Régu'ateur à dérivation de M. A. Gérard.

force; les ressorts antagonistes jouent; le cadre retombe et éloigne le charbon inférieur; le frein serre le charbon supérieur; l'arc prend sa valeur normale. Quand les charbons ont brûlé et augmenté l'intervalle nécessaire, le système entre en jeu et ramène la longueur de l'arc à sa valeur primitive.

L'armature supérieure vibre sans cesse, équilibrée par le frein ou par l'attraction de l'électro-aimant. On est obligé, en effet, de se servir de courants alternatifs pour l'électro-aimant à simple branche qui attire et repousse alternativement les armatures. Le charbon supérieur glisse imperceptiblement et d'une manière continue pour maintenir l'écart convenable. Il résulte de là un ronflement désagréable qu'ont pu remarquer toutes les personnes qui ont vu fonctionner là lampe Gérard dans la salle XVI.

Signalons accessoirement le *veilleur automatique* du même inventeur, exposé avec les lampes. C'est un appareil ingénieux ayant pour but, si l'une des lampes intercalées dans un circuit s'éteint par accident, ou si on l'éteint à dessein, de laisser les autres lampes brûler. Il est clair qu'avec la disposition normale, si une lampe s'éteint, c'est que les charbons ne sont plus à distance convenable et que le courant ne circule plus; donc, toutes les lampes du même circuit s'éteignent. M. Gérard complète chaque régulateur par un appareil qui a pour effet d'assurer néanmoins le passage du courant dans le circuit, alors même qu'il ne pourrait plus traverser une des lampes.

Nous représentons un des types du veilleur Gérard. L'appareil est petit et appliqué sur une planchette. On voit en haut du dessin les bornes qui sont reliées au fil dérivé qui va à la lampe; en bas, les bornes qui font communiquer l'appareil avec le courant général. Le courant peut entrer par une borne et sortir par l'autre. Le gros électro-aimant cylindrique à fil fin est traversé par le courant de dérivation de la lampe.

En temps ordinaire, ce courant est trop faible pour attirer l'armature que l'on voit à la base de l'électro-aimant. Mais si la lampe s'éteint, le courant reflue

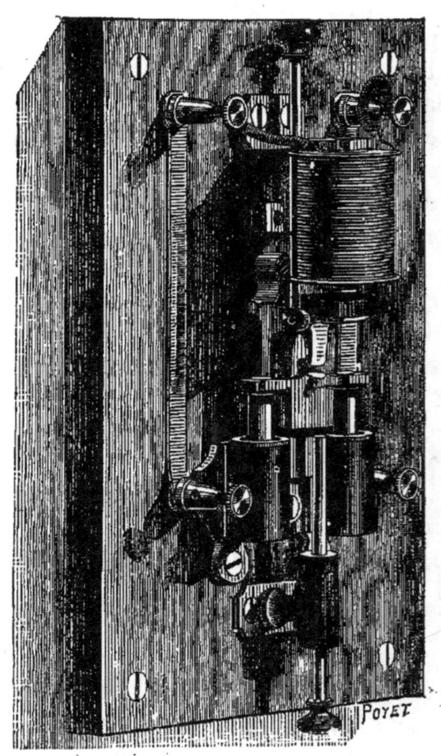

Fig. 105. — Veilleur automatique.

. dans la dérivation, l'armature est attirée. Or, elle porte un crochet relié à un autre crochet qui soutient une traverse aux extrémités de laquelle sont fixées deux tiges de fer. Quand l'armature est attirée, les crochets basculent et dégagent la traverse; elle tombe, entraînant les tiges qui plongent dans des godets de fer pleins de mercure. Jusque-là le courant général ne passait pas par l'appareil, puisque le chemin était coupé par suite de la suspension des tiges de fer; mais celles-ci tombant dans le mercure, le courant traverse d'une borne à l'autre en allant d'un des godets au voisin par les tiges de fer. Le courant général n'est plus interrompu et les autres lampes continuent à fonctionner.

M. de Mersanne a, de son côté, inventé un régulateur à dérivation antérieure aux régulateurs dont nous venons de parler et qui a sa valeur. Il présente l'avantage de permettre d'obtenir de la lumière pendant dix heures; il brûle par conséquent, sans peine, de huit heures du soir à six heures du matin. On l'emploie avec succès pour l'éclairage de la gare de Paris-Lyon-Méditerranée. En outre, on économise du courant, parce que, au lieu de le faire passer à travers toute la longueur des charbons, on ne le fait entrer qu'à leurs extrémités, à petite distance des points en combustion.

Dans ce régulateur, les charbons sont placés horizontalement et non plus verticalement. Ils sont poussés l'un vers l'autre par un mouvement d'horlogerie. Quand l'arc s'allonge, il passe un courant plus intense dans un électro-aimant disposé en dérivation. Celui-ci attire une armature qui déclanche le mouvement d'horlogerie et provoque le rapprochement au degré convenable. La lumière forme un point lumineux fixe entre les deux charbons horizontaux. Quant à l'allumage, il est très-simple: un second électro-aimant placé dans la même dérivation agit sur une armature maintenue par un ressort antagoniste. Les charbons sont écartés, le courant passe et ne pénètre que dans les électro-aimants à dérivation. Pendant que le premier électro-aimant débraye le mécanisme d'arrêt, les deux charbons progressent l'un vers l'autre, et se touchent; mais le second électro-aimant attirant l'armature qui commande l'un des charbons, le fait reculer, en sorte que l'arc jaillit. Alors le courant ne passe plus en quantité suffisante dans la dérivation pour maintenir en contact les armatures et l'arc reste à la longueur normale. Quand l'usure augmente l'écart, les électro-aimants entrent en fonction et rapprochent les charbons.

Le régulateur à charbons horizontaux offre l'inconvénient d'éclairer le ciel aussi bien que le sol; le charbon positif ici ne peut plus renvoyer la lumière en bas. Il faut employer des réflecteurs spéciaux. M. Boulard a imaginé un réflecteur à armilles qui complète fort bien le régulateur de Mersanne. La lumière des charbons est renvoyée par un réflecteur métallique et en outre la lumière est diffusée sur un grand espace, dans le sens horizontal, par une série de lames circulaires un peu coniques superposées comme des lames plates de persiennes. Ce sont des abat-jour tronqués et placés les uns au-dessus des autres. Pour éviter la ligne d'ombre qui se produit habituellement à la limite d'action du réflecteur sur les surfaces avoisinantes, comme les façades de maisons, on forme les armilles à l'aide de lames circulaires en opale d'intensités graduées, de façon à laisser passer de plus en plus la lumière sur les bords. L'effet utile d'un réflecteur à armilles est très-supérieur, dit-on, à celui des autres systèmes employés jusqu'ici.

M. de Mersanne complète l'installation de ses régu-

lateurs en série par l'adjonction de *boîtes de sûreté*
qui jouent le même rôle que le *veilleur* de M. Gérard,
mais peut-être la surveillance automatique est-elle
encore poussée plus loin dans ce système. Un électro-
aimant en fil très-fin reçoit un courant dérivé en cas
de rupture de l'arc, et son armature ramène au contact
deux blocs de graphite par lesquels peut dès lors
passer le courant principal d'alimentation. On se sert
de graphite parce que le charbon résiste bien à l'étincelle de rupture qui se produit quand les deux blocs
se séparent. En même temps, cette nouvelle route of-
ferte au courant, quand la lampe s'éteint, met le fil de
dérivation de l'électro-aimant à l'abri de la fusion qui
peut se produire par suite d'un afflux énergique
d'électricité. Le courant principal qui passe par les
morceaux de graphite pénètre aussi, si l'on veut, dans
une bobine dont la résistance est égale à celle de l'arc
quand il jaillit; alors l'intensité normale du courant'
d'alimentation n'est pas changée. Tout cet ensemble
constitue un système pratique qui a fait ses preuves.

Nous avons dit que M. Hefner-Alteneck, de la maison
Siemens, avait par un autre dispositif résolu aussi le
problème du fonctionnement simultané de plusieurs
lampes sur un même circuit. Le régulateur Alteneck
est différent de tous ceux que nous venons de décrire;
cependant il utilise aussi la variation de résistance
de l'arc pour régler l'écart, indépendamment des
variations de l'intensité du courant. Le rapprochement des charbons s'effectue sous la double action antagoniste de deux électro-aimants, dont l'un est dans
le circuit général et l'autre dans un circuit dérivé.
C'est par la différence constante de ces deux actions

17.

opposées que l'on obtient le réglage. De là la dénomi-
nation de *lampes différentielles* donnée aux types
des régulateurs Siemens.

Insistons un peu sur le principe. Le courant arrive
de la machine en L, se fractionne en deux parties. Un
courant traverse la bobine T à fil très-fin, et s'en va
rejoindre la canalisation générale en L'. Un autre
courant traverse la bobine R à fil gros et court, et
s'en va par $d\ c\ a$ au charbon supérieur g. Quand l'arc
est établi, il revient par le charbon $h\ b$ à la canalisation générale. Cette fois, on le voit, le courant général
n'arrive aux charbons qu'après avoir traversé un
électro-aimant, comme le courant dérivé.

La bobine T ayant beaucoup de résistance, presque
tout le courant passe par la bobine R, pour arriver
aux charbons. Or, les bobines T et R étant creuses, on
y place une pièce de fer doux $s\ s'$ reliée par un levier
$c\ d\ c'$ au charbon supérieur $a\ g$. La pièce de fer
doux est attirée à la fois par les bobines T et R,
mais évidemment en raison de l'intensité des courants qui traversent les spires. Supposons les attractions réciproques telles que le levier soit horizontal
et dans ce cas admettons que l'arc ait pris sa longueur
normale.

Si les charbons se consument et que l'arc s'allonge,
le courant va éprouver plus de résistance à passer
dans la bobine R, il va en refluer une portion dans la
bobine T et en raison même de l'écart plus ou moins
grand des charbons. Donc, la bobine T va prendre de
l'énergie et attirer davantage la pièce de fer doux, le
levier va s'élever à gauche de l'axe de rotation d, et
s'abaisser à droite en entraînant le charbon supérieur
qui va se rapprocher du charbon inférieur. Si le rap-

prochement était trop grand, la bobine R, à son tour, prendrait plus d'énergie qu'elle n'en a quand le levier est horizontal et l'arc grandirait. Il se produira ainsi un équilibre nécessaire entre les deux actions, jusqu'à ce que la résistance de l'arc ait atteint la résistance convenable. Le mouvement du levier est ainsi exactement pondéré sous cette action différentielle et chaque nouvel écart des charbons engendre par cela même une correction immédiate.

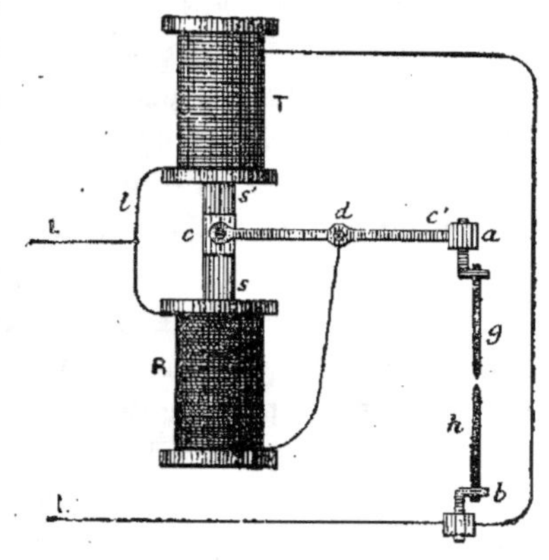
Fig. 106. — Principe de la lampe différentielle Siemens.

Le type Siemens constitue une véritable balance qui ne s'équilibre que pour une résistance fixée à l'avance, pour un écart déterminé des charbons. C'est très-joli et très-fin comme invention.

En pratique, l'action prépondérante de la bobine T fait déclancher un encliquetage qui laisse descendre le charbon supérieur sous l'action de son propre poids. Afin que la descente soit réglée, un petit balancier de pendule ne permet à chaque dent de l'encliquetage de s'échapper qu'à chacune des oscillations; aussi, les mouvements sont doux, gradués, imperceptibles à l'œil.

Les deux électro-aimants à noyaux creux ne peuvent être excités que par des courants alternatifs; autrement, la pièce de fer doux resterait saisie et immobilisée entre les deux bobines ; il faut que leur sens varie continuellement pour que la pièce se déplace sous l'action sans cesse renversée du magnétisme. Le fer doux vibrerait sous ces influences inverses, et donnerait un ronflement désagréable comme dans la lampe Gérard ; on relie cette tige métallique à une petite pompe à air ; les vibrations s'éteignent par suite du travail de compression et d'aspiration qu'accomplit le piston de la pompe.

Le charbon inférieur est fixe ; le point lumineux descend sans cesse ; mais ici l'inconvénient est peu grave, parce que tout le mécanisme enfermé dans un socle est au-dessus des charbons ; il n'y a pas d'ombre portée.

Un artifice très-simple permet d'allumer et d'éteindre à volonté chaque lampe d'un circuit sans affecter les autres. On introduit tout bonnement une clef au point d'entrée du courant : la clef ferme la communication avec la lampe, mais la laisse établie pour le circuit général. En tournant ce bouton, on allume ou on éteint à volonté. Le rallumage est immédiat, parce que, lorsque la lampe est au repos, le charbon supérieur touche l'inférieur, et quand le courant arrive, l'électro-aimant inférieur étant alors momentanément plus fort que le supérieur, le charbon supérieur se relève automatiquement jusqu'à ce qu'il ait pris la position convenable.

Autre détail à signaler. Si l'on ne remplaçait pas, par oubli, les charbons à temps, quand ils sont sur le point d'être consumés, bientôt, le courant ne passerait plus dans la lampe et toutes les autres lampes s'éteindraient faute d'alimentation. Mais la crémaillère du charbon supérieur vient appuyer, quand elle est au bout de sa course, sur deux petits contacts en platine

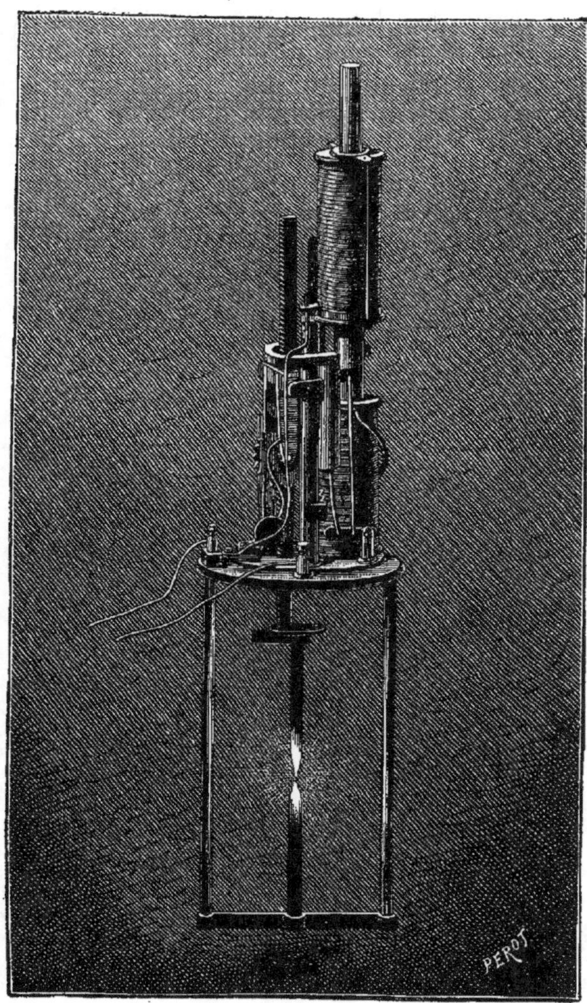

Fig. 107. — Lampe différentielle de M. Siemens.

reliés aux bornes ; la communication reste ainsi toujours établie, le courant n'est jamais interrompu ; il circule et maintient les autres lampes allumées.

Chaque lampe Siemens exige environ un cheval de force et donne à peu près une intensité lumineuse de 35 à 45 carcel. On peut allumer jusqu'à 30 foyers avec une même machine type $W^2 D^7$. Dans ce cas, la lampe n'a plus qu'une intensité de 25 becs carcel environ. La machine motrice exige de 10 à 12 chevaux pour faire tourner la machine dynamo-type V^2D^4 à 16 bobines et son excitatrice. En général l'intensité de courant convenable est de 11 Ampères. La résistance de la lampe est de 4,5 Ohms (1).

Le régulateur différentiel le plus employé après le régulateur Siemens est le régulateur Brush, alimenté

(1) Coût d'installation, système Siemens

NOMBRE DE FOYERS		4	6	8	10	12	16	20
Mach. V3 D6		2.300	2.3 0	2.300	2.300	—	—	—
— V2 D4		—	---	—	—	3.700	3.70.	3.700
Lampe , prix.	300	—	—	—	—	—	—	—
Accessoires . .	25	—	—	—	—	—	—	—
	325	1.300	1.930	2.600	3.250	3.900	5.200	6.000
Câble 1 fr. 50 le mètre. . . .	150	225	225	—	—	—	—	—
—	200	—	—	300	300	—	—	—
—	300	—	—	—	—	450	—	—
—	500	—	—	—	—	—	750	—
—	600	—	—	—	—	—	—	900
Frais de pose et		4.025	4.675	5.400	6.050	8.050	9.650	11.100
imprévus 5 0/0. . .		200	230	270	300	.400	480	550
Prix d'install. Total.		4.225	4.905	5.670	6.350	8.450	10 130	11.650

La dépense en charbon est, par heure et par lampe de 0 mèt. 09 de baguette, de 1 fr. 50.

par la machine Brush. Dans ce système, les deux bobines différentielles superposées sont remplacées par une bobine unique. Sur cette bobine, on a enroulé deux couches de fil juxtaposées et en sens inverse ; un fil gros et court, un fil fin et long. Le fil gros reçoit le courant qui va à la lampe, le fil fin est en dérivation.

Le charbon supérieur descend par son propre poids jusqu'au contact du charbon inférieur qui est fixe. Le mécanisme est disposé au-dessus des charbons. Au moment du contact, le courant passe en totalité par le gros fil ; la bobine CC' devient assez puissante pour attirer le noyau P. Le bras du levier LL est soulevé et entraîne la bague W qui,

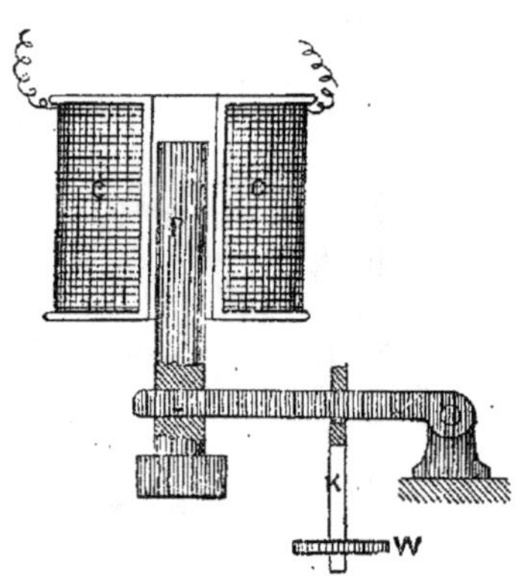

Fig. 108. — Solénoïde à double enroulement de la lampe Brush.

à son tour, élève le porte-charbon R. L'arc peut jaillir. Mais si l'arc s'allonge trop, le courant reflue dans le fil fin dérivé, et comme il est de sens inverse au courant qui passe dans le gros fil et dans le circuit général, il affaiblit l'attraction de la bobine sur la tige de fer doux P, et la position d'équilibre des charbons est vite atteinte et maintenue par le jeu différentiel des deux courants sur la bobine attractive.

En pratique, l'extrémité supérieure de la tige du porte-charbon fait piston dans un petit cylindre plein de glycérine. Les mouvements sont rendus ainsi plus doux et plus progressifs. Le cylindre de glycérine remplace ici la pompe à air de l'appareil Siemens.

Cette lampe peut brûler seulement trois heures. Quand on veut produire un éclairage permanent d'au moins douze heures, on se sert d'un régulateur à deux paires de charbons. Quand une paire a brûlé, l'appareil envoie automatiquement le courant dans la paire suivante. Dans ce cas, le noyau de fer attiré P soulève

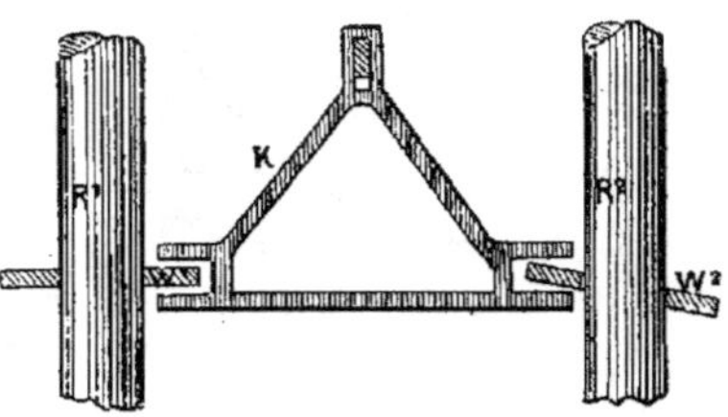

Fig. 109. — Disposition des bagues de soulèvement dans la lampe à doubles charbons.

ou abaisse toujours le levier, mais celui-ci entraîne un bâti figuré en K à double encoche. Les deux porte-charbons ont leurs bagues en R¹ et R² en face des encoches.

Une des bagues est orientée en biais de façon à être prise par l'encoche avant sa voisine; elle soulève donc l'un des charbons avant l'autre; l'arc jaillit entre cette paire. Quand elle est consumée, le courant passe dans la deuxième paire et dans le gros fil de la bobine; l'armature est attirée et le charbon supérieur relevé; l'arc jaillit.

Chaque régulateur porte en outre une bobine de sûreté. C'est une petite bobine alimentée par le courant dérivé qui va à l'électro-aimant différentiel; sa résistance est un peu plus grande que celle du fil fin de l'électro-aimant. Si l'extinction de l'arc durait assez pour que le courant refoulé passât trop énergiquement dans le fil fin et le brûlât, l'excès de courant se déverserait dans la bobine auxiliaire et empêcherait la fusion du fil et la dégradation de l'électroaimant.

Les lampes Brush à doubles charbons éclairent la Cité à Londres, et plusieurs rues de New-York. On sait qu'elles sont alimentées par des courants de haute tension. On peut allumer les foyers à de grandes distances. A la soirée de gala donnée à l'Opéra en l'honneur du Congrès des électriciens, les régulateurs Brush ont éclairé le grand escalier d'honneur et quelques parties du monument. La machine installée à l'Exposition transmettait par un câble de 6 kilomètres de développement (aller et retour) le courant nécessaire à l'allumage de 38 foyers d'environ 75 carcel. La machine de 35 chevaux de l'Exposition suffisait à l'alimentation de ces 38 lampes. On peut grouper jusqu'à 40 régulateurs sur un même circuit. Aucun système n'atteint une division aussi élevée; il est vrai de dire que la force électro-motrice est égale au moins à 2100 volts, et nous avons déjà insisté sur le danger de faire circuler des courants à haute tension à portée des passants (1).

Le régulateur Weston ressemble beaucoup au régulateur Brush : même électro-aimant à double enroulement; même jeu dans le mécanisme.

Le régulateur Tchikoleff, en usage en Russie, est ingénieux et original. Un anneau Gramme est disposé entre deux électro-aimants comme dans une machine Gramme; seulement, un des électro-aimants est à fil gros et l'autre à fil fin. Le courant général passe dans

(1) Voir la note à la page suivante.

le gros fil, le courant dérivé dans le fil fin. Selon que l'action de l'un devient prédominante sur l'action de l'autre, l'anneau tourne dans un sens ou en sens contraire. Ce mouvement même est utilisé pour écarter ou rapprocher les charbons. L'anneau Gramme obéit à deux actions différentielles. Ce régulateur fonctionne avec des courants continus, sans aucun mécanisme ni ressorts ; il est très-simple.

Le régulateur Shuckert n'est qu'une copie du régulateur Tchikoleff. Les régulateurs Crompton, Berjot, Gravier, etc., ne diffèrent que par des détails accessoires des régulateurs Siemens. Nous devons borner ici cet examen. On comptait, en effet, à l'Exposition seulement, plus de 86 types de régulateurs de toute

(1) Coût d'installation, système Brush.

NOMBRE DE FOYERS		1	1	2 à 3	4	6	16	40
Machines.. . .		1 875	2.500	3 375	6 000	6.000	10.000	18 000
Lampes, acces^res	400	—	—	--	—	—	—	—
Globes	25	—	—	—	—	—	—	—
	425	425	425	850	1.700	2.555	6.800	17 000
Câble	100	150	150	—	—	—	—	—
—	150	--	—	225	—	—	—	—
—	200	—	—	—	300	—	—	—
—	250	—	—	—	—	375	—	—
—	500	—	—	—	—	—	750	—
—	1200	—	—	—	—	—	—	1 080
		2.450	3.075	4.450	8.000	8.930	17.550	36.800
Imprévu et pose.		102	153	222	400	446	877	1.840
		2.552	3.228	4.672	8.400	9.376	18.427	38.640

La consommation de charbon par heure et par lampe est de 0^m,06 à 1 fr. 50. L'heure d'éclairage pour une installation de 16 foyers avec locomobile brûlant 3 kil. de houille par cheval est de 38 à 40 centimes par heure et par foyer.

espèce. Nous avons fait connaître ceux qui sont réellement entrés dans la pratique.

Enfin, il existe encore un moyen de distribuer le courant entre diverses lampes sur un même circuit. Il suffit, en effet, de n'employer que des lampes dans lesquelles les charbons sont astreints à conserver mécaniquement un écart fixe. Il est évident que si l'écart est constant, le courant se subdivisera toujours, quelle que soit son intensité ou sa pression entre les différents foyers. Les lampes à écart fixe donnent, en général, une lumière moins belle que celle des lampes différentielles ou à dérivation; leur importance a diminué depuis qu'on a perfectionné les régulateurs; aussi ne décrirons-nous que les plus répandues.

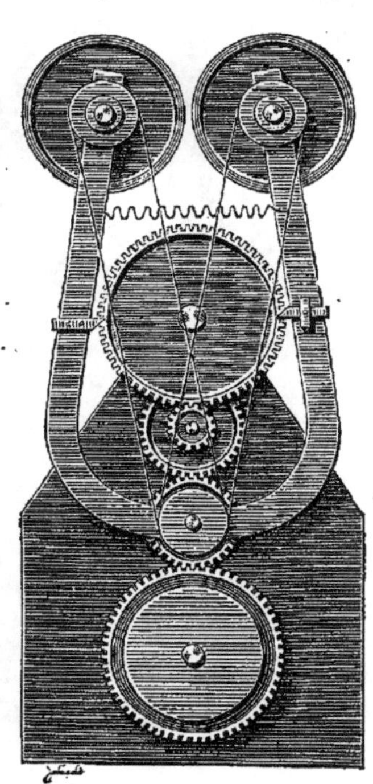

Fig. 110. — Régulateur Le Molt.

Une des premières lampes électriques réalisées, celle de Le Molt, qui remonte à 1849, appartenait à ce type. L'inventeur faisait tourner lentement, bord à bord, deux disques de charbon, avec un petit intervalle suffisant pour faire éclater l'arc voltaïque entre les charbons. A chaque tour, l'appareil rapprochait les disques en raison de la portion consumée. Le moteur qui donnait le mouvement aux disques pouvait être un rouage d'horlogerie. La lampe de Le Molt fonctionnait de vingt à trente heures sans arrêt.

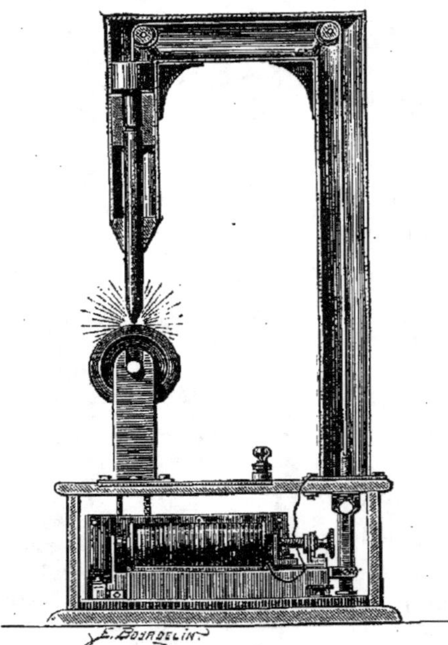

Fig. 111. — Régulateur Harrison.

M. Reynier a tenté depuis de reproduire cette disposition; de même que dans sa lampe à contact imparfait, il s'est beaucoup rapproché du régulateur Harrison dans le mode de disposition des charbons (1).

(1) Le régulateur Harrison à charbon supérieur mobile date de 1857. Il est très-remarquable et on l'a sans doute trop vite laissé de côté. Le crayon supérieur maintenu par un contrepoids vient à la rencontre du bord supérieur d'un cylindre de

M. Rapieff, s'inspirant aussi un peu d'un dispositif indiqué en 1846 par l'Anglais E. Staite, a combiné en 1878 une lampe à écart fixe en mettant quatre baguettes de charbon en opposition deux à deux comme deux V superposés; les deux groupes de baguettes sont reliés par des cordes à contre-poids qui limite leur écartement. Quand l'écart augmente sous l'influence de la combustion, le contre-poids le ramène à sa valeur normale. Les régulateurs Rapieff sont assez économiques; ils éclairent les bureaux du *Times*, à Londres. On peut en disposer quatre ou cinq sur le même circuit.

En 1879, M. A. Gérard a réalisé une lampe à quatre charbons, un peu différente de celle de M. Rapieff. Les charbons sont disposés deux par deux, non plus en opposition, mais en faisceau, comme des V placés dans deux plans per-

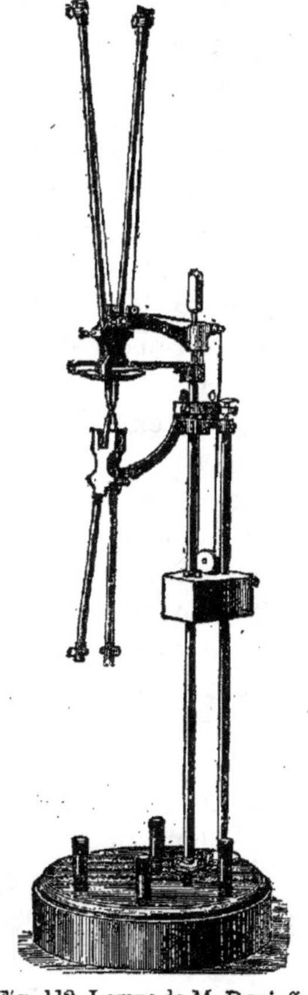

Fig. 112. Lampe de M. Rapieff.

même substance. L'arc éclate entre le crayon de charbon et le cylindre qui est animé d'un mouvement lent de translation à mesure de la combustion. L'écart est maintenu constant par un électro-aimant qui commande le support du charbon supérieur. Une pareille lampe peut fonctionner très-longtemps sans qu'on renouvelle le cylindre de charbon.

pendiculaires. Les charbons, à mesure qu'ils se brûlent, descendent entraînés par leur poids, de façon à
maintenir entre eux le même intervalle. Il n'y a
plus d'ombre portée avec cette combinaison, puisque
les charbons sont groupés au-dessus du point lumineux. De plus, comme l'arc voltaïque tend à remonter
sans cesse le long des baguettes, l'auteur a placé à une
certaine hauteur deux petits électro-aimants dont
l'action répulsive bien connue sur l'arc voltaïque
chasse en bas la flamme électrique et lui donne de la
fixité. Cette lampe est alimentée par des courants
alternatifs. On en peut disposer quatre sur chaque
circuit, et l'intensité pour chacune d'elles atteint
50 carcels.

M. Brockie a imaginé de son côté de réajuster tout
bonnement de minute en minute les charbons d'un
régulateur ordinaire à division. Le circuit est interrompu périodiquement. Au moment de l'interruption,
le charbon supérieur tombe sur le charbon inférieur;
le courant revenant, le charbon supérieur s'écarte
d'une quantité fixe et ainsi toujours; l'éclipse est de
si courte durée qu'elle est imperceptible.

On peut classer encore parmi ce genre de lampes le
régulateur à lames plates de charbon de M. Wallace-
Farmer. La lame inférieure est fixe; la lame supérieure peut être soulevée par le jeu d'un électro-aimant
dissimulé dans la boîte A. L'arc jaillit et le foyer
s'avance progressivement à mesure de la combustion
d'un bord à l'autre. Puis les plaques se rapprochent
un peu et l'arc retourne sur ses pas. Les charbons
durent 100 heures. Il est regrettable que cette disposition ne permette pas de donner beaucoup de lumière.

Enfin mentionnons, pour finir, un régulateur extrêmement original, imaginé tout dernièrement par M. Solignac et qui constitue le plus simple, le plus rustique, le plus souple de tous les régulateurs. Il peut, en effet, fonctionner avec des courants alternatifs ou des cou-

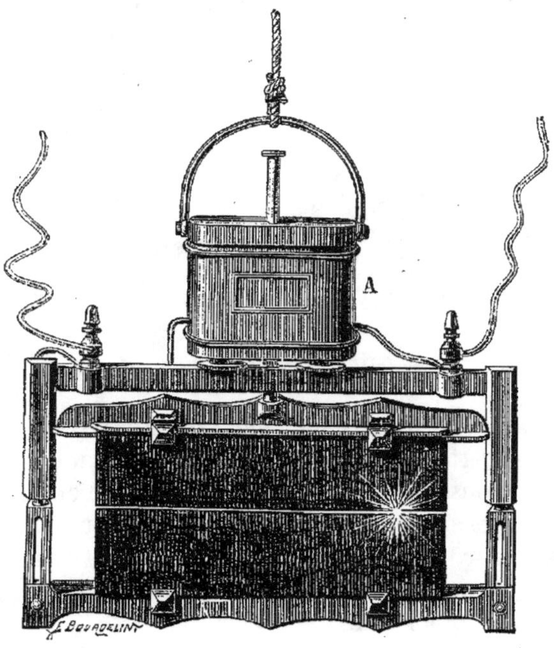

Fig. 113. — Régulateur à charbons plats de M. Wallace-Farmer.

rants continus, avec de gros ou petits charbons, avec des courants intenses ou faibles, etc. Il semble applicable dans toutes les circonstances.

Les charbons horizontaux sont constamment sollicités à se mettre en contact sous l'action de deux cordelettes tendues par deux ressorts à barillet. Les charbons sont munis à leur partie inférieure d'une petite baguette de verre qui fait pour ainsi dire corps avec eux. L'extrémité de la baguette vient buter contre un arrêt en nickel qui fixe l'écart des charbons; c'est tout. L'arc jaillit; les charbons se consument, l'intervalle qui les sépare grandit. Mais en même temps la chaleur augmente près des butoirs de la baguette de verre, car l'arc s'en rapproche et la résistance au pas-

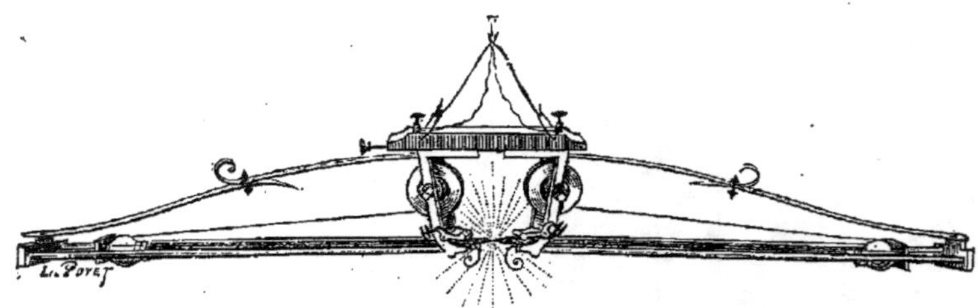

Fig. 114. — Lampe de M. Solignac ; vue d'ensemble.

sage du courant croît. Le calorique ramollit l'extrémité de la baguette de verre et sous la pression des cordes qui la pousse en avant, elle se recourbe en A comme on le voit sur la figure, et les charbons peuvent glisser et se rapprocher. Et ainsi, toujours, le verre se roule sur lui-même et permet de maintenir l'écart fixe à mesure de la combustion.

Le courant arrive dans les charbons par un galet nickelé qui appuie sur chacun d'eux tout près de leur extrémité; on diminue de ce chef la résistance, puisque le courant n'a pas à traverser toute la longueur du charbon. C'est une économie de force.

La lumière de la lampe Solignac est très-fixe. Le système est rudimentaire et très-bon marché. Il semble appelé à se généraliser.

Tous les régulateurs à division des types à dérivation. ou différentiels, ou à écart constant, ont naturellement un rendement inférieur aux régulateurs à foyer unique. Il va de soi qu'il faut perdre de la force

Fig. 115. — Lampe de M. Solignac; détails du mécanisme.

pour échauffer chaque groupe de charbons, pour faire face aux refroidissements qui augmentent avec les surfaces rayonnantes, pour vaincre les résistances multipliées par le nombre des lampes. Cependant nous avons vu que l'on pouvait encore obtenir par cheval de force une intensité lumineuse de quatre-vingts carcels, tout en divisant la lumière en quarante foyers distincts. On gagne jusqu'à un certain point, par la divisibilité et la distribution convenable des lampes, ce qu'on perd en intensité; il n'y a pas compensation

18

dans le prix, mais il y a, en revanche, utilisation plus uniforme et plus convenable de la lumière.

En somme, nous avons passé en revue tous les régulateurs possibles. Les régulateurs monophotes, les régulateurs à dérivation, les régulateurs différentiels, les lampes à écart fixe. Les régulateurs à division sont modernes; ce n est que depuis quelques années qu'on est parvenu à grouper plusieurs lampes sur un circuit unique et à remplacer un seul foyer très-intense par plusieurs lumières moins vives. Le même problème a été résolu à peu près simultanément au moyen des bougies électriques qui ne nécessitent plus aucun appareil de réglage. Nous examinerons maintenant ces nouveaux brûleurs.

XIII

Invention des bougies électriques. — La bougie Jablochkoff. —
Extension des foyers électriques à Paris. — Avantages et
inconvénients des bougies. — Prix de revient. — Bougies
Wilde, Jamin, Debrun, etc. — Nombre de bougies en circuit.
— Machines à bougie. — Allumage automatique. — Les lampes à incandescence dans l'air. — Inégalité d'usure des charbons à section différente. — Charbons bout à bout. — Lampes
Reynier. — Lampes Werdermann. — Allumeurs automatiques.
— Rendement des lampes à contact imparfait. — Types Trouvé,
Jaël, Thomassi. — Lumière combinée à l'incandescence et à
l'arc voltaïque. — La lampe-Soleil. — Applications de la lumière électrique : Places publiques, théâtres, chantiers, paquebots. — Éclairage des phares. — Art militaire. — Projecteurs
à grande portée du colonel Mangin.

Pendant que les électriciens s'évertuaient à combiner des mécanismes destinés à rendre constant, malgré la combustion, l'écart entre les baguettes de
charbon des régulateurs, une solution inattendue et
d'une extrême simplicité venait étendre considérablement le champ d'exploitation jusqu'alors très-limité
de la lumière électrique. Un officier russe, M. Jablochkoff, inventait la première *bougie électrique*.

Au lieu de disposer les baguettes de charbon l'une
au-dessus de l'autre, il les plaçait toutes deux parallèlement, côte à côte, à quelques millimètres de distance, et faisait éclater l'arc voltaïque horizontalement
entre les deux extrémités supérieures des charbons.

Les deux baguettes se consument de haut en bas, comme la mèche d'une bougie , et leur éclat restant fixe, tout mécanisme de réglage se trouve supprimé. La bougie est un régulateur à écart constant. Mais quelle simplicité, quelle commodité pour les applications ! Il reviendra incontestablement à M. Jablochkoff l'honneur d'avoir fait pénétrer la lumière électrique dans la pratique journalière. C'est de 1877, en effet, que date réellement l'éclairage électrique des magasins, des avenues, des théâtres, etc. La bougie Jablochkoff a forcé les portes que les régulateurs avaient été impuissants à se faire ouvrir.

La bougie peut se définir en quelques mots : deux baguettes de charbon séparées par un isolant pour empêcher le courant de passer ailleurs que par les extrémités. L'isolant appelé *colombin*, était à l'origine en kaolin; on emploie maintenant un mélange de deux parties de sulfate de chaux pour une de sulfate de baryte. La matière se volatilise en fournissant des parcelles incandescentes. Le kaolin fondait seulement, absorbait de la chaleur inutile, et, en augmentant la résistance des charbons au moment du passage du courant, accroissait au total la dépense de force nécessaire à la combustion de chaque bougie. Le nouveau colombin se fabrique facilement; deux ouvriers peuvent fournir jusqu'à 15,000 lames isolantes par journée de travail (1).

(1) La fabrication des bougies est très-complexe. Voici la série des opérations : Calibrage, fabrication des moulures, entubage des moulures, entubage des charbons, vérification, taillage des charbons, préparation du colombin, pose du colombin, pose de l'allumage, lavage, pose de la bande, galvanisation (on dépose très-souvent du cuivre par voie galvanique sur les charbons), vernissage. On a fabriqué pendant des années 5,000 bougies par

On emploie pour alimenter les bougies uniquement des courants alternatifs ; autrement une des baguettes s'userait, comme nous l'avons vu précédemment, plus vite que sa voisine ; l'action périodique des courants inverses rend l'usure de chaque charbon à peu près constante.

Les deux baguettes parallèles sont épaisses de 4 millimètres, longues de 25 centimètres. Leur combustion dure deux heures, et le prix de vente est réduit aujourd'hui à 30 centimes.

Les charbons de la bougie sont fixés par leur base, comme une bougie dans un chandelier, dans deux petits tubes de laiton de 5 centimètres de longueur séparés par un isolant.

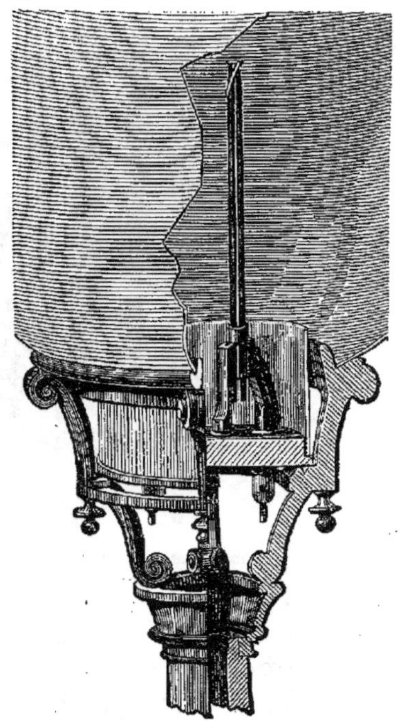

Fig. 116. — Bougie Jablochkoff dans son globe.

On introduit ces deux tubes entre les mâchoires B et C appliquées l'une contre l'autre par un ressort R. Les quatre bougies sont disposées aussi aux quatre angles d'un carré et les supports

jour, soit 1,800,000 par an à l'usine de l'avenue de Villiers. L'établissement emploie un contre-maître et 30 ouvriers.

18.

isolés sont reliés aux fils d'amenée du courant. Il
y a cinq fils; quatre pour l'aller, un seul pour le
retour. Un commutateur placé dans le socle du candélabre permet de faire passer le courant d'une bougie

Fig. 117. — Chandelier Jablochkoff, à quatre bougies.

presque consumée dans la bougie voisine. Quant à
l'allumage, il est obtenu à distance par un petit bout
de mine de crayon, par un fil de plomb, par un mélange spécial à base de charbon placé à cheval sur les
deux charbons d'une bougie. Le courant fait rougir
l'allumeur qui fond, et l'arc jaillit. On peut aussi
obtenir l'allumage successif des bougies sans commutateur: dans ce cas, les quatre bougies sont intercalées dans des circuits distincts et dérivés du circuit
général. Le courant va dans la bougie qui a le moins
de résistance. Quand celle-ci est consumée, le courant
choisit lui-même la bougie à moindre résistance et

ainsi de suite. Les quatre bougies brûlées successivement donnent environ 8 heures d'éclairage.

En quelques années, les bougies Jablochkoff sont
parvenues à faire le tour du monde. On s'en sert en
France, en Angleterre, en Belgique, en Russie, en
Grèce, en Portugal, au Brésil, à la Plata, au Mexique,
en Norvège, etc. Plus de 4,000 foyers fonctionnent en
ce moment dans les deux hémisphères pour l'éclairage
des grands ateliers, des gares, des magasins, des
théâtres, des palais, etc. La bougie aura manifestement joué un rôle prépondérant dans l'extension de
l'éclairage électrique. La vogue n'est cependant pas
toujours synonyme de la valeur. La bougie électrique
n'a pour elle que sa simplicité, ce qui est beaucoup,
mais ce qui n'est pas suffisant. Sa lumière est inégale,
elle prend des teintes variables; elle est fatigante, elle
peut s'éteindre brusquement et il faut avoir recours à
un nouvel allumage. Elle ne peut soutenir la comparaison avec les bons régulateurs différentiels. On ne
peut grouper dans le même circuit plus de quatre à
cinq bougies; nous avons vu qu'avec un régulateur,
on pouvait aller à 20, 30 et même 40 foyers. Il faut
se servir de machines génératrices à plusieurs circuits
pouvant alimenter d'électricté au total 20, 16, 8, 6 ou
4 bougies. La dépense en force motrice est considérable pour l'intensité lumineuse produite. Selon qu'on
en utilise un seulement, ou tous les circuits d'une machine, on fait descendre la consommation de force de
1 cheval 57 à 0 cheval 92. En moyenne, on peut
admettre que chaque bougie prend un cheval de force.

L'intensité lumineuse à feu nu est de 40 becs carcel
environ. Mais l'enveloppe de verre absorbe énormé-
ment de lumière; 60 0/0 avec un globe opalin, 30 0/0

avec le verre craquelé ; aussi, pratiquement, l'intensité descend à 27 et à 16 carcel. Les régulateurs donnent jusqu'à 100 carcel par cheval, et si l'on ne divise pas la lumière sur un même circuit jusqu'au delà de 200 carcel, nous verrons que les lampes à incandescence donnent aussi par cheval bien près de 16 carcel et la distribution de la lumière est bien autrement parfaite. On le voit, si la bougie, en apparence, a réalisé un progrès, au fond elle ne possède qu'un rendement économique assez faible. Il est vrai qu'il faut bien payer la simplicité primordiale de l'appareil.

On affirme toutefois que la lumière de la bougie serait obtenue à meilleur marché que celle du gaz. Les frais d'installation correspondent à 16 becs de gaz (1). Donc, toutes les fois qu'une bougie pourra remplacer 16 becs de gaz, les frais d'installation seront les mêmes et l'intensité lumineuse augmentée. La dépense par heure ne serait que de 50 centimes environ. Cette dépense est celle de 12 becs de gaz. Et comme l'éclairage est plus intense, il est évident qu'au point de vue de la dépense horaire, il y a avantage à employer des bougies, chaque fois que dans leur zone d'éclairage, soit dans un cercle de 10 mètres, il existe au moins 12 becs de gaz. Il paraîtrait que la lumière Jablochkoff a donné aux magasins du Louvre une économie de 30 0/0 sur celle du gaz.

A l'Hippodrome de Paris, la bougie a permis de

---

(1) On compte tout compris, sur 1,600 fr. par bougie ; les dépenses d'installation pour le gaz sont en moyenne de 100 fr. par bec ; elles se sont élevées à 132 fr par bec au marché des Batignolles ; à 139 fr. à la Belle-Jardinière ; à 82 fr. à la salle Erard ; à 126 fr. au nouvel Opéra ; à 304 fr. à la salle Marengo des magasins du Louvre ; à 48 fr. á la raffinerie de Saint-Ouen.

réaliser une économie considérable sur le gaz. On a distribué sur le pourtour de la piste 120 bougies et 21 régulateurs divers. Trois machines dynamo Gramme à 4 circuits de 5 bougies alimentent 60 bougies. Une

Fig. 118 — Les bougies Jablochkoff au Louvre.

autre machine Gramme, la plus puissante qui ait été construite en France, alimente à elle seule 60 autres bougies. Les régulateurs Serrin ont pour chacun d'eux une machine Gramme distincte à courants continus; soit donc en tout 25 machines dynamo-électriques.

Le travail moteur dépensé s'élève à 170 chevaux; on emploie deux moteurs Compound de 120 chevaux chacun. Trois chaudières de 75 chevaux fournissent la vapeur nécessaire. La grande machine Gramme à 60 bougies n'absorbe que 50 chevaux, tandis que les trois autres prennent 60 chevaux. Les machines puissantes dépensent toujours moins que les autres.

Dans ces conditions, pour un éclairage moyen de quatre heures par soirée, les frais ne dépassent guère 260 fr. L'éclairage au gaz coûtait environ 1.200 fr. et était bien loin d'être aussi satisfaisant que l'éclairage électrique. L'économie réalisée est donc ici de plus des trois quarts, exactement de 78 0/0. C'est très significatif.

La vogue étant acquise aux bougies, en 1878, un autre Russe, M. Rapieff, déjà connu par son régulateur

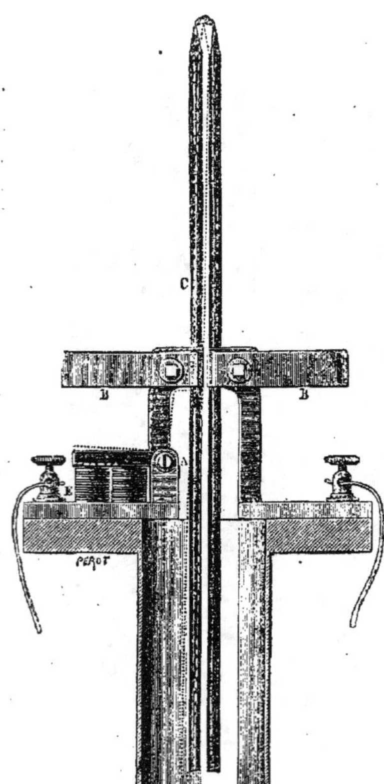

Fig. 119. — Bougie Wilde. C, charbon mobile; A, axe de rotation du support du charbon mobile; BB, ressorts des galets; E, électro-aimant.

à 4 baguettes, et un Anglais, M. Wildé, prirent à peu près simultanément un brevet pour un système per-

fectionné. C'est la bougie Wilde, qui paraît être surtout
entrée dans la pratique. La bougie Jablochkoff nécessite pour l'allumage l'interposition sur les deux charbons d'une petite mèche de même substance ; le colombin empêche en effet tout contact entre les baguettes.
M. Wilde supprima le colombin et planta des baguettes à 3 millimètres de distance sur des supports

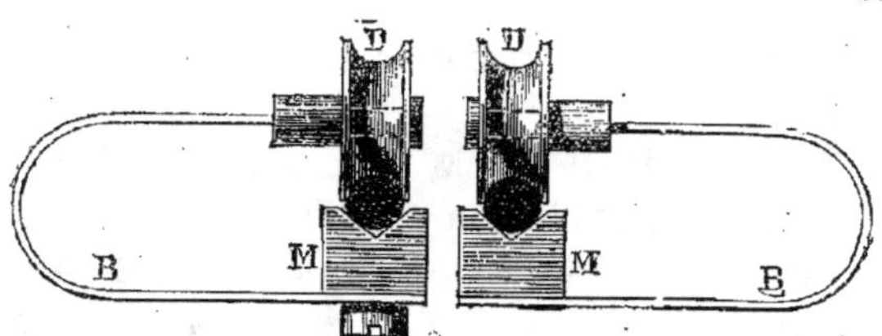

Fig. 120. — Bougie-Wilde. Plan des pinces à galets. M, coins fixes ;
DD, galets de cuivre ; BB, ressorts.

métalliques ; un des supports peut s'incliner un peu,
de façon que l'une des baguettes vienne toucher l'autre
par son extrémité ; il y a contact, et l'allumage se produit sans mèche intermédiaire. Quand il a eu lieu, un
petit *électro-aimant* redresse le support, et les deux
charbons redeviennent parallèles. Si par hasard la
bougie s'éteint, le courant ne peut plus passer, et
l'électro-aimant, précédemment actif, n'exerce plus
d'attraction sur le support, les deux charbons reviennent au contact, et la bougie se rallume. La
bougie Wilde a des charbons très-longs, de 65 centimètres de haut ; l'éclairage dure près de cinq heures.
L'extrémité des charbons se trouve au début à 25 centimètres du support. Après une heure et demie de
combustion l'arc s'abaisse en C ; alors, à l'aide d'un
bouton extérieur, on agit sur une petite rondelle placée
dans la gaîne du support. La rondelle pousse les char-

bons qui, guidés par les galets DD, se soulèvent à la hauteur primitive. En groupant plusieurs bougies on atteint une durée d'éclairage plus que suffisante pour la pratique. L'absence de colombin empêche aussi les variations d'éclat désagréables de la bougie Jabloch-koff. La bougie Wilde peut d'ailleurs brûler, bien que difficilement, la tête en bas au besoin, ce qui évite les ombres portées. Elle consomme de 10 à 12 centimètres de charbon par heure, en produisant, selon le courant, de 20 à 70 carcel.

C'est également en 1878 que M. Jamin, de l'Institut, imagina la bougie qui porte son nom.

Ingénieur-conseil de la Compagnie Jablochkoff, M. Jamin avait pu étudier de très-près les avantages et les inconvénients du nouveau système. Comme M. Wilde, M. Jamin supprime le colombin, et, pour fixer l'arc électrique aux extrémités inférieures des charbons, il eut l'idée ingénieuse d'entourer les baguettes d'un cadre constitué par un certain nombre de fils dans lesquels circule le courant. Les quatre côtés du cadre, en influençant l'arc (1), l'étalent et le maintiennent aux extrémités de la baguette.

En principe, ce système semblait bon, et les premières expériences avaient fait concevoir beaucoup d'espérances. Il y a toujours loin de la théorie à la pratique. Le cadre directeur absorbe du courant, c'est-à-dire de la force; puis il projette des ombres désagréables; puis la lumière, au lieu d'être très-fixe, est au contraire très-mobile.

---

(1) On sait, d'après les lois d'Ampère, que des courants de même sens s'attirent; par conséquent, les courants circulant dans les fils doivent naturellement attirer le courant qui passe dans l'arc et le fixer.

M. Jamin a changé son système de bougie à trois reprises différentes ; dans le dernier type, il a emprunté

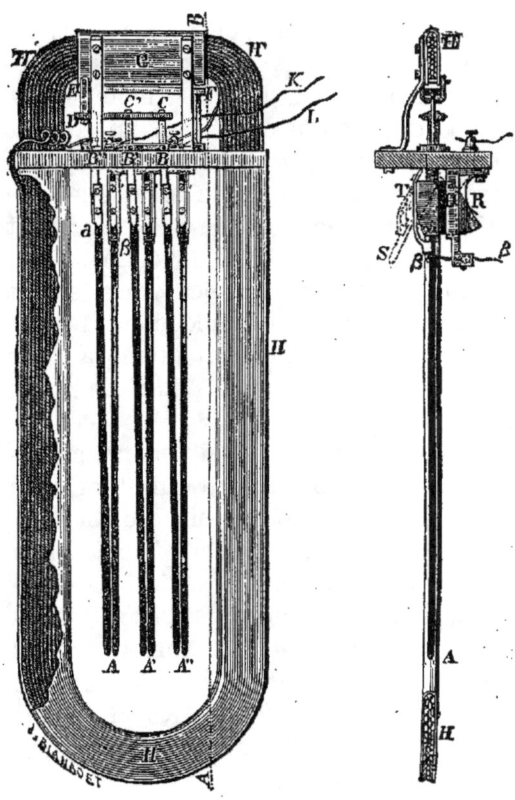

Fig. 121. — Bougie Jamin.
Vue de face du porte-bougie et du
cadre directeur.

Fig. 122. — Bougie Jamin.
Vue de côté d'une des bougies
avec le mécanisme de rallumage.

à la bougie Wilde son mode d'allumage. On voit en H
le cadre directeur, en G un électro-aimant qui sert à
produire l'écart des charbons quand le courant passe.

L'électro-aimant attire l'armature E F. Celle-ci, en tirant sur les leviers ED, DC écarte le charbon de gauche du charbon de droite dans les diverses bougies A A'A''. L'arc se développe à la fois entre les pointes inférieures des trois bougies, puis se décide à rester seulement entre les charbons de la bougie la moins résistante. Lorsqu'une des bougies est consumée, l'arc brûle un petit crochet en cuivre B posé à l'origine de la bougie; le crochet parti, le ressort R chasse le support des charbons dans la position O S; l'arc est rompu et va se fixer dans une bougie voisine. Tout cela est compliqué, exige des bougies parfaitement préparées; le cadre se brûle assez rapidement. Le mécanisme nécessaire au fonctionnement donne à cette bougie les inconvénients des régulateurs sans lui communiquer leurs avantages.

Le cadre directeur est formé de 40 spires métalliques; c'est une résistance auxiliaire qui absorbe du courant, c'est-à-dire de la force. Enfin l'arc est très-mobile. Les changements de longueur influent sur la résistance générale et amènent des variations désagréables d'intensité. La flamme de l'arc vacille et s'éteint pour reprendre de nouveau, surtout quand elle est exposée à l'air libre un jour de petite brise. On a pu en juger aux concerts du Palais-Royal et dans la salle de billard de l'Exposition. Bref, la bougie Jamin n'est pas la bougie de l'avenir.

En décembre 1880, M. Debrun, préparateur à la faculté des Sciences de Bordeaux, voulut aussi combiner sa bougie.

Il avait été chargé de surveiller l'installation, à Bordeaux, de bougies Jablochkoff; il reconnut les inconvénients du système et chercha à faire mieux, ce.

qui est plus difficile qu'on ne le pense, car M. Debrun n'y est pas parvenu beaucoup plus que ses devanciers.

La bougie Debrun brûle par en haut; elle se compose de deux crayons Carré de 6 millimètres de diamètre et de 25 centimètres de longueur disposés à 3 millimètres de distance; une petite plaque de verre intercalée entre eux assure à la base le parallélisme. Cette bougie se fixe dans un chandelier qui peut d'ailleurs en recevoir deux. L'allumage automatique se fait ainsi : quand le courant passe, un électro-aimant installé à l'extrémité de la bougie attire une armature munie d'un morceau de charbon. Le charbon est appliqué ainsi contre la base de la bougie. A ce moment, l'arc se forme entre les deux baguettes. Puis aussitôt un autre électro-aimant auxiliaire, alimenté par le courant même qui circule alors dans la bougie en attirant son armature, rompt le contact et empêche d'arriver au premier électro-aimant le courant dérivé qui l'alimentait. Le petit morceau de charbon d'allumage est éloigné; l'arc s'étale et monte au sommet de la bougie appelé par l'air qu'il a échauffé et qui a diminué la résistance des portions supérieures du charbon. Si la bougie s'éteint, le courant ne passe plus; l'électro-aimant du courant dérivé entre en jeu, et par le mécanisme indiqué allume de nouveau la bougie. Quand les baguettes sont consumées, l'arc brûle un fil de laiton installé à la base et dégage ainsi un ressort qui quitte le contact par lequel le courant parvenait à la bougie, et qui en même temps, fait passer le courant dans la bougie suivante.

Donc ici, l'arc s'élève tout seul, sans cadre directeur, et l'allumage est assez facilement obtenu.

Les bougies Debrun durent trois heures et demie et ne coùtent que 35 centimes; on en fabrique à 60 centimes qui durent six heures.

Quoi qu'il en soit, les bougies restent des brûleurs peu économiques. On les alimente avec des courants faibles d'environ 10 Ampères pour les bougies de 4 millimètres; elles brûlent avec un arc peu stable, car l'intensité de courant est réduite au minimum dans le but de ralentir l'usure; leur lumière est peu fixe et varie sans cesse d'éclat. Enfin, comme il faut se servir de machines à courants alternatifs pour brûler également les deux charbons, elles produisent toujours un ronflement plus ou moins sonore fort désagréable. A l'exception peut-être de la bougie Jablochkoff, qui tire sa valeur de son extrême simplicité, nous croyons que les nouvelles bougies combinées postérieurement tomberont peu à peu dans l'oubli et seront remplacées par les régulateurs.

Avec les bougies et les régulateurs on n'a pas encore épuisé toutes les combinaisons possibles pour produire de la lumière électrique. Il nous reste encore à mentionner brièvement tout un autre groupe de foyers qui ont été inventés depuis quelques années; nous voulons parler des lampes à contact imparfait et à charbons inégaux. L'arc ne jaillit plus, mais les charbons rougissent et donnent de la lumière. On sait que le charbon positif est bien plus chaud que le charbon négatif; on a été jusqu'à évaluer à 4,000 degrés la température du positif et à 3,000 celle du négatif, évaluations sujettes à caution. Quand on fait le charbon négatif plus gros que le positif, sa résistance diminue et il s'échauffe moins; dans ce cas, il faut, pour que

l'arc jaillisse, rapprocher le positif du négatif. Quand
on donne enfin une section suffisante au négatif, il ne
s'use plus, s'échauffe à peine, et le positif seul brûle

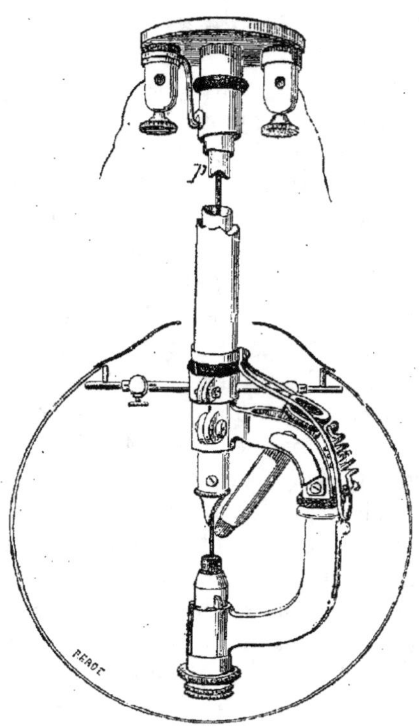

Fig. 123. — Lampe Reynier, modèle 1879.

et se consume; mais dans ce cas, la résistance au
passage de l'arc est devenue telle qu'il faut, pour qu'il
se forme, rapprocher les charbons au contact; à la
limite l'arc disparaît à peu près, et, à vrai dire, c'est
le charbon positif qui devient incandescent par la

pointe. Le rapport des sections les plus convenables est de 1 pour le positif et de 64 pour le négatif. L'arc disparaît et la pointe du charbon positif émet une belle lumière fixe. Tel est le phénomène intéressant dont on tire parti dans les lampes à charbons au contact et à sections inégales.

En principe, ce genre de foyers électriques est le plus simple que l'on puisse imaginer. Une baguette de charbon appuie sur un butoir de même matière : le contact est imparfait à cause des aspérités du charbon ; quand le courant passe de la baguette dans le butoir, il éprouve une grande résistance, et la pointe de la baguette s'échauffe au point de devenir incandescente. Le charbon brûle en même temps, et la chaleur qu'il produit vient en aide à celle du courant pour augmenter encore l'éclat de la lumière.

La première lampe à contact imparfait date, je crois, de 1876 ; elle avait été brevetée par M. Varley. La seconde, qui remonte à 1877, est celle de M. Reynier.

Une baguette de charbon entraînée par le poids du porte-charbon tend à descendre et à appuyer sur un disque vertical astreint à tourner autour d'un axe horizontal ; le contact a lieu en deçà de la verticale passant par le centre du disque, aussi le poids de la baguette tend à faire tourner le disque au fur et à mesure de la combustion du charbon supérieur. Cette petite lampe fonctionne avec quatre éléments Bunsen ou une batterie de trois éléments Planté. M. Reynier l'a perfectionnée en 1879. La baguette verticale C est poussée par le poids du cylindre-enveloppe p et bute contre le contact en bout B. En L se trouve un autre contact latéral monté à l'extrémité d'un levier, et qui, par l'intermédiaire du ressort r. limite la partie incandescente *ij*, en général longue de 5 à 6 millimètres.

Une pile de huit grands Bunsen plats donne avec cette lampe environ 10 Carcels. Par cheval-vapeur, avec les machines électriques, on peut alimenter de 3 à 5 lampes donnant chacune de 7 à 12 Carcels. Soit, en définitive, 35 Carcels par cheval.

M. Reynier a complété le système par un allumeur automatique. Quand on groupe plusieurs lampes sur le même circuit de 8 à 12 avec une machine Gramme d'atelier, si par accident le courant ne traverse plus une lampe, toutes les autres s'éteignent brusquement sans qu'on sache au juste quel est le foyer qui a occasionné le mal.

Ceci arrive notamment quand une lampe

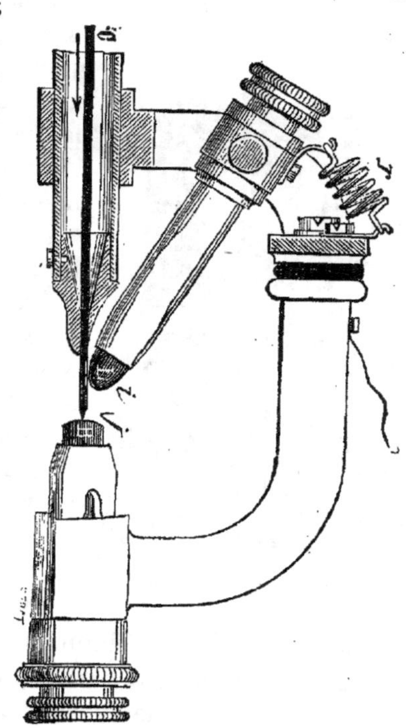

Fig. 124. — Lampe Reynier (détails).

a épuisé sa provision de baguettes. Il fallait rendre toutes les lampes indépendantes les unes des autres. Pour cela, on ne les branche pas sur le courant général. On emprunte au circuit deux courants dérivés, l'un pour aller à une résistance fixe en fil de maillechort égale à la résistance de la lampe; l'autre pour desservir la lampe en passant à travers un électro-aimant. Quand le courant dérivé traverse les charbons, il anime l'électro-aimant dont l'armature attirée rompt le circuit qui se rendait à la résistance fixe. Mais si les charbons sont usés, si, pour une cause quelconque, le courant n'entre plus dans la lampe, aussitôt l'électro - aimant devient inactif, l'armature revient sur elle-même et rétablit le passage du courant dans la résistance fixe R. On a remplacé ainsi la résistance de la lampe par une résistance équivalente, le courant général traverse tous les autres foyers; rien n'est changé dans le courant.

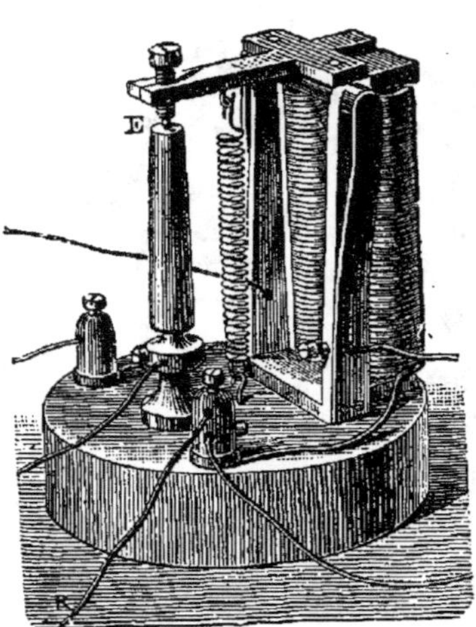

Fig. 123. — Allumeur Reynier.

M. Reynier obtient maintenant beaucoup plus simplement le même résultat. Il réunit chaque lampe par une dérivation à quelques accumulateurs. Quand le courant passe bien dans esc lharbons, la force contre électro-motrice des accumulateurs empêche le courant d'y pénétrer; mais si la lampe s'éteint, le courant reflue dans les accumulateurs et leur résistance remplace celle de la lampe, de sorte que tout reste réglé comme avant dans tout le circuit, et les lampes continuent à donner la même lumière, alimentées par le courant général.

A peu près en même temps que M. Reynier, M. Richard Werdermann inventait une lampe analogue dans laquelle le charbon, au lieu d'être poussé de haut en bas sur un contact de charbon, est chassé de bas en haut par un ressort comme dans les lanternes de voitures.

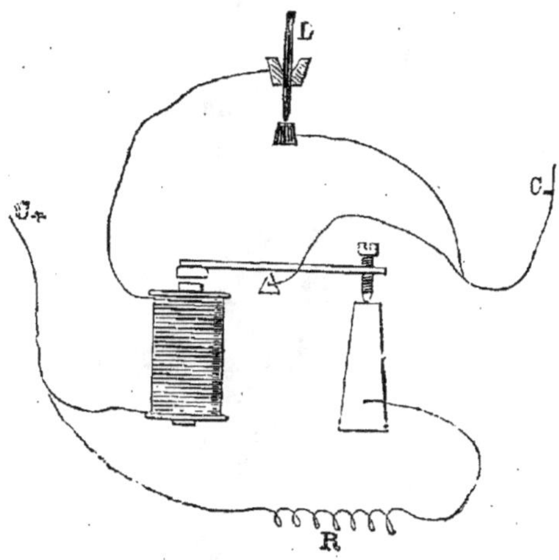

Fig. 126. — Principe de l'allumeur Reynier.
L lampe; R résistance équivalente; CC conducteur traversant l'allumeur.

La bonne marche de la lampe dépend de la pression de la baguette sur le disque de charbon; pour bien l'équilibrer, le disque est placé à l'extrémité d'un fléau muni d'un contre-poids qu'on peut déplacer à volonté. Le fléau porte un petit bras qui vient appuyer latéralement sur le porte-charbon, et d'autant plus fort que la pression sur le disque de charbon est elle-même plus énergique. Ce contact latéral empêche le charbon de monter trop vite à mesure de la combustion; quand le charbon brûle, la pression diminue, le contact latéral se desserre et la tige monte.

19.

S'il y a extinction pour une cause ou pour une
autre, les charbons n'appuyant plus sur le disque

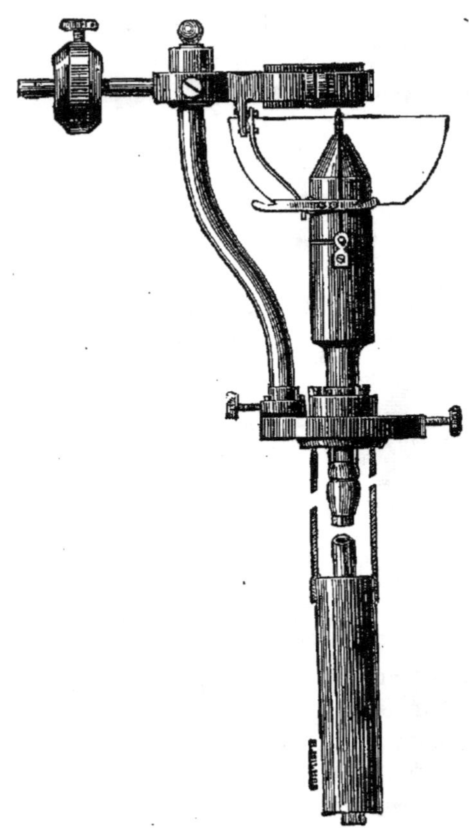

Fig. 127. — Lampe Werdermann (élévation).

pour donner passage au courant, le contact latéral
ne serre plus la tige, il se dégage et s'élève entraîné
par le contre-poids qui retombe dans la verticale ; en

même temps le levier, dans son mouvement de bascule,
vient buter contre un arrêt métallique qui communique avec le circuit général. La lampe est mise hors

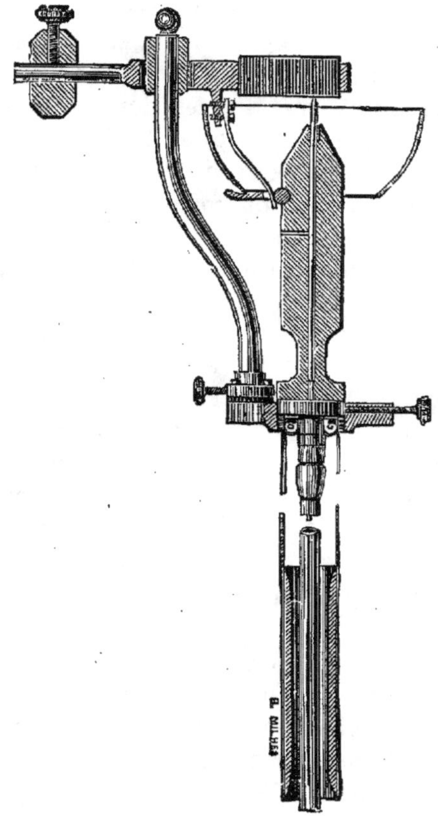

Fig. 128. — Lampe Werdermann (coupe).

du circuit et les autres lampes n'en reçoivent pas
moins leur courant d'alimentation. On évite ainsi
l'emploi auxiliaire d'un allumeur automatique.

La lampe Werdermann a été perfectionnée par M. Napoli. Le contact latéral de M. Werdermann s'usait vite ; le voisinage du charbon incandescent brûlait les mâchoires du butoir. Les deux parties de l'étau se rejoignaient et une étincelle persistante éclatait entre 'e charbon et le métal. M. Napoli a remplacé les mâchoires par deux galets métalliques dont la tranche est moins épaisse que le diamètre des charbons ; quelle que soit leur usure, ils ne peuvent plus se toucher.

Citons encore les lampes du même type, Trouvé, Jaël, Thomassi.

La lampe Trouvé, qui utilise des charbons très-fins, produit une lumière de quelques becs Carcel avec une pile de six éléments Bunsen, modèle Ruhmkorff.

La lampe Jaël est identique, à très-peu près, à la lampe Werdermann. M. Ducretet avait imaginé, après M. Reynier d'ailleurs, d'obtenir la pression de la baguette sur le disque en la faisant plonger dans du mercure. Le mercure, très-dense, soulève la baguette comme un bouchon qui se soulèverait si l'on voulait l'enfoncer dans l'eau. La chaleur de la lampe amène un dégagement de vapeur mercurielle dangereux. Ce n'est pas pratique.

M. Thomassi dispose en cercle, autour d'un tube de fer de 3 centimètres de diamètre tournant sur un pivot, un certain nombre de charbons courts. Un mouvement d'horlogerie les fait entrer dans le circuit au fur et à mesure qu'ils se consument. C'est « la lampe-revolver. »

En somme, les lampes à contact imparfait ou à incandescence dans l'air ont un faible rendement ; elles ne sauraient lutter avec les régulateurs. Toutefois leur lumière est fixe, les charbons durent au moins six heures, elles se prêtent aux effets décoratifs.

Dans des circonstances bien définies, la lampe Werdermann surtout peut être appelée à fournir une certaine carrière.

Quelques lignes pour compléter cette revue générale sur un système mixte qui appartient tout à la fois à la lumière par incandescence et à la lumière par arc voltaïque.

Autrefois on avait cru résoudre le problème de l'éclairage en chauffant un petit cylindre de chaux ou de magnésie dans un jet d'hydrogène et d'oxygène.

La lumière Drummond a longtemps servi à l'Opéra. La chaux était portée à l'incandescence et donnait une magnifique lumière. Un inventeur de grand mérite, M. Tessié du Motay, avait tenté, il y a une douzaine d'années, de faire expérimenter à Paris sur grande échelle la lumière oxhydrique ; il croyait être parvenu à produire de l'oxygène à bon marché, et l'éclairage à la magnésie serait devenu économique. La lampe-soleil n'est au fond qu'une lampe dans laquelle la chaux ou la magnésie, au lieu d'être portées à l'incandescence par la combinaison de l'oxygène et de l'hydrogène, passent au rouge blanc éclatant sous l'action de l'arc voltaïque.

M. Leroux, un de nos plus habiles physiciens, disait en 1868 : « L'arc voltaïque éclatant entre deux crayons « de charbon pur au sein d'une cavité de magnésie ou « de chaux, ou d'un autre oxyde terreux, serait cer- « tainement une des plus belles sources de lumière « qu'il soit possible de réaliser. » M. Clerc a fait passer les affirmations de M. Leroux dans le domaine pratique.

Sa lampe consiste tout bonnement dans un petit bloc de matière réfractaire, magnésie, marbre, etc., dans lequel on a creusé à la base une étroite cavité prismatique, c'est-à-dire à parois inclinées du dedans au dehors. On glisse deux crayons de charbon par la face supérieure du bloc à travers deux trous qui vont se rétrécissant et arrêtent les charbons au niveau de la cavité. On fait passer le courant électri-

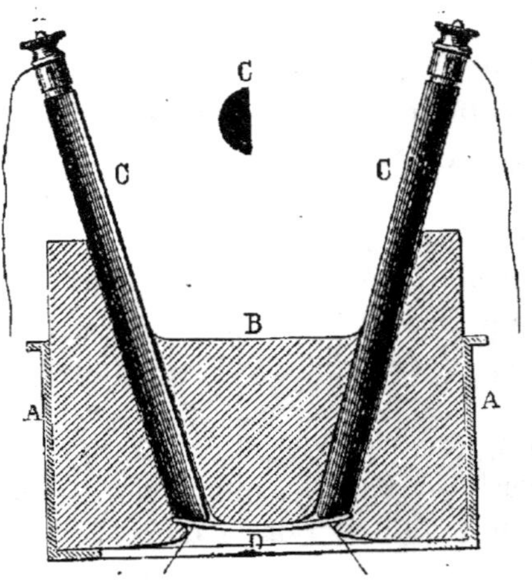

Fig. 129. — Diagramme de la lampe-soleil.
CC charbons; B bloc de marbre; A boite-enveloppe en fonte; D baguette fine de charbon pour l'allumage.

que. L'arc se fixe entre les extrémités inférieures des deux crayons et suit l'arête de la cavité prismatique, il peut prendre facilement une longueur de 4 centimètres; il échauffe le marbre, le réduit à l'état de chaux et le rend vite incandescent. Les charbons descendent par leur propre poids et la lumière se maintient admirablement fixe. Ce n'est pas du premier coup que ce résultat, en apparence si simple, a été atteint; il a fallu imaginer plusieurs tours de main, avant d'arriver à fixer l'arc dans la cavité calcaire.

En pratique, le bloc a été formé par l'assemblage de plusieurs pièces, et il est enfermé dans une boîte de fonte. On peut remplacer ainsi plus facilement la portion qui s'use, c'est-à-dire les pièces de marbre. La matière léchée par l'arc se détruit, en effet, assez rapidement.

Le bloc faisant réflecteur, toute la lumière est renvoyée convenablement et ne va pas éclairer inutilement le plafond. Les pointes de charbon restant dans le bloc, l'œil n'est pas frappé par des radiations violettes. On dispose la boîte de fonte et les charbons dans un globe à suspension. Le courant vient par des fils adaptés à la suspension.

Cette lumière possède une teinte dorée très-belle très-semblable à celle du soleil pénétrant dans une galerie obscure : d'où le nom significatif que lui a donné l'inventeur. Elle fait très-bien valoir les œuvres d'art, les peintures, etc. Elle a récemment éclairé, à l'Opéra, les fresques du foyer.

Il est regrettable seulement que les particules des charbons entraînées par l'arc voltaïque se déposent sur le globle et lui donnent un aspect enfumé.

Alimentée par des courants alternatifs, elle produit aussi un ronflement désagréable. Toutefois, on a diminué cet inconvénient en enfermant la lampe dans une capacité hermétiquement close.

M. Macquaire a aussi pourvu l'appareil d'un allumage automatique en cas d'extinction.

Le point lumineux reste immobile à la même place; de plus, la lumière a une extrême fixité, parce que, alors même que le courant varierait d'intensité, la

chaleur emmagasinée dans le bloc reste suffisante
pour maintenir momanentément la chaux à l'incan-

Fig. 130. — La lampe-soleil.

descence; il y a approvisionnement de calorique et par
suite constance d'énergie lumineuse.

La lampe-soleil paraît fournir la lumière à un prix de revient très-bas. Les blocs réfractaires coûtent environ 30 cent. pièce; ils durent plusieurs jours, même une semaine; ils s'usent en moyenne au taux de 1 centime par heure et par bec. Les charbons très-gros se consument lentement, 15 millimètres à l'heure pour les deux. Comme on leur donne jusqu'à 30 centimètres de longueur, la durée de l'éclairage peut atteindre 18 heures sans qu'on ait besoin de toucher à la lampe. On affirme, et nous le répétons sous bénéfice d'inventaire, que le coût total par heure ne dépasserait pas 4 centimes. D'après un rapport de MM. Bède, Dumont, Rousseau, Wauters et Desguin, fait à Bruxelles en 1881, on obtiendrait une intensité lumineuse mesurée dans la verticale de 100 carcel par cheval. Tout dépend de la grosseur des charbons, de la longueur du marbre et de l'intensité du courant. Pour 2 foyers avec des charbons de 35 millimètres de grosseur, recevant un courant de 22 ampères, on a trouvé 138 carcel. Un courant de 10 ampères donne dans des charbons de 11 millimètres jusqu'à 70 carcel par cheval. Le rendement lumineux est plus fort, bien entendu, avec de gros qu'avec de petits foyers. En somme, en groupant dans le même circuit 12 lampes à charbons de 11 millimètres, alimentées par un courant de 5 ampères, on obtient par foyer 105 Carcel, et par cheval 90 carcel. C'est un excellent rendement pour des lampes à division.

A Londres, 24 lampes-soleil éclairent le panorama de Westminster. A Bruxelles, elles sont employées dans quelques grands établissements publics; à Paris, on les a essayées au passage Jouffroy et à la mairie de la rue Drouot. A l'Exposition, elles répandaient

leur lumière chaude dans la galerie des tableaux.
C'est évidemment un type intéressant qui paraît devoir convenir à plus d'une application.

Tels sont, en définitive, les principaux foyers électriques qui méritent de fixer l'attention. Ils présentent leurs avantages et leurs inconvénients. C'est à l'ingénieur à préciser, selon les circonstances, les foyers qu'il convient de choisir de préférence. Ce que l'on peut avancer, c'est que la lumière électrique par arc voltaïque à foyers intenses peut s'obtenir si commodément dans les usines et à un bon marché tel qu'elle constituera de longtemps encore l'éclairage industriel par excellence.

Les applications de la lumière électrique par arc voltaïque sont aujourd'hui aussi nombreuses que connues, éclairage des fabriques, des chantiers de construction, des exploitations de mines à ciel ouvert, carrières, ardoisières, exploitations agricoles, théâtres, gares de chemins de fer, paquebots, ports de mer, quais, jetées, jardins, promenades, places publiques, etc. On se propose même, puisque la vogue est acquise aux courses, d'éclairer la piste à la lumière électrique et de faire courir le soir pour donner satisfaction à ceux qui sont occupés dans le jour. Mais, parmi ces applications multiples, il en est deux sur lesquelles il convient d'insister un peu ; il s'agit de l'éclairage des phares et des projections lumineuses à grande portée, soit pour les signaux optiques, soit pour les reconnaissances militaires.

L'éclairage électrique des phares a été adopté en principe le 3 mars 1881 par le Conseil général des ponts et chaussées, pour tous les phares du littoral

français. On va commencer par éclairer électriquement 46 phares de grand atterrage. En Angleterre, la
même application se continue sur grande échelle ; les
autres nations vont suivre ; il n'est plus douteux que
les lampes à huile du système français Argand aient
fait leur temps. L'électricité triomphe sur terre et sur
mer. Et c'est une victoire qui en vaut la peine, car le
nombre des phares va croissant tous les jours.
En 1830, on ne comptait dans tout l'univers que
515 phares. En 1870, on en relevait sur les côtes
d'Europe 1,785 ; sur les côtes d'Amérique, 674 ; sur
les rivages d'Asie, 182 ; sur les côtes d'Afrique, 93 ;
en Océanie, 100 ; total : 2,814. L'accroissement est
considérable. La France possède à elle seule, sur son
littoral et en Algérie, 279 phares, dont près de 60 sont
des grands phares. L'Angleterre compte 460 phares,
dont près de 100 sont de premier ordre.

Le premier essai d'éclairage électrique remonte
à 1858 ; il fut fait à South-Foreland, en face de Calais,
sur la côte anglaise, avec une machine magnéto-électrique de Holmes, à courants redressés. La tentative
échoua. En 1861, M. Van Malderen employa directement, et sans les redresser, les courants alternatifs
de la machine de Nollet ; il put pratiquement maintenir l'éclairage d'une lampe Serrin à gros charbons
pendant des mois entiers. Le même système appliqué
aux machines anglaises de Holmes permit d'allumer
électriquement les deux phares de South-Foreland
dès 1862. Les ingénieurs de Trinity-House éclairèrent
de même le phare de Dungeness.

L'expérience ayant paru concluante, on se décida
en France à installer au Havre, au cap de la Hève,
des régulateurs Serrin, alimentés par des machines de

la Compagnie *l'Alliance*. Après le cap de la Hève, ce fut le tour du cap Gris-Nez.

La lumière électrique a une portée plus grande que la lumière à l'huile ; jusque dans ces derniers temps, on craignait que les prix de revient ne fussent plus

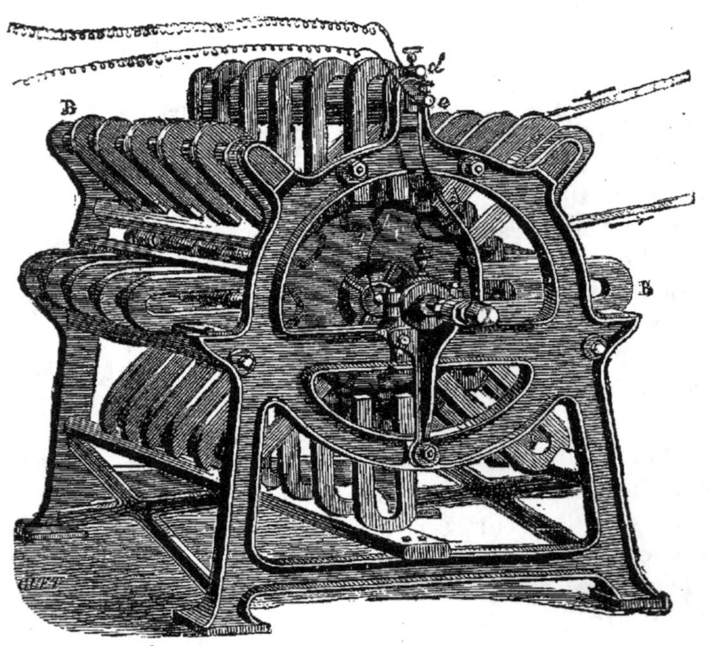

Fig. 131. — Machine magnéto-électrique de la Compagnie *l'Alliance*

élevés. La dépense d'un phare de premier ordre éclairé à l'huile est, par an, de 8,310 francs en moyenne ; elle est pour chacun des phares de la Hève éclairés par des lampes électriques de 11,360 francs et pour celui de Griz-Nez de 13,410 francs. Mais quand on recherche quel est le prix de l'unité de lumière, on trouve que le bec de Carcel à l'huile coûte 406 francs par an, tandis que le bec électrique ne coûte que 109 à Gris-Nez et 97 francs à la Hève. Cependant comme il fallait changer le matériel, on hésita longtemps à étendre davantage le système électrique.

Un rapport très-complet du directeur actuel des phares, M. Allard, a fini par démontrer l'opportunité de la transformation des feux à l'huile en feux à l'électricité. Le phare de premier ordre de Planier, dans les Bouches-du-Rhône, va recevoir un foyer électrique; puis de même le phare de Baleine, dans la Charente-Inférieure. Il restera 42 phares à transformer. Le travail va se faire le plus vite possible. Les frais d'exécution du programme complet ne dépasseront pas huit millions.

Le grand phare de l'Exposition représentait le type adopté. Sa lanterne a 3ᵐ50 de diamètre. Il existait deux autres appareils optiques analogues, installés à droite et à gauche de l'escalier d'honneur. Ces trois appareils à groupe de trois éclats blancs et un rouge sont destinés aux nouveaux phares électriques de Dunkerque, Calais et Gris-Nez. Ils ont été établis sur les plans de M. Allard, le premier par MM. Sautter et Lemonnier, le deuxième par M. Henry Lepaute fils, le troisième par MM. Barbier et Fenestre.

On s'est beaucoup occupé dans les dernières années, en Angleterre et en France, du choix des machines génératrices d'électricité et du régulateur à adopter. On a soumis à des expériences méthodiques les machines de l'*Alliance* et de Holmes, les machines Gramme, Siemens, et le nouveau type très-remarquable inventé en 1878 par M. de Méritens.

Les machines Gramme, Siemens, à électro-aimants, donnent par cheval de force beaucoup de lumière; elles sont petites et à bon marché; malheureusement pour un éclairage régulier et puissant comme celui d'un phare, elles offrent des inconvénients. Elles sont à courant continu et l'on sait que dans ce cas le charbon positif se creuse et s'use deux fois plus vite que le charbon négatif. Le réglage doit se faire à intervalles rapprochés. Souvent la pointe effilée du charbon négatif se brise brusquement, l'écart devient considérable, et le régulateur, entraîné par un excès de vitesse, colle les deux charbons l'un sur l'autre. Le contact devenant parfait, la résistance au passage du courant est atténuée; les électro-aimants, bénéficiant de l'excès de courant qui circule dans leurs spires, augmentent d'énergie, et la mise en rotation de la bobine nécessite plus de force. Le moteur à vapeur travaille non-seulement en pure perte, mais d'une manière nuisible, parce que l'excès d'intensité du courant n'étant pas utilisé, se transforme en chaleur qui échauffe la machine au grand préjudice de tous ses organes. Ces effets se répètent sans cesse et l'on est obligé d'employer des moteurs beaucoup plus puissants qu'il ne le faudrait pour assurer le service dans des conditions ordinaires. Enfin, le charbon creux faisant réflecteur, empêche de renvoyer la lumière au delà d'un angle de 40 degrés, alors qu'il est utile de la faire rayonner à l'horizon. Avec les courants alternatifs, ces inconvénients disparaissent. Toutefois il subsiste encore une petite différence, mais sans importance pratique, dans la combustion des charbons; l'usure des charbons est la même quand ils sont placés horizontalement, mais disposés verticalement, le charbon supérieur se consume un peu plus vite que le charbon inférieur, proportion 108 contre 100. C'est que le courant d'air chaud augmente sans doute un peu sa température.

Cependant comme les machines dynamo fournissent une intensité lumineuse considérable , on hésitait à rejeter leur emploi. La machine de l'*Alliance*, excellente pour les phares, ne donne en effet que 59 carcel par cheval, tandis que la machine Gramme peut dans les mêmes conditions en donner jusqu'à 100.

On était arrêté cependant par les difficultés que nous venons d'indiquer, lorsque M. de Meritens présenta en janvier 1879 sa nouvelle machine à Royal-Institution. Nous avons dit que la machine Meritens est à aimants, comme la machine de l'*Alliance*. L'induction étant de valeur fixe, les courants produits restent d'intensité constante. M. Tyndall reconnut vite le parti qu'on pourrait en tirer pour le service des phares. Une machine fut achetée par Royal-Institution, une autre par la Société royale de Londres. Bientôt, en avril 1880, les quatre machines Holmes qu'on employait pour allumer les deux phares de South-Foreland étaient remplacées par une seule machine de Meritens. Les deux phares sont distants de 500 mètres. La même machine leur envoie la lumière à l'aide de deux circuits distincts; l'éclat a été reconnu très-notablement supérieur à ce qu'il était auparavant. Depuis, les membres du Board de Trinity-House ont définitivement adopté les nouvelles machines. Ce sont elles qui éclairent déjà les phares de Macquarie dans la Nouvelle-Galles-du-Sud et du cap Lézard sur la côte anglaise. On en a aussi envoyé une à Québec pour éclairer la Chambre des Députés. Leur puissance de production est de 1,200 carcel pour 15 chevaux ; désormais elle sera élevée à 2,000 carcel pour 20 chevaux de force. Ces types, très-élégants, étaient exposés au palais des Champs-Élysées. La machine Méritens dernier modèle donne réglementairement par cheval 100 becs, avec un régulateur Serrin et des charbons Carré de 25 millimètres de diamètre. Les anciennes petites machines de 8 chevaux fournissaient environ 80 ou 85 carcel par cheval de force avec le régulateur Serrin et des charbons Carré de 18 millimètres de diamètre. La portée des éclats lumineux est de 27 milles anglais (50 kilomètres).

Un feu scintillant à groupe d'éclats blancs peut donner avec ces machines, dans les nouveaux appareils d'optique, une intensité de 125,000 à 140,000 carcel, tandis que l'ancienne machine de l'*Alliance* ne fournissait qu'une intensité de 60,000 carcel.

En Angleterre, on a remplacé le régulateur de Holmes par le régulateur Serrin, et l'on emploie aujourd'hui le charbon Carré. Donc, tout vient de France, machine, régulateur et charbon. C'est un résultat qui fait bien quelque honneur à l'industrie de notre pays.

Notre service des phares profita de l'expérience acquise de l'autre côté de la Manche. Les essais démontrèrent à Paris comme à Londres le bon fonctionnement des machines Méritens. Elles ont été définitivement adoptées pour les phares de Planier, près de Marseille, et des Baleines, dans la Charente-Inférieure. Les machines achetées par l'Administration figuraient aussi à l'Exposition ; elles éclairaient le grand phare central, les deux autres foyers à éclats et le Ministère des postes et des télégraphes.

Longtemps on craignit que les foyers électriques ne

réchauffassent trop les appareils optiques et ne les re-
couvrissent de charbon. Il est bon de remarquer qu'à
la Hève les optiques n'ont que 30 centimètres de
diamètre, et l'inconvénient a été supportable ; les nouveaux appareils ont 60 centimètres ; il sera donc
très-atténué.

En Angleterre, on vient de demander le crédit nécessaire pour établir cette année même, non plus
comme chez nous 46 phares électriques, mais bien 60,
et une demande analogue est faite pour l'année prochaine en vue d'installer 100 phares. Les ingénieurs
anglais supposent que dans un temps prochain on
voudra encore augmenter l'intensité lumineuse de
chaque phare et se servir de foyers électriques plus
puissants. Ils n'ont pas hésité, affirme-t-on, à construire les nouveaux optiques avec *deux mètres* de
diamètre !

Seconde application intéressante à l'art de la guerre.
La projection de puissants faisceaux lumineux pour
éclairer le terrain et se rendre compte des travaux
d'approche a pris beaucoup d'extension depuis les premiers essais tentés pendant le siége de Paris sur la butte
Montmartre. Les navires de guerre possèdent maintenant des projecteurs à longue portée. La frégate *la
Surveillante* s'en est servie pendant l'expédition de
Tunisie pour explorer la côte de l'île de Tabarka
avant le débarquement des troupes. L'armée possède
également des projecteurs puissants. L'exposition du
Ministère de la guerre en montrait plusieurs types.
M. le colonel Mangin a imaginé en 1875 des miroirs
aplanétiques très-faciles à construire, ne se déformant
pas et renvoyant les rayons dans une direction parallèle. Ils sont constitués par deux verres à surface

sphérique accolés et dont les rayons ont été calculés de façon que la lumière en traversant les surfaces prennent une direction parallèle à l'axe du miroir. Le fond est argenté. Le projecteur, sorte de boîte cylindrique de 90 centimètres d'ouverture, porte au fond ce miroir devant lequel on installe deux charbons dont on règle la distance simplement à la main, sans aucun mécanisme. Les charbons sont inclinés de 30°, pour que l'on puisse tirer tout le maximum de lumière possible, comme nous l'avons expliqué. Une lentille auxiliaire placée entre le foyer et le miroir renvoie sur le réflecteur la lumière qui aurait pu s'égarer. L'arc voltaïque développe une intensité de 4000 becs carcel. Le projecteur est desservi par une sorte de petit chariot qui porte une chaudière Field très-ramassée, un moteur Brotherood et la machine Gramme. Le projecteur est indépendant et installé surune plate-forme à roues ; l'ensemble pèse 750 kilogrammes. MM. Sautter et Lemonnier, qui construisent ces appareils, les ont rendus très-mobiles lettrès-peu pesants. La voiture qui porte le projecteur ne pèse, avec la machine, que 5000 kilogrammes.

Les grands projecteurs de 90 centimètres sont surtout destinés à la défense des côtes et des places fortes. Les constructeurs en ont livré déjà plus de 40 au gouvernement français. Chaque appareil complet coûte 30,000 francs. Un autre modèle de 60 centimètres est destiné aux armées en campagne. Le foyer lumineux est de 2500 carcel. Il peut être traîné par des hommes. Il existe encore un troisième type, beaucoup plus léger, de 40 centimètres, avec machine Gramme de 1600 becs carcel. Dans cet appareil, tout le système, projecteur et machine, est installé sur un seul charriot. La lampe est mobile et peut être enlevée de son support. Ce dernier modèle est surtout destiné au service de la télégraphie optique et à faire des signaux par projection lumineuse sur les nuages.

Le projecteur lance un faisceau lumineux très-puissant, 20 fois plus puissant qu'avec un miroir sphérique ordinaire. Pour fouiller un terrain, on agrandit ou diminue le champ du faisceau en approchant ou éloignant le foyer lumineux du miroir. Pour un déplacement de 4 centimètres, la surface éclairée à 1 kilomètre passe de 15 mètres de largeur à 120 mètres; à 4 kilomètres de distance, le champ d'éclairement s'agrandit jusqu'à 460 mètres. Le projecteur peut d'ailleurs s'incliner dans toutes les directions. La portée utile du grand modèle est de 5 à 6 kilomètres au moins; pendant les essais faits au Mont-Valérien, on distinguait en pleine nuit tous les détails du Trocadéro situé à bien près de 8 kilomètres. A 5 kilomètres, on voyait distinctement les maisons, les mouvements de troupes, à 3 kilomètres on comptait les fantassins dispersés en tirailleurs. Le second modèle a une portée utile de 4 à 5 kilomètres; le troisième une portée utile de 3 kilomètres. On conçoit tout le parti que l'on peut tirer de ce procédé puissant d'investigation, soit pour dérouter les surprises de l'ennemi en campagne, soit en mer pour se défendre contre les torpilleurs et les attaques imprévues. Pendant la récente campagne de Tunisie, les projecteurs du troisième type ont rendu déjà de grands services. On les utilisa pour la défense des camps. Les Zlass notamment, qui voulaient enlever un de nos campements près de Zaghouan, furent surpris par la lumière électrique, et effrayés prirent la fuite. On les a employés également pour la télégraphie optique. Quand le foyer lumineux est placé sur une grande hauteur, les signaux peuvent se voir à plus de cent lieues de distance. Les signaux électriques, pendant l'opération géodésique dirigée par le colonel Perrier et destinée à prolonger la méridienne de France en Algérie, ont été vus des montagnes d'Espagne, sur le continent africain. Les projecteurs Mangin sont devenus réglementaires dans l'armée française.

Les deux applications de la lumière électrique que nous venons d'indiquer sont caractéristiques; il va sans dire qu'il faudrait un volume spécial pour les examiner toutes successivement avec les développements qu'elles comportent, au point de vue industriel aussi bien qu'au point de vue militaire ou naval.

Bibliographie. — La *Lumière électrique,* par MM. Alglave et Boulard. *Éclairage à l'électricité,* par Hipp. Fontaine. *Principales applications de l'électricité,* par M. Hospitalier, etc., etc.

XIII

Un des plus grands attraits de l'Exposition d'électricité était sans contredit la salle de M. Edison. La foule s'y pressait tous les soirs ; on avait tant parlé des inventions et surtout de la lampe merveilleuse du physicien de Menlo-Park ! Tout le monde voulait savoir jusqu'à quel point le célèbre inventeur avait tenu ses promesses. Lorsqu'il y a deux ans déjà, nous annoncions les premiers que M. Edison était parvenu à réaliser un système complet d'éclairage électrique, tout prêt à être substitué à l'éclairage au gaz, on accueillit la nouvelle avec une certaine incrédulité. On eût volontiers rappelé le proverbe que l'on applique aux inventions qui viennent de loin. On prononça

20.

même le mot de mystification. Un électricien, et des plus éminents, écrivait à cette époque, en faisant allusion au système d'Edison : « C'est une idée à l'état d'ébauche, qui n'a rien de neuf et ne nous parait pas devoir conduire à des résultats bien sérieux ». Les temps sont bien changés. Tous les doutes ont disparu. Ceux qui voulaient toucher, comme saint Thomas, ont aujourd'hui les lampes sous les yeux. Tous les soirs, des lustres, des candélabres, répandaient leur lumière douce et dorée dans les salles 24 et 26 et dans différentes parties du Palais. Le succès fut considérable; il fut consacré journellement par les témoignages d'étonnement du public.

Que pouvait-on souhaiter en effet de plus joli, que ces petits foyers de lumière si fixe et si calme, si caressante pour le regard! Nous sommes habitués à nous représenter la lumière électrique sous forme de foyers éblouissants, scintillants, durs à l'œil, bruyants, changeant sans cesse d'intensité, aux tons variables et blafards. Ici, au contraire, on a devant soi une lumière qui a été en quelque sorte civilisée, accommodée à nos habitudes, mise à notre portée; chaque bec éclaire comme du gaz, mais comme un gaz qu'il eût fallu inventer, un gaz donnant une lumière d'une fixité parfaite, gaie et brillante sans gêner la rétine.

Et quelle différence avec le gaz! Elle ne répand dans l'appartement aucun produit de combustion, ni acide carbonique, ni oxyde de carbone, qui vicient l'atmosphère, ni acide sulfureux, ni ammoniaque, qui altèrent les peintures et les tissus; elle n'élève pas la température de l'air et ne produit pas cette chaleur si incommode et si fatigante du gaz.

Elle supprime tout danger d'explosion et d'incendie; elle n'est pas soumise pendant les froids à des variations d'éclat désagréables, ni à ces changements de pression dans la canalisation, qui résultent de la condensation de certains carbures d'hydrogène. Elle va toujours de sa marche régulière et impassible, quelles que soient les intempéries des saisons; que le thermomètre descende au-dessous de zéro, que le vent souffle en tempête, secoue les arbres et les candélabres, elle donne toujours la même somme de lumière. Elle brûle même au milieu de l'eau aussi bien que dans l'air. Elle est complétement inaccessible aux influences extérieures. Que d'avantages!

Vous rentrez chez vous. Avec le gaz, il faut tourner le robinet, enflammer une allumette et la lumière se fait. Heureux encore, lorsque par mégarde on n'a pas oublié en partant de bien fermer le robinet; autrement le gaz se serait échappé et aurait constitué, mêlé à l'air, un mélange détonant; en allumant le bec, on produirait une explosion. On peut se demander comment les accidents n'arrivent pas plus souvent et comment, surtout au début, la crainte de ce danger, qui n'a rien d'impossible, n'a pas retardé le rapide développement qu'a pris l'usage du gaz. L'habitude est bien vraiment une seconde nature. Avec l'électricité, c'est autrement commode. Vous rentrez, vous pressez un bouton, et sans feu, sans allumette, toute la maison s'éclaire. Il y a mieux encore; on fait ce que l'on veut de l'électricité. Appuyer sur un bouton ou tourner un robinet vous semble-t-il trop exiger? Qu'à cela ne tienne, vous ouvrez la porte de l'antichambre, le bec électrique s'allumera de lui-même; vous pénétrez dans le salon, les lampes brillent, les candélabres jettent des torrents de lumière ; vous entrez dans votre chambre, dans votre cabinet de travail, les becs s'allument automatiquement. Par cela seul que vous ouvrez la porte de chaque pièce, vous obligez la lampe à donner de la lumière.

L'invention du physicien américain nous paraît marquer une ère nouvelle dans les procédés de l'éclairage public. C'est en effet un système absolument complet créé de toutes pièces et qui permet une application immédiate. Il mérite de fixer tout particulièrement l'attention.

Les premiers essais de M. Edison remontent à l'année 1878. L'écho des expériences d'éclairage électrique de l'avenue de l'Opéra et de l'Exposition de Paris parvint à Edison pendant qu'il faisait un voyage avec M. Draper à travers les montagnes Rocheuses. L'inventeur américain avait déjà une réputation européenne ; on avait admiré au Champ-de-Mars ses appareils pleins d'originalité, tels que le phonographe, le téléphone à pile, le télégraphe quadruplex, etc. Pourquoi, lui dit un matin son compagnon, très-éminent physicien lui-même, pourquoi n'aborderiez-vous pas aussi le problème de l'éclairage par l'électricité? Edison réfléchit quelques jours, et, dès son retour, on le vit laisser de côté les téléphones et d'autres inventions en préparation ; sa résolution était prise ; il se mit à l'œuvre immédiatement avec les puissants moyens d'exécution que les capitalistes des États-Unis savent mettre à la disposition des hommes de science.

Son plan fut vite dressé : il ne lui convenait pas de réaliser tout bonnement une lampe électrique meilleure que les autres ; il s'agissait de trouver une solution complète de l'éclairage: machines productrices d'électricité, conduites souterraines, distribution à domicile, compteurs, etc. Il fallait en un mot copier le gaz, suivre de tous points le système actuel d'éclairage, qui est passé dans nos habitudes, livrer des becs de huit ou seize bougies comme les becs de gaz, faire payer le bec électrique d'après la consommation d'électricité, introduire la lumière électrique dans les maisons par des canalisations, etc. ; bref, adopter les combinaisons des Compagnies de gaz, tout en assurant au consommateur des avantages certains au point de vue de la dépense, des facilités d'installation et de la beauté de la lumière. En moins de deux ans, ce plan, qui eût paru à tout autre inexécutable, fut cependant suivi de point en point et réalisé dans toute son étendue.

On ne se fait guère ici une idée des difficultés qu'il a fallu vaincre, de la somme incroyable de travail qui a été fournie pendant des mois; on a expérimenté nuit et jour au laboratoire de Menlo-Park transformé en usine; on compte par centaines de mille les essais et les expériences préparatoires; on retrouve de tous côtés dans l'œuvre accomplie la trace des efforts prodigieux que seule peut faire une volonté indomptable surexcitée par des entraves sans cesse renaissantes. L'invention est venue à son heure comme sur commande, à prix d'or, et enlevée de vive force par le génie d'un homme. C'est un exemple sans précédents et qui restera peut-être unique dans l'histoire des découvertes modernes. Elle serait bien curieuse à retracer, l'histoire complète de la lampe Edison.

Toutes les recherches du physicien de Menlo-Park se sont d'abord concentrées sur la base du système, sur l'invention d'un foyer lumineux vraiment pratique. Après quelques hésitations, M. Edison admit en principe qu'il fallait abandonner pour un éclairage domestique la lumière par arc voltaïque, trop dure à l'œil et nécessitant l'emploi de baguettes de charbon. Avoir à mettre dans une lampe chaque jour une provision de baguettes de charbon est une sujétion incompatible avec nos habitudes ; c'était en revenir à la mèche de nos lampes, avec cette aggravation qu'il était nécessaire de la renouveler sans cesse. Il fallait imaginer un bec fournissant de la lumière à la façon des becs de gaz, sans qu'il y eût lieu de s'occuper de l'entretien de l'appareil. On est naturellement conduit ainsi à n'admettre, pour la solution de la question, que la lumière électrique produite par incandescence, et non plus par arc voltaïque.

Qu'est-ce que la lumière par incandescence? Il faut se rappeler que tout courant électrique traversant un conducteur échauffe plus ou moins ce conducteur, en raison de la difficulté qu'il éprouve à se frayer un chemin. Le frottement, comme on sait, engendre de la chaleur. L'électricité, en circulant dans le métal, y rencontre sans cesse des obstacles à sa propagation ; elle frotte contre ses molécules ; il en résulte une production de chaleur. Si, à un conducteur relativement gros on soude un conducteur très-étroit, le courant au point de raccordement est étranglé ; il éprouve beaucoup de peine pour passer, les frottements sont énergiques, et la chaleur produite devient subitement énorme dans ce couloir étroit. Le conducteur peut être brusquement porté à une température de 1,500, 1,800, 2,000 degrés. Il est rendu incandescent et jette un éclat très-vif. Tout le monde a vu rougir

ainsi, sous l'action d'un courant électrique, des fils de
platine. La température engendrée dépend de la résistance opposée au courant pendant son passage à travers le fil.

Il n'existe pas de moyen plus commode pour transporter brusquement sur un point donné une grande
quantité de chaleur. On peut chauffer à volonté un
fil, un métal en quelques instants. A l'Exposition,
devant M. Dumas, secrétaire perpétuel de l'Académie
des sciences. et devant plusieurs membres du jury,
M. Siemens, de Berlin, en fournissait une démonstration remarquable. Il fit passer dans un creuset réfractaire un puissant courant électrique à travers des
morceaux d'acier. En moins de quinze minutes l'acier
était en fusion et donnait un beau lingot de plusieurs
kilogrammes.

L'intensité lumineuse croît très-vite avec la température. C'est un fait curieux que tous les corps
solides, quels qu'ils soient, commencent à devenir
lumineux à la même température, vers 980 degrés.
Dès qu'une substance émet un peu de lumière, on
peut être certain qu'elle est à une température de
1,000 degrés. Mais en chauffant toujours, l'intensité
de la lumière s'accroit bien plus que l'élévation de
température. Ainsi à 2,600 degrés, le platine émet
40 fois plus de lumière qu'à 1,900 degrés. La couleur
de la lumière varie d'ailleurs avec le degré de chaleur.
A 1,600 degrés la couleur est rouge; à 1,200 degrés,
orange; à 1,300 degrés, jaune; à 1,500 degrés, bleue;
à 1,700 degrés, indigo; à 2,000, violette. Au delà,
tous les rayons du spectre sont émis par le corps
incandescent; la substance chauffée donne de la lumière blanche. La nature du corps chaud exerce

aussi une certaine influence sur les teintes transmises. On comprend facilement, d'après ce qui précède, la nécessité absolue d'élever très-haut la température, si l'on veut avoir une lumière intense et comparable à la lumière du jour. Le gaz donne une lumière peu intense et jaune rougeâtre, parce que la température de la combustion est relativement peu élevée. Les lampes à arc voltaïque produisent une lumière violacée, parce que les parcelles de charbon qui se brûlent sont à une température d'environ 2,000 degrés.

On devine aisément, après ces détails, comment on peut produire de la lumière par l'incandescence d'un conducteur de l'électricité. Il suffit de rendre ce conducteur assez résistant, pour que tout le travail du courant se transforme en chaleur. Il suffit de substituer brusquement à un fil un peu gros un fil très-délié ; le courant éprouve une énorme résistance qui porte la température à 1,600, 1,700, 2,000 degrés ; la température s'élève d'autant plus haut que la résistance au passage augmente elle-même notablement dans un conducteur qui est très-chaud ; le fil mince devient incandescent et émet une lumière intense.

Cette lumière est moins éblouissante que la lumière qui jaillit entre deux baguettes de charbon rapprochées ; elle n'est plus violacée, et elle est composée de rayons mixtes, rouges, jaunes, etc.

Il y a bien longtemps que l'idée est venue de l'utiliser ; seulement, l'arc voltaïque donnant beaucoup plus de lumière pour un prix moindre, on ne pensait pas qu'il y eût lieu de s'en servir ; de plus, très-peu de métaux peuvent atteindre sans se fondre des températures suffisantes pour émettre une lumière intense. Le platine seulement ou les métaux qui l'accompagnent dans ses minerais, pouvait être employé, et encore, si le courant était mal réglé, il fondait et à la lumière succédait brusquement l'obscurité.

Dès 1841, un Anglais, Frederick de Moleyns, de Cheltenham, combina une lampe avec spirale de platine enfermée dans un petit globe de verre; pour augmenter l'éclat, on faisait tomber sur le métal, grains à grains, du charbon pulvérisé. Au bout de peu de temps, le platine était mis hors de service.

En 1845, J. W. Starr, de Cincinnati, auteur d'ouvrages philosophiques, obtint de Peabody, le grand philanthrope, quelque argent pour construire une lampe à incandescence dans laquelle le platine était remplacé par du charbon au milieu d'un globe de verre vide d'air. Le charbon en s'échauffant, produisait une belle lumière, et comme il était dans le vide, il ne pouvait s'oxyder et par suite se consumer. Starr franchit l'Océan avec son invention et exhiba sa lampe en Angleterre devant plusieurs physiciens, notamment devant Faraday; il installa un candélabre à 26 lumières pour symboliser les 26 Etats de l'Union, qui s'est bien agrandie depuis lors.

La lampe Starr eut un grand succès à Londres. L'inventeur retourna en Amérique sans doute pour demander à Peabody de nouveaux subsides, mais il mourut pendant la traversée. Son compagnon de route, King, prit à son tour un brevet, dans le dessein sans doute de se substituer à Starr dans l'exploitation des lampes à incandescence; mais sans argent, il dut abandonner ses projets. Au reste, le charbon de la lampe Starr ou King ne s'usait que lentement, mais se désagrégeait et les particules charbonneuses salissaient le verre, et le foyer était rapidement mis hors d'usage.

En 1846, deux Anglais, Greener et Staite, reprirent la tentative de Starr et King : seulement ils se servirent de charbon traité par l'eau régale, dans le but de le purifier, de le débarrasser des matières étrangères et de donner ainsi plus de fixité à la lumière et plus de durée au conducteur charbonneux.

En 1849, un autre Anglais, nommé Pétrie, abandonnait le charbon pour en revenir au métal; seulement il substituait au platine l'iridium ou ses alliages encore moins fusibles que le platine. Douze ans s'étaient passés, lorsqu'en 1858, M. de Changy fit fonctionner avec 12 éléments Bunsen, plusieurs petites lampes à platine. Jobard, de Bruxelles, annonça avec certain retentissement à l'Académie des sciences, que le problème de la divisibilité de la lumière électrique était résolu. Rien n'était résolu du tout. M. de Changy avait copié ses prédécesseurs, à cela près qu'il avait enroulé son fil de platine en spirale serrée, disposition heureuse essayée aussi par M. Edison et employée par M. Lontin. Les spires serrées l'une contre l'autre concentrent la chaleur en un point et élèvent la température. Un fil simple arrive à peine au *rouge* sous l'influence d'un courant donné, tandis que, enroulé en spirale, il atteint le *blanc*. La lampe Changy portait avec elle la trace du péché originel; le platine fondait ou se coupait rapidement. Pendant vingt ans, on n'entendit plus parler des lampes à incandescence. En 1873, un Russe, M. Lodyguine, réalisa une nouvelle lampe à charbon rendu incandescent dans le vide; elle fut apportée en France par M. Kosloff (1).

(1) *Causeries scientifiques* (1874), tome XV.

En 1874, elle valut à son inventeur un prix de l'Académie des sciences de Saint-Pétersbourg. La lumière que nous avons vue à Paris était très-belle ; malheureusement les points d'attache entre les baguettes de charbon et les fils de platine qui leur apportaient le courant se rompaient sans cesse. La lumière coûtait cher.

Nouvelles tentatives en 1875 par M. Konn, en 1876 par M. Bouliguine, et par M. Sawyer qui, au lieu de faire le vide dans le globe de charbon, y introduisait de l'azote. C'est une grande difficulté, en effet, de maintenir le vide, même dans des espaces en apparence hermétiquement clos.

M. Jablochkoff, en 1878, appliqua aussi son esprit inventif à la réalisation de foyers incandescents. Il porta au rouge blanc de petits morceaux de substance réfractaire. Mais pour faire circuler un courant, dans ces blocs très-résistants, il fallait lui donner une grande tension. Aussi interposait-on entre les blocs et la machine génératrice d'électricité, des condensateurs qui se chargeaient et débitaient leurs décharges à haute pression à travers la matière réfractaire des foyers. Résultats : grande dépense, faible rendement, et volatilisation assez rapide des blocs.

Les efforts et les tentatives de nombreux inventeurs s'étaient sans cesse heurtés à des difficultés qui avaient fini par faire considérer toute solution comme impossible. Ici, les lampes ne tenaient pas le vide ; là, les charbons se brisaient ; ailleurs, le platine ou l'iridium fondait ; ailleurs encore, la dépense par heure était trop élevée.

La question en était arrivée à ce point peu satisfaisant, quand M. Edison se mit à l'œuvre. Selon son habitude, et comme pour se faire la main, il commença par répéter les essais de ses devanciers en les améliorant. Il employa des fils de platine, des fils d'iridium d'une extrême finesse pour augmenter la résistance du courant et par suite l'éclat de la lumière. De gros fils amenaient le courant jusqu'à ce cheveu métallique roulé en hélice au milieu d'une petite sphère de verre préalablement vidée d'air pour empêcher l'oxydation du métal.

Mais les fils fins fondaient à chaque instant ; l'inventeur américain les empêcha de fondre. Lorsque la chaleur devenait trop intense, la spirale, en se dilatant, touchait légèrement un petit butoir par lequel s'échappait l'excès de courant, la température baissait ; le contact cessait et la température s'élevait ; par ces alternatives, on modérait la chaleur et les fils pouvaient résister (1). Malheureusement, au bout de plusieurs jours d'incandescence, le platine subissait une modification moléculaire et se brisait lorsqu'on faisait passer de nouveau le courant.

Le platine est allié dans ses minerais à d'autres métaux : le palladium, le rhodium, l'iridium, l'osmium, le ruthénium. Le platine fond de 1,800 à 1,900 degrés ; le rhodium, l'iridium un peu au delà encore de ce degré déjà excessif. Edison voulut les soumettre à l'épreuve ; partout ailleurs on n'aurait pas même eu la pensée d'essayer. Ces métaux sont d'une telle rareté qu'on ne peut guère s'en procurer, même à prix d'or ; mais au laboratoire de Menlo-Park, il faut bon gré mal gré pousser les investigations à fond,

____

(1) M. Lontin avait imaginé, pour ses lampes en platine, le même mode de réglage de la chaleur.

pour éviter de passer à côté d'une solution possible.
Il y a là des collaborateurs dévoués en aussi grand
nombre qu'il le faut, et les capitaux nécessaires pour
ne reculer devant aucune dépense; c'est la plus colos-
sale « usine à inventions » que l'on puisse imaginer.
M. Edison tenait à ces métaux. Il n'en existe pas
dans le commerce; il écrivit, pour obtenir un échan-
tillon de rhodium, au plus illustre géologue des États-
Unis. Celui-ci lui répondit, sous une forme qui laissait deviner l'ironie, qu'il lui en transmettrait bien
volontiers pour des milliers de lampes, mais qu'il n'en
existait même pas un quart de gramme aux États-Unis.

Edison dépêcha immédiatement un de ses aides
dans la Caroline du Nord, où l'on avait déjà décou-
vert, au milieu de pépites d'or, quelques minerais de
platine, avec l'ordre de rapporter, coûte que coûte,
plusieurs kilogrammes de rhodium, d'osmium, etc.
Cinquante ouvriers sondèrent le sol; on leur laissait
l'or et on ne leur prenait que les minerais de platine.
Deux mois plus tard, Edison avait à Menlo-Park
plusieurs kilogrammes de rhodium. Il s'empressa
d'en envoyer un kilogramme au plus illustre géologue
des États-Unis. La devise est celle-ci, à Menlo-Park :
« On peut ce qu'on veut. »

Le rhodium cependant ne fit pas l'affaire plus que
le platine; il se désagrégeait aussi sous l'influence des
hautes températures. Alors on essaya de recouvrir
les fils d'oxydes métalliques pour diminuer les pertes
de chaleur par le rayonnement et pour voir si, avec
cet abri extérieur, les fils se désagrégeraient moins
vite. On déposa à leur surface des enduits d'oxydes
métalliques, de la magnésie, de la chaux, etc. Mêmes
insuccès.

Il parut évident que l'on n'aboutirait pas dans cette voie. Le passé était liquidé, on pouvait aller en avant d'un pas certain. Pourquoi le platine se désagrégeait-il? Il fallait remonter à la cause. Edison, en physicien habile, reconnut que le platine, comme d'ailleurs la plupart des métaux, renferme dans ses pores de l'oxygène et même d'autres gaz (1). Une température élevée et prolongée au milieu du vide chasse les gaz de la masse. Quand on emploie le platine qui n'a pas été débarrassé de ses gaz, la chaleur les fait fuir, mais ils reviennent pendant le refroidissement et ce mouvement de va-et-vient altère le métal. Le platine purifié de ses gaz et les autres métaux d'ailleurs acquièrent des propriétés toutes nouvelles. Le platine no-

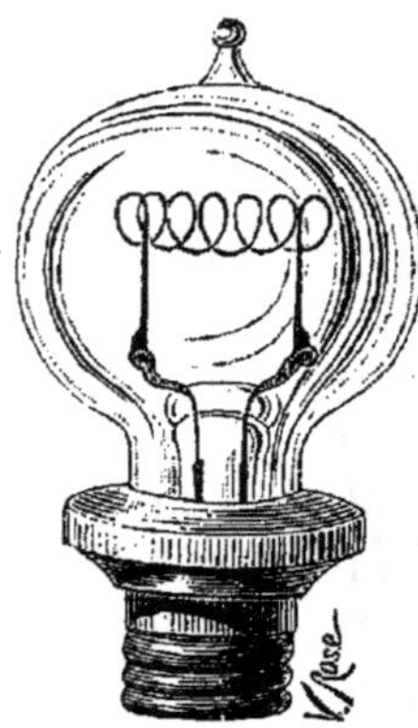

Fig. 132. — Lampe Edison, à filament en spirale.

tamment, qui est un métal mou, devient dur et élastique comme l'acier. Cette découverte très-importante permit à Edison de réaliser une première lampe à incandescence, brillant d'un grand éclat et durant de très-longues heures. Telle fut la lampe Edison premier type. Son invention fit certain bruit en Europe et fut saluée par une baisse rapide des actions du gaz. La Bourse est une sensitive!

(1) M. Dumas arrivait en France, dans le cours d'autres recherches, à des résultats concordants, mais par des méthodes scientifiques d'une rigoureuse exactitude. Il est bien démontré aujourd'hui que les métaux emprisonnent des quantités très-notables de gaz dans leur masse.

On devient difficile pour soi-même quand la réussite couronne les premiers efforts. M. Edison se demanda si, en traitant le charbon comme un métal, on ne parviendrait pas à lui transmettre aussi des qualités exceptionnelles de dureté et d'élasticité. Dans ce cas, le problème se simplifierait : un fil de charbon présenterait de très-grands avantages sur un fil métallique. Le prix de revient mis de côté, le charbon possède à température égale un pouvoir rayonnant de la lumière plus grand que le platine; la capacité calorifique du charbon, c'est-à-dire son pouvoir de s'échauffer pour atteindre le même degré de température, est beaucoup moindre, de telle sorte que la même quantité de calorique élève le charbon à une température plus haute qu'elle n'élèverait le platine. Donc, moindre dépense d'électricité pour la même lumière. De plus, la résistance qu'oppose le charbon au passage du courant est environ 250 fois celle du platine. Donc encore, on peut élever de ce chef la température, c'est-à-dire l'éclat. Enfin, le platine présente l'inconvénient de fondre facilement. Le charbon est infusible aux plus hautes températures connues.

Il n'en fallait pas davantage pour que l'inventeur américain commençât de nouvelles recherches. Mais comment obtenir un filament de charbon aussi délié et aussi résistant que du platine, assez ductile pour être courbé sur lui-même? On prit du graphite, on le mêla à du goudron; on introduisit le mélange dans un canon de fusil, et l'on chauffa à l'abri de l'air. Le charbon produit ainsi était très-malléable, mais se découpait mal. On raconte qu'un jour, en allumant sa cigarette avec du papier enroulé, Edison remarqua que le papier, débarrassé de ses cendres, produisit un filament de charbon assez résistant. Il eut l'idée d'expérimenter du papier carbonisé. Il essaya méthodiquement de tous les papiers possibles ; il en fabriqua même avec des matières spéciales, notamment avec un coton soyeux que l'on récolte dans certaines îles, près de Charleston. Le charbon végétal obtenu avec ce papier est très-homogène et assez rigide. Débarrassé comme le platine des gaz contenus dans sa masse, il acquiert de l'élasticité et de la ténacité. Cependant, quand le courant passait, il arrivait souvent que l'éclat de la lumière variait ; l'incandescence manquait de fixité.

Pourquoi ? Edison en trouva la raison. Dans le papier, le feutrage des fibres est inégal ; ici, le filament est plus dense ; là, plus clairsemé ; souvent les fibres sont coupées ; aussi le courant traversait inégalement les différentes portions du charbon ; la résistance changeait à travers la masse ; la lumière devait manquer d'homogénéité. Conclusion : abandonner le papier et tout feutrage artificiellement obtenu et adopter sans hésitation des fibres naturelles où le travail, en quelque sorte géométrique de la nature, fabrique des tissus réguliers et d'une contexture absolument symétrique.

On se mit en quête de toutes les essences de bois, de toutes les écorces que l'on put réunir ; on envoya des exprès en Chine, au Japon, aux Indes, au Brésil. Un botaniste de valeur, M. Ségador, explora le sud des États-Unis ; il arrivait à la Havane quand il fut emporté par la fièvre jaune. Un autre prit sa place. Ces expéditions, poussées vigoureusement et comme de vive force pour trouver simplement des écorces à carboniser convenables, semblent appartenir au roman; elles sont très-réelles cependant et donnent fort bien la mesure de l'énergie déployée par l'inventeur américain. Il le faut ! *Go head!*

Des monceaux de bois, de plantes encombrèrent bientôt le laboratoire de Menlo-Park. Les premières expériences firent écarter beaucoup d'essences, et par éliminations successives, on finit par considérer comme parfaite la fibre du bambou. M. Moses partit pour la Chine avec la mission de rapporter tous les spécimens de bambou qu'on a l'habitude de travailler. Il en fit une collection considérable, et Edison, après de nombreux essais, donna la préférence à une espèce particulière de bambou du Japon. Sa fibre est extrèmement régulière et se découpe facilement. On voyait à l'Exposition, fixés sur un grand carton, les nombreux échantillons de bambous soumis aux expériences, et les filaments tels qu'ils sont coupés avant d'être carbonisés. Ce sont des machines qui décortiquent le bambou, détachent les fibres et les enlèvent sur une épaisseur convenable, avec une régularité, une dextérité merveilleuse.

En général, pour les applications courantes, le filament a une section inférieure à 1 millimètre d'épaisseur et il a 12 centimètres de longueur. Il est recourbé sur lui-même de manière à prendre la forme d'un U très-allongé (1). On introduit ensuite délicatement ce filament courbé dans un petit creuset de fer ; on l'engage dans une rainure qui épouse sa forme. On met

---

(1) Cette forme est importante ; elle augmente la longueur du conducteur incandescent et accroît l'intensité lumineuse de la lampe. Avant M. Edison, on n'avait pas songé, que nous sachions, à adopter pour le conducteur cette courbure caractéristique.

ainsi les filaments par milliers dans ces sortes de petites boîtes en fer; on empile les creusets les uns sur les autres au milieu d'un four. La carbonisation est vite obtenue; on retire les creusets du feu, et quand ils sont refroidis, on trouve dans chaque rainure, à la place des filaments de bambou, un fil de charbon végétal extrêmement solide, dur et d'une finesse remarquable; le filament s'est réduit à la grosseur d'un crin de cheval.

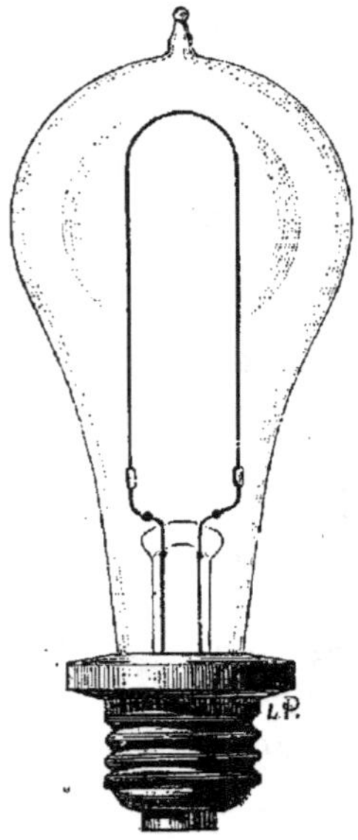

Il faut procéder ensuite à la mise en place du fil de charbon dans le globe de verre. La forme en courbe allongée du conducteur carbonisé a déterminé la forme similaire du globe transparent. C'est assez exactement comme aspect une poire, ou, si l'on veut, un tube évasé terminé par une portion sphérique.

Fig. 133. — La lampe Edison, à filament de charbon.

Deux fils de platine destinés à faire entrer le courant dans la lampe sont empâtés dans un tube de verre; ils sont électriquement reliés au fil de charbon par deux petits dépôts obtenus galvaniquement et de section relativement large pour que le courant, en passant, ne les échauffe pas beaucoup; cette disposition ingénieuse assurément, une des caractéristiques essentielles de l'invention, évite les ruptures qui se produisaient jusqu'ici aux points d'attache du charbon et des fils de platine, et les dilatations sont assez

réduites pour que tout le système conserve sa solidité.
Le tube-support des fils et du charbon est introduit
après coup dans la poire en verre, soufflée à part. On
soude tube et globe, et la lampe est prête à être vidée
d'air. Pour cela, on a laissé un orifice sur le sommet
du petit globe. On fixe cet orifice sur une pompe à
mercure destinée à enlever l'air.

Au début, M. Edison employa les pompes Gessler
ou Springeld dans lesquelles du mercure en tombant
chasse l'air devant et fait le vide derrière. On peut
pousser ainsi la raréfaction très-loin. On versait le
mercure à la main dans l'appareil; manipulation pé-
nible et dangereuse qui amena une intoxication mercurielle grave chez plusieurs des aides de M. Edison
et chez M. Edison lui-même. MM. Batchelor et
Moses, les deux collaborateurs très-habiles du physicien américain, nous disaient dernièrement qu'il
avait fallu travailler pendant tout un hiver à la température de 50 degrés, au milieu d'une atmosphère
saturée de vapeurs de mercure. Edison modifia les
pompes, les simplifia et parvint à se mettre à l'abri
des émanations mercurielles. Tout se fait aujourd'hui
commodément, industriellement. Plus de 500 pompes
travaillent automatiquement, régulièrement, produisant le vide le plus parfait qui ait encore été obtenu ;
il est très-supérieur en effet à celui que donne la meilleure machine pneumatique. Une lampe vidée d'air
avec la machine pneumatique a deux fois moins
d'éclat que lorsqu'elle est vidée par la pompe Edison.

Pendant que la pompe retire l'air, on fait passer le
courant dans les charbons pour les porter à l'incandescence et chasser les gaz qui pourraient rester
emprisonnés dans leurs pores. Ces gaz sont enlevés

avec l'air. Cette opération a pour but, comme nous l'avons dit, de communiquer une résistance, une solidité et une homogénéité considérables au filament charbonneux. Autrement il ne supporterait que peu de temps l'incandescence. Le charbon devient rigide et tenace comme un fil de platine. Nous avons jeté plusieurs lampes à terre sans les briser... Verre et fil résistent à un choc assez grand. Il faut que la lampe tombe du côté de son support en verre pour que le charbon se rompe au point de contact avec les fils de platine.

Le vide bien fait, on ferme l'orifice du globe et l'on suspend le passage du courant. La lampe est prête à fonctionner.

A Menlo-Park, maintenant, les ateliers de fabrication sont en pleine activité. Une soixantaine d'ouvriers préparent sans relâche jusqu'à 2,000 lampes par jour. La durée du charbon n'est pas illimitée; il subit à la longue une sorte de cristallisation, qui amène encore sa rupture instantanée; mais en moyenne un fil de ce charbon végétal peut servir de 600 à 1,200 heures. On garantit une durée moyenne de 800 heures. A 5 heures d'éclairage par jour, la même lampe peut donc fonctionner pendant une moyenne de 6 à 8 mois. Or, elle revient à peu près à 1 fr. 50. Il est vrai qu'on la vend en ce moment dans le commerce 7 fr. 50; c'est un prix momentané. Quand elle est usée, on en est quitte pour la remplacer, comme en ce moment on remplace les verres de lampe. On dépense bien plus de verres par an qu'on ne dépensera de lampes!

Le charbon, en forme de fer à cheval très-allongé, éclaire dans toutes les directions; on peut par consé-

quent disposer la lampe par son gros bout ou par sa
pointe ; peu importe ; elle est hermétiquement close
et par conséquent peut brûler dans l'eau, dans des
atmosphères viciées, dans les mines à grisou, etc. La
quantité de lumière engendrée dépend du courant et
du fil de charbon ; il y a avantage à ne pas augmenter
outre mesure l'incan-
descence du fil ; on peut
lui donner un éclat
éblouissant, mais l'œil
est blessé et la durée
du fil est diminuée.
M. Edison a combiné
les sections des fils et
la force du courant, de
façon que chaque petit
globe donne une inten-
sité lumineuse à la-
quelle nous soyons déjà
habitués. Il a pris pour

Fig. 134. — Lampe applique.

type, comme toujours, l'éclairage au gaz. Les lampes
donnent 8 ou 16 bougies, c'est-à-dire environ 1 ou
2 becs carcel du type réglementaire. C'est suffisant.
En réalité, 8 bougies correspondent à 0 carcel 87, et
16 bougies à 1 carcel 74. Une bougie ordinaire représente 0,109 de carcel. La lumière est bonne et la température de l'incandescence poussée seulement jusqu'aux radiations blanc jaune ; comme teinte, c'est
presque le ton des becs de gaz. Aux derniers essais
de l'Opéra, on aurait pu de prime abord confondre
les deux lumières. A côté des foyers électriques par
arc voltaïque, les nouvelles lampes semblent émettre
par contraste une lumière jaune. Autant l'arc voltaïque

jette des teintes blafardes sur les objets, autant les lampes à incandescence projettent une lumière dorée, agréable aux regards. Les promeneurs exposés au rayonnement de l'arc présentent une pâleur excessive : le visage est livide. Cet inconvénient disparaît absolument avec les radiations émises par l'incandescence.

Telle est la nouvelle lampe. C'est bien une invention dans le sens strict du mot. En voici effectivement les traits essentiels : 1° conducteur de haute résistance à forme courbe allongée; 2° conducteur à filament végétal carbonisé en vase clos; 3° épuration du charbon et extraction des gaz occlus par le passage même du courant au sein du vide; dureté, solidité et conductibilité spéciales du charbon; 4° mode d'attache par empâtements galvaniques du filament aux conducteurs métalliques d'amenée et de sortie du courant; 5° scellements hermétiques dans la masse de verre; 6° fabrication caractéristique des ampoules de verre. Maintien du vide (brevet de novembre 1879).

Tous ces détails de réalisation groupés ensemble ont seuls permis d'obtenir enfin des lampes à incandescence fonctionnant pendant des mois. Certes, on avait déjà tourné autour du but, mais la meilleure preuve qu'il y avait une nouvelle invention à faire, c'est qu'aucune des anciennes lampes ne fonctionnait pratiquement.

A de rares exceptions près, personne, pour le plaisir de s'éclairer à la lumière électrique, ne s'amusera à installer dans sa maison des machines à vapeur ou à gaz, des machines dynamo-électriques, etc. Il fallait encore ici se rapprocher du gaz, étudier les prix de revient, combiner une canalisation pour les rues, une distribution à domicile, etc.; problème complexe s'il en fut jamais.

Nous allons dire maintenant par quels moyens M. Edison a fait passer ce qui hier encore eût été qualifié de rêverie, dans le domaine des réalités.

Une lampe, si excellente qu'elle soit, ne constitue pas à elle seule un système complet d'éclairage; ce n'est qu'un rouage essentiel dans l'ensemble. On ne met pas d'électricité dans une lampe comme on y met de l'huile. La production économique de l'électricité exigeant des machines encombrantes, il est évident que pour faire pénétrer le nouvel éclairage dans les maisons, il est de toute nécessité de le rendre commode et d'obliger les courants électriques à venir d'eux-mêmes dans les lampes, comme en ce moment le gaz arrive jusqu'aux becs. M. Edison a résolu ce problème, et nous allons essayer d'expliquer sommairement comment il fabrique l'électricité par grandes quantités, la canalise et la distribue à domicile. Nous ne saurions trop répéter que nous ne décrivons pas ici les détails d'un simple projet plus ou moins sujet à caution, mais bien un système exécuté et prêt à fonctionner. On trouvait tous les appareils réalisés, prêts à être posés, dans la salle Edison, au Palais des Champs-Elysées.

Lorsqu'il s'agit du gaz, qu'il convient toujours de prendre pour modèle parce qu'il a pour lui l'expérience acquise, on installe, selon le périmètre à desservir, une ou plusieurs usines dans chaque ville. De même, l'inventeur américain a recours à une ou plusieurs fabriques d'électricité, suivant l'importance du périmètre à éclairer. Le gaz s'en va sous terre dans de gros tuyaux qui suivent les artères principales:

sur ce premier réseau, on greffe des tuyaux de moindre diamètre qui longent les rues transversales, et
enfin sur chacun d'eux on branche des tuyaux encore
plus petits qui donnent accès au gaz dans chaque
maison. C'est ce mode de canalisation qui a été approprié au transport et à la distribution de l'électricité.

De chaque usine centrale partent des conduites
maîtresses qui font rayonner dans toutes les rues des
conduites secondaires, sur lesquelles se greffent à leur
tour les conducteurs de petite section qui pénètrent à
domicile. En apparence, les conduites pour l'électricité
sont semblables à celles du gaz, à cela près que leur
diamètre est extrêmement réduit; les plus grosses ne
dépassent pas le diamètre du bras. Ce sont aussi des
tuyaux, mais des tuyaux qui, au lieu d'être creux,
renferment deux tiges de cuivre pur demi-cylindri-
ques, c'est-à-dire plates d'un côté, rondes de l'autre;
si l'on veut, une tige cylindrique sciée par le milieu
dans toute sa longueur. Ces deux tringles parallèles
qui se prolongent à travers toute la canalisation sont
empâtées dans un mastic isolant de composition nouvelle; il peut remplacer la gutta-percha et coûte très-
bon marché; l'interposition de cette matière entre les
deux barres et les parois du tuyau-enveloppe a pour
but d'empêcher toute déperdition d'électricité.

Le courant entre dans la conduite par une des barres
et revient à l'usine par l'autre pour compléter le
circuit. Au diamètre près, tous les conducteurs employés par M. Edison sont construits sur ce modèle.
Les conducteurs de branchement sont à peu près gros
comme le médium de la main; les conducteurs d'accès
dans les maisons, comme le petit doigt. Les raccords
entre les conducteurs de diverses sections s'opèrent

facilement. A chaque croisement de rue, les tuyaux
pénètrent dans une boîte interposée dans la canalisation. Les tringles de cuivre s'y montrent à nu dans
l'intérieur. On relie par des pinces métalliques le
conducteur d'aller au conducteur similaire de la conduite maîtresse, et de même le conducteur de retour

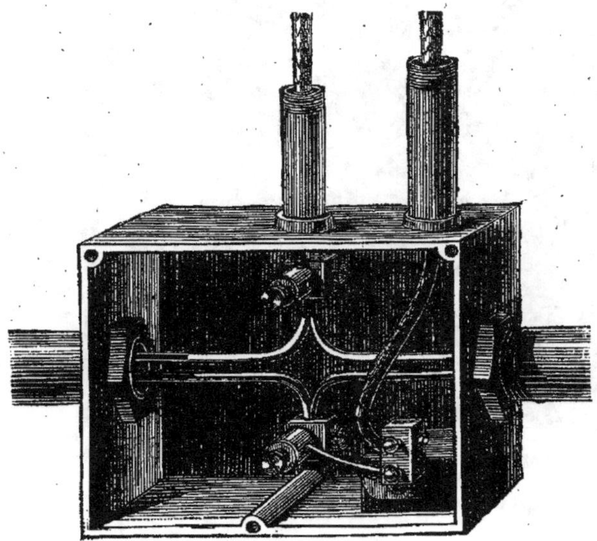

Fig. 135. — Boîte de jonction d'une canalisation d'immeuble avec une
conduite d'appartement.

à son homologue de la conduite ; et l'embranchement
est fait. Toutefois la liaison n'est pas directe ; elle est
réalisée pour les deux conducteurs d'accès du courant
par une lame de plomb. Il pourrait survenir en effet
que, pour une cause ou pour une autre, le courant
électrique transmis de l'usine acquît brusquement une
intensité exceptionnelle. Cette intensité serait suffi-

sante pour élever considérablement la température
d'une portion des conducteurs, pour décomposer la
matière isolante et surtout pour rougir par contre-
coup les fils de communication dans les maisons. Si
ces fils se trouvaient près de rideaux ou de tentures,

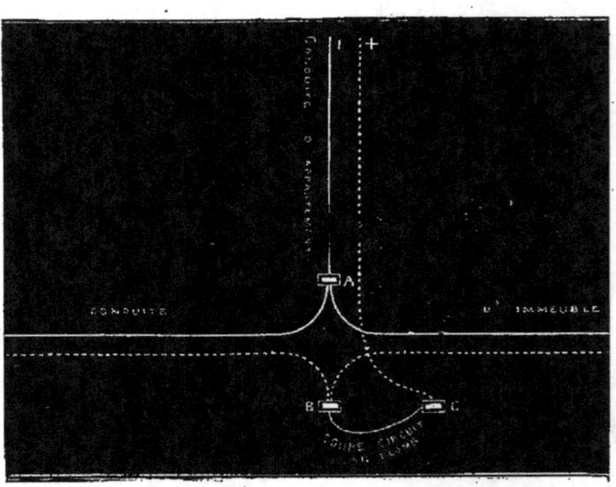

Fig. 136. — Diagramme d'une jonction de conduite de maison avec
les différents appartements.
A,B,C, coupe circuit à lame de plomb.

un incendie serait à redouter. Il est, en effet, arrivé
déjà à l'Exposition et ailleurs, que des courants de
haute tension ont donné lieu à un commencement
d'incendie. M. Edison a pensé à tout. Dans ce cas, le
plomb de la boîte s'échauffe; et comme il fond à
335 degrés, à une température qui n'a rien de dangereux, il rompt par cela même toute communication
entre les conducteurs, empêche le courant de passer
et pare à toute éventualité. La lame de plomb sert
d'appareil de sûreté : on l'appelle en Amérique Cut-off

Le raccord entre les conduites de la rue et le tuyau d'accès des maisons s'opère de la même manière à

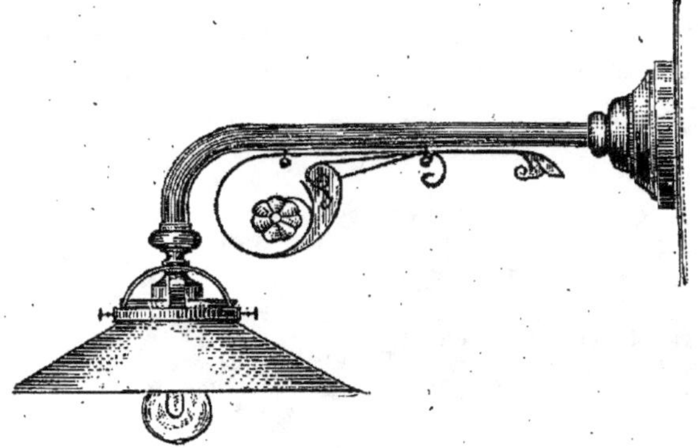

Fig. 137. — Applique simple.

travers une boîte également munie de la lame de plomb préservatrice pour plus de sécurité. Enfin les

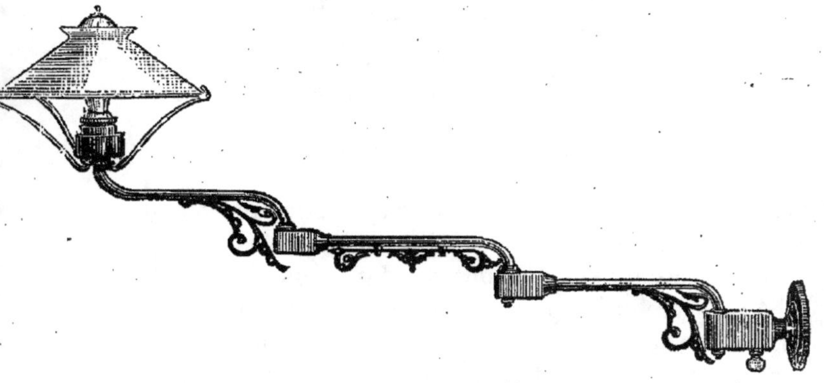

Fig. 138. — Lampe á genouillère.

conducteurs particuliers de chaque maison se réduisent à de simples fils isolés par du coton peint à la céruse et qui rayonnent dans tous les appartements.

Les lampes sont disposées sur des lustres, sur des candélabres, sur des appliques mobiles, sur des chandeliers. Dans tous les cas, leur liaison avec les fils est toujours réalisée par le même moyen. L'extrémité du

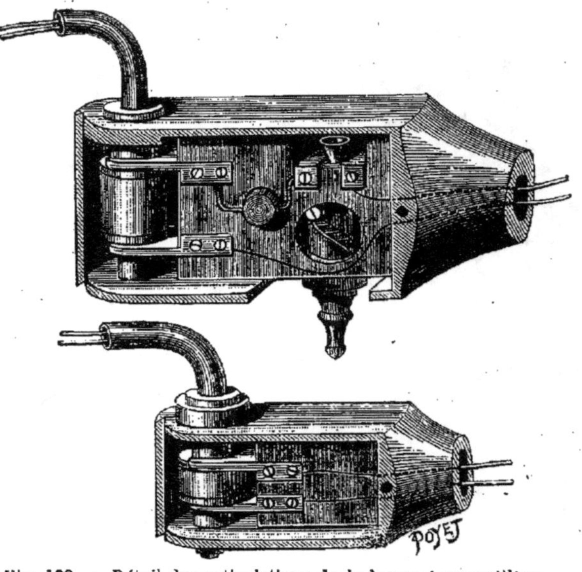

Fig. 139. — Détail des articulations de la lampe à genouillère.

globe de verre est lutée avec du plâtre dans une sorte d'anneau à deux viroles de cuivre. Un des fils est en communication avec une des viroles et le second fil relié à l'autre virole parfaitement isolée de la première; on retrouve encore ici à l'intérieur de l'anneau-support un fil de plomb qui sert de trait d'union entre le fil d'accès du courant et la virole qui établit la communication avec le fil de la lampe. En cas de besoin, en fondant, il couperait le circuit et empêcherait le

Fig. 140. — Coupe de la lampe et de son socle. Jonction des fils de platine aux fils de cuivre du circuit; dispositif permettant d'allumer ou d'éteindre en tournant un robinet. DE, armatures en cuivre isolées et scellées dans le plâtre. E, pas de vis. CF, armatures de la douille, F, écrou, L. plaquette isolante. M, manchon isolant. AK, plaquettes de raccordement des fils intérieurs et des fils extérieurs.

courant de détériorer la lampe ou son support par sa trop grande intensité. Chaque branche d'un lustre ou chaque bras d'applique porte une clef analogue au robinet de gaz. Quand on fait tourner la clef, les contacts s'établissent entre les fils de la lampe et les fils du circuit souterrain et la lumière brille. La manœuvre inverse rompt toute communication et éteint la lampe. Plus de courant dans l'appartement, plus de lumière.

L'analogie avec le gaz se poursuit dans tous les détails; avec cette différence essentielle ici que, le robinet fermé, le gaz reste toujours dans les tuyaux prêt à s'échapper et à produire des explosions. L'électricité ne circule plus, la clef fermée; et d'ailleurs si elle circulait, elle ne pourrait amener aucun accident. La clef est conique et à large surface de façon à atténuer l'effet de la petite étincelle électrique qui se produit toujours quand on rompt le courant.

Dans la salle Edison, ce système était appliqué à deux grands lustres à cristaux et à 80 bras installés le long des murs.

Voilà succinctement pour la canalisation et la distribution à domicile. Il est superflu d'ajouter que les dimensions relatives des conducteurs sont déterminées par le calcul. Le diamètre des conducteurs à grosse section dépend de la longueur de la canalisation totale, et les diamètres des conducteurs secondaires sont eux-même fixés d'après la grosseur de la conduite principale. Tout se tient. Ce mode de canalisation est évidemment plus simple que celui du gaz. Les tuyaux n'exigent plus pour leur pose de profondes tranchées : on peut les établir dans les égouts ou dans des caniveaux en bordure des trottoirs. Les plus gros tuyaux ont 8 centimètres de diamètre.

Quelques lignes maintenant sur l'usine centrale. Nous y retrouverons nécessairement les éléments ordinaires de toute production de l'électricité, la machine à vapeur et la machine dynamo-électrique. Toutefois, M. Edison a mis sur l'ensemble du système sa griffe personnelle. Il a combiné un type nouveau à rendement considérable, approprié aux conditions spéciales du fonctionnement simultané d'un très-grand nombre de lampes. Chaque générateur de courants doit être modifié selon le rôle qu'il doit jouer. Le générateur pour la galvanoplastie n'est pas combiné comme le générateur pour la lumière, et celui-ci lui-même change s'il s'agit de lumière par arc ou par incandescence. En général, les machines dynamo-électriques avaient été construites jusqu'ici pour alimenter un ou quelques foyers; or, dans l'application actuelle, elles sont destinées à fournir de l'électricité à des centaines de lampes. C'est la conduite générale qui apporte le courant par des dérivations successives; il fallait donc un dispositif particulier fournissant un très-gros volume d'électricité.

Nous savons que si le fil de la bobine d'une machine électrique est gros et court, les courants engendrés ont peu de tension et en revanche un grand volume; s'ils sont fins et longs, les courants ont beaucoup de tension et peu de quantité. La quantité étant ici indispensable, M. Edison a été, dans son générateur d'électricité, jusqu'à remplacer les gros fils, qu'il fallait employer, par des barres, des tiges en cuivre pur de large section. La bobine tournante est du genre Siemens, c'est-à-dire que les fils sont enroulés en long comme sur une navette.

En voici une esquisse qui s'applique à la coupe longitudinale que nous représentons. Le noyau de la bobine est ainsi constitué : sur un cylindre de bois sont enfilées des rondelles de fer doux DD assez minces et séparées l'une de l'autre par du mica. Ce fractionnement du noyau magnétique a pour effet de rendre rapides les aimantations et désaimantations successives sous l'influence des électro-aimants inducteurs. Sur ce noyau, on place longitudinalement les

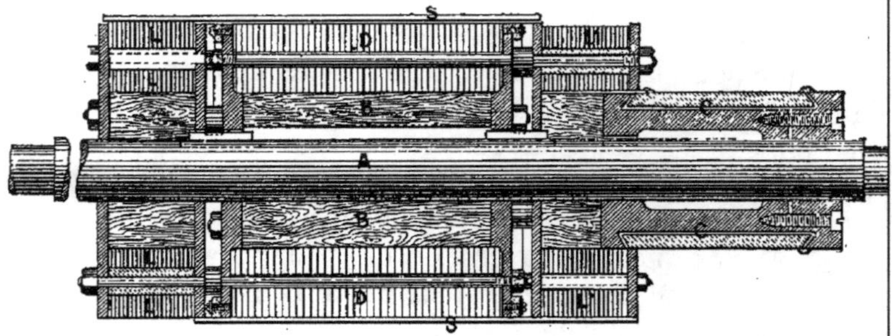

Fig. 141. — Coupe longitudinale de l'induit de la machine Edison.

barres de cuivre pur SS′ isolées par des lames de mica. Ces barres remplacent les fils longitudinaux de la bobine Siemens; il faut bien, pour compléter le circuit, une liaison entre chaque barre du dessus et la symétrique du dessous; pour cela, chacune d'elles vient s'encastrer dans des disques plats de cuivre LL′ placés aux extrémités et isolés. Autant de paires de barres, autant de disques de jonction. Comme dans le collecteur Gramme, les deux courants de sens opposé, produits par l'induction des électro-aimants sur la bobine, viennent se réunir en opposition sur le collecteur C où des balais les recueillent.

La disposition adoptée pour la bobine a pour effet

de diminuer beaucoup sa résistance et par suite d'accroître le volume d'électricité débité. Dans la navette Siemens, les fils ont le même diamètre partout; ici, aux extrémités, dans les portions inutiles, celles qui ne sont pas influencées par les électro-aimants, on a mis des disques à large section au lieu de continuer l'encastrement avec les barres; de ce chef, on diminue la résistance intérieure et on gagne en débit.

Quant aux inducteurs, ils sont formés de cylindres de fer doux autour desquels on enroule un grand nombre de spires de fil isolé. Dans les petites machines, il y en a deux; dans les grandes, quatre. Le courant qui va aux inducteurs est pris sur le courant général, selon le montage Wheastone; c'est un courant dérivé, disposition presque toujours satisfaisante parce que les variations dans la résistance du circuit général retentissent sur la dérivation; donc, sur les électro-aimants, et augmentent leur force si la résistance extérieure s'accroît. Le magnétisme diminue, au contraire, si cette résistance grandit. C'est un réglage approximatif qui permet de proportionner à peu près la production électrique à la dépense.

Il existe trois types de machines; la petite machine dite modèle Z, alimente 60 lampes de 16 bougies ou 120 lampes de 8 bougies avec une force de 7 chevaux et demi. Une machine de 30 chevaux, destinée aux grandes installations isolées, alimente soit 250 lampes A, soit 500 lampes. B. Enfin les grandes machines de 120 et 170 chevaux, destinées aux usines centrales, peuvent desservir de 1200 à 1,700 lampes A.

La grande machine d'Edison, exposée au Palais de l'Industrie, a ses électro-aimants horizontaux disposés une paire au-dessous de la bobine, une paire au-dessus. La bobine a 1ᵐ20 de longueur. La transmission par courroies entre le moteur et la machine électrique est supprimée. Pour gagner la force qu'elle absorbe inutilement, le moteur commande directement la bobine. Moteur et machine électrique sont groupés sur le même socle. La machine dynamo tourne à raison de 350 à 400 tours. Son poids total est de 17 tonnes dont 2 tonnes et demie pour la bobine. C'est la première machine électrique vraiment industrielle qui ait été construite.

Ce type, très-compact, véritable machine d'usine, alimenté de vapeur par une chaudière économique du type Babiox Wilson encore inconnu en Europe, peut fournir, en dépensant 120 chevaux, assez d'électricité pour allumer 2,400 lampes de 8 bougies B à la fois ou 1,200 lampes de 16 bougies A. Il a été construit pour l'éclairage de la ville de New-York.

On installe, en effet, en ce moment, la canalisation souterraine qui permettra d'illuminer avec les lampes Edison tout un quartier de la grande ville américaine. Le travail est bientôt terminé, et 2,500 abonnés se sont déjà fait inscrire aux bureaux de la Compagnie américaine.

On pouvait voir à l'Exposition le plan d'ensemble qui a été arrêté par M. Edison pour l'éclairage du quartier compris entre Wall-street, la grande artère commerciale de New-York, et le quai du Sud, qui fait face au port. Ce grand quadrilatère a environ un kilomètre carré. Vers le centre du quartier sera établie la station centrale. On doit y grouper 12 chaudières à vapeur et 12 machines dynamo-électriques avec leurs moteurs, soit au total environ 1,200 chevaux. Tout ce matériel ne fonctionnera qu'au fur et à

Fig. 142. — Machine Edison (petit modèle).

mesure des besoins ; on a précisément partagé la force par lots, afin de ne mettre en mouvement que les machines strictement nécessaires au service. On éteindra ou l'on allumera les feux des chaudières selon l'accroissement de la consommation.

Cette usine centrale, grand réservoir d'électricité, suffira pour alimenter jusqu'à 24,000 lampes. Elle constitue en même temps un grand réservoir de force ; dans le jour la canalisation pourra être utilisée pour envoyer des courants aux moteurs électriques. Tout ce quartier de New-York est plein d'ascenseurs, d'élévateurs de tout genre, etc. On distribuera ainsi à domicile la force motrice. On dégrèvera d'autant les frais d'établissement de la canalisation, ce qui permettra de vendre la lumière et le travail mécanique à bas prix.

Pour éclairer tout New-York et distribuer dans la ville la puissance motrice nécessaire, M. Edison admet qu'il faudrait 30 stations centrales disposant chacune de groupes de machines de 2,000 chevaux, soit en tout 60,000 chevaux. Qand on réfléchit qu'une seule machine motrice d'un paquebot atteint souvent 2,000 chevaux, on ne trouve rien d'extraordinaire à voir grouper dans des usines la force de 2,000 chevaux-vapeur. Pour éclairer New-York, il ne faudrait, en définitive, que la force que consomme une flottille d'une vingtaine de grands transports à vapeur !

Nous avons vu engendrer l'électricité et nous savons comment on la conduit dans les maisons. Il se présente immédiatement une difficulté. L'usine est en pleine production, le courant circule et allume les lampes d'un quartier. Il se fait tard, on vient d'éteindre coup sur coup, 100, 500, 1000 lampes ; naturelle-

ment celles qui restent bénéficient de l'excès d'électricité. Les lampes donneront plus d'éclat qu'il n'est

Fig. 143. — Machine Edison (grand modèle).

convenu ; on fatiguera les charbons et l'on travaillera
en pure perte à l'usine.

22.

Il était indispensable d'éviter cet inconvénient. On pourrait obliger la machine génératrice à diminuer d'elle-même automatiquement l'intensité du courant par les procédés qui ont été indiqués. M. Edison a préféré effectuer la régularisation par l'intermédiaire d'un agent de service. C'est du reste ainsi que les choses se passent pour le gaz. Quand sa pression est augmentée par l'extinction d'un nombre suffisant de becs, on s'en aperçoit à l'usine et l'on diminue la pression au taux convenable. De même ici un employé est spécialement chargé, à la station centrale, de modifier l'allure de la machine selon les besoins de la consommation.

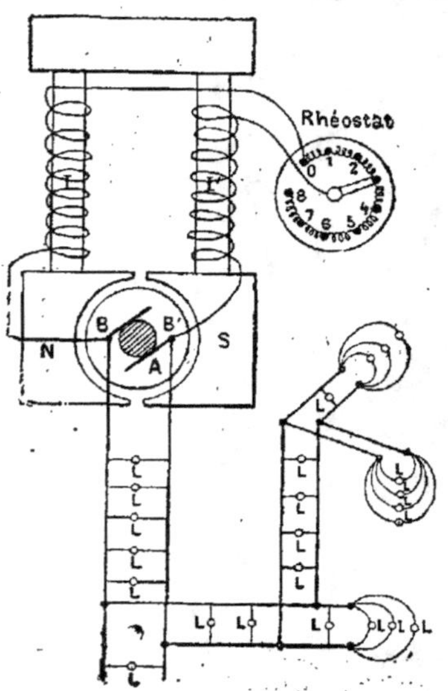

Fig. 144. — Diagramme du réglage du courant. — A, bobine. BB, balais. II' inducteurs. NS, dérivation d'excitation des inducteurs. LLL..., lampes.

Pour diminuer l'intensité du courant dans les lampes, il faut réduire la production d'électricité, c'est-à-dire la puissance magnétique des électro-aimants ; par conséquent diminuer l'intensité du courant dérivé qui circule dans les spires. Il suffit pour cela d'intercaler sur son trajet des bobines de résistance. On mettra facilement au point l'intensité du courant d'excitation.

M. Edison a combiné sur ce principe un régulateur

très-pratique. Il a groupé sur une table toute une collection de bobines de résistance convenablement graduées et répondant aux variations possibles d'intensité dans la canalisation. Sur la même table se

Fig. 145. — Régulateur d'une station centrale avec galvanomètre révélateur de l'intensité du courant.

trouve une manette qui peut tourner sur un cercle gradué comme la poignée d'un transmetteur de télégraphe à cadran. Quand on sait de combien on doit réduire l'intensité du courant, on tourne la manette jusqu'à ce qu'elle entre dans une échancrure correspondante à la bobine qu'il faut faire agir. Aussitôt l'électro-aimant de la machine est influencé à distance et perd de sa force; l'intensité règlementaire se rétablit dans le circuit. En même temps, l'effort que doit vaincre le moteur pour faire tourner la bobine est diminué et la consommation de vapeur réduite en proportion.

L'agent de service n'a donc qu'à manipuler une manette placée sur une table pour se rendre maitre de l'intensité de la lumière dans toutes les maisons.

Comment, dira-t-on, peut-il savoir de l'usine centrale ce qui se passe dans toutes les lampes du réseau? D'un seul coup d'œil il peut apprécier à distance l'éclat des lampes disséminées dans plus de 2,000 maisons. Il a devant lui une lumière étalon représentant l'intensité normale de huit bougies que doit avoir la lampe; il a à côté une lampe branchée sur le réseau, alimentée par le courant général et affectée comme les autres par les variations qui pourraient se produire. D'un regard il voit parfaitement par comparaison si la lampe du réseau baisse ou augmente d'éclat. L'extinction de quelques lampes n'exercent pas d'action sur la canalisation; mais dès que le chiffre dépasse quelques centaines, on commence à constater une différence, et à l'aide du régulateur on modère ou augmente l'intensité.

L'opérateur ne peut, du reste, s'y tromper. Il a sous la main, tout près du régulateur, un appareil révélateur des changements d'intensité du courant de la canalisation. C'est un galvanomètre à miroir qui projette sur une règle horizontale un point lumineux réfléchi par une lumière quelconque. Ce galvanomètre révèle à chaque instant l'état du courant dans le réseau. Si l'intensité faiblit ou augmente, le point lumineux se déplace dans un sens ou dans l'autre. La correction se fait immédiatement.

On trouvait aussi à l'Exposition un photomètre Bunsen installé dans un petit cabinet noir et qui permet d'évaluer rigoureusement et directement l'intensité lumineuse des lampes. Sur une règle horizontale graduée se déplace un chariot; à l'une des extrémités de la règle on place la source lumineuse étalon; à l'autre, la lampe faisant partie du réseau, et dont il s'agit de contrôler l'éclat. Le chariot porte une carte blanche posée verticalement en travers de la règle, et au-dessus deux petits miroirs inclinés à la façon d'un toit. On a huilé le milieu de la carte, de façon à produire une tache grande comme un pain à cacheter. Cette tache se reflète dans chaque miroir. Lorsqu'on déplace le chariot le long de la règle, il vient un moment où les deux taches des miroirs disparaissent complétement.

On lit la division de la règle qui correspond à la position du chariot. On obtient ainsi par une seule lecture la différence d'intensité de la lumière type et de la lumière de la lampe. En effet, lorsque les deux taches ne s'aperçoivent plus, c'est qu'elles sont également éclairées par chaque source lumineuse; leur lumière réfléchie se confond avec la lumière réfléchie par la portion opaque de la carte. Il faut rapprocher la carte d'autant plus près de la lampe que son éclat est plus affaibli. Comme les intensités des deux sources lumineuses varient en raison inverse du carré de leur distance, on déduit d'avance les intensités respectives pour chaque distance du chariot à la lampe et la graduation marquée sur la règle évite les calculs.

Tout cela est très-simple; le rapport des intensités est immédiatement indiqué. A l'aide d'un autre appareil, le calorimètre, on peut déterminer avec précision la quantité de chaleur produite dans la lampe par le

Fig. 146. — Compteur électrique pour maisons et appartements.

courant, soit l'énergie dépensée ; elle est d'environ 5 kilogrammètres par carcel ; ce qui, par lampe de 1 carcel 74 correspond à 8 kilogrammètres 20. Nous déduisons de là que 9 lampes 15 environ absorbent l'énergie d'un cheval. La machine qui fournit le courant peut rendre jusqu'à 94 0/0 du travail moteur. La perte dans les conducteurs est au maximum de 8 à 10 0/0. On peut donc en pratique alimenter par cheval effectif au moins 7 lampes 80 de 1 carcel 74, soit 8 lampes A et 16 lampes B. Chaque cheval-moteur fournit environ de 14 à 16 carcel d'intensité lumineuse. Ces chiffres peuvent varier un peu, selon les cas, mais sont voisins de la vérité. Avec les grandes machines le rendement s'améliore et l'on peut alimenter par cheval jusqu'à 10 lampes A et 20 lampes B.

Il est superflu d'ajouter qu'on peut multiplier le nombre des filaments dans chaque globe de verre et porter l'intensité bien au-delà de 1 carcel 74. M. Edison prépare ainsi des lampes à doubles filaments en croix ou parallèles de 16 bougies, quatre filaments parallèles de 32 bougies, de 64 bougies, etc. Réciproquement, en diminuant la longueur des filaments des lampes ordinaires, on fabrique des lampes de 6 bougies, 4 bougies, etc. C'est un des caractères du système Edison d'être très-maniable ; il est très-important pour les usages domestiques de pouvoir ainsi fractionner la lumière jusqu'à ces extrêmes limites et obtenir une division comparable à celle qu'on a avec du gaz ou des lampes à huile.

Il est possible aussi de faire varier l'intensité d'une lampe quelconque au point d'en baisser l'éclat jusqu'à l'annuler. Pour les théâtres, la rampe de la scène, c'est une faculté précieuse. On diminue l'intensité de plusieurs lampes en bloc en introduisant dans leur circuit dérivé une résistance convenablement proportionnée. Pour une lampe seule, on fait varier l'intensité en la munissant d'un petit rhéostat cylindrique à cinq baguettes de charbon. Chaque charbon représente une résistance ; en faisant tourner le socle qui les porte, on oblige le courant à traverser soit un, soit deux, soit tous les charbons et l'intensité varie avec le nombre des charbons intercalés dans le circuit. Il est bien entendu, qu'ici la dépense en électricité n'est pas diminuée comme lorsqu'on baisse un bec de gaz. Le courant travaille à vaincre l'obstacle qui gêne son passage, au lieu de travailler à produire de la lumière. Mais il n'en travaille pas moins et la dépense reste la même.

Il nous reste encore un dernier point à élucider. On paye le gaz en raison de la consommation journalière. Et l'électricité, comment appréciera-t-on la dépense ? Chaque maison, chaque appartement même aura son compteur d'électricité comme aujourd'hui son compteur à gaz. Ces petits appareils figuraient dans la section d'Edison, au Palais ; ils sont mignons et de dimensions réduites.

On a sous les yeux une boîte métallique d'environ 25 centimètres de hauteur sur 20 de largeur et 12 centimètres d'épaisseur. Placée verticalement, elle s'ouvre à deux battants comme les deux portes d'une armoire. Elle est partagée intérieurement par une cloison verticale en deux compartiments dans chacun desquels se trouve un petit flacon plein d'une dissolution bleue de sulfate de cuivre. Chaque flacon renferme en outre deux lames métalliques en relation avec les conducteurs du réseau à leur entrée dans la maison. Une petite fraction, toujours constante, du courant général pénètre dans les lames au sein de la solution cuivrique et la décompose ; du cuivre se dépose sur une des lames. Le dépôt chimique effectué mesurant exactement l'intensité du courant utilisé dans la maison, il suffit de peser le dépôt de cuivre pour évaluer la quantité d'électricité qu'on a dépensée. Tous les mois un agent ouvre le compartiment de droite dont il a la clef, et pèse le cuivre. Tous les ans, un contrôleur ouvre le compartiment de gauche dont seul aussi il a la clef, et pèse le cuivre déposé. La somme des pesées mensuelles doit être égale, comme vérification, à la pesée annuelle.

En hiver, quand le froid devient intense, la décomposition chimique pourrait être atténuée ; il ne faut pas que les variations de température dépassent une certaine limite pour que le procédé de mesure reste exact ; aussi M. Edison a-t-il introduit dans chaque compartiment une de ses petites lampes : une tige métallique à deux métaux inégalement dilatables se courbe sous l'action du froid et établit un contact entre la lampe et une prise de courant. La lampe s'illumine et chauffe le compteur à une température sensiblement constante. Tout, comme on voit, a été prévu et parfaitement résolu. Qu'il s'agisse de lumière ou de force transmise, tout abonné payera en raison de l'électricité qu'il aura dépensée.

Tel est dans ses grands traits le mode de production, de canalisation, de distribution et de mesure de l'électricité, imaginé par M. Edison.

Quel sera, dans un pareil système d'éclairage, le prix de revient ?

Il est incontestable que la lumière par incandescence est de beaucoup plus chère que la lumière par arc voltaïque. Nous avons vu que par cheval on n'obtenait guère plus de 15 carcel, tandis qu'avec l'arc voltaïque on pouvait produire avec la même force dans des foyers groupés sur le même réseau environ 40 à 50 carcel et même 70 à 80 avec des courants de haute tension. Chaque fois que l'on multiplie les foyers, on accroît le nombre des charbons à échauffer, on augmente les pertes de chaleur, les surfaces de rayonnement, les résistances dans le circuit, etc. ; on doit forcément avec la même force donner moins de lumière. Bien que la dissémination des lampes permette de regagner un peu par une meilleure distribution de la lumière, il n'en est pas moins vrai que la division aboutit toujours en principe à un rendement faible.

Il en est de même pour le gaz. Un petit bec consomme relativement beaucoup plus qu'un bec puissant.

Ainsi, le bec papillon de la Ville donne 1 carcel 10 et dépense 140 litres, soit 127 litres par carcel. Le bec de la rue du Quatre-Septembre donne 13 carcel et ne dépense que 1.400 litres, soit 107 litres par carcel. Les nouveaux becs intensifs Siemens montrent encore mieux l'importance économique des grands foyers. Les gros brûleurs comme ceux qui éclairent la place du Palais-Royal, à Paris, consomment 1600 litres, mais produisent 42 carcel , soit 38 litres seulement par carcel, ce qui met le prix de la carcel à 1 centime. Quand on porte de 1 à 12 l'énergie de la consommation dans un même brûleur, on réduit la dépense de gaz de 3 à 1 par unité de lumière. C'est à peu près la même proportion que pour l'électricité ; le prix de l'unité de lumière avec le gaz descend de 4 centimes à 1 centime. Avec l'électricité, il peut descendre encore davantage, de un huitième. Avec un seul gros foyer électrique, on peut dépasser

250 carcel, ce qui fait descendre les prix de l'unité lumineuse dans la proportion de un à un quinzième. En moyenne, on peut dire que le rendement de la lumière par incandescence est de trois à quatre fois moindre que le rendement des régulateurs à division.

Mais ce qui importe pour l'éclairage domestique, ce n'est pas le prix relatif de la lumière par incandescence et par arc, c'est le prix de revient comparé à celui du gaz.

En brûlant directement 4 mètres cubes de gaz dans un bec, on ne peut produire au delà de 40 carcel. Si l'on dépense cette même quantité de gaz pour faire de la force dans un moteur Otto, on obtient quatre chevaux de force qui, transformés en électricité par une machine Gramme et en lumière par un régulateur Serrin, donnent une puissance lumineuse de plus de 300 becs carcel, en dégageant 150 fois moins de chaleur. D'un côté, avec le même combustible, 40 carcel ; de l'autre , 300 carcel. L'électricité l'emporte manifestement sur le gaz.

Il est même vraisemblable que le gaz dans l'avenir servira surtout de combustible. Il fournit à poids égal 13,000 calories, quand la houille n'en développe que 8,000.

Les foyers intenses et uniques ne peuvent pas être appliqués à l'éclairage domestique ; mais même avec des foyers faibles et très-divisés, on va voir qu'il y a généralement encore avantage à se servir de l'électricité. Au point de vue absolu, la lumière au gaz est plus chère que la lumière à incandescence dans tous les cas possibles. En effet, un mètre cube de gaz consommé dans un moteur donne un cheval de force, il peut alimenter 16 lampes de 0 carcel, 871, soit fournir 14 carcel de lumière. Or, le même mètre cube brûlé dans des becs ne fournirait que 7 à 8 carcel. Donc, on double la quantité de lumière produite, quand, au lieu de se servir du gaz directement pour faire de la lumière, on le transforme d'abord en électricité.

En pratique, il n'en est pas ainsi, car nous avons omis des éléments, qui influent sur le coût de l'éclairage. La transformation du gaz en électricité est encore chère. Nous savons que les petites machines électriques ne rendent qu'environ 90 0/0 du travail moteur, et pour alimenter le moteur, nous n'avons mis en ligne de compte que le gaz consommé, mais, et le graissage, et le nettoyage, et l'eau, et l'homme de service? et l'intérêt et l'amortissement! Dans ces conditions, on trouverait facilement que la carcel électrique coûterait environ 5 centimes, alors que la carcel gaz coûte seulement 4 centimes.

Au prix actuel du gaz, c'est à la houille qu'il faut avoir recours pour obtenir, comme nous le savons, de l'électricité à bon compte. La houille donne de l'électricité avec un coût de revient au moins six fois plus faible. En employant de puissantes machines à vapeur, le prix du bec électrique descend au-dessous de deux centimes par carcel ; soit au moins à moitié du prix actuel de la carcel gaz.

Il est certain que si l'on établissait une grande canalisation destinée à porter simultanément de la lumière le soir et de la force motrice le jour, le coût de l'éclairage par incandescence serait réduit dans une proportion notable; le producteur de lumière à l'électricité ferait dans ce cas une économie qui pourrait dépasser 60 p. 100 sur le producteur de lumière au gaz. Mais on conçoit qu'il est impossible de préciser des chiffres à cet égard, car tout dépend ici du nombre de lampes en service par unité kilométrique de la canalisation, c'est-à-dire de la densité des becs par kilomètre de développement de la conduite, de la durée des heures de travail, du prix d'achat des terrains pour l'usine, etc. Si l'on met de côté l'avantage considérable qui résulterait de la vente de la force motrice à domicile et si l'on se place dans les conditions analogues à celle de l'exploitation du gaz, on trouve que le prix de revient de la lumière incandescente, tout compris, usines, canalisation, etc., est plutôt un peu au-dessous qu'en dessus du prix de revient du gaz; soit environ par carcel 0 fr. 0149 (1). Le prix de revient de la carcel gaz est approximativement de 0 fr. 0154 (2). Il est vrai qu'on n'a pas tenu compte

(1) Nous admettons qu'on se sert des machines Edison qui sont particulièrement bon marché. Moteur, chaudière, machine électrique coûtent 70,000 francs. Le moteur dépense 1 kil. environ par heure et force de cheval.

(2) Voici, d'après un rapport de M. Martial Bernard au Conseil municipal (27 décembre 1880), comment se répartissent les chiffres du prix de revient du mètre cube de gaz à Paris :

Charbon	0,099,665
Service des usines	0,025,282
Charges de ville	0,020,753
Entretien des conduits	0,003,054
Impositions	0,002,494
Frais généraux	0,015,519
Intérêts et amortissement	0,038,691
Total	0,205,458
A déduire les valeurs des sous-produits	0,094,717
Reste	0,110,741

En déduisant 8 p. 100 pour les pertes résultant des fuites, on arrive pour le mètre cube au prix de revient de 12 centimes.

des droits de redevance à la ville, ce qui a été fait pour le gaz.

Il résulte de ces chiffres que, le consommateur qui se ferait lui-même son propre producteur d'électricité en installant chez lui une machine à vapeur, réaliserait une économie considérable sur le gaz, et d'autant plus qu'ici le prix de revient ne serait plus grevé des frais afférant à la canalisation générale ; il dépenserait trois fois moins qu'avec le gaz au prix actuel. Les théâtres, les cafés, les hôtels, tous les endroits dont l'éclairage nécessiterait au moins 300 lampes ont tout avantage à se servir de la lumière par incandescence. Les petites villes où le terrain est peu coûteux auraient encore bénéfice notable à se servir de l'électricité, alors même que le gaz leur serait vendu 20 et même 15 centimes le mètre cube. Les villes qui ont une chute d'eau à leur disposition pour produire de la force motrice auraient le bec carcel pour moins de un centime.

Au début, maintenant, il est vraisemblable qu'on tendra principalement à essayer le nouveau mode d'éclairage en procédant par installations isolées ; théâtres, hôtels, paquebots, wagons, et même maisons particulières. Il sera intéressant de pouvoir se rendre compte du coût horaire de la lumière, qui varie nécessairement avec le moteur, et la machine électrique dont on fait usage. Nous indiquerons une méthode de calcul très-suffisamment exacte et très-expéditive. Nous ramenons le coût horaire au cheval de force correspondant à l'alimentation normale de 8 lampes A.

Le coût horaire des lampes et de la machine électrique est fixe ; il est très-approximativement pour les

8 lampes et leurs accessoires indispensables, intérêt, amortissement, usure, de 8 centimes, soit un centime par lampe (1).

Le coût horaire de la machine électrique, amortissement, intérêt etc. varie avec sa puissance ; il est par cheval d'environ 0 fr. 007 pour les petites machines ; il descend à 0 fr. 002 environ pour les grandes dynamo-électriques. D'où, dans le cas le plus défavorable, celui de très-petites installations, pour les lampes et la machine électrique, un coût horaire de 0 fr. 087, soit en chiffre rond 0 fr. 09. Ce chiffre peut descendre à 0 fr. 08 dans le cas des grandes installations.

La formule du coût horaire *sans canalisation* et par cheval est donc, en appelant M la dépense variable afférente au moteur, L la dépense fixe afférente aux lampes, accessoires et aux machines électriques.

Coût horaire par cheval : M + L = M + 9. Petites installations.

Coût horaire par cheval : M + L = M + 8. Grandes installations.

Cette formule générale permet d'obtenir rapidement

(1) Usure d'une lampe pendant 1,800 h.   0 fr. 008 ; 8 lampes   0 fr. 064
Intérêts et amorti-sement à 10 p. 100
pour une lampe et accessoires.....   0 fr. 002 ; 8 lampes   0 fr. 016
                                    Total...   0 fr. 010   0 fr. 080

Ces chiffres s'appliquent au prix actuel des lampes ; ils pourront être baissés notablement, car la lampe est vendue 22 fr. 50 avec les fils d'installation et remplacés ensuite pour 7 fr. 50. Avec armatures, clefs, régulateurs, isolateurs, coupe-circuit, jonctions, balais de rechange, douilles, etc., le capital engagé monte par lampe, en ce moment, pour les petites installations à environ 30 fr., pour les grandes installations, il descend facilement à environ 20 fr. Les hauts prix de vente actuels tiennent principalement aux frais de brevets.

tous les coûts horaires dans une installation quelconque (1) en remplaçant M par sa valeur.

Si l'installation est puissante et comporte un grand nombre de lampes, on peut se servir de moteurs à vapeur qui dépensent relativement peu. Le coût par cheval, pour les grands moteurs ne travaillant que 1800 heures par an, est, tout compris, intérêt, amortissement, graissage, personnel, d'environ 12 centimes. Par conséquent, en pareil cas, le coût horaire par cheval d'éclairage est de 12 + 8, soit de 20 centimes : ce qui met le prix de la carcel à 0 fr. 015 centimes (2).

Le coût horaire s'élève sensiblement, s'il s'agit d'une petite installation avec moteur à vapeur de quelques chevaux. Un moteur à vapeur de 8 chevaux, alimentant par exemple 60 lampes A dépense par cheval, tout compris, bien près de 30 centimes. La formule donne dans ce cas pour prix horaire 39 centimes. Ce qui remet le coût de la carcel à 0 fr. 029, près de trois centimes. Les 60 lampes dépenseraient par heure d'éclairage 3 fr. 15. Le prix de l'éclairage au gaz serait de 4 fr. 18 (3).

Il est une remarque à faire, une fois pour toutes : les prix de revient donnés ici comprennent l'in-

(1) Nous rappelons que l'amortissement pour l'ensemble s'applique seulement à 1800 heures de travail.

(2) Un devis direct que nous avons établi pour 1000 lampes avec câble de transmission de 500 m. (aller et retour), régulateur automatique, appareils de sûreté contre l'incendie, clefs, etc., conduit, pour le coût horaire moyen d'un éclairage de 1000 lampes, à moins de 30 fr. La dépense par soirée de 5 heures serait donc au maximum de 150 fr. pour un éclairage de 1740 carcel qui coûterait avec le gaz 350 fr.

(3) Il va sans dire que tous ces chiffres sont établis sous notre responsabilité ; il est très-difficile en pareille matière d'obtenir des intéressés des prix de revient exacts, surtout au début de l'exploitation.

térêt et l'amortissement des appareils ; pour le gaz, au contraire, nous ne tenons pas compte des intérêts et amortissement de l'appareillage ; de ce chef, l'avantage s'accuse encore davantage du côté de l'électricité. Cependant il faut ajouter que d'autre part, dans tous ces calculs, nous avons supposé que le producteur n'avait à sa disposition qu'un seul moteur ; dans beaucoup de cas, pour assurer la régularité du service, il sera bon d'avoir recours à une seconde machine auxiliaire, en cas d'arrêt du premier moteur, ce qui, pour la force motrice et le générateur d'électricité, augmente la dépense par heure et par cheval de 0 fr. 024, et par carcel de 0 fr. 001.

La même installation avec un moteur à gaz de 8 chevaux conduirait à un coût horaire plus élevé, le moteur à gaz dépensant par heure et par cheval environ 44 centimes. On a dans ce cas $44 + 9 = 53$.

Prix de la carcel, 0 fr. 039. Le coût horaire de l'éclairage monte à 4 fr. 07 ; il est encore un peu inférieur à celui du gaz évalué sans amortissement de l'appareillage.

Avec une installation réduite à 30 lampes et moteur à gaz de 4 chevaux, le moteur coûtant par heure et par cheval 55 centimes, on a 55 $+ 9 = 64$. Prix de la carcel 0 fr. 047. Le coût horaire de l'éclairage s'élève à 2 fr. 45 ; il est un peu supérieur à celui du gaz qui n'est que de 2 fr. 10, évalué sans intérêt et amortissement de l'appareillage.

Enfin, on peut encore considérer le cas où l'on voudrait alimenter quelques lampes avec une pile travaillant tout le temps à charger des accumulateurs. Dans cette hypothèse toute spéciale, il faudrait par cheval effectif environ 90 éléments Daniell et 35 accumula-

23.

teurs. La pile travaillerait sans cesse, et les accumulateurs se déchargeraient en 5 heures. La pile coûterait environ 1500 fr., et les accumulateurs 1400 fr., soit en chiffre rond 3000 fr. d'installation. Avec 10 lampes, frais d'établissement 3300. Intérêt, amortissement et usure, 9 centimes par heure. Dépense de la pile, 3 fr. Total : 309 centimes par heure et par cheval. Le prix de la carcel ressort à 0 fr. 21 environ. Si, au lieu de 10 lampes, on en avait 20 à alimenter, on n'aurait pas à augmenter proportionnellement le matériel, et le prix de la carcel s'abaisserait à 20 centimes. Inutile d'ajouter que lorsqu'on aura enfin des piles industrielles, on pourra sans doute faire descendre de moitié le coût horaire, et le prix de la carcel descendra lui-même à environ 10 centimes.

Le prix de la carcel bougie est de 0 fr. 30. Le prix de la carcel huile de colza est de 0 fr. 10. On voit que la lumière par incandescence produite par la pile tient le milieu, comme coût horaire, entre l'éclairage à l'huile et l'éclairage par bougies.

Dans toutes les estimations précédentes, nous avons admis qu'on utilisait exclusivement des lampes A de 1 carcel 74. Il est évident que si l'on adoptait les demi-lampes de 0 carcel 87, l'appareillage et l'usure des foyers devenant double, il faudrait naturellement doubler les coefficients d'intérêt, amortissement et usure des lampes dans la formule qui donne le coût horaire par cheval.

En définitive, si nous résumons ce qui précède, nous sommes amenés à conclure que l'éclairage par incandescence est, pour le consommateur, qui se fait son propre producteur d'électricité, notablement moins cher que l'éclairage au gaz. Les prix tendent à s'égaliser à mesure qu'on n'emploie dans une installation donnée qu'un petit nombre de lampes; ils deviennent même, au-dessous d'une installation de 60 lampes, s'il faut un petit moteur spécial, un peu supérieurs pour l'électricité à ceux du gaz. Enfin, quand on veut se servir de piles pour alimenter une vingtaine de lampes, évidemment, on choisit un éclairage de luxe deux fois plus coûteux que l'éclairage à l'huile, mais cependant un tiers moins cher que l'éclairage à la bougie.

Nous avons insisté un peu longuement sur l'éclairage par incandescence, parce qu'il nous paraît de nature à amener, dans certaines limites, une véritable transformation dans nos procédés d'éclairage. Le gaz a été expérimenté à Paris pour la première fois en 1818, au passage des Panoramas, sous l'administration de M. de Chabrol. L'introduction en France de l'éclairage par incandescence datera de la première Exposition internationale d'électricité.

L'éclairage électrique par incandescence n'était pas représenté à l'Exposition seulement par le système Edison; il est d'autres systèmes qui donnent aussi des résultats satisfaisants; nous citerons notamment les lampes Swan, Lane-Fox et Maxim. Après les détails dans lesquels nous sommes entrés précédemment, il nous sera facile de les décrire en quelques lignes; ils présentent d'ailleurs entre eux de très-grandes analogies.

Dans la lampe Swan, le charbon ne provient plus d'un filament de bambou du Japon comme dans la lampe Edison; c'est du carton carbonisé. L'inventeur prend une tresse de coton de 12 centimètres de longueur, dont les extrémités sont renflées par un enroulement local de fils. La tresse est plongée dans de l'acide sulfurique étendu d'eau, ce qui a pour effet de la parcheminer. Les fils parcheminés sont introduits dans de la poussière de charbon au sein de creusets en terre; on porte les creusets au rouge et l'on retire des filaments charbonneux très-résistants. Ils sont placés dans les lampes et on les soumet à l'incandescence en même temps qu'on fait le vide dans les ampoules de verre. Les charbons sont désormais prêts à recevoir le courant sans se rompre pendant près de 400 heures.

Le filament Swan n'est pas seulement tourné en fer à cheval comme le charbon Edison; il forme une boucle ou un anneau au centre du fer à cheval, de façon à accumuler en ce point le plus de lumière possible.

Les deux brins du filament de charbon sont fixés dans cette lampe au moyen de deux porte-charbons en platine tout à fait semblables aux porte-crayons avec mâchoires dont tout le monde se servait autrefois. Les mâchoires saisissent la partie inférieure renflée de chaque brin, et le courant pénètre par ces conducteurs à grosse section jusqu'au charbon. Les deux porte-charbons sont assujettis à l'intérieur par une traverse en verre.

La lampe Swan a fait ses débuts en Amérique et en Angleterre à la fin de l'année 1880. M. Spottiswoode, l'éminent président de la Société royale de Londres, l'a installée un des premiers dans son château de Combes-Bank. M. le marquis de Salisbury a suivi M. Spottiswoode, et aujourd'hui, l'éclairage par incandescence est très-répandu en Angleterre. Les paquebots s'en servent aussi. A Paris, la lampe Swan

éclairait la salle du Congrès des électriciens et longtemps elle a brillé dans le grand lustre de l'Opéra.
La lumière Swan est dorée, plus jaune que celle
d'Edison, ce qui tient à la nature du filament et à la
température à laquelle il est porté. La résistance est
moins grande dans le filament Swan que dans le filament Edison, environ 50 ohms au lieu de 125 ohms à
froid ; il est en effet plus gros. Quant à l'intensité
lumineuse, tout dépend du courant qu'on envoie à la
lampe ; elle est indépendante du système et augmente
seulement avec la température, c'est-à-dire en raison
de l'expression RI^2. Plus le courant a de quantité et
le filament de résistance, et plus l'éclat est grand.
Mais la dépense est liée à RI^2 ; il faut bien payer l'éclat.
On obtient la lumière que l'on veut dans chaque
système en consommant de l'énergie en conséquence.

M. Swan n'a combiné ni distribution d'alimentation pour ses lampes, ni machine productrice d'électricité. Il se sert tantôt des machines Brush, tantôt
des machines Siemens ou de Meritens. Les machines
à courants alternatifs conviennent même très-bien au
système et empêchent les charbons de se couper au
pôle positif, ainsi qu'il arrive quelquefois quand on
se sert de courants continus intenses.

Les lampes Lane-Fox ne diffèrent des précédentes
que par la nature du charbon et par le mode d'attache.
Le filament est en chiendent. Les fils de chiendent
sont vulcanisés, c'est-à-dire combinés avec du soufre
et imprégnés d'oxychlorure de zinc. Ces brins carbonisés au rouge deviennent ainsi très-tenaces. Le
charbon affecte simplement la forme en U d'Edison ;
l'ampoule est allongée aussi en poire ; le vide y est

fait pendant l'incandescence. Le filament courbe vient s'engager à ses deux extrémités droites dans deux petits cylindres de plombagine, qui eux-mêmes sont plantés sur les fils de platine en relation avec le circuit. Les fils de platine, assez gros, sont enfermés dans de petites gaînes de verre à moitié pleines de mercure. Le tout est luté avec du plâtre. Les contacts métalliques ont donc lieu par grande surface, ce qui diminue l'échauffement. Mais cet ensemble est compliqué.

Généralement M. Lane-Fox dépolit le verre de ces lampes au moins sur une portion de l'ampoule. La résistance des charbons serait de 75 à 105 ohms à froid.

A l'Exposition, ces lampes éclairaient une des salles d'auditions téléphoniques et le pavillon de la Compagnie Brush.

M. Lane-Fox joint à son système un régulateur d'intensité dans le but de maintenir fixe l'éclat des lampes placées dans le même circuit, sans l'intermédiaire d'aucun employé de contrôle. Qu'il nous suffise de dire que ce résultat est obtenu par le déplacement sur un quart de cercle d'une tige ou aiguille munie d'un frotteur. Sur le quart de cercle sont groupés des éléments de résistance régulièrement croissants. Le courant du circuit réagit sur l'appareil, comme il le ferait sur un galvanomètre, de manière à déplacer à droite ou à gauche l'aiguille et par suite son frotteur. Si le courant devient trop puissant, le frotteur établit un contact avec une résistance plus forte, et l'intensité est ramenée à son degré initial. L'appareil oscille toujours entre deux limites très-rapprochées. Ce régulateur est très-paresseux, et ne donne pas, en pratique, de résultats très-satisfaisants.

M. Maxim, de son côté, a combiné un système complet : générateur d'électricité, régulateur de courant, lampe.

Dans la lampe, on retrouve toujours la même am-

Fig. 147. — Lampe Maxim.

poule de verre et un filament de charbon comme dans les autres systèmes. Le filament est recourbé en forme de M pour multiplier les points lumineux et les rapprocher ; il est constitué par du carton bristol découpé mécaniquement dans une grande feuille. Le filament de carton est légèrement roussi entre deux plaques de fonte chauffées, puis on l'introduit au milieu de l'ampoule de verre dans une atmosphère d'hydrogène très-carburé, de *gazoline*. Pendant le passage du courant, la vapeur de gazoline déposerait des particules charbonneuses sur le filament et jouerait ainsi un rôle rénovateur. C'est une simple hypothèse ; d'ailleurs, le filament Maxim dure moins que le filament Edison, tout au plus 300 heures ; il est vrai qu'il est porté à une température plus élevée. La liaison du filament aux fils s'effectue à l'aide de petites vis, et les fils eux-mêmes sont empâtés dans un ciment bleuâtre analogue à de l'émail, qui se soude facilement au verre.

La lampe Maxim s'alimente avec des courants intenses ; aussi elle a beaucoup d'éclat, peut-être trop pour un éclairage domestique. La résistance au passage du courant est de 50 à 60 ohms environ.

La machine dynamo Maxim ne présente aucune nouveauté saillante. Le courant qui va aux inducteurs est fourni par une machine excitatrice. C'est par l'intermédiaire de cette machine auxiliaire que M. Maxim régularise plus ou moins le courant en raison de la dépense qui s'en fait dans les lampes, selon que toutes sont en fonction, ou que beaucoup sont éteintes. Au moyen d'une disposition assez simple le régulateur déplace, non plus comme dans le système Lane-Fox, un frotteur qui introduit dans le circuit général des résistances variables, mais bien les petits balais métalliques qui sur l'excitatrice recueillent le courant. Or, nous avons vu que suivant qu'on place les balais selon le diamètre vertical ou selon le diamètre transversal du collecteur, on recueille peu ou beaucoup d'électricité. Par conséquent, le déplacement des balais diminue ou accroît à volonté l'intensité du courant qui va exciter les électro-aimants, et par suite, diminue ou augmente la production d'électricité. Si donc, le courant général prend trop de force par suite de l'extinction de plusieurs lampes, le régulateur mis en action fait lui-même baisser la production et tout rentre dans l'ordre. Ce dispositif est extrêmement sensible, si sensible même qu'une lampe éteinte sur cent le fait fonctionner. Cette sensibilité exagérée devient un inconvénient. Le réglage automatique ne se produit que par l'intermédiaire d'organes mécaniques ; il faut le temps matériel pour que ces organes se déplacent ; aussi le régulateur n'agit que lorsque le courant a déjà pris de la force ; les lampes restées en service ont reçu déjà dans leurs filaments un flux électrique trop énergique ; la température et l'éclat sont devenus excessifs ; les charbons se brisent et l'obscurité se fait par excès même de lumière. Quand cet effet n'est pas poussé à l'extrême, les lumières oscillent en raison même de la sensibilité du régulateur. M. Maxim, pour se mettre surtout à l'abri des ruptures des filaments, a imaginé, il est vrai, une sorte de soupape de sûreté. Lorsque le courant atteint brusquement une intensité dangereuse, le régulateur met en contact les deux balais collecteurs de l'excitatrice et le courant ne passe plus dans le circuit. Il y a extinction momentanée dans toute la distribution ; l'effet ne dure qu'une fraction de seconde, mais enfin il y a extinction. Ce système ne paraît pas applicable sur une grande échelle.

Enfin, citons encore, pour finir, les deux lampes toutes récentes de MM. Jablochkoff et Gaulard.

M. Jablochkoff a breveté une lampe à incandescence dans l'air. C'est un fil de platine enroulé autour d'un petit cylindre de substance réfractaire. Le sup-

Fig. 148. — Machine excitatrice et régulateur du système Hiram Maxim.

port servirait de réfrigérant et empêcherait la platine
de fondre. C'est possible, mais est-ce que le fil ne
s'usera pas très-vite, comme dans les essais anté-
rieurs ?

M. Gaulard a eu une idée originale. Il a inventé la
lampe *duplex*, à incandescence et à décharge statique.
Dans un plan perpendiculaire à celui du filament charbonneux se dressent verticalement au sein de l'ampoule de verre deux fils de platine disposés face à face.
Le courant passe comme d'habitude dans le filament
charbonneux, mais en outre l'inventeur s'en sert pour
alimenter le fil primaire d'une petite bobine d'induction dont les extrémités du fil fin sont en communication avec les tiges de platine de la lampe. Une décharge lumineuse se manifeste sans cesse au milieu de
l'ampoule, comme dans un tube de Gessler; on a, à la
fois, une auréole blanche et un filet de lumière dorée,
l'effet est très-satisfaisant, dit-on. Est-ce économique?
Il faut laisser la parole à la pratique.

XIV

Le téléphone est bien la plus merveilleuse des inventions modernes.

« Je viens de voir la merveille des merveilles,
s'écriait sir William Thomson en 1876, devant l'Association britannique, à son retour de l'Exposition
de Philadelphie. » L'illustre électricien n'avait rien
exagéré dans son enthousiasme. Pour notre part,
nous ne savons trop aujourd'hui ce qu'il faut le plus
admirer, des résultats obtenus ou de la simplicité des
moyens employés pour les atteindre. Le téléphone
est l'instrument simple par excellence! bien plus
rudimentaire qu'un télégraphe quelconque et bien

autrement fin et complet. L'appareil est admirable (1).

Beaucoup de personnes encore maintenant ne se rendent pas bien compte du jeu de l'instrument. Essayons en quelques lignes d'en faire saisir le principe.

Tout le monde connaît le téléphone à ficelle : deux petits cornets en carton avec membrane de parchemin, deux petits tambours de basque si l'on veut, réunis par une corde de coton ou de soie. On parle dans l'un, et la voix arrive assez distinctement dans l'autre, jusqu'à environ 150 ou 200 mètres de distance. Que se passe-t-il? Absolument ce qui s'observe quand on frappe un coup avec un marteau sur l'extrémité d'une pièce de bois, et qu'on prête l'oreille à l'autre extrémité; les vibrations se transmettent à travers le bois. La voix fait vibrer la membrane du cornet transmetteur; les vibrations se communiquent par la ficelle tendue jusqu'à la membrane du cornet récepteur. On parle d'un côté, on entend de l'autre. Le son ne va pas bien loin dans ce cas, parce que les vibrations s'éteignent progressivement en suivant la corde, et quand la distance est un peu grande, tout le mouvement est anéanti avant d'atteindre le cornet récepteur. Mais n'est-il pas évident que si l'on parvenait à faire vibrer à une distance quelconque la

(1) Trois physiciens peuvent se partager la gloire de l'avoir inventé. Elisah Gray et Graham Bell prirent un brevet provisoire aux États-Unis le *même jour*, le 14 février 1876. Edison, le 14 janvier 1876, avait déjà demandé un *caveat*. Les trois brevets sont très-analogues. Le téléphone avait d'ailleurs eu de nombreux ancêtres. Nous ne pouvons, dans cette rapide esquisse, insister sur les origines de l'invention et les droits de priorité apparente des inventeurs. On trouvera un historique complet de la question dans un excellent livre qui porte la signature autorisée de M. le comte du Moncel, *le Téléphone*, Hachette éditeur.

membrane du cornet récepteur, absolument comme vibre celle du cornet transmetteur, n'est-il pas clair qu'on pourrait porter la parole à toute distance? Or, dans la télégraphie, c'est un courant électrique qui met en mouvement l'appareil récepteur de la dépêche; dès lors, pourquoi un courant électrique ne serait-il pas de même utilisé pour faire vibrer au loin la membrane d'un cornet? C'est ce qu'a réalisé M. Graham Bell.

Dans son appareil, les vibrations du cornet dans lequel on parle sont transmises, avec une vitesse en quelque sorte instantanée, à l'appareil récepteur par un courant électrique. Tel est le principe. Maintenant, très-brièvement, le dispositif.

Fig. 149. — Téléphone Bell.

Dans un téléphone à ficelle, remplaçons la membrane

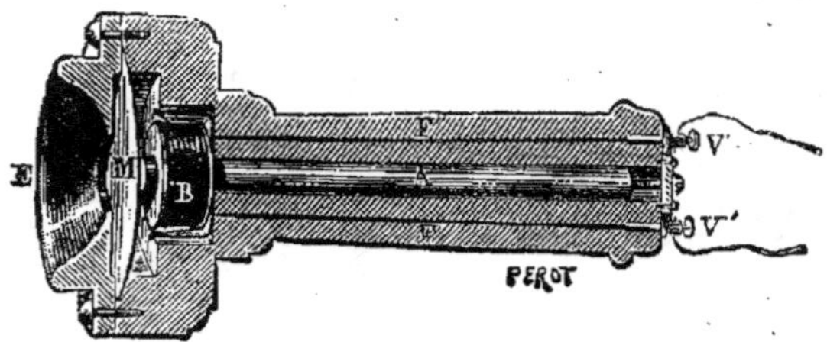

Fig. 150. — Coupe du Téléphone Bell

de parchemin par une membrane de tôle en fer très-mince M ; en arrière, dans l'axe même du cornet, fixons

un gros clou d'acier A d'environ un décimètre de long.
Cette tige d'acier est aimantée. Enfilons sur son extrémité qui touche presque à la membrane une petite
bobine de bois B en tout semblable à celles dont se
servent les dames ; seulement, au lieu d'un fil uniquement en soie, il s'y trouve enroulés des fils fins de
cuivre recouverts de soie. Ainsi, une membrane vibrante, au-dessous une bobine de fils dans le creux
de laquelle on a passé une tige de fer aimantée : voilà
le téléphone Bell.

On parle devant la membrane ; elle vibre ; en vibrant elle se rapproche et s'éloigne alternativement
du clou aimanté et de sa bobine. Le rapprochement
de la rondelle mince de fer de la tige d'acier surexcite
son aimantation ; l'éloignement ramène le magnétisme
à son taux normal. Or, nous l'avons déjà répété à plusieurs reprises, chaque fois qu'on fait varier la force
d'un aimant placé à proximité d'une bobine de fils, on
produit un courant instantané dans les fils. Donc, les
vibrations de la membrane engendrent des courants
électriques. On relie les fils FF' de la bobine du téléphone aux fils de ligne VV', et les courants s'en vont
jusqu'au cornet récepteur.

Le téléphone récepteur est identique au premier.
Les courants produits entrent dans le fil de la bobine.
Or, on sait bien encore qu'un courant qui circule dans
les spires d'une bobine au milieu de laquelle on a
placé une tige d'acier surexcite l'aimantation de
cette tige. Donc, les courants transmis accroîtront
l'aimantation de la tige d'acier qui attirera plus énergiquement la rondelle de tôle. Sous cette influence,
alternativement attirée par l'aimant et ramenée dans
sa position par sa propre élasticité, elle vibrera,

et elle vibrera tout comme la rondelle de tôle du téléphone transmetteur. Les vibrations seront synchroniques. L'appareil répétera donc la parole prononcée. Bref, au départ, la voix crée le courant, qui mécaniquement, à l'arrivée, met en mouvement la rondelle. Est-ce assez simple?

Le téléphone peut être regardé comme un véritable générateur d'électricité dont la force motrice a pour origine les vibrations sonores. La rondelle vibrante s'approche et s'éloigne de l'aimant et de la bobine;

Fig. 151. — Disposition de l'aimant à double branche NOS, dans le Téléphone Gower.

en s'approchant elle crée dans les fils, comme dans les machines dynamo-électriques, un courant inverse, et en s'éloignant un courant direct. Si le premier diminue l'aimantation du récepteur, le second l'augmente; pour cette raison la rondelle métallique est plus ou moins attirée et vibre. Les deux téléphones se trouvent ici dans les mêmes conditions qu'une machine dynamo, qui fait fonctionner à distance une seconde machine dynamo. C'est un transport élec-

trique de la force de la voix! cette force si infime
est transmise jusqu'à 300 kilomètres!

Le téléphone de Graham Bell a donné naissance,
depuis 1876, à un certain nombre de téléphones analogues: téléphones de Gray, de Phelps, de Gower,
d'Ader, etc. Dans ces appareils, au lieu de faire vibrer

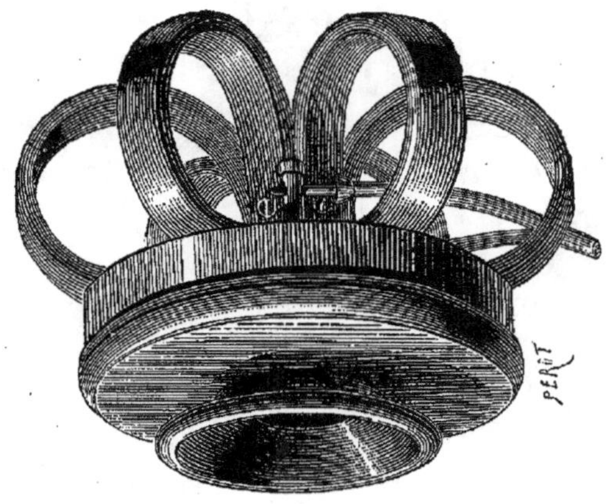

Fig. 152. — Crown-Téléphone de M. Phelps à six aimants recourbés.

le mince diaphragme de tôle par l'action du pôle unique d'une tige aimantée, on l'influence à la fois par
les deux pôles d'une tige d'acier recourbée en fer à
cheval. L'aimant prend la forme bien connue des
aimants dont se servent les enfants. On fixe sur chaque pôle une bobine en regard du diaphragme vibrant;
il y a donc deux bobines en action au lieu d'une.
L'effet sonore est multiplié.

M. Ader a été plus loin encore dans cette voie. Au-
dessus du diaphragme vibrant, à la base de l'embouchure, il dispose un petit anneau de fer doux. Cet

anneau de fer accroît par sa présence l'aimantation des deux pôles de l'aimant d'acier; et le son rendu est plus intense et plus net. Le téléphone à surexcitateur

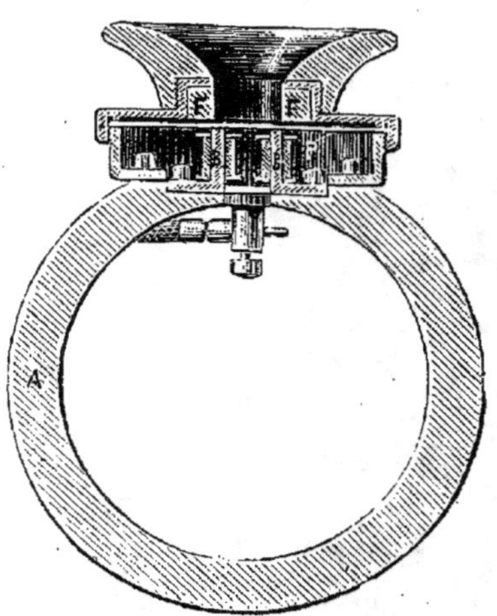

Fig. 153. — Coupe du Téléphone récepteur d'Ader. FF surexcitateur, BB noyaux des bobines.

de M. Ader est le plus employé en ce moment en France.

Les téléphones *réversibles*, c'est-à-dire les téléphones qui peuvent servir indifféremment de transmetteurs et de récepteurs sont connus sous le nom générique de *Téléphones magnétiques :* ils n'utilisent en effet, pour fonctionner, que les courants engendrés par des variations dans l'énergie des aimants, par des variations de magnétisme.

Ces instruments sont excellents et suffisants en pratique pour transmettre la parole à de petites distances, d'une rue à une rue voisine, d'un bout à l'autre d'une propriété, ou d'une usine, etc. Ils porteraient la voix beaucoup plus loin sans les phénomènes d'induction qui gênent la transmission. Ces courants produits directement par la force motrice de la voix sont en définitive assez faibles ; aussitôt que la distance devient grande, qu'il faut transmettre

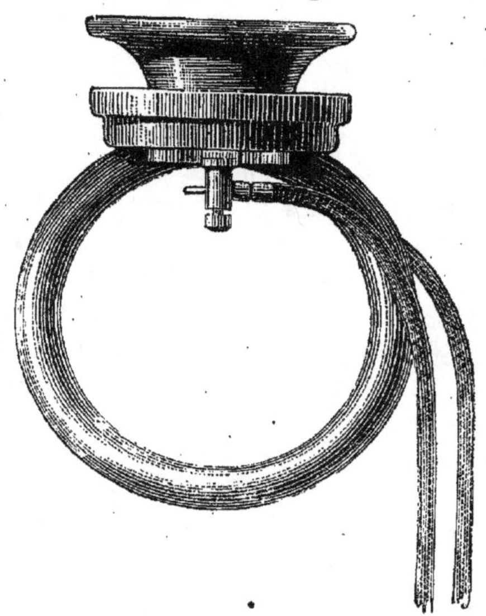

Fig. 154. — Vue extérieure du récepteur Ader.

dans une ville sillonnée par des réseaux télégraphiques, par des conduites de gaz, d'eau, etc., le petit courant du téléphone se perd au milieu des courants multiples accidentels, qui circulent à côté de lui et qui influencent son fil. La transmission manque de netteté et peut même s'annuler. Il faut avoir recours, dans ce cas, à d'autres appareils plus puissants, aux *Téléphones à pile*.

M. Edison est l'heureux inventeur du premier

téléphone à pile. Il était naturel, puisque les courants du téléphone magnétique étaient insuffisants, de songer à employer un courant plus énergique emprunté à la pile. Mais comment obliger ce courant d'intensité constante à varier de force avec les ondulations de la voix, comment par son intermédiaire faire vibrer la membrane à l'arrivée comme au départ?

Pour résoudre ce problème, M. Edison a tiré parti d'un fait signalé en 1855 par M. du Moncel et employé par M. Clérac dès 1865. Quand on fait passer un courant électrique à travers deux pastilles ou rondelles de charbon, superposées ou accolées, le courant circule d'autant mieux que ces deux rondelles sont plus pressées l'une contre l'autre. Donc, plaçons sous le diaphragme vibrant d'un téléphone une pastille adhérente de charbon ; au-dessus en contact, une seconde pastille en communication avec une pile. Il est clair que, selon les vibrations imprimées par la voix au diaphragme, le contact entre les deux charbons deviendra plus ou moins intime, et le courant pénétrera dans le fil de ligne avec une intensité qui dépendra en définitive de l'énergie même des vibrations. A l'arrivée, le courant fait vibrer synchroniquement la rondelle d'un récepteur ordinaire.

Ici, on le voit, il faut une pile, un téléphone transmetteur spécial et différent du téléphone transmetteur. Chaque poste exige donc deux appareils distincts, un pour parler, l'autre pour écouter. En revanche, le courant étant assez fort, se confond moins avec les courants accidentels qui peuvent circuler en même temps sur la ligne. Toutefois, sans un artifice d'une grande importance, le nouveau téléphone n'aurait encore pu transmettre le son bien loin, à moins

d'augmenter indéfiniment la puissance de la pile.
M. Edison songea à une disposition déjà appliquée en

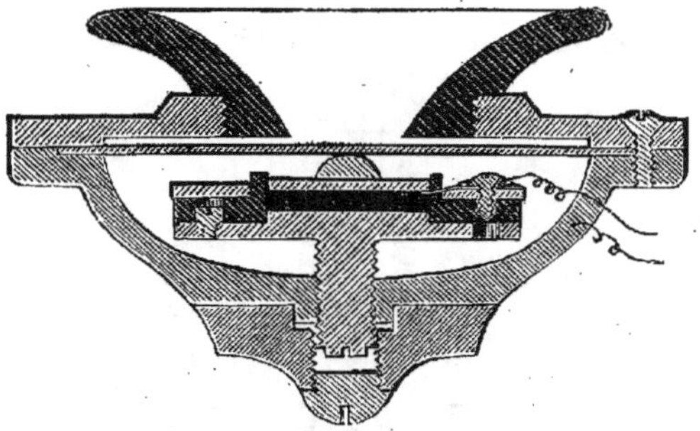

Fig. 155. — Transmetteur à charbon d'Edison. Coupe.

1874 par M. Elisah Gray dans un téléphone musical.
Au lieu d'envoyer directement les courants de la pile

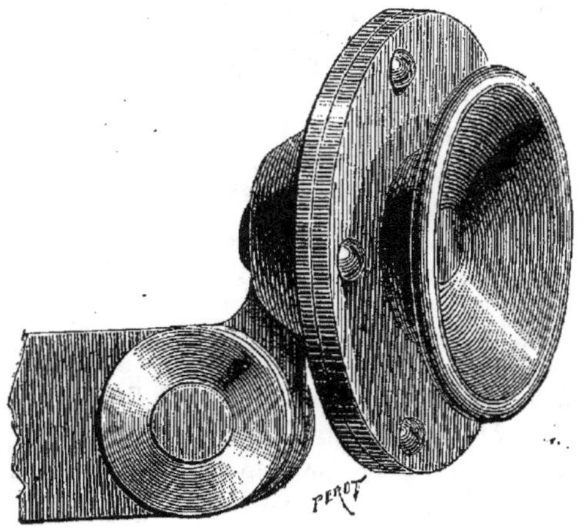

Fig. 156. — Transmetteur à charbon d'Edison. Vue perspective.

à l'appareil récepteur, il les fit passer préalablement
dans une petite bobine de Ruhmkorff, ce qui, comme

nous le savons, les transforme en courants de haute tension. Or, les courants à grande tension franchissent facilement des longueurs de fils considérables. Ce stratagème permet de transmettre nettement la

Fig. 157. — Poste téléphonique Edison.

voix, avec quelques éléments de pile seulement, à plus de 125 kilomètres de distance.

Le téléphone à pile avec bobine d'induction date de 1876 (1). On en a imaginé, depuis, plusieurs va-

(1) Si M. Edison n'a pas revendiqué comme sien le téléphone magnetique, on affirme que c'est parce qu'il le considérait comme insuffisant. Il l'avait laissé de côté pour atteindre son but, c'est-à-dire le téléphone à pile.

riantes, dont il serait superflu, dans ce coup d'œil rapide, d'indiquer les dispositifs.

En 1877, M. Hughes, l'éminent électricien anglais, faisait connaitre au monde savant un type de transmetteur encore bien plus rudimentaire que le télé-

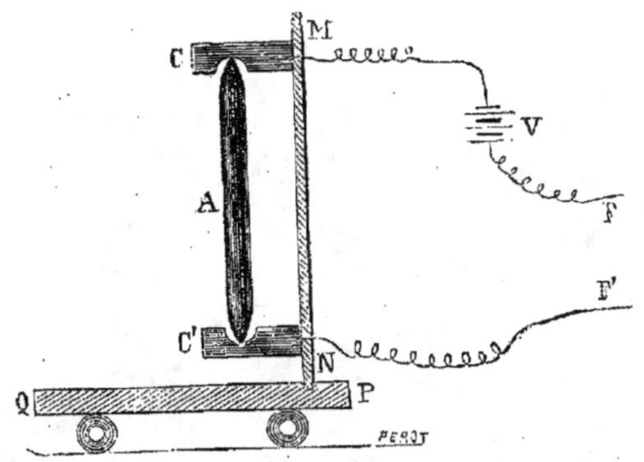

Fig. 158. — Microphone. NM planchette vibrante. A charbon.
CC' supports, QP socle, FF' ligne, V pile.

phone à pastilles de charbon de M. Edison. C'est le microphone. Une petite baguette de charbon conducteur A est plantée verticalement sur un petit support de même matière C' ; son extrémité supérieure s'engage aussi dans une cavité creusée dans un support également en charbon C ; la baguette peut jouer tous les deux fois librement entre ses supports. Le courant passe par le support supérieur, traverse la baguette et va par le support inférieur dans le fil de ligne ; il suffit de parler dans le voisinage des charbons pour que la voix ébranle le système, modifie les contacts des charbons et fasse varier l'intensité du courant. Au poste d'arrivée, un téléphone récepteur trahit les plus petites variations du courant et reproduit très-bien les sons articulés.

Les microphones se sont substitués depuis lors au premier transmetteur d'Edison. On a multiplié les dispositifs; on a essayé un peu de toutes les combinaisons. On comprendra que l'imagination des inven-

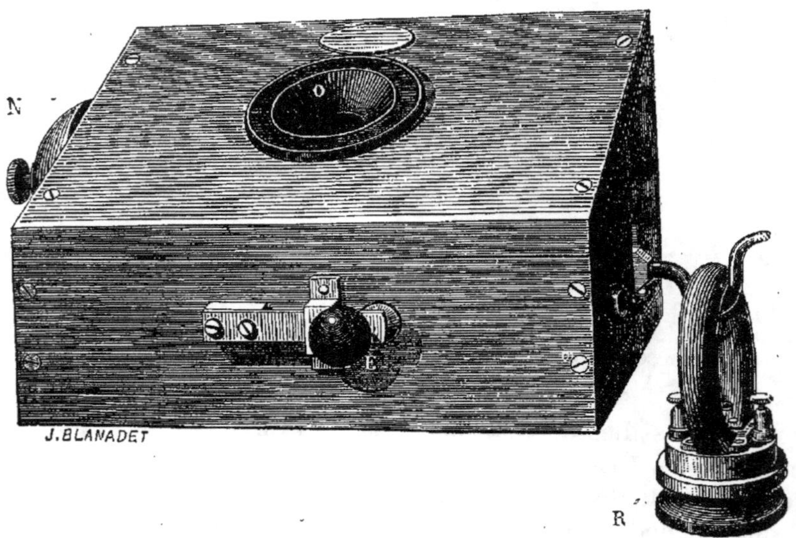

Fig 159. — Transmetteur Crossley. O embouchure, E bouton d'appel, R récepteur, N sonnerie.

teurs ait pu se donner facilement libre cours, puisqu'il s'agit de disposer les charbons de façon à accroître le nombre des contacts sans trop augmenter la résistance au passage du courant. Nous avons eu ainsi les transmetteurs téléphoniques Navez, Pollard et Garnier, Hellesen, Righi, Boudet de Paris, Paul Bert et d'Arsonval, Hopkins, etc.

A l'Exposition, on pouvait voir encore les transmetteurs Locht-Labye, Maiche, Herz, Mackenzie et

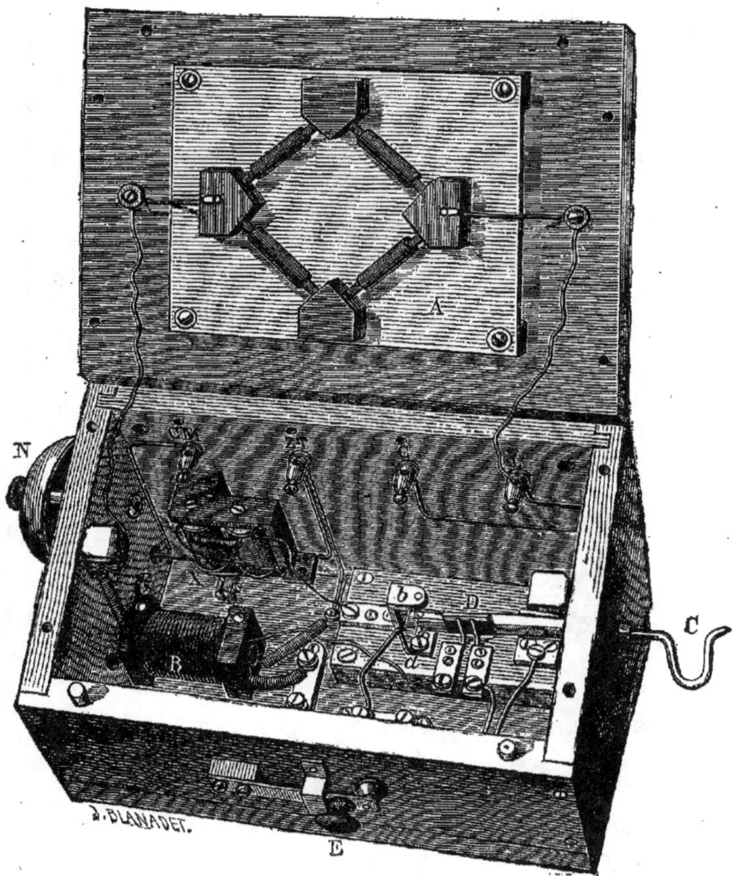

Fig. 160. — Transmetteur Crossley; vue intérieure. A microphone, D commutateur, B bobine d'induction, X électro-aimant de la sonnerie.

surtout le transmetteur Ader. La nomenclature en serait longue pour être complète. Les uns disposent

les charbons en carré, en losange, avec des supports
aux quatre coins; les autres les placent horizontalement, verticalement, etc. D'autres opèrent le contact
à l'aide d'un charbon et d'une petite rondelle de pla-

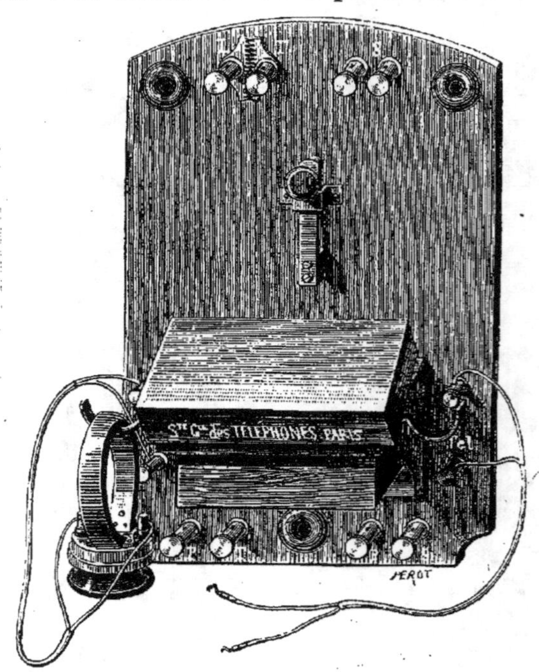

Fig. 161 .— Poste téléphonique Ader (modèle avec applique).

tine, etc.

En pratique, on ne s'est réellement servi jusqu'ici
que des appareils microphoniques Blake, Crossley,
Ader. Le Crossley est employé en France. La Société
générale des Téléphones tend à remplacer, selon les
applications, les Crossley, les Edison, par les Ader.

Elle s'est assuré la propriété exclusive des transmetteurs à charbons, de la bobine d'induction associée au parleur, et des récepteurs à surexcitation de M. Ader.

Dans le transmetteur Ader, les charbons sont fixés

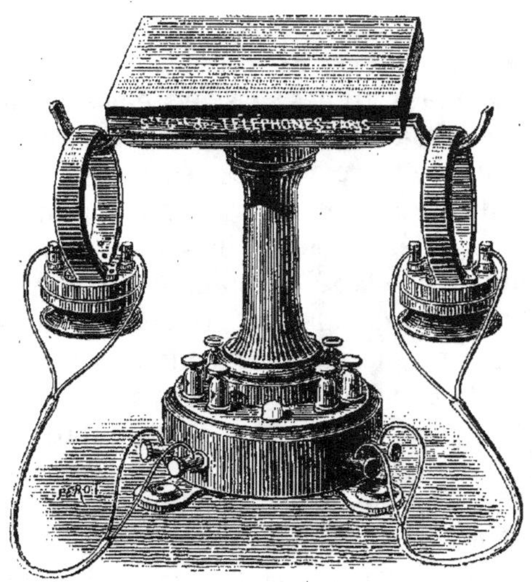

Fig. 162. — Poste téléphonique Ader (modèle portatif).

au revers de la petite planchette de sapin qui forme comme le couvercle d'un pupitre. Les petites baguettes de charbon cylindriques sont posées à frottement doux et parallèlement dans de petites encoches ménagées dans des tiges parallèles : il y a cinq tiges parallèles et deux groupes de baguettes transversales. On dirait assez bien une courte échelle à cinq montants. Les contacts sont multiples, et le système est suffisamment mobile pour être bien influencé par les vibrations de la planchette de sapin. Chaque poste

Ader se compose par conséquent du transmetteur, forme pupitre à droite et à gauche duquel sont suspendus deux appareils récepteurs. Le récepteur Ader offre l'apparence d'un anneau d'acier poli, d'un bracelet dans lequel, en guise de perle, on aurait enchâssé une embouchure en ébonite. Généralement on applique contre l'oreille les deux récepteurs à la fois. La transmission avec cet appareil est excellente.

Sur les très-longues lignes, les systèmes actuels sont encore mis en défaut ; sur les lignes très-voisines enfermées dans un même câble, les réactions électriques des courants les uns sur les autres gênent les transmissions ; les phénomènes d'induction sont les plus grands ennemis de la téléphonie. Tout ce qui se passe dans un des conducteurs retentit sur les autres. Il y a bien longtemps que sans beaucoup de succès on tente de tourner la difficulté : on y est parvenu dans certaines limites pour l'induction électro-statique , en faisant parcourir la ligne par des flux successifs d'électricité contraire ; la charge des uns est détruite par la charge contraire des autres. M. Varley a tiré bon parti de la méthode pour les transmissions sous-marines. Mais l'induction dynamique, celle qui résulte de la réaction d'un courant sur le fil voisin, est bien difficile à affaiblir, sinon à corriger complétement. En ce qui concerne l'induction sur les lignes téléphoniques, quelques systèmes ont été préconisés dans ces derniers temps. M. le docteur Herz a combiné plusieurs dispositifs. Dans l'un d'eux, il s'est servi, comme M. Dunand, comme M. Dolbear, de la section américaine, d'un condensateur pour récepteur. Une pile auxiliaire charge sans cesse le condensateur au même potentiel et les variations d'intensité du courant de

transmission augmentent ou diminuent ce potentiel;
il en résulte des vibrations dans le condensateur qui
reproduit les sons articulés. Si le potentiel n'était pas
porté préalablement à un niveau fixe, les sons seuls
seraient reproduits, mais non pas les sons articulés.
Dans ces conditions, en portant la charge préalable
assez haut, et en se servant de courants à haute tension, les effets d'induction sont atténués, quand ils sont
engendrés par les courants ordinaires de la télégraphie
ou de la téléphonie. Mais on peut se demander si l'on
tirerait réellement quelque avantage de cet artifice,
quand le même système serait appliqué sur tous les
conducteurs d'un même câble. Dans un autre dispositif
également ingénieux, le courant de la pile se bifurque
d'une part dans la ligne, de l'autre dans une dérivation qui va à la terre et dans laquelle on a intercalé
le transmetteur. Les variations de résistance créées
dans la dérivation par les oscillations du transmetteur
refoulent le courant dans la ligne, dont la résistance
est invariable et les modifications d'intensité du courant de ligne sont d'autant plus accentuées qu'est plus
grande la résistance de la dérivation à la terre. On
peut ainsi accroître l'écart des intensités et l'ampli-
tude des vibrations. Mais ici encore, ce qui est vrai
pour une ligne l'est encore pour la ligne voisine
quand on y applique le même système et le rapport
des effets produits doit rester sensiblement le même,
c'est-à-dire que si l'induction est affaiblie, la transmission doit l'être aussi. Cependant M. Herz affirme
avoir pu transmettre avec son système jusqu'à 1100
kilomètres de distance.

M. Maiche a de même imaginé plusieurs artifices
en apparence très-séduisants. Nous ne pouvons in-

sister sur ces différents systèmes qui n'ont pas encore fait suffisamment leurs preuves.

Il faut signaler toutefois, en passant, dans un autre ordre d'idées, les expériences curieuses répétées à plusieurs reprises par M. Maiche à l'Exposition. Cet habile

Fig. 163. — Microphone Paul Bert et d'Arsonval.

électricien fait simultanément travailler sur un même fil deux téléphones; avec l'un, il transmet les sons articulés, avec l'autre les sons musicaux. En appliquant un récepteur à chaque oreille, on peut à la fois entendre un air de musique et une conversation. C'est ainsi que nous avons très-bien pu distinguer les airs transmis par une boite à musique et la lecture à haute voix d'un journal; en éloignant de l'oreille un des récepteurs, on percevait, à volonté, ou la parole ou la musique. Pour transmettre ainsi par un même fil et simultanément la parole et la mu-

sique, M. Maiche utilise tout bonnement le courant
direct de la pile et à la fois les courants de tension
de la bobine interposée dans le circuit. Les sons articulés sont reproduits par les courants de la bobine,
et les sons musicaux par les courants directs qu'on
fait passer en même temps. On sait que les courants

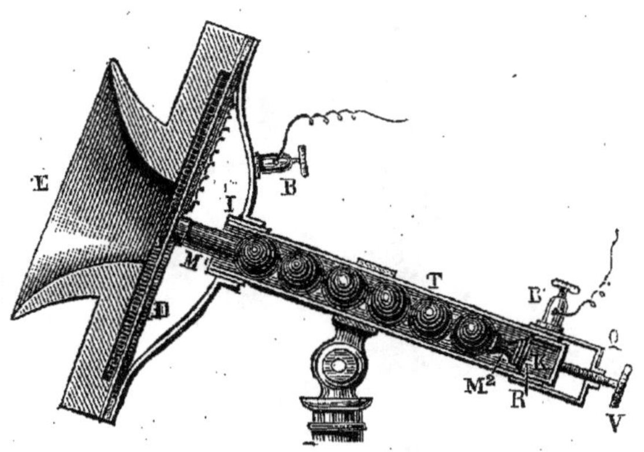

Fig. 164. — Microphone Boudet de Paris à sphères de charbon.
E embouchure, D plaque vibrante, T charbons, K vis de réglage.

d'impulsion et les courants interrompus jouissent de
la propriété de ne jamais se confondre dans une même
ligne. Ainsi s'explique le secret de la téléphonie en
partie double de M. Maiche.

A côté des téléphones dont nous venons de parler,
nous pourrions en décrire toute une classe qui ne
présentent au fond qu'un intérêt spéculatif. La véritable théorie du téléphone est loin d'être établie; ces
différents appareils en apportent plus d'une preuve
démonstrative. Il est certain que les vibrations du
diaphragme des téléphones ne donnent pas seules les

sons, et la meilleure preuve est que l'on peut s'en passer. On peut se servir de plaques très-épaisses, et cependant la parole est encore reproduite. On peut remplacer tout le système du récepteur Bell par les deux charbons en contact d'un microphone, et la parole est encore reproduite, bien que très-mal.

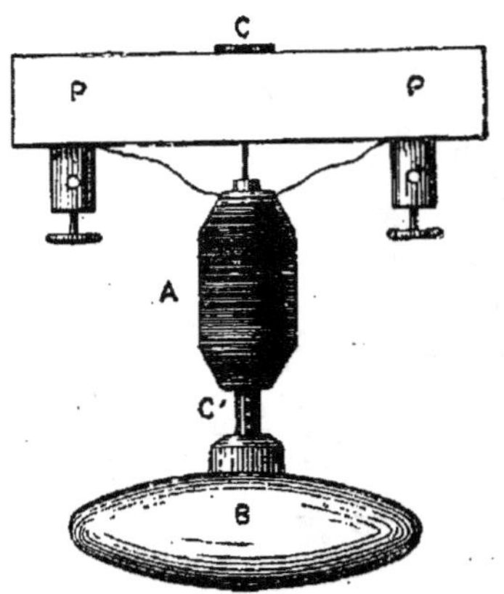

Fig. 165. — Téléphone sans diaphragme de M. Ader. B loquet de porte, CC' tige de fer doux. PP planchette de sapin. A bobine enroulée sur un tuyau de plume d'oie.

M. Ader a même réalisé un appareil récepteur uniquement formé d'une tige de fer piquée sur une planchette. En transmettant avec un appareil à charbons, et en approchant l'oreille de la planchette, on perçoit encore faiblement quelques mots articulés. Aussi est-on porté à admettre que les réactions des spires sur les aimants, du courant sur la plaque, etc., engendrent aussi des sons, ainsi que Page le démontra en 1837. Ces réactions jouent leur rôle dans la transmission. Le téléphone musical de Reiss, qui date de 1860,

était fondé sur ces réactions curieuses. Une simple
aiguille à tricoter entourée de spires métalliques
rend un son quand les spires sont traversées par un
courant interrompu, provenant du transmetteur. On
peut ainsi, avec différentes aiguilles, transmettre les
sons musicaux. Nous signalons ces appareils unique-

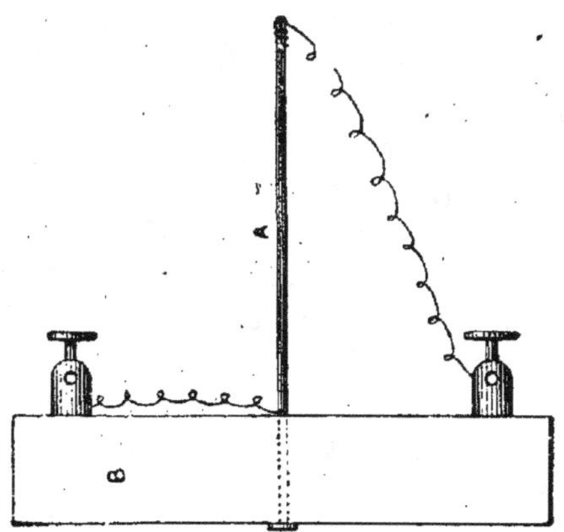

Fig. 166. — Téléphone à fil de fer de M. Ader, sans diaphragme, sans
aimant et sans bobine. B planchette de bois, A tige de fer doux.

ment pour montrer que les causes exactes des phénomènes complexes qui se produisent dans les téléphones sont encore à déterminer.

C'est dans cette classe d'appareils scientifiques
plutôt que pratiques qu'il faut aussi placer le téléphone thermique de M. Preece et le micro-téléphone
à flamme de M. Amsler exposé dans la section suisse.
L'appareil récepteur de M. Preece ne consiste qu'en
un fil de platine de sept centièmes de millimètre de
diamètre, long de 15 centimètres, fixé par un bout à
un support et par l'autre à un disque en métal ou en

carton faisant vibrateur. Les courants transmis successivement échauffent ce fil très-fin, et les dilatations et les contractions engendrent des vibrations qui reproduisent faiblement les mots prononcés devant l'appareil transmetteur. Le micro-téléphone de M. Amsler est, au contraire, un transmetteur. Ce ne sont plus des charbons qui, en vibrant, font varier l'énergie du courant transmis, c'est une flamme, au milieu de laquelle est placé un fil de platine conducteur du courant. La flamme vibre quand on parle devant elle, et ces oscillations ont pour conséquence des changements de température, et par suite, de résistance dans le conducteur, et des variations d'intensité dans le courant. Ces variations se répercutent sur l'appareil récepteur. Laissons ces curiosités et revenons à la pratique.

L'emploi du téléphone s'est très-vite répandu aux États-Unis. Il existe en Amérique plus de 85 villes qui l'utilisent pour des communications quotidiennes; on compte les abonnés aux Compagnies téléphoniques par milliers à New-York, Chicago, Philadelphie, Boston, etc. L'usage du téléphone a relativement passé assez vite d'Amérique en Europe. La France, l'Angleterre, la Belgique, l'Allemagne ont déjà leurs réseaux téléphoniques.

A Londres, on se sert principalement du transmetteur Crossley avec le récepteur Gower-Bell. En Belgique, c'est le transmetteur Blake qui a la préférence avec le récepteur ordinaire de Bell; on objecte que le système d'Edison exige un réglage difficile du contact des charbons et que le réglage se dérange à la moindre secousse, qu'en outre il faut parler dans une

embouchure, ce qui est en effet un inconvénient ; il
est désagréable d'avoir à mettre la bouche dans un
instrument qui sert à plusieurs personnes. Quoi qu'il
en soit, le réseau belge, très-bien mené, avec une

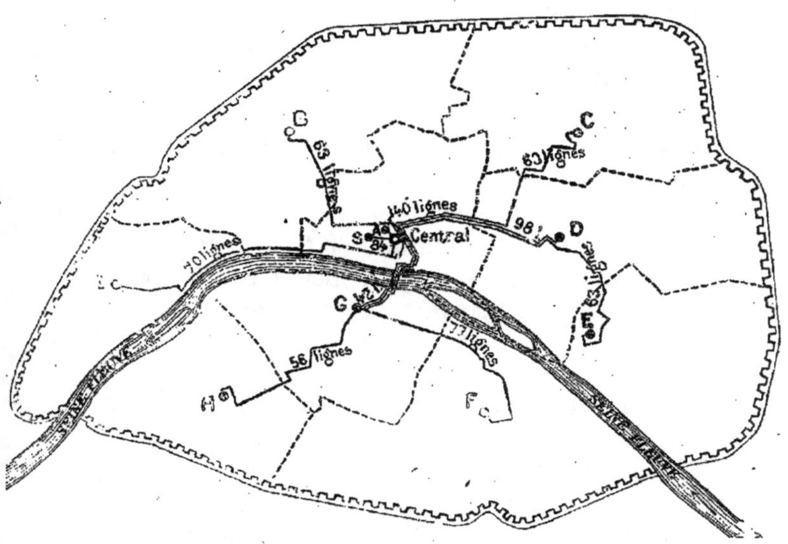

Fig. 167. — Plan du réseau téléphonique de Paris.

direction habile et très-active, s'étend déjà sur 1,500
kilomètres et réunit plus de 2,000 abonnés. 1,800 sont
reliés, 250 sont à relier. Les lignes sont aériennes et
ont en moyenne 1 kilomètre et demi de longueur.
Le prix de l'abonnement est de 250 à 300 fr.

En Allemagne, c'est l'État qui, jusqu'à nouvel ordre, exploite pour son compte. Le prix est provisoi-
rement de 250 francs, pour une distance inférieure

à 2 kilomètres. Chaque kilomètre en plus est payé 45 francs.

En France, les trois sociétés primitives propriétaires des systèmes Blake, Gower et Edison ont fusionné. La Société générale des Téléphones actuelle est liée avec l'État par le cahier des charges du 26 juin 1879. Le réseau est établi par les soins du Service des télégraphes aux frais de la Société. Les tarifs à percevoir par voie d'abonnement sont arrêtés par le Ministère des postes. Une lettre ministérielle du 25 décembre 1880 a fixé le tarif d'abonnement à 600 francs pour Paris et 400 francs pour la province.

Outre un cautionnement de 25,000 francs, la Société doit à l'État une annuité calculée à raison de 10 0/0 des recettes. La Société paie en outre une redevance à la Ville pour le droit de passage des fils dans les égouts (1).

Le réseau téléphonique de Paris qui, en 1880, n'avait que 440 kilomètres de développement, a aujourd'hui plus de 2000 kilomètres (2). Le nombre des abonnés de la Société des Téléphones s'est élevé en deux ans de 450 à 2,500 pour Paris. Il est de 2000 déjà dans les grandes villes où des bureaux ont été installés : Lille, Lyon, Marseille, Nantes, le Havre, Bordeaux et Rouen.

La Société fabrique elle-même maintenant à l'usine de Bezons les câbles qu'elle avait beaucoup de peine à se procurer jusqu'ici. L'usine a été placée sous la haute direction de M. Richard, ancien Directeur In-

----

(1) 20 francs pour les 500 premiers kilomètres, 30 francs pour les 500 kilomètres suivants, 40 francs ensuite et enfin 50 francs. Le droit pour les fils aériens est de 10 francs, quelle que soit la longueur de la ligne.

(2) Il n'y a sur ce chiffre que 107 kilomètres de fils aériens.

génieur des Télégraphes, un de nos électriciens les plus expérimentés. La construction des lignes pourra se faire désormais rapidement et il n'est pas douteux que le réseau ne s'étende considérablement. On relève pour les 2,000 abonnés reliés en ce moment une moyenne de 130,000 communications par semaine ; l'année dernière, la même moyenne pour les 825 abonnés reliés n'était que de 22,334 communications. Quand la Société aura obtenu de réunir la banlieue à Paris, ce chiffre augmentera dans une proportion considérable.

Chaque abonné a forcément son fil spécial. Au début de l'exploitation, on se servait d'un seul fil; maintenant, et jusqu'à ce qu'on puisse l'éviter, on a recours à un double fil pour l'aller et le retour du courant. Les deux courants circulant en sens inverse, leur action sur les fils voisins est annulée à très-peu près, et l'on supprime ainsi les inconvénients de l'induction des conducteurs les uns sur les autres. Pour établir économiquement un réseau téléphonique dans une ville aussi étendue que Paris, on se garde bien de faire converger vers un centre unique les fils des abonnés disséminés dans tous les quartiers. On divise la ville en circonscriptions bien définies, et les abonnés qui s'y trouvent enfermés sont reliés à une station choisie le plus possible au centre de la région. Ces bureaux régionaux sont eux-mêmes reliés entre eux par autant de fils directs auxiliaires que le service l'exige. Aussi, lorsqu'un abonné veut correspondre avec un autre abonné, il consulte la liste qui lui est envoyée chaque mois, il voit à quel bureau son correspondant est relié et demande communication avec ce bureau. Le bureau avertit le correspondant, et en moins de temps qu'il ne faut pour l'écrire, les communications sont établies. On compte à Paris en ce moment 10 bureaux disséminés dans tous les arrondissements (1).

Les câbles téléphoniques en service aujourd'hui à Paris sont d'un modèle récent. La gutta-percha des premiers câbles était trop mince; elle était difficile à poser de façon à garantir l'isolement; l'Administration des télégraphes en refusait souvent la réception. On a augmenté l'épaisseur de l'isolant. Maintenant les conducteurs sont formés de trois brins de fil de cuivre de un demi millimètre tordus ensemble. Il y a dans la même gaine de plomb 14 conducteurs, soit 7 conducteurs doubles pour l'aller et le retour. Chaque conducteur est recouvert de trois dixièmes de millimètre de gutta-percha; ce qui donne au total un diamètre de $2^{mm}4$, à peu près. Le câble avec son plomb a un diamètre de 18 millimètres. Les essais de ces câbles donnent par kilomètre pour la résistance de chaque conducteurs 30 ohms; l'isolement est de 4,440 méghoms. La résistance des anciens conducteurs à fil de 0 millim. 7 était de 45 ohms. On y a donc gagné sous ce rapport si l'on y a perdu comme prix. L'ancien câble coûtait le kilomètre 1,550 francs; le nouveau environ 2,900 francs.

On groupe les sept conducteurs sous le même plomb pour gagner de la place et diminuer le poids de plomb. Un seul câble peut desservir sept abonnés. On relie

---

(1) Opéra A. Parc Monceau B. La Villette C. Château d'eau D. Rue de Lyon E. Avenue des Gobelins F. Rue du Bac G. Rue Lecourbe H. Passy I. Le quartier de l'Opéra a deux bureaux, celui de l'avenue de l'Opéra, n° 27, et celui du Siége social, 66, rue des Petits-Champs.

l'extrémité de chaque double conducteur à un petit
câble à deux fils qui fait la jonction de l'égout à la
maison de l'abonné. Le câble de jonction passe par le
branchement d'égout qu'aux termes du règlement
toutes les maisons doivent avoir ouvert sous le trottoir, et de là on l'introduit le long de la façade ou
des escaliers de service jusqu'à l'appartement de l'a-
bonné. On perce le mur à la mèche et l'on raccorde

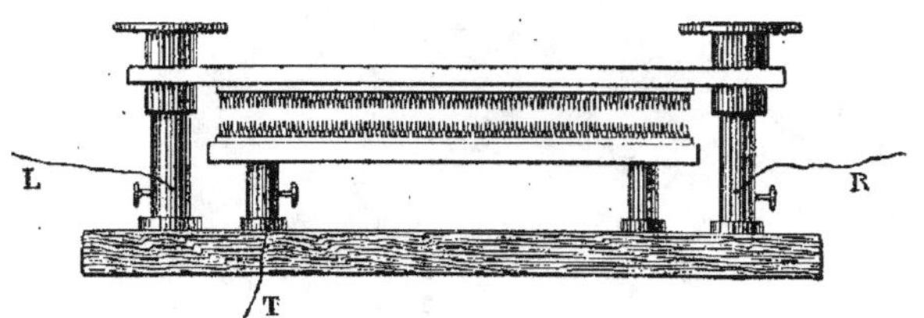

Fig. 168. — Paratonnerre téléphonique à pointes.

les deux fils du câble à des conducteurs recouverts de
soie. La liaison téléphonique est effectuée. On inter-
cale le téléphone dans le circuit avec la sonnerie
d'appel et l'on place la pile dans une armoire ou dans
un coin quelconque (1). La longueur moyenne d'une
ligne entre un bureau et un abonné est de 1,146 mètres
dont 833 mètres dans le câble et 313 dans le petit
câble supplémentaire.

La ville de Paris a autorisé la Société à placer des
câbles à la voûte des égouts sur une largeur de
30 centimètres. On peut grouper ainsi 51 câbles, soit
357 lignes.

Nous avons vu le câble pénétrer dans la maison de
l'abonné, examinons maintenant son entrée dans un

____

(1) On ne met de paratonnerres que lorsque la ligne est aérienne
ou mixte, c'est-à-dire soumise aux actions atmosphériques.

bureau. Ici l'installation est complexe. Quand il s'agit d'un bureau auquel est relié un très-grand nombre d'abonnés, comme celui de l'avenue de l'Opéra, il faut le mettre à l'abri de l'enchevêtrement des fils. Tous les fils pourraient se mêler comme les fils d'un éche-

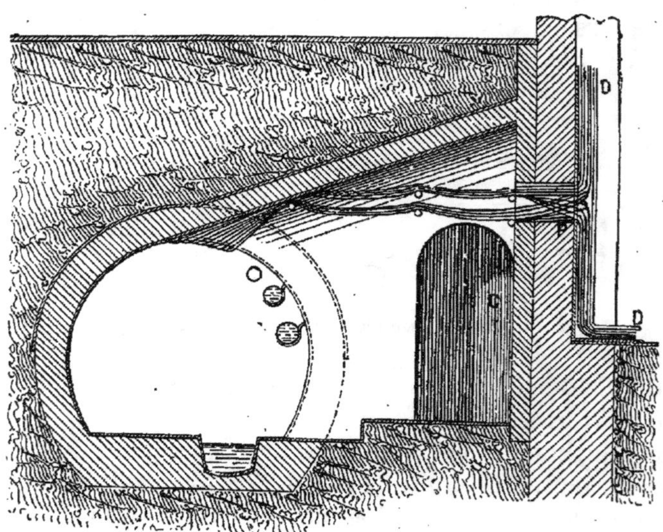

Fig. 169. — Entrée du poste (27, avenue de l'Opéra). C accès, PDD fils téléphoniques.

veau. La paroi du sous-sol est percée d'un soupirail s'ouvrant sur l'égout et clos par une épaisse plaque de bronze percée d'autant de trous qu'il y a de câbles à faire passer. En face de cette entrée se trouve un immense cadre circulaire de bois établi verticalement comme une grande roue à larges bords. On dirige le faisceau de câbles vers ce cadre; on les ouvre et l'on attache chaque double fil qu'ils renferment sur

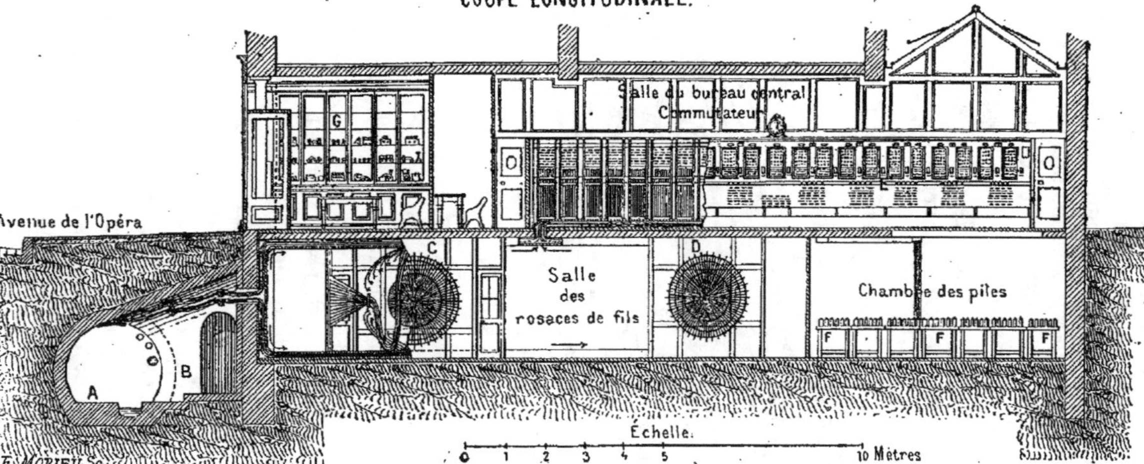

Fig. 170 — Installation du bureau central téléphonique de l'avenue de l'Opéra, à Paris.

A égout de l'avenue de l'Opéra. — B branchement particulier. — C rosace des lignes d'abonnés. — D rosace des lignes auxiliaires. E commutateurs. — F table à piles. — G bureau de vente.

la circonférence du cadre. On les fixe sur le bois avec un serre-fil de laiton auquel est suspendu un jeton d'ivoire portant le nom de l'abonné et son numéro d'ordre. Chaque double fil est ainsi classé et bien défini. Tous ces fils s'épanouissent sur le cadre et forment une rosace gigantesque. C'est l'arrivée.

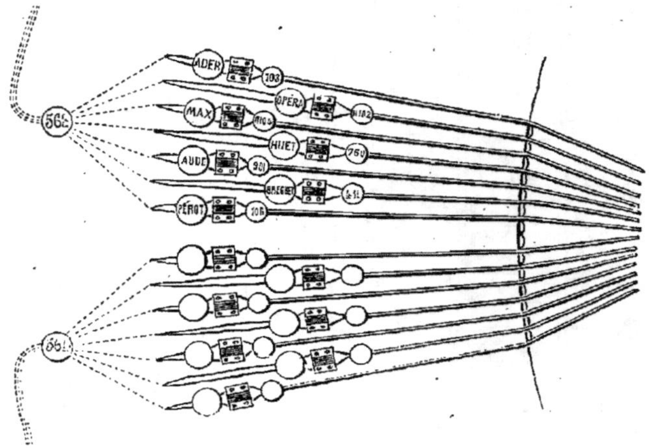

Fig. 171. — Détail de la rosace.

A chacun de ces doubles fils de ligne viennent se relier, sous chaque pince de laiton de la rosace, les doubles fils correspondants destinés à porter le courant du sous-sol au rez-de-chaussée où sont concentrés les différents services de mise en relation des abonnés entre eux.

Cette installation par épanouissement méthodique des fils sur une rosace est parfaitement combinée. Elle évite tout désordre dans l'amorçage aux égouts et dans la liaison au bureau. C'est la première fois qu'elle est employée. Elle a été très-appréciée par les

ingénieurs téléphonistes des pays étrangers qui ont
pu l'examiner. Elle fait honneur à M. Berthon, ingénieur en chef du service, qui l'a étudiée dans tous

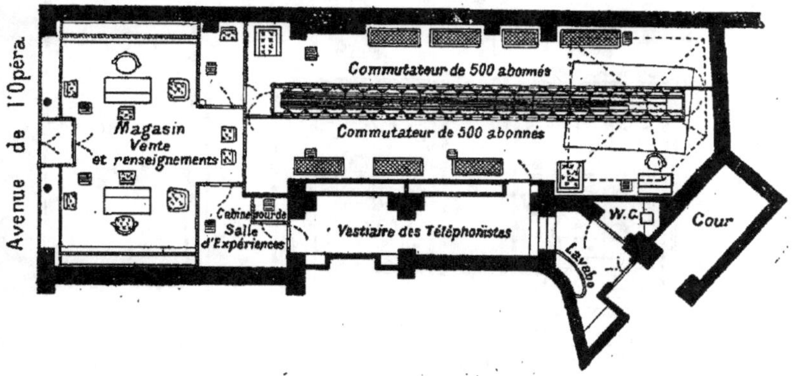

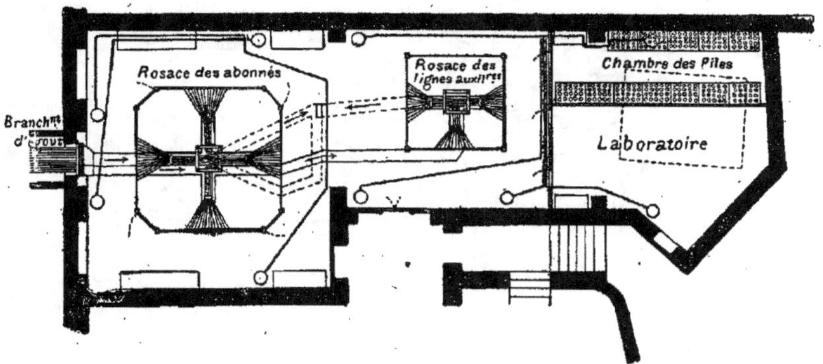

Fig. 172. — Plans du rez-de-chaussée et du sous-sol des bureaux.

ses détails. Elle a été très-habilement exécutée par
M. Gilquin, chef des ateliers de la Société des Téléphones.

Les fils de liaison qui partent de la rosace passent

à travers le plancher, du sous-sol au rez-de-chaussée, et vont se distribuer derrière une cloison de bois sur

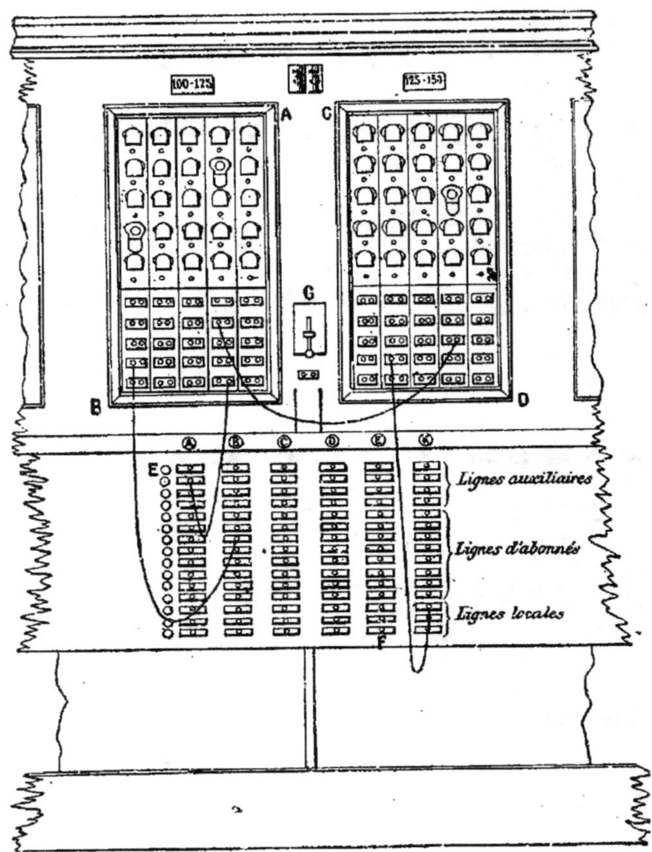

Fig. 173. — Groupe de tableaux. — Indicateurs. — **Jackknife.** — **Jacks.**

le devant de laquelle on a établi les *avertisseurs* et les *commutateurs*.

Il faut bien que l'abonné fasse savoir au bureau quand il désire parler. Pour cela, il appuie à plusieurs reprises sur un bouton que porte son appareil transmetteur. Le courant circule et vient faire tomber au bureau un petit volet qui, relevé, cache le numéro d'ordre de l'abonné. On a groupé dans une sorte de tableau analogue aux tableaux indicateurs en usage dans les hôtels les avertisseurs en rangées parallèles. Avec le signal d'appel qui frappe l'œil, retentit une sonnerie qui frappe l'oreille.

L'appel fait, l'abonné décroche l'appareil récepteur suspendu à un petit levier aux côtés du pupitre du transmetteur. Le levier en s'abaissant met la ligne, jusque-là en relation avec la sonnerie d'appel, en communication avec le téléphoniste du bureau; l'abonné fait savoir avec quelle personne il veut communiquer. Le téléphoniste sonne cette personne pour la prévenir qu'on la demande. Si elle accepte la communication, l'employé réunit les fils des deux abonnés par un cordon flexible de jonction (1).

La liaison, à vrai dire, n'est pas aussi directe. Les fils de ligne se distribuent sur des bandes métalliques verticales percées de trous et disposées parallèlement; des bandes horizontales également parallèles et percées de trous croisent les premières. On choisit une bande horizontale en relation à la fois avec les deux bandes verticales qui contiennent les fils des abonnés. On fixe dans le trou, qui est au point de croisement, une cheville métallique et dans le trou qui correspond

____

(1) Ce service est confié pendant le jour à des jeunes filles dirigées par des sous-maîtresses. C'est un travail difficile qui exige une attention soutenue pendant de longues heures, il est fait maintenant à la satisfaction des abonnés.

Fig. 171. — Bureau téléphonique de l'avenue de l'Opéra, à Paris. Mise en communication des abonnés.

aux fils de l'autre abonné une seconde cheville métallique. Les deux chevilles formant les extrémités du cordon de jonction, la connexion est établie. Ces commutateurs fonctionnent très-simplement et très-régulièrement.

Lorsque la conversation est terminée, l'abonné doit presser le bouton d'appel pour faire marcher le signal et indiquer que l'on peut se servir de la ligne auxiliaire de bureau à bureau qui pendant sa conversation n'était plus libre. On retire les chevilles et le cordon souple. Et tout rentre dans l'ordre et est prêt pour une nouvelle communication (1).

Tel est très-succinctement le système adopté à Paris. Il a été reconnu pratique et il est vraisemblable qu'il se généralisera à l'étranger comme en France. Nous ne pouvons quitter la Société des Téléphones sans mentionner la part considérable qu'a prise au développement incessant et au succès de l'entreprise son directeur M. Lartigue, l'ingénieur de mérite si connu du monde savant.

M. Caël, Directeur Ingénieur des Télégraphes, nous permettra d'inscrire ici son nom. Chargé par l'État du service laborieux et difficile de la pose des câbles, on peut certainement dire que si le réseau parisien s'est si rapidement développé, on le doit pour une large part à son précieux concours et à l'expérience consommée qu'il a sans cesse mise si bienveillamment à la disposition des ingénieurs de la Société des Téléphones.

(1) Consulter pour les détails un intéressant Mémoire de MM. Niaudet et Berthon. *L'Électricien*, 15 mars et 1ᵉʳ avril 1882.

XV

Le succès des auditions théâtrales téléphoniques du Palais des Champs-Élysées n'a pas d'équivalent dans l'histoire des Expositions : il a été immense, il a excité au plus haut degré la curiosité , l'étonnement et même l'enthousiasme du public. On a compté certains soirs jusqu'à plus de 4,000 personnes faisant queue pendant des heures aux abords des salons réservés, dans l'espoir d'entendre pendant les *deux minutes* réglementaires l'orchestre et les chants de l'Opéra. Souvent beaucoup d'entre elles, après avoir entendu une première fois cherchaient, vers la fin de la soirée, à rentrer dans le rang pour courir la chance d'entendre encore. L'attrait des auditions a été irrésistible.

L'installation du réseau téléphonique théâtral de l'Exposition était sans précédent. On avait bien déjà transmis à distance, il est vrai, des chants, un solo, quelques morceaux d'orchestre même. Mais aussitôt que l'on essayait d'augmenter le nombre des chanteurs et des instruments, l'audition devenait confuse et incomplète. C'est la première fois assurément que toutes les difficultés ont pu être vaincues et le problème résolu dans ses détails.

Depuis l'Exposition, on commence à installer en Allemagne, en Italie, en Belgique dans les grands centres, dans les villes d'eaux en France, dans quelques villes de province, des auditions analogues. Leur succès est assuré.

L'initiative de l'installation des Champs-Élysées a été prise par M. le commissaire général Georges Berger. M. le ministre des postes et télégraphes l'a vivement encouragée; dès le mois de janvier 1880, M. Antoine Bréguet, chef des services de l'Exposition, préparait les premières expériences. La Société générale des Téléphones mettait à la disposition du Commissariat son ingénieur, M. Clément Ader. De cette collaboration multiple est sortie, non sans efforts cependant, après plusieurs mois d'études, le système complet qui fonctionna régulièrement pendant toute la durée de l'Exposition, à la grande satisfaction du public (1).

Quelques personnes, qui n'ont sans doute pu pénétrer dans les salles d'audition, s'imaginent que les

(1) Le système des auditions théâtrales est breveté; il a été exposé simultanément par la Société générale des Téléphones, propriétaire des brevets, par M. Ader, inventeur des téléphones employés, et par la maison Bréguet, qui avait construit les appareils.

chœurs et la musique sont incomplétement transmis et qu'on entend la voix et les instruments à l'Exposition avec un timbre imparfait. Autrefois, il est vrai, le téléphone transmettait les sons avec un timbre métallique désagréable, souvent, comme on disait alors, avec une voix de polichinelle. Il y a de cela au moins trois ans; mais tout est bien changé aujourd'hui; la voix n'est plus altérée, le timbre est le même; la reproduction est étonnante de vérité. On n'entend plus ces « crachements », ces « grésillements » insupportables, qui gênaient l'audition. Tous les sons, les plus forts comme les plus doux, sont transmis avec une merveilleuse délicatesse. Les auditeurs ne revenaient pas de leur étonnement; ils croyaient entendre la voix de Mlle Krauss comme de très-loin, derrière un « brouillard sonore »; or, toutes les nuances, les finesses du chant sont reproduites avec une netteté, une fidélité incroyables; on entend mieux, ce qui paraît invraisemblable et qui cependant est exact en général, les voix et la musique dans le téléphone que dans la salle même. C'est plus correct, plus délié, plus dessiné, plus ferme; tout se détache mieux avec moins de sonorité, mais avec plus de netteté. On distingue jusqu'à la respiration de l'artiste, jusqu'au moindre bruit; pendant le ballet, on peut suivre de l'oreille le pas des danseuses, leur déplacement sur la scène; les applaudissements arrivent si bruyants au téléphone qu'on est tenté d'applaudir aussi.

La scène de l'orgie du *Comte Ory*, le duo de Faust et Méphistophélès de la fin du premier acte, la Bénédiction des poignards, le trio de *Guillaume Tell*, l'air du Songe du *Prophète*, produisent dans le téléphone un effet saisissant.

Pendant les entr'actes on percevait le bruit confus de la salle. L'illusion était complète; en fermant les yeux, on se serait cru à l'Opéra. Aussi bien, en retirant de l'oreille le téléphone et en l'y replaçant quelques secondes après, on éprouve un peu l'impression que l'on ressent quand on quitte quelques instants une loge pour y revenir aussitôt. Son téléphone en main, l'auditeur est parfaitement dans la salle de l'Académie de musique. Il entend avec le téléphone comme il voit la scène avec sa jumelle. Lorsque la science nous aura donné aussi une jumelle photophonique, nous n'aurons plus, les soirs de neige, qu'à assister, près du feu, dans un bon fauteuil aux représentations de l'Opéra.

L'installation du réseau théâtral du Palais des Champs-Élysées mérite d'être décrite avec quelques détails, car elle est destinée à se généraliser. Nous souhaitons que le public soit bientôt mis à même d'assister au bout d'un fil télégraphique aux représentations de l'Opéra, de l'Opéra-Comique et de la Comédie-Française. Il est de règle en ce monde que toute chose nouvelle doit passer par une période d'évolution. On commencera par aller entendre l'Opéra dans un local approprié, qui remplacera les salons de l'Exposition; puis peu à peu on tiendra à rester chez soi et à entendre ce qui se passe à la Comédie, puis à la place Favart; on réclamera un réseau théâtral. On s'abonnera aux téléphones de l'Opéra, de l'Opéra-Comique, etc., comme on s'abonne aujourd'hui aux téléphones de la Société générale. Et dans dix ans, on vous invitera à prendre le thé et à assister à une première. Au lieu de la mention devenue vulgaire « on dansera », « on fera de la musique », les cartes d'invitation porteront : « Audition théâtrale. » Et ailleurs, « à dix heures, *Robert-le-Diable* », « à onze heures, Monologue par Coquelin cadet, etc., etc... » L'Exposition d'électricité aura imprimé sa griffe, même sur nos habitudes mondaines !

En attendant, et puisqu'il le faut bien, restons dans

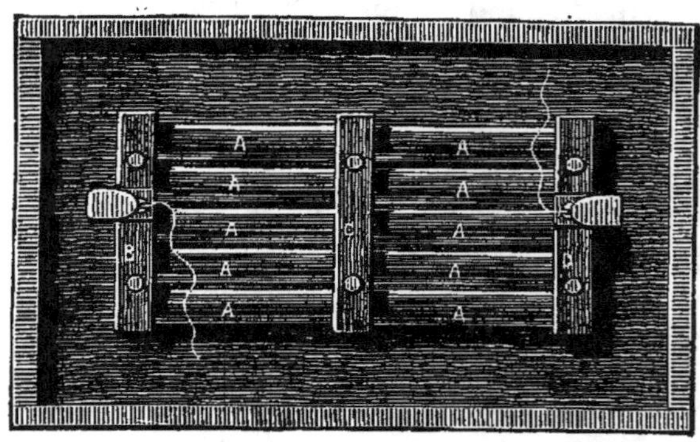
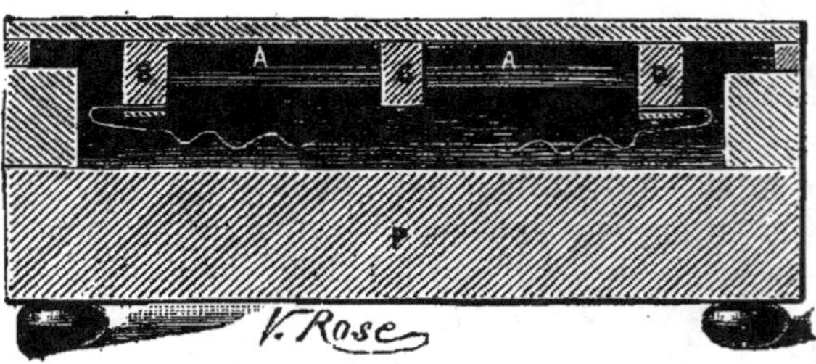

Fig. 175. — Vue en dessous et coupe longitudinale du transmetteur Ader, posé sur un socle en plomb, pour les auditions théâtrales téléphoniques. — A A charbons. — B C D traverses en charbon. — P socle de plomb.

le présent. Nous allons essayer de faire comprendre comment on est parvenu à transmettre aussi complétement les chants et les sons de l'orchestre de l'Académie de musique au Palais des Champs-Élysées.

Les téléphones employés sont exclusivement du système Ader; ce sont ceux qui incontestablement

donnent les meilleurs résultats. Le transmetteur Ader
à planchette de sapin avec ses dix charbons groupés
par séries de cinq entre trois montants à la façon
d'un gril, est d'une extrême impressionnabilité; il
recueille les moindres bruits. Le récepteur du même
inventeur avec son surexcitateur reproduit les sons
avec une intensité convenable et une netteté qui n'a
pas encore été dépassée. Tous les détails ont été au

Fig. 176. — Téléphones Ader, à l'Opéra.

surplus étudiés par M. Ader; on s'est trouvé en face
de beaucoup de difficultés techniques dont le public
ne se doute guère; M. Ader les a toutes levées les
unes après les autres avec bonheur. Chacun a sa part
à revendiquer dans le succès; mais on sera juste en
disant que, le premier, M. Ader aura fait passer définitivement dans la pratique la transmission difficile
et très-complexe des chants et d'un orchestre à grande
distance. On compte en définitive près de 3,000 mètres
de l'Opéra à la salle des auditions, et la transmission

s'effectuerait tout aussi bien dans un réseau d'au moins 8 à 10 kilomètres de rayon.

Les transmetteurs Ader sont installés au nombre de dix sur l'avant-scène de l'Opéra, cinq à droite, cinq à gauche du souffleur, tout près de la rampe, derrière les becs de gaz. A l'Opéra, les becs sont à flamme renversée : disposition excellente qui évite d'abord que le feu se communique aux vêtements des danseuses, ensuite, que les sons ne parviennent dans la salle, déformés et altérés. La rampe, ordinairement avec des flammes droites, produit un courant d'air ascendant, qui sépare au point de vue sonore la scène de la salle. Les ondes sonores sont réfractées par cet obstacle invisible et l'audition est très-gênée.

A la Comédie-Française les becs sont encore à flamme droite; on avait relié également l'Exposition au théâtre de la rue Richelieu; mais l'audition a semblé moins parfaite; peut-être doit-on en attribuer la cause, au moins en partie, à l'influence de la rampe.

Quoi qu'il en soit, à l'Opéra cet inconvénient n'existe pas, et les téléphones transmetteurs, comme des oreilles fines et complaisantes, perçoivent admirablement les moindres sons. On a installé chacun des appareils sur un socle de plomb supporté par quatre pieds en caoutchouc pour empêcher les trépidations du plancher de se communiquer aux baguettes de charbon de la planchette vibrante. Les secousses déplacent bien les supports en caoutchouc, mais elles sont arrêtées en chemin par l'inertie de la masse de plomb. Les téléphones sont impressionnés uniquement par les ondes sonores de l'air.

Chacun d'eux est en rapport avec une pile Leclanché de quelques éléments. Le courant pénètre dans les charbons qui vibrent sous l'action **du chant**, traverse une petite bobine d'induction et quitte l'Opéra en suivant un câble à deux fils (fil d'aller, fil de retour) placé dans les égouts. Le câble suit le boulevard, la place de la Concorde, les Champs-Élysées, entre dans le Palais et va aboutir aux salles du premier étage. Chaque téléphone a son câble spécial et tout à fait indépendant. Comme les piles se polarisent rapidement, tous les quarts d'heure au moyen d'un commutateur, on substitue aux dix groupes de pile fatiguée dix nouveaux groupes de pile reposée. C'est l'affaire d'une fraction de seconde. Voilà pour l'installation à l'Opéra.

A l'Exposition, les salles d'audition publiques au nombre de quatre sont groupées deux par deux (1). Ces salles sont tapissées de tentures épaisses pour éteindre les bruits du dehors. Le long des murs, sur des crochets, les téléphones récepteurs sont suspendus par paires ; dans chaque salle il y a vingt paires de récepteurs, soit quarante appareils. Aussi recevait-on à la fois par salon vingt auditeurs.

Pourquoi, demandera-t-on, employer deux appareils par personne ? Est-ce que, pour gagner du temps et augmenter le nombre des auditeurs, on n'aurait pas pu se contenter de mettre un seul téléphone à l'oreille ? La réponse est absolument négative. Pour que la transmission atteigne le degré de perfection dont le public a pu juger, il est indispensable de se servir de deux téléphones à la fois. C'est à ce propos qu'il convient d'insister un peu sur le nouveau dis-

(1) Pour faciliter le langage, nous supposons que l'installation de l'Exposition existe encore ; elle a été transportée en partie au Palais de l'Élysée.

positif conçu par M. Ader. Nous ne signalerons que pour mémoire l'artifice qui a permis de rendre les transmetteurs plus sensibles à la voix des chanteurs qu'aux sons bruyants de l'orchestre : au début des essais, en effet, les instruments dominaient le chant et la transmission était loin d'être bonne. L'inconvénient a été tourné, après de longs tâtonnements. Mais là n'est pas surtout la nouveauté de la combinaison imaginée par M. Ader; elle est dans un effet d'acoustique particulier qui rappelle un peu ce qui se passe dans le stéréoscope.

M. Ader a fait pour le son ce que Brewster a fait pour la vue. Il a donné un relief particulier aux sons. Quand on regarde avec les deux yeux une image dans un stéréoscope, on éprouve l'illusion du relief; de même ici, en appliquant un téléphone sur chaque oreille, on se place dans les conditions ordinaires de l'audition, et l'on parvient, par un moyen que nous allons indiquer, à faire ressortir toutes les nuances, tous les détails de l'impression sonore, à tel point qu'il devient facile de juger du rapprochement ou de l'éloignement des personnes qui parlent.

Quand on écoute dans un téléphone, il est absolument impossible de se rendre compte, même grossièrement, de la distance qui sépare l'auditeur de son interlocuteur. Qu'il soit loin ou près, la voix reste la même; si deux personnes parlent devant un appareil, l'une à droite, l'autre à gauche, et si elles changent de place, l'auditeur n'en a aucune notion; c'est toujours le même son, les mêmes intonations, la même intensité. Avec la disposition combinée par M. Ader, c'est bien différent. On ne sait pas non plus, il est vrai, de quelle distance réelle vient le son, mais au

moins on juge très-bien du déplacement de chaque
personne; il est même facile de suivre de l'oreille les
changements de position des interlocuteurs; l'un
passe à droite, l'autre avance, un troisième recule,
l'instrument vous renseigne fort bien à cet égard, il
vous fournit comme une sorte de « perspective audi-
tive ». Pour le théâtre, on conçoit combien ce résultat
est important. On entend réellement comme si, les
yeux fermés, on se trouvait à quelques mètres des
acteurs; on devine leurs mouvements; on peut les
suivre sur la scène. Cet effet d'acoustique est vraiment
curieux.

M. Ader l'obtient par une disposition aussi simple
qu'ingénieuse. Le téléphone de l'oreille droite n'about-
tit pas au même transmetteur que celui de l'oreille
gauche. Chaque oreille a sa prise de son distincte;
l'une entend les sons recueillis par un transmetteur installé à droite du souffleur, l'autre perçoit
les sons recueillis par les transmetteurs placés à gauche.

Si l'on désigne successivement par les numéros 1, 2,
3, 4, 5 etc., les transmetteurs de gauche, ceux de droite,
au-delà du souffleur, seront 6, 7, 8, 9, 10, etc. Or, on
associe le n° 1 avec le n° 6; le 2 avec le 7, le 3 avec le
8, le 4 avec le 9, le 5 avec le 10. C'est-à-dire que le
récepteur de l'oreille gauche d'un auditeur est im-
pressionné par le transmetteur de gauche, et le récepteur de l'oreille droite par le transmetteur de
droite.

Il résulte de là que si un chanteur est à droite,
assez près de la rampe, l'oreille droite de l'auditeur
sera plus impressionnée que l'oreille gauche; mais
s'il passe de l'autre côté de la scène, ce sera l'oreille
gauche qui sera la plus influencée : on aura donc la

sensation de ce déplacement. Les artistes en scène prennent pour l'auditeur leurs véritables positions relatives ; pendant les dialogues, on suit parfaitement

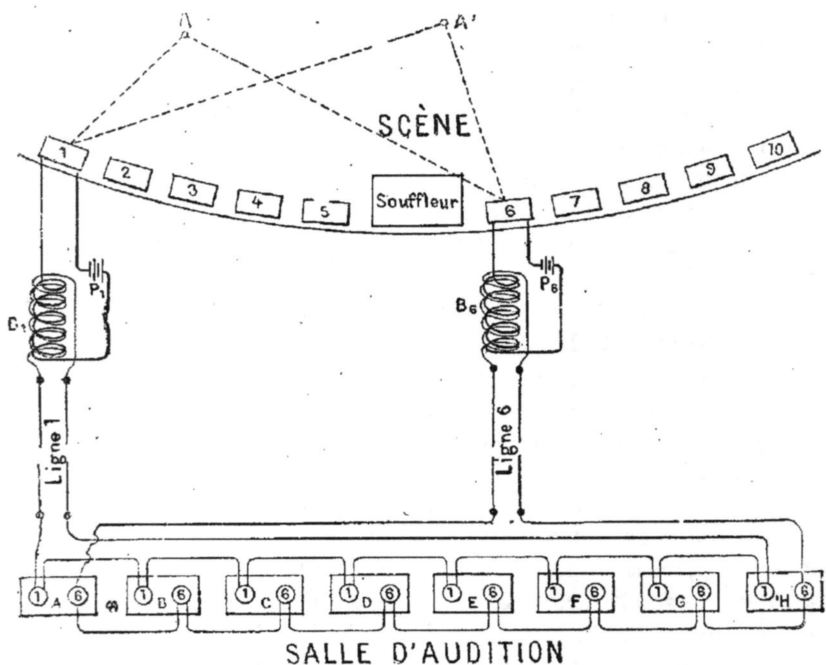

Fig. 177. — Diagramme du montage des téléphones. Dispositif à double transmetteur. AA', double prise du son ; $P_1 P_6$, piles ; $B_1 B_6$, bobines d'induction.

de l'oreille le croisement des interlocuteurs. Par suite du même effet de perspective sonore, on s'aperçoit vite quand un chanteur se rapproche ou s'éloigne de la rampe.

Il va sans dire que, si l'on retire un des téléphones de l'oreille, cette impression ne subsiste pas. On entend alors très-différemment de l'oreille droite et de l'oreille gauche. Il est clair que le transmetteur de gauche recueille principalement les chants et les paroles qui se trouvent dans sa sphère d'action; il transmet surtout ce qui se passe dans la moitié gauche de la scène. Le transmetteur de droite, au contraire, transmet les chants et la musique de la moitié droite. Or, l'impression variera entièrement avec le groupement des chanteurs et des chœurs sur la scène. Avec un des téléphones on entendra surtout certaines voix et une partie des instruments; avec l'autre, ce seront des voix différentes et d'autres instruments qui domineront. En général, comme les instruments de cuivre, les timbales, la grosse caisse, etc., sont placés à droite dans l'orchestre; les harpes, violons, etc., à gauche, l'oreille droite aura pour elle les gros instruments; et l'oreille gauche les harpes, les violons, etc.

On voit qu'il est indispensable de se servir de deux téléphones à la fois, non-seulement pour avoir le sentiment du déplacement des acteurs, mais encore pour obtenir des impressions simultanées. Un seul transmetteur est impuissant pour tout recueillir; il en faut au moins deux pour agrandir et compléter le cercle d'action, pour saisir à la fois ce qui se dit ou se chante de chaque côté de la scène. Nous avons aussi une oreille pour la droite et une oreille pour la gauche. Les transmetteurs sont, au fond, de véritables oreilles d'une grande sensibilité.

Lorsqu'on écoute séparément dans chaque appareil, nous venons de le faire remarquer, les effets sonores diffèrent complétement de ce qu'ils sont quand on se sert des deux récepteurs. Mais il y a mieux encore :

selon la position sur la scène des **deux** transmetteurs conjugués, l'audition dans chaque paire de téléphones qui leur correspondent est elle-même notablement différente; en d'autres termes, l'audition peut changer de nature dans chaque paire de téléphones.

En effet, la paire qui est reliée avec le n° 1 et le n° 6 distingue surtout d'un côté les chanteurs et l'orchestre de l'extrémité gauche de la scène, et de l'autre, les sons vocaux et instrumentaux émis presque au milieu de la scène; le transmetteur n° 6 touche en effet presque au souffleur, l'oreille droite perçoit même souvent ses chuchotements. Au contraire, les n°ˢ 3 et 8, qui sont conjugués, se trouvent à la même distance du souffleur et symétriquement placés par rapport au milieu de la scène. Ceux-là évidemment auront à recueillir les sons dans une plus grande étendue et comme les solistes chantent le plus souvent au milieu, ils transmettront la voix avec plus d'intensité.

Ainsi s'expliquent les impressions très-différentes des auditeurs d'une même salle.

Tel n'est pas absolument satisfait de ce qu'il a entendu, tel autre est enthousiasmé, tout dépend, comme nous venons de le dire, de la paire de téléphones que le hasard lui a fait prendre et de la distribution scénique au moment où il se sert des appareils. Nos deux oreilles n'échappent pas non plus à ces variations dans l'audition; deux spectateurs, même assez voisins, n'entendent jamais de la même façon; ils ne voient même pas non plus de la même manière. Le téléphone, en ce qui concerne le son, n'a fait qu'accentuer ces variations.

Nous avons dit qu'on avait placé sur la scène de

l'Opéra seulement dix téléphones transmetteurs, et cependant il y avait quatre salles d'audition pouvant contenir chacune vingt personnes, soit en tout quatre-vingts personnes. Chaque auditeur se servant d'une paire de téléphones, il s'ensuit qu'en apparence les dix transmetteurs de l'Opéra suffiraient à porter les sons à la fois à 160 appareils récepteurs. En réalité, il n'y a jamais eu que deux salles sur quatre qui aient eu leurs téléphones à la disposition du public. On alternait ; tantôt c'était un groupe, tantôt c'était l'autre, à tour de rôle.

Les dix transmetteurs de l'Opéra desservaient si-multanément les appareils de deux salles, soit quatre-vingts récepteurs, quarante par salle, vingt paires pour vingt auditeurs.

Sur un même fil transmetteur, on peut en effet par-faitement effectuer plusieurs prises de courant. Il a été possible, sans affaiblir sensiblement l'intensité des sons, de distribuer le courant apporté par un seul transmetteur à huit récepteurs. Les fils de ligne sont dirigés dans chaque salle de façon à conduire devant chaque auditeur à la fois pour son oreille de gauche le courant d'un transmetteur de gauche, et pour son oreille droite le courant d'un transmetteur de droite, Les huit récepteurs correspondant à un transmetteur sont respectivement accolés pour chaque poste aux huit récepteurs correspondant au transmetteur qui lui est conjugué sur la scène. Il y a par conséquent dans chaque salle des séries contiguës de huit postes qui se suivent et qui sont alimentés par les mêmes transmetteurs. L'audition est identique dans ces huit postes successifs. Au-delà et en deçà, les groupements changent et un peu aussi les auditions. Les effets varient encore bien davantage dans deux salles opposées, puisque les transmetteurs qui sont en relation avec elles ont eux-mêmes des positions relatives différentes sur la scène. Chaque salle a pour ainsi dire sa perspective sonore.

Le service des entrées et des sorties du public avait été très-bien combiné. La durée de l'audition était de deux minutes. On écoutait dans un groupe de deux salles pendant que les uns sortaient et que les autres entraient dans le groupe des deux salles voisines. Au bout de deux minutes, le courant était envoyé d'un groupe au suivant et ainsi périodiquement pendant toute la soirée, sauf naturellement pendant les entr'actes.

Derrière les salons existe un petit local caché dans la galerie, où des employés étaient chargés d'envoyer alternativement le courant dans les deux groupes de salons. A leur arrivée de l'égout dans le local les câbles de transmission s'épanouissent sur une cloison et leurs extrémités peuvent être reliées par le jeu d'une simple bascule, soit avec les salons de droite, soit avec ceux de gauche. Une horloge à contact électrique sonnait toutes les *deux minutes :* aussitôt on changeait les communications. On était certain qu'ainsi chacun avait bien eu sa part exacte d'audition téléphonique.

Chaque transmetteur desservant deux groupes distincts de récepteurs, il a fallu établir pour chacun d'eux un double câble à deux fils, soit quarante fils de jonction entre l'Opéra et le Palais de l'Industrie. Il y en a même eu davantage, car pour satisfaire aux nombreuses demandes des membres du Corps diplomatique, des commissaires étrangers, du jury, etc., on dut installer encore, quelque temps après l'inauguration, six nouveaux transmetteurs, répartis trois à droite, trois à gauche du souffleur.

Deux de ces appareils supplémentaires ont été destinés à desservir huit paires de téléphones disposés dans un petit salon réservé au Ministre des postes et des télégraphes; dans ce salon, on avait également groupé les téléphones en communication par des lignes spéciales avec l'Opéra-Comique et la Comédie-Française. Deux autres transmetteurs ont été affectés aux services spéciaux de l'Opéra. Les deux derniers enfin ne sont pas reliés avec le Palais de l'Industrie, mais bien avec les salons de réception du Ministre des postes, rue de Grenelle-Saint-Germain. L'Opéra-Comique et la Comédie-Française ont aussi leurs transmetteurs et leurs récepteurs ministériels.

Les membres du Congrès des électriciens, réunis à plusieurs reprises chez le Ministre, ont pu admirer la fidélité extraordinaire des transmissions. Comme on percevait bien le finale des *Contes d'Hoffmann*, et les rires du public, et le rappel des artistes, et le tonnerre des applaudissements! Puis, en changeant de récepteur, on passait sans fatigue de l'Opéra-Comique à la Comédie, de la Comédie à l'Opéra.

L'installation du ministère des Postes et des Télégraphes peut être considérée comme la première application des transmissions téléphoniques théâtrales à domicile.

En résumé, les sceptiques souriaient, il y a trois ans à peine, quand on annonçait qu'il serait possible d'entendre l'Opéra du coin de son feu avec les téléphones. Aujourd'hui la preuve est faite; l'Exposition en a fourni une démonstration complète : avec quelques fils télégraphiques, on peut entendre les chœurs et la parole dans plusieurs théâtres.

Dans quelque dix ans, lorsque le système sera passé entièrement dans nos habitudes, l'aïeul se complaira à rappeler à ses petits-enfants les premiers débuts de l'invention. « J'ai entendu les téléphones à l'Exposition », dira-t-il. Peut-être même, au milieu des feuilles du temps, retrouvera-t-on cette page volante sur laquelle nous inscrivons, en guise de médaille commémorative, les lignes suivantes :

« M. Grévy étant Président de la République, M. A. Cochery, ministre des Postes et des Télégraphes; M. Georges Berger, Commissaire général, ont été inaugurées au Palais de l'Industrie les auditions théâtrales téléphoniques. — Exposition internationale d'électricité, 1881. »

XVI

Nous avons passé en revue les applications principales de l'électricité ; il nous reste à signaler quelques-uns des appareils les plus nouveaux ou les plus curieux qui figuraient au Palais des Champs-Élysées.

A l'époque où nous sommes, il ne semble plus vraiment que rien soit impossible ; nous allons chaque jour de surprise en surprise. Le téléphone nous a permis d'entendre à grande distance ; on cherche maintenant le moyen de voir à travers tous les obstacles ; on pressent déjà le moment où, à l'aide de fils télégraphiques, on pourra distinguer ce qui se passe à 100 kilomètres de distance. En attendant, on a déjà imaginé un appareil qui permet de reproduire télégraphiquement l'image d'un objet. Un physicien anglais, M. Schelford-Bidwell, a exposé un système intéressant de photographie télégraphique ; il l'a même fait fonctionner au Palais devant la réunion des ingénieurs télégraphistes et électriciens de Londres tenue le 24 septembre.

Une personne se place devant l'appareil ; un fil télégraphique relie cet appareil à un instrument récepteur disposé à l'autre extrémité du Palais, et les curieux voient, à leur grand étonnement, l'image de cette personne se dessiner sur l'appareil récepteur. Bref, ici on s'installe comme devant un objectif photographique ; là bas, le portrait se fait tout seul.

En principe, le procédé de M. Bidwell est facile à faire comprendre ; il rappelle le pantélégraphe Caselli, dans lequel un dessin déposé sur l'appareil transmetteur est reproduit par l'appareil récepteur. Dans ce télégraphe, une fine pointe de platine se promène sur un dessin fait avec de l'encre grasse ; elle raie le dessin en passant dessus, point par point, de gauche à droite, de droite à gauche et du haut en bas. Or, à la station d'arrivée, une pointe analogue se déplace rigoureusement de la même manière sur une feuille de papier imbibée d'iodure de potassium. Les deux appareils sont reliés télégraphiquement. Quand, au départ, la pointe rencontre l'encre grasse du dessin, le courant ne peut plus passer : à l'arrivée, la pointe similaire, ne recevant pas le courant, continue son chemin sans décomposer l'iodure et sans par suite faire de trait brun. En sorte que, lorsque le stylet du transmetteur a fini de balayer point par point le dessin, le stylet du récepteur a teinté en couleur toute la feuille de papier, sauf la portion occupée par l'image, qui apparaît en blanc.

La reproduction est renversée ; ce qui est noir sur le dessin est blanc sur l'épreuve transmise. On peut facilement remédier à cet inconvénient en obligeant le courant de la ligne à faire réagir un courant local sur le récepteur ; dans ce cas, lorsque le courant de ligne est interrompu par l'encre grasse de l'image, le courant local passe dans le récepteur et trace des traits colorés ; au contraire, quand le courant de ligne n'est pas arrêté, ce qui survient toutes les fois que le stylet traverse les blancs de l'image, le courant local ne passe plus, et l'iodure n'étant pas décomposé, le papier reste blanc.

M. Bidwell a utilisé le même procédé. L'appareil transmetteur seul diffère de l'appareil Caselli, puisqu'il s'agit non plus de reproduire un dessin, mais bien l'image directe d'un objet.

L'objet ou la personne dont il s'agit de transmettre l'image est placé devant une sorte d'appareil photographique, devant une petite chambre noire percée d'un trou d'épingle. En guise de plaque sensible, se trouve dans la chambre un morceau de sélénium. Un objectif réduit l'image de l'objet presqu'à des dimensions de photographie microscopique. La paroi dans laquelle est percé le trou d'épingle reçoit mécaniquement un mouvement de déplacement et de translation très-limité, mais suffisant pour que le petit trou passe successivement devant chaque point de l'image ; le petit trou joue ici le rôle du stylet dans le télégraphe Caselli ; il traverse successivement les parties noires, les parties ombrées, les parties blanches de l'image.

En même temps, le sélénium qui se trouve derrière

le trou est, par suite, tantôt en face de parties sombres, tantôt en face de parties éclairées, etc. On sait que le sélénium jouit de la propriété de ne laisser passer les courants électriques qu'à la condition d'être éclairé, et d'autant moins ou d'autant plus que la lumière qui lui arrive est faible ou intense. Donc, le sélénium fera passer un courant dont l'énergie sera sans cesse en rapport avec les tons clairs, demi-éclairés ou sombres de l'image.

Par conséquent, sur le récepteur, à l'arrivée, le papier chimique traversé par le courant se colorera en raison des teintes mêmes de l'image : les parties éclairées resteront blanches, les parties sombres, sombres aussi, etc. Si bien qu'on verra apparaître trait pour trait une reproduction fidèle de la personne ou de l'objet exposé devant l'appareil transmetteur.

Pour que l'expérience réussisse bien, il va sans dire que le stylet qui, à l'arrivée, balaie doucement le papier et fait apparaître la coloration, doit être animé rigoureusement d'un mouvement identique à celui qui, au départ, déplace le petit trou d'épingle devant l'image à transmettre. Le synchronisme des déplacements est obtenu, comme dans l'appareil Caselli, par deux horloges électriquement réglées.

L'emploi du sélénium et son impressionnabilité directe par des objets en nature constituent seulement l'originalité du système. Ajoutons que la reproduction est bonne, parce que le sélénium transmet très-fidèlement les différents degrés d'intensité lumineuse ; aussi tous les demi-tons, les teintes les plus faibles sont très-suffisamment marqués.

Ce système est encore primitif, mais c'est un début qui promet, et nous voyons déjà le temps prochain où il suffira de se mirer devant une glace à Paris pour que le télégraphe reproduise l'image du miroir à Rouen, et même à Marseille. C'est de la photographie à très-longue portée.

L'appareil précédent est curieux ; en voici deux qui sont utiles et qui ont l'avantage d'avoir déjà fait leurs preuves depuis plusieurs années. Il s'agit de remplacer les météorologistes en chair et en os par des météorologistes automates, bien autrement ponctuels et exacts dans leur service. Le premier instrument auquel nous faisons allusion est dû à M. Theorell ; il a été construit par M. Sorensen ; on l'a beaucoup admiré dans la section suédoise ; c'est en effet une petite merveille de mécanique fine et délicate. Le météorographe du professeur Theorell fait de lui-même toutes les observations météorologiques et il inscrit les résultats en chiffres ordinaires ; il n'y a plus qu'à les mettre en ordre et à les consulter.

Déjà en 1870, M. Hough, directeur de l'Observatoire d'Albany, avait réalisé sur le même principe un météorographe électrique universel ; mais l'instrument de la section suédoise est plus pratique et ne nécessite aucun mouvement d'horlogerie, à l'exception d'un seul petit mouvement de montre.

L'instrument est double ; il se compose d'un *observateur* et d'un *enregistreur*. L'enregistreur peut être installé à une distance quelconque de l'observateur, et encore l'observateur est, si l'on veut, multiple, c'est-à-dire qu'ici un appareil relève les observations du baromètre ; là, celles du thermomètre, ailleurs celles de l'anémomètre, etc.

Et tous ces aides automatiques envoient électriquement leurs constatations à l'enregistreur installé dans un poste central.

Prenons par exemple l'observation du baromètre, et choisissons, comme toujours pour les expériences de précision, un baromètre à mercure; ici, au lieu de suivre les variations de niveau le long du tube, on les relève sur la petite branche recourbée qui a le même diamètre que le tube lui-même , quand le liquide monte ou descend dans le tube, il descend ou monte dans la petite branche de la même quantité. Supposons le niveau arrêté à un point fixe correspondant à la pression 760^{mm} ; si le mercure descend, il se produira un certain écart entre le point fixe et le nouveau niveau. Cet écart, on peut le mesurer avec une tige verticale analogue à un mètre. Si cette tige est établie de façon à glisser, il est clair qu'il faudra la faire descendre ou la faire monter en raison des variations de niveau pour qu'elle soit mise en contact avec le mercure. Or, cette tige, par ses abaissements, ses relèvements, pourra remplacer l'œil d'un observateur et préciser le niveau du mercure dans le baromètre. On l'appelle *la sonde;* elle sert, en effet, à sonder l'instrument et à donner la pression.

Tous les quarts d'heure, une montre, par un encliquetage convenable, fait passer un courant à la fois dans l'observateur barométrique et dans le récepteur qui lui est électriquement joint ; ce courant fait descendre la sonde ; aussitôt que celle-ci touche le mercure, un courant local réagit sur le courant moteur et fait cesser son action. L'observation est faite.

Comment s'inscrit-elle ? En même temps que la sonde descendait dans le baromètre, une roue tour-

naît proportionnellement à la distance franchie. Il
est évident que, suivant la quantité dont elle aura
tourné, la roue mesurera exactement la longueur
dont la sonde se sera abaissée. Au loin, dans l'enregistreur, une roue semblable mise en mouvement
par le même courant, aura tourné de la même
quantité ; cette roue porte sur sa circonférance les
chiffres en relief 760, 761, 762, etc. ; elle s'arrête, au
moment où le courant cesse d'agir, devant un butoir
muni d'une feuille de papier ; un mécanisme pousse
le butoir et le papier sur les caractères préalablement
encrés, et l'impression a lieu. Une seconde petite
roue marque sur la même feuille les chiffres intermédiaires 00, 05, 10, 15, etc., qui représentent des centièmes de millimètre et qui correspondent aux déplacements similaires de la sonde.

Même méthode d'enregistrement pour les thermo-
mètres, les udomètres, etc. C'est toujours la sonde
qui remplace l'œil de l'observateur absent. Tel est
sommairement le jeu de l'instrument réduit à ses
termes les plus simples.

Le météorographe Theorell-Sörens en fonctionne régulièrement depuis huit ans à l'Observatoire d'Upsal;
un autre est installé depuis 1874 à l'Institut météorologique de Vienne.

Dans la section belge, on s'est beaucoup arrêté
devant un autre météorographe également très-ingénieux, combiné par M. Van Rysselberghe, de l'Observatoire de Bruxelles, et construit par M. Schubart,
de Gand. Cet instrument date de 1873 ; il a d'abord
fonctionné à Ostende ; depuis il a été très-perfec-
tionné. Il permet de centraliser automatiquement
dans un poste unique les inscriptions d'un grand

nombre d'instruments disposés dans des pays quel·
conques reliés télégraphiquement au poste central.
De plus, les inscriptions sont faites dans l'appareil à

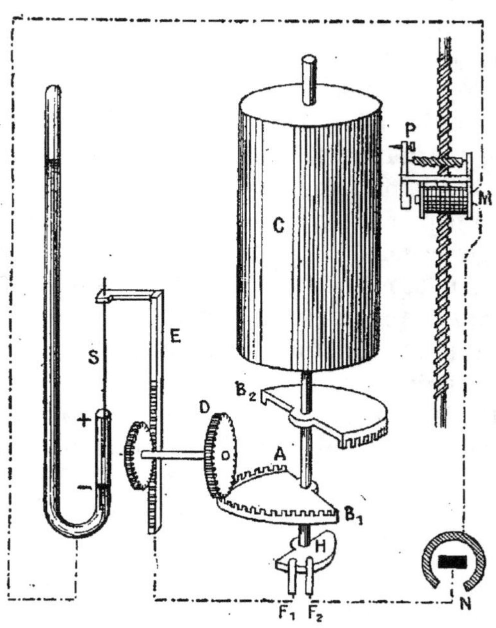

Fig. 178. — Météorographe universel de M. Rysselberghe. Diagramme de
l'enregistrement de la pression barométrique. C cylindre entraîné par un
mouvement d'horlogerie; B_2B_1, roues dentées engrenant alternativement
la roue D; E crémaillére commandant la sonde S; MP, inscripteur à
burin mis en mouvement entre deux rotations inverses du cylindre C, par
l'intermédiaire de l'électro-aimant M; N, pile du circuit en relation avec
la crémaillère E et la sonde.

l'aide de burins qui tracent des courbes sur des
feuilles de cuivre et de zinc ; on peut donc se servir
de ces tracés comme de clichés et tirer quotidienne-
ment autant d'exemplaires qu'on le désire, et les

envoyer aux Observatoires de province et aux journaux.

M. Van Rysselberghe se sert aussi de sondes. Toutes les dix minutes, par exemple, un courant est lancé dans les appareils destinés aux observations. Admettons qu'il s'agisse encore du baromètre. Le courant permet à la sonde de descendre ; en même temps, dans l'appareil récepteur un mouvement d'horlogerie fait tourner un gros cylindre sur lequel s'appuie un stylet. Au moment où la sonde touche le mercure, le courant est rompu, et le stylet écarté du cylindre. Il est clair que la trace que la pointe a laissée est de longueur proportionnelle à la longueur dont s'est abaissée la sonde ; ces traits répétés sur le cylindre toutes les dix minutes trahissent les variations de pression. Et ainsi de même pour le thermomètre, pour l'udomètre, etc...

Les appareils récepteurs et enregistreurs peuvent être en nombre quelconque et installés à une distance aussi grande qu'on le désire. Aussi M. Van Rysselberghe propose-t-il son *Télémétéorographe* pour centraliser dans les grands Observatoires toutes les variations météorologiques de l'Europe. Les indications des météorographes établis en Irlande, à Brest, Bordeaux, Marseille, Berlin, Rome, etc., pourraient être transmises de quart d'heure en quart d'heure, au besoin, dans chaque Observatoire important, recueillies et gravées immédiatement, de sorte qu'à Paris, à Londres, à Bruxelles, etc., on aurait instantanément comme une photographie exacte de la situation atmosphérique sur une très-grande étendue En ce moment, les divers pays ne reçoivent guère avant midi l'état de l'atmosphère en Europe, telle qu'elle est à huit heures du matin ; c'est insuffisant pour établir la prévision du temps. Si, au contraire, les différentes puissances s'entendaient à cet égard et organisaient un réseau international, chaque Institut météorologique central connaîtrait à chaque instant les variations atmosphériques sur toute la surface de l'Europe. La prévision du temps y gagnerait vite en certitude. Le projet de Télémétéorographie interna-tionale de M. Van Rysselberghe ne serait pas très-coûteux, si l'on en croit l'auteur. Les États de la moitié nord-ouest de l'Europe, dit-il, dépensent par an environ 300,000 fr. pour assurer leur service de dépêches météorologiques, ce qui correspond à 6 millions en vingt ans. Avec le quart de cette somme, on pourrait installer, entretenir et remplacer tous les vingt ans un réseau de fils télégraphiques spéciale-ment affecté au service météorologique (1).

Quoi qu'il en soit de ces vues nouvelles et intéres-santes, qui un jour ou l'autre finiront par être ad-mises par les intéressés, on ne peut s'empêcher d'ap-plaudir aux travaux du savant météorologiste belge ; son instrument a fonctionné à l'Exposition, dans des conditions vraiment remarquables de régularité. Le télémétéorographe enregistrait au Palais de l'In-

(1) Le projet de M. Van Rysselberghe a été soumis au Congrès des électriciens dans sa 5ᵉ séance, tenue le 25 septembre. Après discussion, le Congrès s'est rallié à l'amendement suivant, pré-senté par M. Everett (de la Grande-Bretagne) : Reconnaissant toute l'importance du projet présenté au nom de l'Observatoire royal de Bruxelles, M. Everett propose que « la Commission internationale chargée de l'étude des courants terrestres et de l'électricité atmosphérique soit aussi chargée de faire un rap-port sur la valeur pratique du système qui consiste à envoyer automatiquement les observations météorologiques à des stations éloignées. »

dustrie les observations faites automatiquement à Bruxelles, et Paris savait toutes les cinq minutes ce qui se passait dans les instruments de l'Observatoire royal de Belgique; les moindres fluctuations de l'atmosphère à Bruxelles se reflétaient sur l'appareil de l'Exposition des Champs-Élysées. Et cependant le circuit télégraphique employé a varié de 800 à 1,000 kilomètres ! C'est un intéressant résultat, qui permet d'avancer qu'il serait impossible que le baromètre ou le thermomètre variât même légèrement en Europe, sans qu'immédiatement ce mouvement fût révélé dans chaque grand Observatoire. L'appareil peut passer pour une vedette météorologique toujours à son poste jour et nuit !

Autre invention d'un autre genre et destinée à rendre d'autres services; elle se trouvait dans le Pavillon des Télégraphes de la Grande-Bretagne : nous voulons parler de la « balance d'induction » de M. Hughes, récemment transformée, pour les besoins de la circonstance, en explorateur chirurgical. C'est un des instruments de physique les plus singuliers qu'on ait imaginés dans ces derniers temps; il est en quelque sorte doué d'une seconde vue, comme on va s'en apercevoir.

Concevons quatre petites bobines plates sur lesquelles on a enroulé 100 mètres de fil fin métallique, et enfilons-les par paire l'une au-dessus de l'autre sur deux étuis en bois placés verticalement. Ici sur un support un étui avec ses deux bobines superposées, là un second étui sur un support avec ses deux bobines.

Les deux bobines supérieures sont reliées entre

elles par un fil métallique dans le circuit duquel on a intercalé un téléphone. Les deux bobines inférieures sont en relation avec une pile et un microphone placé sur le socle d'une petite pendule. Le bruit de la pendule agit sur le microphone qui interrompt constamment et périodiquement le passage du courant dans les bobines. Les courants interrompus qui circulent ainsi dans les fils des bobines inférieures font naitre des courants induits instantanés à chaque interruption dans les fils des bobines supérieures. Comme on a eu soin d'enrouler les fils en sens inverse dans ces dernières bobines, les courants induits. qui passent dans le circuit où est placé le téléphone sont de sens contraires, ils se détruisent et n'exercent aucune action sur le téléphone; le bruit fait par la pendule ne s'entend pas.

Mais si l'on approche d'une des paires de bobine un morceau de métal, immédiatement le téléphone transmet un bruit très-net. Le métal placé dans le voisinage a influencé les bobines et détruit l'équilibre électrique. Un des courants d'induction domine l'autre. Il faut, pour que le bruit cesse dans le téléphone, qu'on rétablisse la balance, c'est-à-dire qu'on place dans le voisinage de l'autre paire de bobines, à même distance, un morceau métallique identique au premier.

La sensibilité de cette sorte de balance est telle qu'un fil métallique, fin comme un cheveu, introduit dans un des étuis qui portent les bobines, suffit pour rompre l'égalité des courants induits engendrés dans chaque paire, et le téléphone recueille très-bien le bruit de l'interrupteur microphonique.

Si l'on place dans chaque étui une pièce d'un franc,

l'appareil reste muet lorsque les deux pièces sont réellement identiques ; mais si l'une d'elles est seulement un peu usée par le frottement, leur inégalité retentit sur les deux paires de bobines et le téléphone parle. Il va de soi que si une des pièces introduites est fausse, le téléphone fait un bruit assourdissant.

L'appareil permet d'apprécier ainsi une différence d'un millième dans la composition des alliages. Une pièce d'argent placée dans un des étuis et une pièce d'argent à un titre voisin déposée dans l'autre, et il n'en faut pas plus pour « dérégler » la balance et faire fonctionner le téléphone avertisseur.

La plus petite modification, non-seulement chimique mais physique dans deux pièces en apparence semblables, est immédiatement trahie. Si l'on chauffe l'une dans la main avant de la placer dans l'étui, le téléphone fait très-bien savoir qu'elle n'est plus dans un état identique à l'autre. La plus petite variation de température est révélée par le bruit du téléphone.

On peut donc avec la balance d'induction voir en quelque sorte ce que l'œil est impuissant à montrer, juger des plus petites différences de composition que peuvent présenter des corps métalliques absolument semblables en apparence. Deux rondelles de zinc, de cuivre, etc., ne seraient pas rigoureusement de même diamètre, l'instrument ferait aussitôt parler le téléphone. Sa sensibilité est exagérée, car il arrive que deux pièces d'argent identiques et de titre égal sont encore souvent signalées comme différentes par la balance ; c'est qu'il suffit d'un rien dans l'épaisseur, dans le diamètre, dans l'état moléculaire de l'alliage, pour que le téléphone ne reste pas silencieux. M. Hughes gardait précieusement, quand il nous a montré ses expériences, deux pièces de 1 franc, qui étaient semblables à elles-mêmes, au point de ne pas faire parler le téléphone. C'est extrêmement rare d'arriver, nous disait-il, à une pareille identité. L'or en poudre opposé à de l'or en barre produit un son

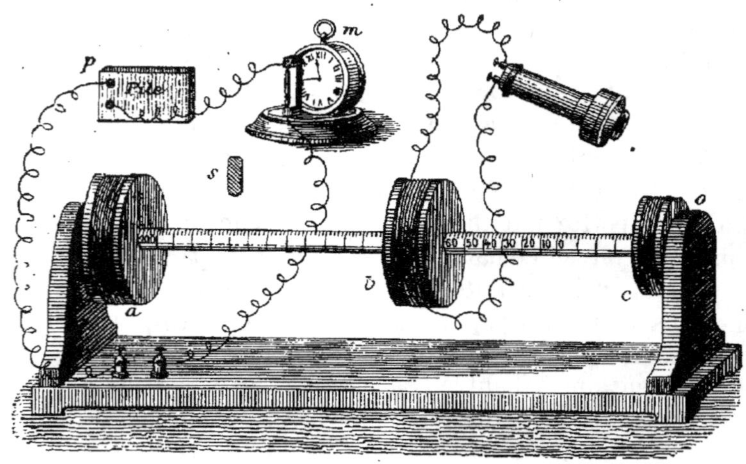

Fig. 179. — Audiomètre de M. Hughes.

dans le téléphone ; la trempe de l'acier suffit pour modifier l'équilibre de la balance. L'acier trempé n'équilibre plus un morceau d'acier pareil, mais non trempé.

Pour évaluer en chiffres les différences constitutives des métaux que signale la balance, M. Hughes se sert d'un autre appareil qu'il a également imaginé, « l'Audiomètre » ou « le Sonomètre ». C'est une règle graduée, d'environ 25 centimètres de longueur, disposée horizontalement entre deux supports. Aux deux extrémités de la règle sont deux bobines de dimensions inégales *a c*; une troisième bobine *b* est libre de glisser entre les deux autres. Les deux bobines terminales sont en relation avec une pile et influencent la bobine mobile qui est en communication avec un téléphone. En faisant glisser cette bobine convenablement, on trouve une division de la règle, pour laquelle les actions inégales des deux bobines sur la bobine médiane se font équilibre; et le téléphone ne répète plus le bruit de l'interrupteur intercalé dans le dircuit.

De même, on peut trouver une division pour laquelle le son entendu dans le téléphone soit identique au son entendu dans le téléphone de la balance. Quand il y a égalité dans l'intensité des deux sons, évidemment la valeur de la perturbation produite dans la balance par l'introduction d'un métal, est mesurée par la division inscrite sur la règle. On accorde, en un mot, l'audiomètre sur la balance, et l'intensité du son recueilli par le téléphone de l'audiomètre est exprimée par la division à laquelle s'est arrêtée la bobine mobile. De la valeur des intensités du son, on déduit la valeur des perturbations introduites par chaque métal dans les bobines de la balance.

C'est ainsi qu'on peut savoir que l'or en poudre introduit dans la balance marque seulement 2° à l'audiomètre, tandis qu'un disque d'or, une médaille d'or donne 117°. On voit la différence résultant de l'état physique. Elle s'accentue encore dans les chiffres suivants :

	Recuit	Trempé
Fer pur	160	130
Fer doux forgé	150	125
Fil de fer tréfilé	156	120
Acier fondu	120	100

L'audiomètre employé directement et indépendamment de la balance, permet de mesurer la puissance de l'ouïe. En déplaçant la bobine centrale, on arrive, avons-nous dit, à réduire les effets d'induction au point que le téléphone devient silencieux. La division à laquelle s'arrête la bobine dépend de la finesse de perception de chaque expérimentateur. Les divisions commencent à partir de la bobine de droite qui est la moins active. Quand on approche la bobine mobile de la bobine de droite jusqu'à la division 2 ou 3, on ne perçoit absolument rien. Les actions respectives des deux bobines fixes sont équilibrées.

C'est seulement pour les oreilles très-fines que le son de l'interrupteur commence à être distingué vers la division 3 1/2 ou 4. En général, il faut aller jusqu'à la division 5 ou 6. Notre oreille droite a été jusqu'à la division 3 1/2 ; mais l'oreille gauche, seulement à la division 5 ; en général, excepté chez les gauchers, le sens de l'ouïe est plus développé à droite qu'à gauche. On entend mieux aussi par baromètre haut que par baromètre bas, et dans l'état de parfaite santé que dans l'état d'indisposition ; la différence peut se traduire par 10 ou 15 degrés de l'échelle de l'audiomètre. Les personnes un peu dures d'oreille ne perçoivent plus aucun son quand la bobine est à la division 80 ou 100. Mais n'insistons pas sur ces observations intéressantes, qui peuvent d'ailleurs être mises à profit dans le diagnostic de certaines maladies. Arrivons vite à la dernière et récente application, désormais historique, de la balance de M. Hughes. C'est en effet avec cet admirable appareil qu'on est parvenu à reconnaître la position exacte de la balle qui a frappé à mort M. Garfield, Président des États-Unis.

Tous les appareils déjà imaginés nécessitaient l'introduction d'un instrument dans la plaie ; la balance d'induction permet d'atteindre le but par une simple exploration superficielle ; elle voit la balle, pour ainsi dire, à distance, et indique sa situation.

Il suffit de promener une des paires de bobines de

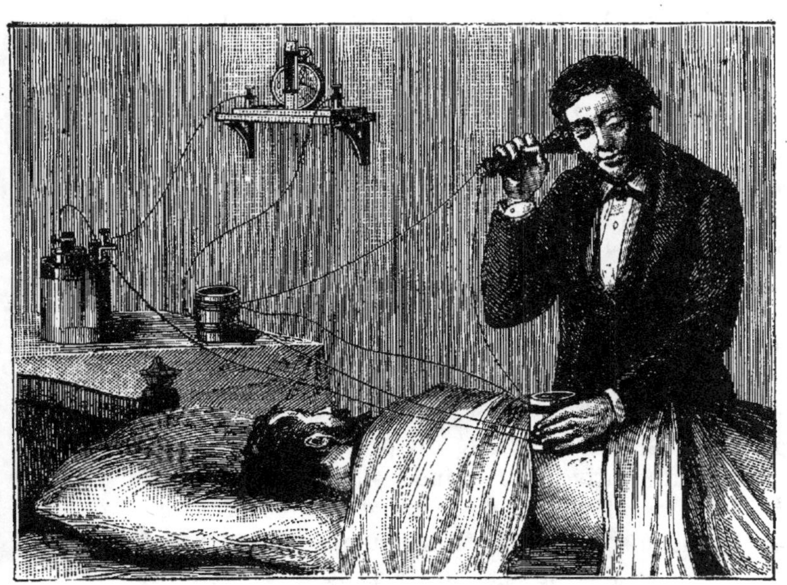

Fig. 180. — Recherche des projectiles dans le corps humain avec la balance d'induction.

l'appareil sur le corps du blessé, l'autre paire restant fixée sur une table. On donne aux fils de liaison des bobines une longueur suffisante pour que l'opérateur puisse facilement déplacer la paire mobile. Nous avons dit que le voisinage d'un corps métallique quelconque trouble l'équilibre de l'appareil, au point de faire parler fortement le téléphone. Le **bruit** augmente jusqu'à ce que le métal soit précisément dans le prolongement des bobines. Il suffit donc de déplacer la bobine jusqu'à ce qu'elle dise elle-même dans le téléphone, un peu comme dans le jeu de « cache-cache », que l'opérateur « brûle. »

On sait dans quelle direction le projectile s'est glissé ; il reste à déterminer à quelle profondeur sous la peau. Pour cela, on dispose au-dessus des bobines restées sur la table une balle de plomb analogue à celle qui a pénétré dans les tissus ; puis on l'approche ou on l'éloigne jusqu'à ce que le téléphone cesse de produire un son. La distance de la balle aux bobines, quand le téléphone est muet, donne la profondeur à laquelle a pénétré le projectile. La méthode est extrêmement élégante et sûre.

C'est M. Graham Bell qui a eu le premier l'idée de cette application ingénieuse de la balance d'induction. Pendant la maladie du regretté Président des États-Unis, il télégraphia à M. Preece pour que M. Hughes fût consulté sur l'efficacité du procédé. C'est sur la réponse affirmative de l'éminent électricien anglais, que cette première et mémorable expérience fut tentée (1). Depuis cet essai, M. Graham Bell a donné à la balance de M. Hughes une disposition un peu différente, plus commode peut-être pour les explorations chirurgicales (2). Le nouveau dispositif a été employé avec succès, le 7 octobre dernier, dans le cabinet du docteur Franck Hamilton, à New-York.

(1) M. Hopkins a réclamé depuis l'initiative de cette application ; il ne paraît pas, d'après MM. Preece et Hughes, que sa prétention soit fondée.

(2) Note à l'Académie des Sciences, 24 octobre.

L'expérience a été faite sur le colonel Clayton, blessé en 1862. La balle était entrée par devant dans l'articulation de la clavicule gauche qu'elle avait fracturée. Les docteurs Swenburn et Wanderpool pensaient que le projectile était logé dans le scapulum; l'appareil a mis hors de doute qu'il se trouvait, au contraire, en avant et au-dessous de la troisième côte.

La balance de M. Hughes aura certainement d'autres applications; c'est une des plus fines et des plus belles inventions de la physique moderne.

XVII

Ordinairement, pour exécuter un morceau sur le
piano, il faut de toute nécessité un pianiste. Pas de
pianiste, pas de musique. L'électricité a mis bon
ordre à tout cela. Pas d'exécutant, qu'à cela ne tienne!
on s'en passera; et elle supprime le pianiste. Pauvres
pianistes!

Il existe bien, il est vrai, des pianos mécaniques
qui jouent des quadrilles et même des sonates ou des
ouvertures d'opéra, à la façon des orgues de Barbarie,
à grands coups de manivelle. Mais quelle musique!
pas de nuances, pas de brio, une mesure et une régularité désespérantes, une perfection monotone. Les

notes sont stéréotypées et l'on en fait sortir de l'instrument autant d'exemplaires à l'heure qu'on tire de numéros d'un journal quotidien.

Les pianos électriques sont bien autrement étonnants et surtout bien plus à la mode! Il en existait un au rez-de-chaussée du Palais qui émerveillait la foule; il exécutait tous les morceaux qu'on lui demandait, à la grande joie du public. C'est le « pianista électrique », pour lui donner son nom. On poussait un ressort, et voilà l'instrument en gaieté, jouant avec furie une marche nationale, ou avec une discrétion très-remarquée, une romance sans paroles.

Le pianista date déjà de plusieurs années; mais c'était le pianista tout court, et depuis 1881 c'est le pianista « électrique ». L'invention est très-jolie dans tous les cas; elle est due à M. Fourneaux, et elle a été très-perfectionnée par M. Jérôme Thibouville.

Le pianista peut être considéré comme un véritable exécutant; c'est un pianiste automatique. Au lieu de s'asseoir sur le tabouret sacramentel et de faire courir ses doigts sur le clavier, on pousse le pianista devant un piano quelconque, et, sans se faire prier, sans montrer le moindre trouble, le pianista enlève avec entrain la première valse venue; il est toujours prêt : donnez-lui un piano et il exécutera pendant toute la journée son répertoire et même celui de son voisin. C'est un instrument qui |peut devenir très-précieux dans beaucoup de circonstances, dont l'énumération n'échappera pas à la sagacité des intéressés.

Le pianista ressemble assez bien à un piano de dimensions réduites. Son petit clavier vient se superposer au clavier du piano. C'est que chacune de ses touches doit faire office de doigts et venir, au moment convenable, abaisser une touche du piano.

Le pianiste en chair et en os a beau faire, il n'a que dix doigts; aussi que de prodiges d'habileté pour parvenir à les promener suffisamment vite d'un bout à l'autre du clavier ! Le pianista a autant de doigts qu'il y a de touches au piano; aussi sa besogne est simplifiée; il est sûr de lui-même avec bien moins d'efforts et de dextérité.

Comment ses doigts artificiels attaquent-ils le piano? Chacun d'eux est en relation par un tuyau spécial avec un réservoir d'air comprimé. Quand le moment est venu de faire fonctionner un doigt, une soupape s'ouvre, laisse entrer de l'air dans un petit soufflet, qui en se gonflant pousse le doigt sur la touche correspondante du piano. Rien de si simple.

Maintenant, l'instrument s'ouvre du côté opposé au clavier; un coup d'œil jeté à l'intérieur montre tous les détails du mécanisme moteur. On dépose à droite sur un appui le morceau qu'il s'agit de faire jouer; il est même inutile de l'ouvrir; on le place replié plusieurs fois sur lui-même : l'appareil se charge de le déplier page par page. Le morceau n'est pas écrit, cela va sans dire, à la façon usuelle; les notes sont représentées par des trous plus ou moins longs, selon leur valeur respective, comme dans l'alphabet télégraphique Morse; le papier est perforé comme dans les métiers Jacquart.

Ce papier troué est saisi par deux rouleaux qui tournent l'un devant l'autre et qui l'entraînent dans leur mouvement. La bande perforée s'en va lentement de droite à gauche, et l'on peut parfaitement lire la musique inscrite ou plutôt les indications placées en regard des trous, *crescendo, forte,* etc. A côté des rouleaux sont groupés des leviers reliés, un par un, à chaque doigt artificiel du pianista. La bande défile à portée de ces leviers : or, le système est combiné de manière que, s'il se présente un trou dans le papier, le levier, qui est à proximité, passe à travers. Et de même pour chacun des trous ; ils ont tous leur levier distinct. Les leviers se soulèvent, et par contre-coup, font pénétrer l'air comprimé dans les soufflets. Les doigts du pianista correspondants à ces soufflets, font jouer les touches du piano et les notes résonnent.

C'est donc la notation même du morceau qui distribue l'effet moteur. Chaque note écrite met en action le doigt qui a pour mission de la produire. Toute musique inscrite par ce moyen est fidèlement interprétée par le pianista.

Quant à l'air comprimé, qui met en mouvement tous les doigts, il est emmagasiné dans un réservoir, par le jeu de va-et-vient d'un soufflet. Enfin le soufflet lui-même est actionné par une manivelle que fait tourner l'opérateur. La même manivelle communique le mouvement aux deux rouleaux qui entraînent la bande de papier perforé. Une pédale agit aussi directement sur le réservoir d'air comprimé de façon à faire pénétrer à volonté plus ou moins d'air dans la distribution et à donner par conséquent plus de force ou plus de douceur à l'attaque de la note. On suit sur la bande de papier les inscriptions marquées, et l'on fait jouer la pédale en conséquence. Aussi obtient-on avec le pianista des effets remarquables d'exécution ; on peut le guider en quelque sorte comme un professeur guide son élève, et lui faire rendre toutes les nuances, **toutes les délicatesses de la musique.**

Oui. Mais il y a une manivelle! et une manivelle assez dure à tourner. On ne comprime pas, sans fatigue, de l'air pendant plusieurs minutes! et puis enfin, il y a une manivelle! Cela retire toute illusion. C'est encore l'orgue de Barbarie! et de la musique mécanique!

Eh bien! depuis l'Exposition d'électricité, il n'y a plus de manivelle. Le pianista a grandi; il fonctionne tout seul. On l'ouvre, on place le morceau sur le pupitre... et entendez-vous?

Qu'est-ce que cela veut dire? Cela veut dire que l'électricité a passé par là. La manivelle est maintenant cachée, et c'est un petit moteur électrique du genre Trouvé qui remplace la force musculaire de l'homme. Dans un coin, dans une armoire, on place quelques accumulateurs d'électricité, ou encore une pile à bichromate de huit éléments. Un fil relie le générateur d'électricité quel qu'il soit au petit moteur. On appuie sur un ressort, et tout marche à souhait!

On avait bien transformé déjà l'électricité en lumière, en chaleur, on peut dire maintenant qu'on peut la transformer en musique : musique électrique, harmonie électrique. O signe des temps!

De plus fort en plus fort. Le pianista exige l'emploi d'une bibliothèque musicale spéciale; il faut que chaque morceau soit traduit préalablement en caractères convenables à l'aide de perforations.

C'est encore gênant : on s'en plaint; il y a des gens pressés qui n'aiment pas à attendre. Comme c'est agréable de ne jouer l'ouverture d'un opéra qu'un mois après une première! Ils vont avoir pleine satisfaction.

M. J. Carpentier, ingénieur habile, qui succède brillamment à M. Ruhmkorff, avait exposé un instrument bien original : Le mélographe répétiteur. C'est une vraie merveille. Pour qu'on ne m'accuse pas d'exagération, je vais laisser M. J. Carpentier indiquer lui-même les résultats auxquels il est parvenu.

« Un compositeur, dit spirituellement M. Carpentier, s'asseoit devant le clavier du mélographe; il joue quelque improvisation, inspiration fugitive, inédite; il se lève. Il tourne trois boutons, et l'instrument, plus fort qu'aucun des auditeurs, se met de suite à répéter automatiquement le morceau qu'il vient d'entendre ou plutôt de chanter une première fois sous les doigts de l'artiste. A côté du mérite de l'auteur, celui de l'exécutant est bien quelque chose aussi, et le même morceau, joué par deux personnes, produit des effets très-différents. Mon instrument est très-docile, il consacre et reproduit la façon de chacun, il va même trop loin, il rejoue les fausses notes. »

Excellent moyen de contrôle pour les membres du jury des classes de piano au Conservatoire! On pourra savoir même dans un siècle, avec le mélographe, comment un premier prix aura exécuté le morceau de concours et comparer entre eux les premiers prix de chaque année, comparer le jeu des Listz, des Planté, des Rubinstein! Mieux encore, on pourra les faire jouer chez soi à volonté, en abuser soir et matin. Aujourd'hui du Prudent, du Litolff; demain du Ritter, du Jaëll; la semaine prochaine du Fissot, du Diémer, etc.

Quels modèles pour les jeunes virtuoses de l'avenir! Ce sont les leçons des grands maîtres à domicile, sans cachet! M. Carpentier ne s'est vraiment pas assez aperçu de la révolution complète qu'il allait amener dans nos mœurs musicales.

Il a tout bonnement inventé un phonographe musical autrement parfait que celui d'Edison, qui redira à nos petits neveux, comment, à notre époque, on comprenait et on interprétait la musique.

Je rends la parole à M. Carpentier, il n'est pas superflu qu'on voie bien que je reste dans la stricte réalité des faits.

« Maintenant, dit-il, un tour de force! Plusieurs personnes se réunissent chez moi et jouent un concerto; je leur procure un violon, violoncelle, flûte, hautbois, piston, arrangés à ma manière, bien entendu. Le concerto se joue, le concerto est joué. Écoutez : Mon instrument, passé maître dans l'art de transcrire, va jouer immédiatement sur un piano ou sur un orgue le concerto, parfaitement réduit, et vous entendrez toutes ses parties, telles qu'elles viennent d'être exécutées.

« Enfin, dernier détail : je fais passer la bande de papier perforé automatiquement dans un autre appareil imprimeur, et le morceau, au lieu d'être joué, s'écrit en caractères ordinaires sur portée. Cette presse musicale, ajoute toutefois M. Carpentier, n'est encore qu'à l'état de projet, mais enfin elle est réalisable. »

Ainsi, M. Carpentier peut aujourd'hui obliger un piano à inscrire un morceau pendant qu'on l'exécute. Le morceau est enregistré en caractères perforés. Les bandes perforées sont automatiquement préparées par l'instrument lui-même.

Il peut obliger le piano à répéter la musique qu'il vient de noter, sans le concours d'aucun pianiste. Enfin, il pourra, il l'espère, traduire la notation par perforation en caractère sur portée. Est-ce assez complet?

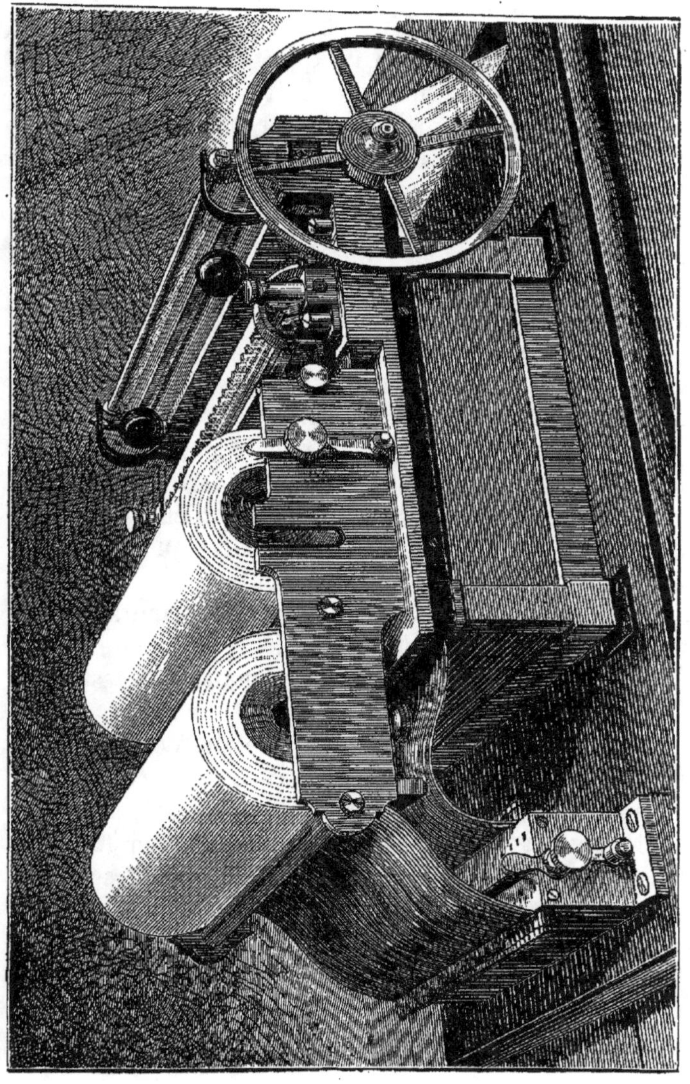

Fig. 181. — Le Mélographe répétiteur.

Quelques lignes suffiront maintenant pour faire comprendre dans son principe essentiel la curieuse invention de M. Carpentier. A l'Exposition, on jouait sur un harmonium, et la musique allait s'inscrire cinq mètres plus loin sur le mélographe proprement dit. Cinquante fils, dissimulés sous le plancher, mettaient en communication électrique les deux instruments.

Les cinquante touches de l'harmonium portent de minuscules organes, qui peuvent lancer un courant électrique dans les fils qui vont au mélographe. Chaque fois qu'on abaisse l'une quelconque d'entre elles, le courant pénètre dans le mélographe et actionne une série d'outils, qui percent une bande de papier astreinte à se dérouler d'un mouvement uniforme. Chaque note, par l'intermédiaire du courant, troue le papier, en raison de sa valeur musicale. Le morceau terminé, la bande est toute prête à servir. C'est un cliché, qui permet de reproduire à autant d'exemplaires qu'on le désire, la musique qui vient d'être exécutée.

Et, la preuve, c'est que l'harmonium, qui chantait tout à l'heure, sous les doigts d'un artiste, va maintenant répéter note par note, nuance par nuance, toutes les finesses du morceau.

Le mélographe, d'enregistreur qu'il était, devient répétiteur; on pousse un bouton; la bande perforée se met en mouvement, entraînée par un rouage moteur; elle défile devant cinquante petits pinceaux en fil d'argent, qui tendent à s'appliquer sur une traverse métallique, disposée au-dessous de la bande.

Quand les pinceaux rencontrent un plein de papier, il ne peut y avoir contact entre les fils d'argent et la traverse métallique; mais s'ils rencontrent un trou, le contact a lieu; un courant électrique passe du mélographe, par les fils de transmission, dans l'harmonium. Chaque pinceau est en relation électrique avec une touche de l'harmonium par le petit organe qui, pendant l'inscription, servait à faire passer le courant dans le mélographe. L'organe abaisse la touche et détermine l'émission du son, qui continue tout le temps que le pinceau met à traverser le trou du papier dans le mélographe. L'instrument transmet télégraphiquement les signaux Morse de la bande de papier et traduit la dépêche en notes musicales.

Le mélographe répétiteur combiné par M. Carpentier constituait assurément une des curiosités de l'Exposition.

Troisième piano électrique! Celui-là avait aussi ses nombreux admirateurs; il a attiré longtemps la foule des dilettanti dans le salon réservé aux applications domestiques de l'électricité. Il ne s'agit plus cette fois de faire jouer à l'électricité le rôle de pianiste ou d'enregistrer automatiquement des compositions musicales. La conception est différente : on a cherché à obtenir à l'aide de l'électricité des effets sonores nouveaux d'une extrême suavité. L'auteur du « piano électrique » est M. Baudet, bien connu déjà par l'invention de son piano quatuor.

Il n'est personne qui n'ait remarqué ce son particulier, que rend un piano lorsque, le pied sur la pédale, on attaque vigoureusement une ou plusieurs notes, en maintenant les doigts sur les touches. Les notes s'en vont lentement en mourant avec des vibrations de harpe éolienne d'une douceur et d'une mélancolie inexprimables. Un accord bien plaqué persiste près d'une minute, au moins quarante à cinquante secondes.

Il était évident que, si l'on pouvait parvenir à tirer parti de cette sonorité douce et persistante, on obtiendrait des effets d'orgue très-remarquables.

Je me souviens qu'un musicien de valeur, écrivain musical distingué, M. Pellet, était venu me demander, il y a cinq ou six ans, s'il n'y aurait pas moyen de faire durer pendant un certain temps les vibrations des cordes d'un piano. On aurait obtenu ainsi à volonté, par une attaque brusque ou lente de la note, les sons brefs ordinaires, ou des sons prolongés. Nous avions naturellement indiqué à M. Pellet l'artifice, qui serait venu à l'esprit de tous les physiciens, l'attaque électrique des cordes. On peut prolonger la vibration d'une note en la soumettant à l'action d'un vibrateur magnéto-électrique. C'est cette disposition qui vient d'être réalisée par M. Baudet, dans des conditions suffisamment pratiques.

Les cordes de son piano électrique sont munies à leur partie supérieure de petits marteaux supplémentaires, qui peuvent être commandés par de mignons électro-aimants. Quand une touche fait passer le courant dans l'électro-aimant qui lui correspond, le marteau va et vient à l'*unisson* de la corde, entretenant son mouvement vibratoire. Le courant est lancé dans les électro-aimants par chaque touche, d'une manière assez simple. L'ivoire, en s'abaissant, établit un contact métallique entre le fil qui va aux cordes et le fil qui vient de la pile.

L'action des marteaux trembleurs sur les cordes se traduit par une prolongation du son, qui est très-sensible, quand on insiste un peu sur la note. Attaque-t-on vigoureusement, c'est le marteau ordinaire dont l'effet prédomine; si on lie le doigté, c'est le son d'orgue qui s'entend principalement. On peut combiner le jeu de manière à obtenir simultanément les notes à vibrations persistantes et les notes brèves du piano. Les basses donnent surtout des résultats excellents, parce que le nombre des vibrations des sons graves étant toujours petit, le synchronisme des vibrations des marteaux et des vibrations des cordes se réalise sans difficulté; mais pour les notes hautes, qui correspondent à des milliers de vibrations par seconde, la concordance n'a plus lieu, et l'on obtient seulement des interruptions, des trémolos, qui disparaissent même dans un jeu un peu vif.

M. Baudet a déjà modifié ce premier dispositif; il fait son piano horizontal et les électro-aimants agissent non plus sur des marteaux, mais sur les cordes elles-mêmes; en un point de leur longueur, correspondant à un nœud de vibration, on fixe un bout de fil de fer très-fin plongeant verticalement dans une petite capsule renfermant du mercure. A chaque vibration, le fil de fer sort du godet de mercure et interrompt le courant; l'action attractive des électro-aimants se répète autant de fois qu'il y a d'oscillations des cordes, et le son se propage aussi longtemps que l'exécutant appuie sur la touche.

Une pile au bichromate de potasse à six éléments du type combiné par le frère de l'inventeur, M. Cloris Baudet, suffit pour mettre en mouvement les vibrateurs. La pile est cachée derrière le piano, qui a d'ailleurs l'aspect d'un piano ordinaire. Une genouillère placée entre les jambes de l'exécutant permet, lorsqu'on l'incline, d'envoyer aux vibrateurs le courant électrique d'une pile auxiliaire; on peut ainsi augmenter l'intensité du son persistant des cordes, comme avec la pédale on accroit la sonorité des notes du piano. En somme, le nouvel instrument de M. Baudet donne le moyen de varier considérablement le jeu de l'artiste; ses effets sont très-beaux, très-puissants e' très-agréables.

L'électricité est bonne à tout faire. Dans une autre partie du Palais, près du pianista, on l'avait mise à contribution pour effectuer certaines opérations de contrôle dans des métiers à broder ou à dévider des fils.

Il arrive très-souvent que, dans les métiers à broder sur tulle, le fil se casse sans qu'on s'en aperçoive; le travail continue au grand détriment du fabricant. Il fallait trouver un œil vigilant qui annonçât la rupture du fil et qui arrêtât le métier. Il n'y avait qu'à s'adresser à l'électricité.

On l'a appliquée à diverses combinaisons dont voici l'une des plus simples. Les fils se rompent presque toujours près des aiguilles; en ces points, on suspend de légers crochets à contre-poids métalliques; au-dessous on place de petits augets en bois dont le fond est garni de deux lames en cuivre, disposées côte à côte sans contact. Si le fil se casse, le contre-poids tombe dans l'auget, s'asseoit sur les deux lames, les met en communication métallique, et un courant électrique, interrompu jusqu'alors, passe et va faire retentir une sonnerie. Le même courant, en circulant, anime un électro-aimant, qui, en attirant une pièce de fer, déclenche l'embrayeur par l'intermédiaire duquel la force motrice mettait le métier en mouvement. Le mécanisme s'arrête jusqu'à ce qu'on soit venu relier les deux bouts du fil rompu.

Ce n'est pas tout; les ouvriers sont payés en raison

du nombre de points qu'ils effectuent. On ne compte pas facilement les points faits au bout de la journée. L'électricité fait la besogne. Chaque fois qu'un point passe, le métier établit un contact, qui ferme un circuit électrique. Le courant fait avancer d'un cran la roue d'un compteur et, au bout de dix heures de travail, le fabricant sait d'un coup d'œil la paie qui revient à son ouvrier.

Ce n'est pas encore fini. Dans les métiers de dévidage, comment savoir rapidement si la machine a dévidé la longueur exacte de laine qui correspond à un poids donné? Les fils dévidés par le métier viennent tomber en serpentant dans des vases cylindriques en fer-blanc ; chaque cylindre est suspendu au fléau d'une sorte de romaine que l'on règle pour qu'elle trébuche lorsque le cylindre a atteint le poids réglementaire.

Quand le cylindre est convenablement plein de laine, le fléau penche et vient appuyer sur un contact métallique. Un courant électrique peut passer et agir sur un levier qui arrête le défilement. Chaque cylindre a son mécanisme d'arrêt. Il suffit donc de regarder pour savoir quand on a obtenu le poids de laine désiré. Une seule ouvrière peut conduire un de ces dévideurs électriques.

Une application analogue a été faite au mesurage de l'avoine des chevaux.

Nous ne nous arrêterons pas sur les avertisseurs d'incendie exposés en très-grand nombre; ils sont tous plus ou moins connus. Quelques lignes seulement sur les fils avertisseurs de M. Charpentier et sur ses « sphères de sûreté » qui paraissent conçus dans un esprit pratique. L'auteur a eu l'idée de réunir dans une même gaine trois fils de très-petit calibre : deux fils de cuivre séparés par un fil d'étain. Chacun de ces fils est revêtu de coton; il forme ainsi une sorte de ganse, de cordon très-ténu, qu'on coud dans les rideaux, dans les tentures, les tapis d'un appartement; on fait encore courir ce cordon imperceptible et d'une couleur appropriée le long des murs, du plafond, etc. Si un incendie se déclare, le petit cordon de M. Charpentier devient précieux; la chaleur fait fondre le fil intermédiaire d'étain, en même temps que le coton qui servait d'isolant se consume. L'étain, en se fondant, établit le contact entre les deux fils de cuivre et ferme le circuit électrique. Le courant déclenche une sonnerie d'alarme, qui retentit jusqu'à ce qu'on vienne l'arrêter.

La « sphère de sûreté » consiste dans une boule métallique creuse, au milieu de laquelle sont presque en contact deux lames de cuivre. Si la température s'élève un peu, les deux lames se dilatant viennent se toucher. Un courant électrique fait résonner une sonnerie. On règle à volonté la sensibilité de l'appareil par le rapprochement des deux lames; on peut le rendre assez impressionnable pour que la chaleur de l'haleine suffise à mettre en mouvement la sonnerie. Ces sphères de sûreté permettent de limiter très-rigoureusement au degré voulu la température d'un local, d'une serre, d'un séchoir, d'un magasin, d'un réservoir à fermentation, etc. En même temps, elles peuvent mettre en garde contre les combustions spontanées; placées dans les soutes à charbon, elles avertissent de même automatiquement que la température atteint un degré anomal.

Et les couveuses électriques? Pourquoi pas? Habituellement, pour produire l'incubation artificielle, les œufs sont déposés dans des boîtes à tiroirs convenablement amenagés, et la température maintenue au degré voulu au moyen d'eau chaude. A l'Exposition, on a chargé l'électricité de remplacer la poule couveuse. Quelques fils de platine traversent une gaîne métallique plongée dans l'eau qu'il faut maintenir à la température moyenne de 40 degrés. Le courant électrique porte les fils au rouge, et la chaleur atteint le degré convenable. De plus, une sonnerie retentit lorsque la température s'élève au delà de 40 degrés.

A côté de la couveuse de MM. Rouillier et Arnoult, on trouvait la « Mireuse électrique ». Derrière chaque œuf un petit fil de platine en spirale devient incandescent sous l'action d'un courant et sa lueur remplace celle de la lampe ordinaire; on peut voir d'un coup d'œil si l'œuf est bon à être couvé ou s'il est infécond.

D'autre part, M. Fremond avait installé une couveuse dans laquelle l'électricité ouvrait, par le jeu d'un électro-aimant, une porte de sortie à l'air de l'appareil, quand la température dépassait le degré convenable, l'air froid pénétrait en même temps et la chaleur revenait automatiquement à son taux normal. M. Fremond a poussé l'esprit d'invention jusqu'à construire une « Gaveuse électrique » pour volailles. L'opération d'emplissage est accélérée par la manœuvre électrique de la gaveuse.

En somme, dans le coin des couveuses, grands artifices, petits résultats. Il fallait bien pénétrer dans le **Palais**, et l'électricité seule en tenait les clefs.

Que d'efforts d'imagination déployés par les inventeurs ! M. Chapuis a voulu devenir la Providence des gens rangés, des grands et petits ménages. La cave est loin, et la domesticité aime le bon vin ; c'est si facile de prendre du vin dans la pièce qui vient d'arriver de Bordeaux ou de Mâcon ! Désormais défense, de par l'électricité, de goûter le vin sans permission, ou de soustraire le plus petit verre pendant la mise en bouteilles. Quand à la cave, on ouvre le robinet du tonneau, une sonnerie retentit dans l'office ; quand on le ferme, la sonnerie parle de nouveau. En même temps un disque mobile tourne et enregistre le nombre de fois que les sonneries ont fonctionné et l'intervalle de temps compris entre les deux tintements ; il n'en faut pas davantage pour que toute absorption de vin illicite soit révélée. En effet, le temps nécessaire pour emplir une bouteille est toujours le même ; par conséquent, si l'on tire du tonneau une fraction de bouteille, les sonneries ne résonnent pas après l'intervalle du temps voulu, et l'inscription des durées révèle la fraude. Si l'on veut escamoter une bouteille, le compteur électrique est là pour avertir qui de droit : si l'on veut goûter à une bouteille pleine, c'est facile, mais pour cacher le larcin, il faut la remplir ; et la maudite sonnerie et l'avisé compteur disent immédiatement qu'on a de nouveau ouvert le robinet pour remplacer la portion manquante ; le compteur précise même le volume de liquide qui a été soustrait. Sommeliers, essayez du compteur œnologique !

Le même système peut mettre en garde contre les fuites de liquide, contre les changements de niveau, et averti aussi, lorsqu'on effectue des transvasements, que le liquide a atteint, dans un récipient, la hauteur convenable.

Enfin, pour clore cette série, dernière application originale : la « toise électrique! » Elle était exposée dans la section espagnole par M. Alejo Cazola. Qu'elle soit légère aux conscrits !

Les jeunes gens en Espagne, paraît-il, comme dans tous les pays du monde sans doute, ont recours à certains subterfuges pour échapper au recrutement militaire ; par des flexions adroites, ils essaient de se rapetisser au-dessous de la taille réglementaire. Hélas! l'électricité s'est mise du côté de la loi.

M. Cazola dispose, au pied du poteau de la toise, deux contacts électriques sur lesquels doivent appuyer les talons du conscrit et deux contacts au niveau des mollets. L'homme est pris entre ces té-moins bavards ; s'il reste immobile, les contacts sont parfaits et deux sonneries électriques tintent, à qui mieux mieux, aux oreilles des officiers de recrute-ment; mais si le conscrit cherche à fléchir légère-ment les genoux, les sonneries se taisent. D'un autre côté, la potence glissante qui doit s'appuyer sur le haut de la tête et donner la taille, porte également un contact. Quand la règle touche bien le crâne, une nouvelle sonnerie en avertit l'examinateur, Dans ces conditions, la vérification de la taille est exacte, et il serait vraiment bien difficile qu'il en fût autrement.

De l'autre côté des Pyrénées, les conscrits ne sont pas contents; la toise électrique vient d'être rendue réglementaire dans toute l'armée espagnole.

XVIII

Il existait à l'Exposition, dans la section américaine, une machine extrêmement remarquable qui n'a pas eu le don d'attirer la foule, parce qu'il était, en effet, assez difficile au premier coup d'œil de saisir son importance pratique. Depuis un an, elle a cependant fait naître une véritable émotion dans le monde agricole des États-Unis. Elle serait, dit-on, de nature à opérer une révolution dans l'outillage et les procédés actuels de la meunerie.

D'après MM. Osborne et Smith, qui l'ont les premiers réalisée et installée dans leurs grandes meuneries de Brooklyn, la machine fonctionnerait parfaitement et donnerait des résultats économiques tout à

Fig. 182. — Vue d'ensemble du sasseur électrique de MM. Osborne et Smith. (D'après l'appareil qui a fonctionné à l'Exposition internationale d'électricité.)

fait surprenants. Les inventeurs ont eu l'idée originale d'appliquer l'électricité à la purification de la
farine brute.

La farine brute renferme, comme on sait, beaucoup
de son; or, le son s'électrise facilement et la farine
difficilement. Si l'on frotte du papier à lettre préalablement chauffé et séché et qu'on promène ce papier
au-dessus de la farine brute, on constatera que tout
le son est attiré sur la feuille de papier et que la
farine ne l'est pas. En se fondant sur cette observation, MM. Osborne et Smith ont imaginé l'appareil
qui a fonctionné, pendant plus de six semaines, au
Palais des Champs-Elysées.

La farine brute est introduite dans une trémie
disposée à l'extrémité de la machine; elle est conduite sur un grand tamis horizontal animé mécaniquement d'un mouvement de va-et-vient, qui a pour
effet d'opérer un triage préliminaire ; la farine
tombe au fond et le son est ramené à la surface,

Au-dessus du tamis et presque en contact avec la
farine brute sont rangés parallèlement à petite distance 24 rouleaux en caoutchouc durci. Cette longue
rangée de rouleaux se développe de la trémie à l'extrémité de la machine. Ils sont tous commandés par un
arbre qui les oblige à tourner sur eux-mêmes à la
vitesse de 25 à 30 tours par minute. Chacun d'eux a
23 centimètres de longueur et 15 centimètres de diamètre.

Au-dessus de chaque rouleau sont fixées des peaux
de mouton qui frottent sur leur surface supérieure.
Ces peaux électrisent le caoutchouc, et quand le rouleau, dans son mouvement de rotation, passe à
portée de la farine brute, sa surface se couvre de son.

Le rouleau tournant toujours, le son rencontre les peaux qui le brossent et le détachent, puis le font tomber dans une rigole. Chaque rouleau a sa rigole d'évacuation ; un petit balai mù mécaniquement chasse dans les rigoles le son jusqu'à un conduit

Fig. 183. — Vue d'un rouleau en ébonite électrisé.

général qui, à son tour, le porte hors de la machine.

Le son est ainsi poussé dehors ; quant à la farine, elle reste d'abord sur le tamis ; puis, peu à peu, elle se sépare selon sa finesse , comme dans les sasseurs ordinaires.

La machine entière occupe un volume de 3 mètres de longueur sur 0ᵐ90 de largeur et 1ᵐ20 de hauteur. La surface du tamis est de 1ᵐ11 ; le tamis fonctionne par oscillations, en donnant environ 100 coups à la minute.

Il peut passer dans la machine 225 kilogs de farine brute par heure. Il suffit de la force d'un demi-cheval-vapeur pour la faire fonctionner; c'est le tiers environ de la force motrice employée dans les appareils de blutage ordinaire.

Le nouveau procédé de blutage électrique s'applique, affirme-t-on, à toutes les farines de blé tendre ou dur; il supprime tout ventilateur; il évite toute production de poussière, résultat important, car la poussière de blutage est dangereuse; elle amène des explosions formidables. On se rappelle sans doute qu'en 1872, à Glascow, et à Saint-Louis en 1881, des explosions dues aux poussières firent sauter plusieurs minoteries.

MM. Osborne et Smith font construire en ce moment à Minneapolis un moulin colossal qui produira plus de 3,000 mètres cubes de farine par jour, dont l'épuration sera obtenue au moyen de leurs sasseurs électriques.

Nous devrons en Europe suivre pas à pas les progrès du nouvel outillage américain. Les villes de Minneapolis et de Saint-Louis, qui concentrent aujourd'hui la plus grande partie de la meunerie américaine, produisent journellement 6,000 mètres cubes de farine; la construction des usines nouvelles et l'emploi du blutage électrique vont leur donner encore un développement plus grand; l'importation de la farine américaine ne peut donc aller qu'en croissant, si nous n'adoptons pas de notre côté les mêmes moyens de production. En Amérique, on a laissé de côté les meules antiques et on les a remplacées par des cylindres broyeurs. La production américaine dépasse aujourd'hui celle de l'Autriche-Hongrie, qui était, il y a peu de temps encore, le principal centre de cette industrie. On ne saurait donc trop attirer l'attention sur la machine de MM. Osborne et Smith.

Différents inventeurs ont également utilisé l'électricité pour le triage des minerais en grains. Les minerais de fer sont composés d'oxydes ferrugineux et de gangues inutiles ; une fois grillés, les oxydes de fer deviennent aptes à être attirés par des aimants. On peut donc séparer le « grain de l'ivraie », débarrasser les portions utiles des parties superflues à l'aide d'électro-aimants. Dans cet ordre d'idées, on voyait à l'Exposition divers électro-trieuses, notamment celles de MM. Chenot dont l'invention remonte à 1852, celles plus récentes de MM. Vavin, Siemens et Edison.

Les grains de minerais sont jetés dans une trémie, descendent sur des cloisons constituées par des électro-aimants qui saisissent au passage les parties ferrugineuses ; les parties minérales tombent au fond de l'appareil.

Le même système est utilisé pour la séparation des limailles de fer et des autres poussières métalliques. La trieuse Vavin est employée dans les ateliers de construction de l'État; elle est très-compacte, réduite à 0^{m}80 en surface et 1^{m}60 en hauteur. Dans les ateliers Cail, une trieuse Vavin traite par jour 2,000 kilogr. de limaille.

L'électro-trieuse Siemens est formée par un cylindre incliné muni à l'intérieur d'une vis d'Archimède. Le cylindre, renfermant des électro-aimants, saisit les grains ferrugineux qu'un racloir mécanique rejette dans un compartiment spécial. Cet appareil peut séparer par jour jusqu'à 20 tonnes de minerai; il est puissant et très-employé en Espagne dans les mines de fer.

Le séparateur magnétique de M. Edison est fondé sur un principe un peu différent. Les électro-aimants ne recueillent pas au passage les grains ferrugineux sortant de la trémie, ils ne font que changer la direction du jet. Les minerais tombant devant des aimants, tout ce qui est fer est dévié de la direction primitive et va s'emmagasiner dans un compartiment; tout ce qui est poussière minérale continue sa route rectiligne et passe dans un autre compartiment. Ce séparateur magnétique est très-simple et très-efficace; on l'emploie beaucoup maintenant aux États-Unis et dans toute l'Amérique.

L'électricité commence aussi à pénétrer dans les fabriques de porcelaine. Entre les pièces de porcelaine blanche et celles qui présentent la plus petite tache, il existe une différence de valeur commerciale de 40 0/0. Il y avait donc un avantage énorme à débarrasser la pâte de porcelaine des particules ferrugineuses qui donnent naissance aux taches. Ces matières sont attirables à l'aimant. On avait songé, il y a longtemps, à purifier la pâte avec des électro-aimants; mais autrefois il fallait se servir de piles et d'électro-aimants trop petits pour pouvoir agir efficacement. Aujourd'hui le problème est complétement résolu.

On fait arriver la pâte liquide en regard des deux pôles d'un puissant électro-aimant; on l'oblige à se laminer en quelque sorte à portée du champ magnétique. Les particules ferrugineuses quittent la pâte et vont se fixer sur l'aimant. De temps en temps, on arrête le travail, on nettoie les surfaces polaires des électro-aimants en les rendant d'abord inactifs et en projetant ensuite sur leur surface un jet d'eau sous pression. On a recours, pour animer les électro-aimants, à une machine Gramme de très-petit modèle actionnée par un peu de force empruntée au moteur de l'usine.

L'épuration magnétique de la porcelaine se fait sur une grande échelle chez MM. Pillivuyt et Cᵉ, à Mehun-sur-Yèvre (Cher), et à la faïencerie de Creil. A Mehun, trois machines épurent environ 600 kilogrammes de pâte par jour. On extrait à peu près 8 kilogrammes de matière ferrugineuse par 100.000 kilogrammes de pâte.

Dans l'exposition de M. Breguet, on avait placé sous les yeux du public des gâteaux de porcelaine, dans lesquels on avait emmagasiné les parties ferrugineuses séparées par la machine. Chacune de ces parcelles ferrugineuses enlevées par les électro-aimants eût considérablement déprécié la valeur des objets de porcelaine. Les parcelles donnent à l'analyse 82.20 de fer, 18 de matière argileuse, 0.24 de charbon.

Les industries chimiques commencent à faire de nouvelles et importantes applications de l'électricité. Nous ne parlerons pas des opérations galvano-plastiques, qui ont pris un développement excessif, mais qui sont bien connues de nos jours ; nous voulons seulement signaler quelques autres applications qui sont à peine sorties du laboratoire et qui paraissent pleines d'avenir.

9.

Au premier rang, il convient de placer l'électro-métallurgie. Deux établissements allemands avaient exposé des produits obtenus par affinage électrique. Le *Koniglich Preussiches und Herzoglich Braun-schweigisches Communion Hüttenamt* et la *Nord-deutsche Affinerie* avaient présenté au public du cuivre affiné, de l'or et de l'argent d'une pureté absolue. On tend aujourd'hui à substituer à l'affinage métallurgique ordinaire l'affinage électrique.

Le cuivre impur est réduit en plaques et plongé dans un bain de sulfate de cuivre traversé par un courant électrique. Par suite du passage du courant, la plaque de cuivre impur se dissout dans le bain, et au pôle opposé, on recueille un dépôt de cuivre pur. L'usine de la *Norddeutsche Affinerie* emploie à l'heure actuelle six machines Gramme actionnées par 40 chevaux pour produire annuellement 500 tonnes de cuivre parfaitement pur et d'une homogénéité remarquable.

Pour obtenir l'or ou l'argent fin et les séparer du platine, du cuivre et des autres métaux qui s'y trouvent associés, on traite l'alliage par l'acide sulfurique, qui dissout tous les métaux, à l'exception de l'or et du platine. Cet alliage binaire est soumis dans un bain à l'action du courant. L'or se dépose; le platine se dissout et est recueilli ensuite dans une opération ultérieure. L'argent s'extrait d'une manière analogue.

Des échantillons de cet or affiné électriquement ont donné, analysés à la Monnaie de Paris, le titre exact de 1,000 pour 1,000; l'argent a fourni 999,7 pour 1,000.

Ce procédé a été employé, quand on a refondu les

monnaies de billon de l'Allemagne, et l'on a pu séparer du cuivre 23 kilogrammes d'or. Ce sont des méthodes d'une délicatesse infinie, qui rendront de grands services à l'industrie métallurgique.

Dans la même voie, il convient de mentionner les essais, déjà très-avancés, qui sont tentés depuis quelque temps pour extraire le zinc par voie électrique. Dans le procédé actuel, qui consiste à réduire le zinc de ses minerais par du charbon à une température élevée, les frais de traitement sont évalués en moyenne à 50 fr. par tonne de minerai; il faut ajouter à cette dépense de 20 à 30 fr. pour les pertes de zinc resté dans le minerai. La préparation d'une tonne de minerai à 45 0/0 de zinc coûte environ de 70 à 80 fr., soit 20 à 25 fr. les 100 kilos. En outre, lorsque les minerais viennent de Grèce, de Sardaigne, d'Espagne, pour être traités à Liège, à Stolberg, à Swansea ou même en France, les dépenses afférentes au transport s'élèvent à 25 ou 30 fr. la tonne. Il y aurait donc grand intérêt à diminuer la consommation en charbon et à réduire le minerai sur place.

Différents procédés ont été expérimentés; plusieurs lingots de zinc exposés ont été obtenus électriquement. En principe, on dissout le minerai dans des acides appropriés à sa composition, et la liqueur est soumise à l'action d'un courant électrique. Le zinc se dépose dans un grand état de pureté. M. Létrange se sert, pour dissoudre le minerai, d'acide sulfurique obtenu par le grillage simultané de la blende et de la calamine; et quand c'est possible, il utilise des chutes d'eau pour actionner les machines dynamo-électriques qui engendrent le courant. Même lorsqu'il faut employer du charbon pour les machines, l'économie résultante est considérable,elle atteint plus de 45 0/0. Dans la méthode actuelle, une usine qui produit 1 million de kilogrammes de zinc exige une dépense d'installation de 1 million. Avec le nouveau procédé, la dépense d'installation serait réduite à 500.000 francs.

Évidemment l'électro-métallurgie permettra d'extraire tout le métal renfermé dans les minerais; elle sera extrêmement économique et réalisera de ce chef un progrès sérieux dans l'industrie des métaux.

Autre application, qui malheureusement n'est pas encore réellement sortie de la phase expérimentale; elle promet beaucoup et mérite d'être mentionnée; M. Goppelsroder a inventé la teinture électrique; il prépare des matières colorantes au moyen de l'électrolyse. On voyait dans la section suisse des noirs, des bleus d'aniline obtenus par voie électro-chimique.

On sait que si l'on plonge dans de l'eau légèrement acidulée deux fils de platine communiquant respectivement aux pôles d'une pile, le liquide est décomposé; de l'oxygène se réunit au pôle positif et de l'hydrogène au pôle négatif. Il résulte de là que, si l'on met en dissolution dans l'eau des substances chimiques, qui sous l'action de l'oxygène ou de l'hydrogène peuvent se décomposer ou se combiner en formant d'autres corps, on obligera l'électricité à fabriquer de nouvelles substances. M. Becquerel a déjà employé utilement ce procédé. Avant 1860, Frankland, Kolbe, Van Babo s'étaient aussi servis de l'hydrogène résultant de la décomposition de l'eau pour réduire divers composés organiques tels que la cinchonine. M. A. Renard, plus récemment, a eu recours à la même méthode pour préparer les dérivés de l'alcool.

M. Goppelsroder, dès 1875, obtenait de même certaines matières colorantes par l'action d'un courant électrique; il les montrait alors à la Société industrielle de Mulhouse; à la même époque, du reste' M. Coquillon produisait par le même procédé le noir d'aniline insoluble. Depuis, le chimiste suisse a poursuivi ses recherches et il a donné beaucoup d'extension à la méthode électro-chimique.

Les nouvelles substances tinctoriales employées aujourd'hui dans l'industrie proviennent du goudron de houille ; par une suite de transformations chimiques, on métamorphose la houille en matières colorantes d'un grand éclat, telles que la rosaline, l'aniline, le bleu d'Hoffmann, etc. Le traitement chimique consiste à oxyder certaines substances, à réduire certaines autres, c'est-à-dire à leur enlever de l'oxygène à l'aide d'hydrogène. Ces oxygénations et ces hydrogénations s'effectuent dans la méthode de M. Goppelsroder à l'aide de la pile.

M. Goppelsroder met en dissolution dans l'eau acidulée les corps organiques qui, hydrogénés ou oxydés, sont susceptibles de se transformer en matière colorante, et il fait passer le courant. Comme souvent une substance se fabrique sous l'influence de l'oxygène et qu'une autre se produit en même temps sous l'action de l'hydrogène, l'inventeur sépare au milieu de l'eau les deux fils actifs correspondant à chaque pôle au moyen d'un vase poreux. On évite ainsi d'ailleurs les réactions secondaires. Dans un vase se décomposent les matières colorantes résultant de l'oxydation; dans l'autre, celles qui se forment par hydrogénation.

Les sels sur lesquels le chimiste de Bâle a opéré sont principalement les sels d'aniline, de toluidine et

leurs mélanges, ceux de méthylamine, de dyphény-
lamine et de méthyldiphénylamine, le phénol et les
sels de naphtylamine. Il a pu retirer ainsi du noir
d'aniline, différents bleus d'aniline, le violet d'Hoffmann, l'alizarine artificielle, etc.

Le noir d'aniline se dépose au pôle positif par l'électrolyse d'une solution aqueuse de chlorhydrate, de
sulfate ou de nitrate d'aniline acidulée d'un peu d'acide
sulfurique. Les bleus d'aniline vont aussi au pôle
positif quand on soumet à l'action du courant une
solution de sel de rosaline additionnée d'alcool méthy-
lique, d'un peu d'acide sulfurique et très-peu d'iodure
de potassium. L'alizarine se fait au pôle négatif, quand
on mélange l'anthroquinone avec une solution con-
centrée de potasse caustique, etc.

Les échantillons de soie teints au moyen de ces
produits sont très-beaux ; ils étaient au nombre de
trente-six présentant des couleurs différentes. Il est
vraisemblable que le mode de préparation déjà employé par M. Goppelsroder prendra de l'extension, et
ce ne sera pas une des moindres surprises de notre
temps que de voir l'électricité travailler ainsi à fabriquer les substances colorantes qui servent à teindre
les tissus soyeux, les étoffes, les tentures dont les couleurs chatoyantes attirent les regards à la devanture
des magasins.

Voici enfin une nouvelle et très-importante application de l'électricité. M. Laurent Naudin est parvenu
à rectifier complétement et très-économiquement les
alcools de mauvais goût au moyen d'un courant électrique. Le procédé n'en est plus à la période de tâtonnements ; il fonctionne depuis un an avec succès, dans

l'usine de M. Boulet, à Bapeaume-lez-Rouen. L'appareil de M. Naudin était exposé salle XII.

Le problème de la rectification des alcools de mauvais goût exerce depuis longtemps la sagacité des chimistes. La formation des matières sucrées engendre non-seulement de l'alcool proprement dit, mais tous les alcools provenant de ce que les chimistes appellent la série grasse, puis des corps acides, basiques et des éthers. Ces corps étrangers donnent à l'alcool vinique un mauvais goût; comme ils ne diffèrent généralement de l'alcool que par un excès d'hydrogène, long-temps on chercha à les débarrasser de cet excès en les soumettant à l'action d'oxydants tels que le chlore, l'acide permanganique, l'acide nitrique, etc. La méthode était trop énergique et l'on détruisait l'alcool en voulant détruire les corps étrangers. Le remède était pire que le mal et l'on y renonça. Aujourd'hui on s'en tient encore à la simple rectification par distillations successives dans les appareils Cail ou Savalle. L'alcool vinique, les alcools de composition voisine et les autres corps ont des degrés de volatilité différents; ils se séparent tant bien que mal lorsqu'on distille plusieurs fois. En pratique, le rendement en alcool premier jet bon goût ne s'élève pas au-delà de 45 0/0 ; le reste est fractionné plusieurs fois, ce qui se traduit à chaque opération par une perte de 3 à 4 0/0. Nous ne savons donc pas tirer tout l'alcool possible d'un poids donné de sucre, de raisin, de grain ou de betteraves.

M. Laurent Naudin a repris la question et il est arrivé à cette conclusion que les alcools bruts doivent également leur odeur et leur saveur infectes à la présence d'aldéhydes de la série grasse (alcools déshydro-

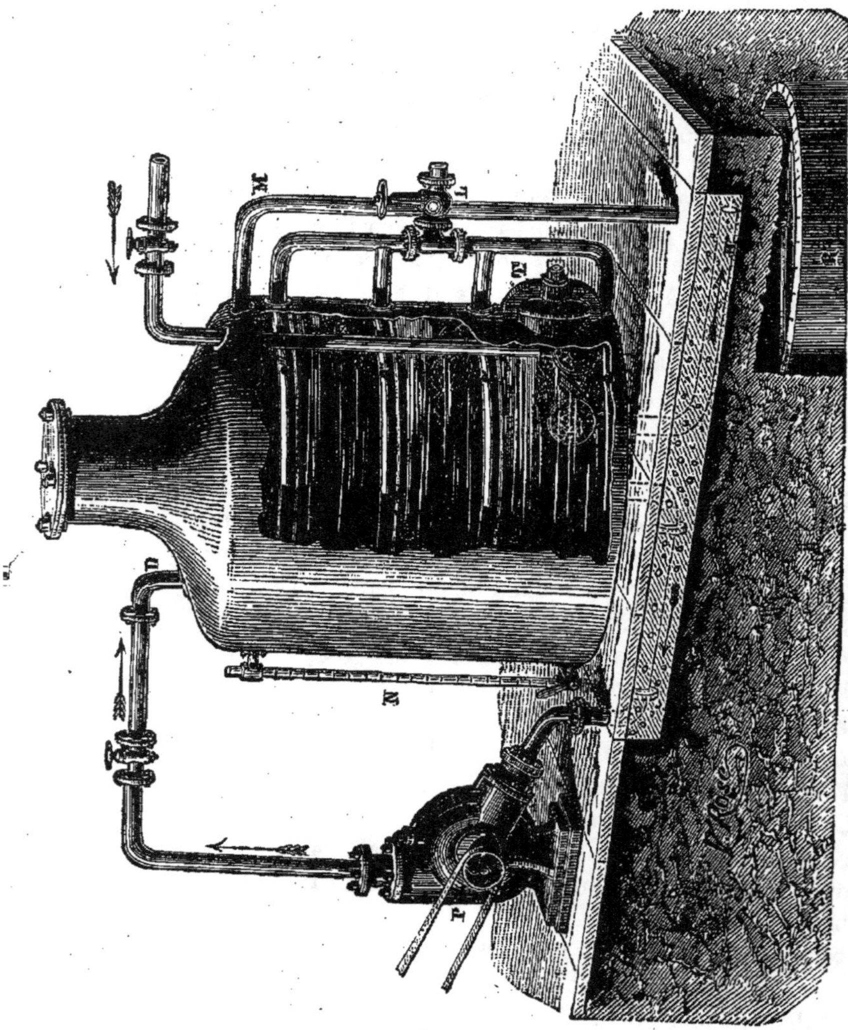

Fig. 184. — Appareil rectificateur des flegmes, de M. Naudin.

génés). Ces aldéhydes se formeraient pendant la fermentation des moûts et la distillation des vins. Ces corps sont des alcools incomplets n'ayant pas les molécules d'hydrogène suffisantes pour passer à l'état d'alcools. Pour les transformer, il n'y a évidemment qu'à les hydrogéner. On est ainsi conduit à traiter les alcools impurs, comme nous avons vu précédemment M. Goppelsroder traiter les matières colorantes ; il faut les soumettre à l'action de l'hydrogène, provenant de la décomposition de l'eau par un courant électrique.

Une partie de l'eau contenue dans les flegmes (alcool à 50 degrés Gay-Lussac) est décomposée par le courant : l'hydrogène naissant se porte sur les aldéhydes pour les transformer en alcools correspondants.

Industriellement, M. L. Naudin opère l'hydrogénation des flegmes en mettant ces derniers au contact d'une pile spéciale composée de lames de zinc recouvertes de cuivre précipité *chimiquement*. Ce couple jouit de la propriété de décomposer l'eau *pure*, avec dégagement d'hydrogène et formation d'hydrate d'oxyde de zinc. Il peut, par suite, agir facilement dans les liquides *neutres* et constituer un agent puissant d'hydrogénation. C'est une électrolyse, avec cette particularité que l'oxygène provenant de la décomposition de l'eau est absorbé par le zinc au fur et à mesure de sa production.

Voici le dispositif adopté. Le zinc en rognures est placé dans une cuve en bois, en cuivre ou en fer, par lits à *a' a'' a'''* de 0^m20 d'épaisseur. La cuve est fermée à la partie supérieure. Ces lits formés par des doubles fonds en bois, percés de trous, reçoivent sur leur pourtour un serpentin *e e' e'' e'''* permettant une circulation d'eau chaude pour maintenir une température moyenne de 25 degrés. Les flegmes arrivent, ainsi que l'indique la flèche, par le tube de droite et après hydrogénation sont envoyés au rectificateur par le tube de vidange H. L'hydrogène chargé de vapeur d'alcool vient barboter par le tube M dans le récipient R contenant les flegmes ordinaires.

Pendant une heure environ, la pompe P aspire les flegmes dans le sens des flèches pour les ramener à la la partie supérieure D de la cuve.

Ce mouvement de bas en haut assure une complète hydrogénation de toutes les parties infectes des flegmes mis en œuvre.

Le trou d'homme T permet le démontage et le nettoyage de la pile lorsqu'il y a lieu.

Le niveau N marque à tout instant le niveau du liquide dans la cuve.

Au lieu d'employer des rognures qui se nettoient très-difficilement, on fait usage, depuis peu, de lames de même métal ondulées, placés horizontalement les unes au-dessus des autres.

La précipitation chimique du cuivre sur le zinc est obtenue en mettant les lames de zinc au contact d'une solution aqueuse de sulfate de cuivre. Cette précipitation exige environ trois heures.

Ainsi formé, ce couple, avec des soins d'entretien, peut fonctionner pendant un an.

Les alcools traités par cette nouvelle méthode accusent des rendements en alcool pur très-élevés; ils atteignent 80 0/0, tandis que l'ancien procédé ne donnait que 45 0/0. La qualité est aussi sensiblement supérieure à celle de l'alcool bon goût ordinaire.

Ce procédé est satisfaisant lorsqu'il s'agit de traiter des flegmes de maïs; il est insuffisant pour les eaux-de-vie de pommes de terre ou de betterave; la désin-

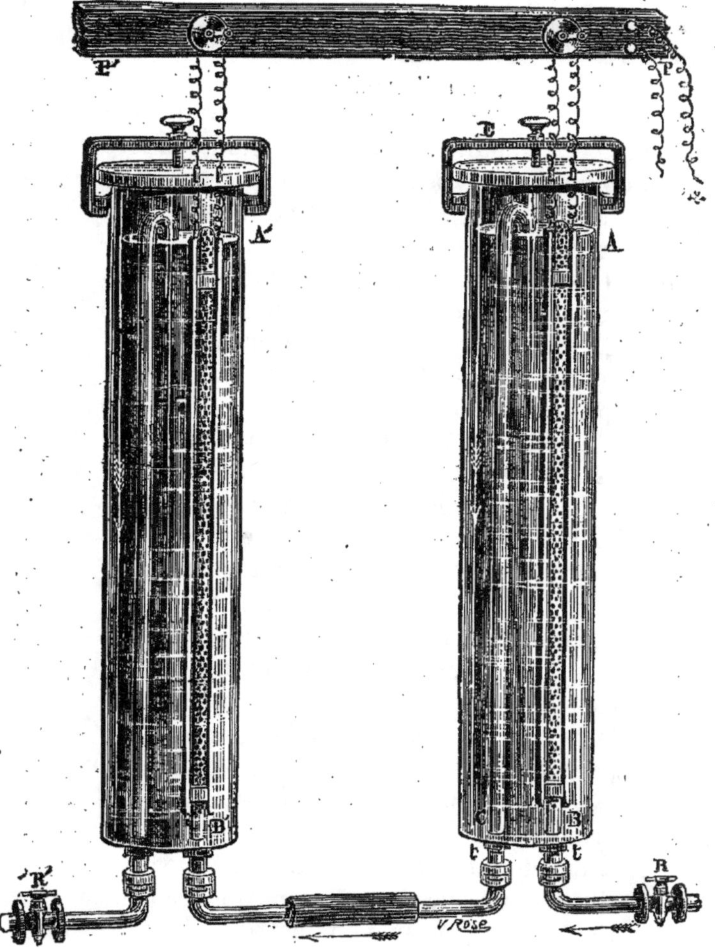

Fig. 185. — Appareil électrolyseur pour la rectification des alcools.

fection n'est pas totale, et c'est surtout dans le cas des

eaux-de-vie de betterave qu'une rectification complète serait de nature à apporter un appoint considérable au développement de cette branche importante de l'industrie.

Dans ce cas, au lieu d'employer uniquement le courant faible d'une pile cuivre-zinc à la rectification des flegmes, M. Naudin fait suivre cette première opération d'une seconde beaucoup plus énergique. Il fait passer les flegmes dans un électrolyseur dont voici la description :

L'appareil se compose d'un vase en verre A cylindrique, muni de deux tubulures *tt* à la partie inférieure. La partie supérieure est fermée hermétiquement par une plaque de verre rodée, maintenue solidement par une griffe en cuivre E.

Le tube d'amenée B des flegmes percé de trous dans toute sa longueur, est fermé à la partie supérieure et maintenu à une courte distance de deux lames de plomb (figurées en noir sur le dessin) représentant les deux électrodes du courant traversant la plaque de verre rodée. Les petits trous par lesquels passent ces fils sont bouchés par du liége, faisant aussi fonction de soupape de sûreté, au cas où l'un des tubes viendrait à se boucher accidentellement pendant l'électrolyse. Le courant des flegmes est réglé à l'entrée par le robinet R et à la sortie par le robinet R'. Le tube de retour C recourbé en forme de syphon, permet aux gaz produits de s'échapper avec le courant liquide et de barboter d'un voltamètre dans l'autre. Ce que nous venons de dire pour le voltamètre A s'applique au voltamètre A'; le tube de retour C du premier vase étant relié au tube d'amenée B' du second vase A' et ainsi de suite.

Nous donnons aussi une vue perspective d'un électrolyseur à trois voltamètres qu'on peut accoupler avec une autre batterie de 3, 6 ou 9 voltamètres. Cet électrolyseur est actionné par une machine dynamo-électrique de Gramme ou de Siemens. Le courant

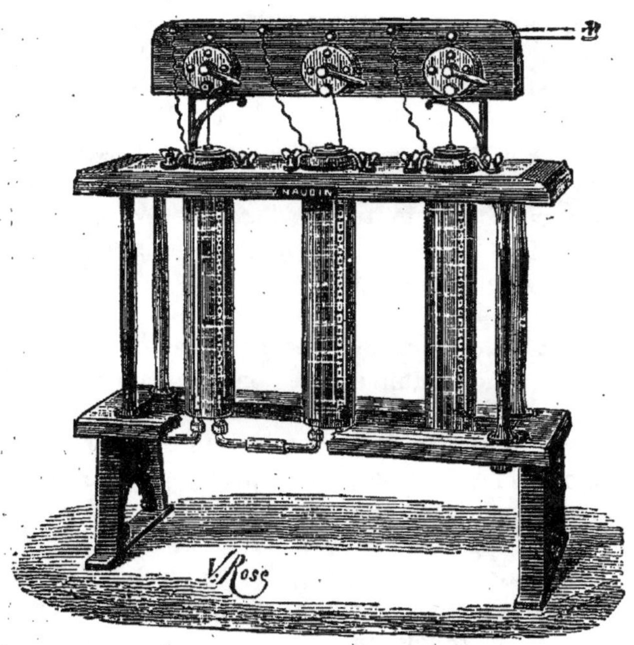

Fig. 186. — Électrolyseur à trois voltamètres.

énergique qui traverse les lames de platine et les flegmes décomposent l'eau en abondance. L'oxygène se porte sur les produits de mauvais goût et les brûle. Probablement on se débarrasse ainsi des produits qui réclament un excès d'oxygène pour se transformer. Il se fait ensuite une nouvelle hydrogénation des produits, qui ont besoin d'être saturés d'hydrogène. Quoi qu'il en soit, tout mauvais goût est enlevé et l'alcool de betteraves acquiert une qualité comparable à celle des meilleurs alcools de grain. Les rendements de premier jet s'élèvent à 85 0/0. Par les anciens procédés, les flegmes de betteraves ne donnent qu'un alcool d'assez mauvais goût à la première rectification.

A Bapeaume-lez-Rouen, du 15 mars 1881 au 15 novembre, on a traité électriquement 700,000 litres de flegmes de trois provenances, mélasse, maïs et betteraves. Un appareil Naudin permet de transformer en bonne eau-de-vie 200 hectolitres de flegmes en vingt-quatre heures. Il était utile de signaler cette invention à nos cultivateurs français.

Dans la section allemande, près des ateliers de MM. Heilmann, Ducommun et Cie, on trouvait un appareil également destiné à l'épuration électrique des alcools. M. Eisennam, de Berlin, traite les alcools par l'ozone, oxygène électrisé, qui jouit des propriétés oxydantes plus énergiques que l'oxygène ordinaire. On avait échoué autrefois en essayant de transformer les alcools mauvais goût par des oxydants, parce que le chlore, l'acide permanganique, le manganèse, etc., auxquels on avait recours, après avoir détruit les composés impurs, en formaient d'autres également de mauvais goût. L'oxygène actif, agissant seul, n'introduit plus ces causes d'altération et peut, en effet, amener des résultats satisfaisants. C'est ainsi que, à Paris, M. Wideman a imaginé depuis plusieurs années de rectifier les alcools en les baignant dans de l'air ayant traversé par insufflation un bec de gaz. Selon l'auteur, l'air traversant une flamme se chargerait d'ozone.

M. Eisennam prépare de l'ozone, comme M. Houzeau, en faisant passer une effluve électrique dans un tube de verre traversé par un courant d'air. L'ozone se forme et est aspiré par un jet de vapeur dans un grand réservoir en cuivre hermétiquement clos, chauffé à 70 degrés par des tuyaux de vapeur formant serpentin à l'intérieur. Dans ce réservoir sont enfermés les flegmes ; l'ozone barbote dans le liquide et oxyde les alcools mauvais goût. Il suffit d'une pile de quatre éléments et d'une bobine de Ruhmkorff pour préparer l'ozone. Les flegmes ozonisés sont rectifiés comme d'habitude.

Cet appareil est très-simple ; mais nous ne pensons pas qu'il soit aussi efficace que celui de M. Naudin ; nous avons dit que les produits impurs mêlés à l'alcool se composent d'aldéhydes infectants et d'éthers, d'acides organiques, etc. Les éthers, les acides nécessitent l'action de l'oxygène pour être décomposés, et pour eux l'ozone est utile, mais évidemment cet ozone ne saurait exercer d'influence sur les aldéhydes, qui, pour se modifier, réclament de l'hydrogène. La seule action de l'ozone doit donc être insuffisante et l'épuration moins complète qu'avec le procédé électrolytique.

En somme, M. Eisennam a répété sur une échelle un peu plus grande ce que la foudre avait fait jadis, dans la cave d'un riche viticulteur. Ce propriétaire avait chez lui un certain nombre de bouteilles d'eau-de-vie de qualité inférieure. Un jour d'orage, le tonnerre tomba sur les bouteilles, en brisa plusieurs, fit sauter le bouchon de quelques-unes d'entre elles et transporta les autres de la cave dans le cellier. Quand le viticulteur goûta l'eau-de-vie des bouteilles débouchées, il la trouva excellente. La foudre l'avait vieillie en un tour de main, et lui avait enlevé son mauvais goût. Il est probable que l'ozone fabriqué sur place par le coup de foudre avait brûlé les alcools mauvais goût. Cette opération mystérieuse aurait dû guider depuis longtemps les chimistes et leur faire employer plutôt l'ozone à la rectification électrique des eaux-de-vie mauvais goût.

Dans un coin du Palais, MM. Blin frères avaient également installé un ozoniseur de leur façon; il a fonctionné derrière les charrues de Sermaize, près des couveuses électriques. L'oxygène obtenu chimiquement était soumis aux effluves d'une bobine de Ruhmkorff et se transformait en ozone. Ce sont là toutes tentatives encore à leur début, mais qui permettront peut-être d'employer industriellement l'ozone non-seulement à l'épuration des eaux-de-vie, mais encore au blanchiment des tissus, des fils etc., et à un certain nombre d'opérations chimiques, qui exigent l'intervention d'oxydants énergiques.

Il nous faut bien limiter ici ces études rapides. Aussi bien, nous avons passé en revue les machines les plus intéressantes et les inventions les plus curieuses; il nous resterait sans doute beaucoup à dire encore sur la télégraphie et ses applications à l'exploitation des chemins de fer, mais ce sont là des sujets spéciaux qui sont toujours d'actualité. Nous trouverons l'occasion d'y revenir. Ce coup d'œil d'ensemble, si superficiel qu'il ait été, aura suffi, nous l'espérons du moins, pour faire apprécier toute l'importance de l'Exposition de 1881, et donner des idées générales sur le rôle qu'est appelée à jouer aujourd'hui l'électricité dans l'industrie.

Cette Exposition d'électricité, presque née au milieu de l'indifférence générale, aura été féconde à plus d'un titre; elle aura donné bien plus qu'elle n'avait promis; elle a surpris par son succès éclatant, même ceux qui avaient été ses plus ardents partisans de la première heure. Elle laissera peut-être plus de traces durables que son aînée, la grande Exposition universelle de 1878. Elle a fait sauter aux yeux des moins clairvoyants le rôle désormais assuré des Expositions spéciales.

Les Expositions universelles ont, pour ainsi dire, perdu en utilité directe ce qu'elles ont gagné en développement; en voulant faire immense, on a fini par faire petit. On décrète des concours universels et l'on bâtit des caravansérails. Le spectacle a tué l'étude et les comparaisons fructueuses; le cadre a écrasé le tableau. D'ailleurs, la scène est trop étendue, pour qu'on puisse l'embrasser avec profit dans tous ses détails. L'esprit se refuse à bien voir, quand il faut voir partout et vite. Les Expositions spéciales, au contraire, permettent de fouiller les creux et les reliefs, de bien se rendre compte des lignes et de formuler des jugements plus solides. Le cercle est restreint et l'examen plus approfondi. Les points de contact entre les exposants et le public sont beaucoup plus intimes; on se connaît mieux; on s'apprécie davantage. L'Exposition d'électricité aura sous ce rapport servi d'enseignement très-précieux à tout le monde, à l'État aussi bien qu'aux industriels. La voie est ouverte maintenant et on la parcourra avec utilité et avec honneur.

L'Exposition aura fait naître des applications considérables, qui étaient bien comme dans l'air si l'on veut, mais auxquelles il manquait une occasion pour se produire et s'affirmer. Il leur fallait le rayon de soleil qui échauffe les premiers germes, les vivifie et les force à éclore. Il se prépare de tous côtés, en ce moment, une évolution évidente dans les procédés de l'industrie. L'éclairage, la production, la distribution de la force, la traction sur voies étroites, la métallurgie, l'agriculture, etc., passent dès aujourd'hui par des phases imprévues hier; la perspective est changée et l'horizon puissamment élargi.

Au Palais, l'électricité avait permis de produire, avec 1,800 chevaux, une lumière équivalente à plus de 55,000 becs de gaz, soit environ 6,000 becs de gaz de plus qu'il n'en existe dans toutes les rues et les promenades de Paris. La force électrique remplaçait partout la force immédiate de la vapeur et donnait le mouvement à des milliers de machines; un tramway électrique amenait les curieux. C'est un symptôme significatif; les temps changent. Nous sommes à l'aurore d'une époque nouvelle.

Nous manquerions de justice et de reconnaissance si, après le public, après les gouvernements étrangers, après les électriciens de toute nationalité, après les chambres de commerce, nous omettions de placer à côté de l'œuvre les noms désormais retentissants des auteurs. M. A. Cochery, Ministre des postes et des télégraphes, a saisi, dès le premier jour, la portée de l'Exposition, et il a voulu la prendre sous son patronage éclairé; il l'a encouragée de toute son initiative; il l'a présidée, en quelque sorte, comme il a présidé le Congrès des électriciens; il lui a donné l'éclat, qui a attiré à Paris les plus hautes illustrations de la science contemporaine.

Le Commissaire général, M. Georges Berger, à lui seul, a su enlever de vive force le succès de l'entreprise; il a fait preuve d'une puissance d'organisation incomparable; il a fallu toute sa fougue, son entrain irrésistible, sa vivacité de conception pour arrêter et réaliser, en quelques mois, les plans d'une Exposition sans précédent; il a fallu des qualités bien personnelles pour entraîner les volontés indécises, pour les faire travailler d'un commun accord, et les pousser en avant au pas de course, de victoire en victoire, jusqu'au triomphe définitif. M. Berger, aidé de ses deux collaborateurs dévoués et infatigables, MM. A. Bréguet et Monthiers, est resté sur la brèche nuit et jour pendant huit mois. Que de difficultés vaincues, que d'obstacles renversés! Elle serait bien curieuse à écrire l'histoire de l'Exposition d'électricité.

Nous ne serions pas équitable assurément si nous ne rappelions pas, d'une part, le concours empressé et indispensable de la commission d'organisation, de la commission des finances et du comité technique, et, d'autre part, les services rendus par le Syndicat français d'électricité, présidé par M. H. Fontaine.

Les grands labeurs sont finis, mais il est bon que la mémoire s'en perpétue, et que les générations à venir gardent le souvenir de ceux qui ont contribué, par des efforts vraiment féconds, à grandir notre pays dans l'opinion des peuples.

FIN

TABLE DES MATIÈRES ET DES FIGURES

PAR ORDRE ALPHABÉTIQUE

L'ÉLECTR.   31

31.

TABLE DES NOMS CITÉS